사이버전 개론

Introduction to Cyber Warfare

육군사관학교 · 해군사관학교 · 공군사관학교 · 육군3사관학교 컴퓨터과학 교수 공저

2nd Edition

사이버전 전문가를 위한 필독서

사이버전 개론

초판 발행 2013년 11월 30일
7쇄 2023년 2월 15일

저 자
육사 : 오명호 · 유진철 · 한창희 · 신규용
강정호 · 이인수 · 전병진 · 박기택
유대훈 · 엄영문
공사 : 박명환 · 김재철 · 김송현
해사 : 황재룡 · 남호림 · 신상복
3사관학교 : 한덕수, 김호길

인
지

발행자 신 대 영
발행소 양 서 각

주소 : 경기도 가평군 청평면 소돌말길 7-6
전화 : 010-2063-5489
FAX : 02) 907-2114
등록 : 1992년 4월 30일 제3-412호

ISBN 978-89-5568-433-9 [정가 25,000원]

머리말

인류의 역사를 살펴보면 새로운 기술의 발명과 무기 체계의 발전, 그에 따른 전쟁 양상의 변화는 서로 밀접한 관계가 알 수 있다. 군사 부문과 산업의 필요성에 의해 과학기술은 발전하고 있으며, 새로운 과학 기술의 발명에 따라 산업과 무기 체계 역시 발달을 거듭하고 있다. 병역 자원의 감소, 군사 강국들의 세계전략 변화, 주변국들의 핵무장 확산, 테러의 광역화, 첨단 군사과학기술의 급격한 발달, 가용 국방 예산의 제한, 사이버 공간에서의 적대적 행위 증대 등은 국가안보차원에서 많은 과제들을 던지고 있다.

과학기술분야에서 20세기의 위대한 발명품들인 컴퓨터와 인터넷이 첨단 무기체계 발전 및 전쟁 양상 변화에 심대한 영향을 주고 있다는 것은 코소보 전쟁, 아프가니스탄 전쟁, 이라크 전쟁 등의 사례를 통해 알 수 있다. 컴퓨터와 인터넷으로 대표되는 정보과학기술의 발전은 네트워크중심전(NCW : Network Centric Warfare) 개념을 생기게 하였고, 인터넷과 소프트웨어 관련 기술의 창조적 진화는 사이버전이라는 새로운 전쟁 양상을 탄생시켰다. 사이버전은 '국가 또는 그 요원이 자국의 이익을 위해 인터넷과 같은 사이버 공간에서 첨단 소프트웨어 기술 등을 이용하여 타국을 대상으로 적대적 행위를 가하는 것'을 의미한다.

컴퓨터의 핵심요소는 하드웨어와 소프트웨어이며, 소프트웨어의 두 축은 알고리즘과 프로그래밍 언어이다. 컴퓨터 프로그래밍은 창의적·논리적 사고력을 함양시키며, 소프트웨어에 대한 핵심 원리를 습득시켜준다.

소프트웨어는 프로그램을 상품화 한 것으로 프로그램은 알고리즘을 기반으로 Java 같은 프로그래밍 언어를 이용하여 컴퓨터 명령어들을 작성한 것이며, 알고리즘은 특정 문제에 대한 해결방법이나 절차이다. 중요성이 점점 커져가는 사이버전의 핵심은 소프트웨어이며, 가장 수준 높은 소프트웨어 제작 기법들이 사이버전에 활용되고 있다.

정보과학기술과 무기체계 발전의 핵심 역할을 담당하는 부분이 하드웨어에서 소프트웨어로 급속하게 이동하고 있으며, 북한이 국가적 차원의 사이버전 수행 능력 향상을 위해 주력하고 있기에 국방의 주역이 될 생도들을 대상으로 사이버전 기초교육을 강화시키는 것이 매우 중요하다고 할 수 있다. 전 생도들을 대상으로 사이버전 기초교육을 강화하기 위해서는 선수과목인 '컴퓨터 프로그래밍' 수업을 통해 국방 소프트웨어에 대한 핵심 원리를 습득하게 하는 한편 '사이버전 개론' 수업을 통해 사이버 위협과 대응 방안에 대한 기본 소양을 완성할 수 있도록 해야 한다.

육군사관학교, 해군사관학교, 공군사관학교, 육군3사관학교 컴퓨터 과학 분야의 교수들이 함께 참여하여 '사이버전 개론' 교과서를 저술하였다. 컴퓨터 과학에 대한 전문성과 사이버전 관련 다양한 경험을 가진 교수들이 대거 참여하였으며, 내용의 수준과 완성도를 높이기 위해 노력하였다.

사이버전에 대한 기본 소양을 완성할 수 있도록 하기 위해 과학적이고 논리적으로 서술하였으며, 주요 내용은 PART 1. 정보보안과 사이버전, PART 2. 사이버전 환경, PART 3. 사이버전 기술, PART 4. 소프트웨어로 배우는 사이버전 기술 등이다.

PART 1. 정보보안과 사이버전에서는 정보보안과 사이버전의 개념, 각 국 사이버전의 실체 및 사례 등 사이버전 관련 주요 개념과 기술에 대한 내용들로 이루어져 있다. 1장에서는 사이버전의 상위 개념인 정보보안의 정의와 기밀성, 무결성, 가용성으로 대표되는 정보보안의 목표, 그리고 이를 지키기 위한 대표적인 예인 암호와 그 역사에 대해 설명하고 있다. 2장에서는 과거 정보보안을 위한 노력이 사이버 공간으로 확장되어 해킹이 발생할 수 있는 사이버 공간의 개념 및 국가적인 사이버 위협과 방어 개념이 가미된 사이버전, 국가 정보화와 사이버 위협, 컴퓨터 네트워크 작전, 사이버 심리전 등에 대해 알려주고 있다. 3장에서는 세계 각지에서 발생한 사이버전 사례를 설명하고 있다.

PART 2. 사이버전 환경에서는 사이버전의 군사적 활용을 중심으로 이야기를 풀어가고 있다. 4장에서는 네트워크 중심전과 네트워크 작전에 대해 자세히 다루고 있다. 5장에서는 지휘통제체계에 대해 기술하고 있는데 주요 내용은 지휘통제체계의 발전 과정, 전술데이터링크 체계, 한국군 지휘통제체계 등이다. 6장에서는 대한민국을 포함한 세계 주요국의 사이버전에 대비한 사이버전 수행능력을 설명하고 있다.

PART 3. 사이버전 기술은 7장 네트워크 개념, 8장 사이버전 기술 동향, 9장 사이버 위협 기술, 10장 사이버 방어 기술로 이루어져 있다. 사이버 전장에서 적의 위협으로부터 아군의 각종 자산을 효과적으로 방어하기 위해서는 사용가능한 기술에 대한 이해가 필수적이다. 따라서 PART 3에서는 사이버전에서 수행 가능한 사이버 기술들에 대해서 심층적으로 설명한다. 먼저, 사이버전이 발생하는 전장인 네트워크의 개념과을 설명하고, 이어서 사이버전 기술의 동향을 설명한다. 사이버 위협과 방어에 대한 기본 원리와 절차를 상세히 설명한 뒤, 사이버전 기술의 발전 동향에 대해 설명한다. 9장과 10장에서는 사이버전에 실제로 활용되는 세부 기술들로, 다양한 위협 기술들과 이것들을 방어하기 위한 기술들에 대해 설명하고 있다.

PART 4에서는 소프트웨어로 배우는 사이버전 실습에 대해 구체적으로 설명하고 있다. PART 1~3를 통해 정보 보안과 사이버전의 개념부터 사이버전의 환경, 사이버 위협과 방어에 이르기까지 사이버전에 필요한 이론들에 대해서 살펴볼 수 있었다. PART 4는 앞에서 배운 이론과 기술들을 다양하게 실습해 볼 수 있도록 암호, 시스템 보안, 네트워크 보안, 윈도우 포렌식스 관련 소프트웨어 등을 소개하고 사용법을 익힐 수 있도록 구성되어 있으며, 각 소프트웨어별로 다양한 실습과제를 부여하여 이론만이 아닌 실질적인 기술 활용이 이루어질 수 있게 구성되어있다.

이번 사이버전 개론 2판에는 사이버전 개론 1판을 집필 이후에 발발한 사이버전 사례들을 포함한 최신 사이버전 기술, 기술 발전 동향, 지휘통제체계 등이 새롭게 수록되어 있다. 또한 불필요한 내용들을 덜어내고 개념과 원리를 중심으로 설명하여 사이버전 개념이 생소한 독자들도 쉽게 이해할 수 있도록 수정하였다.

2016년 2월

집필진 일동

차례

PART 1 정보보안과 사이버전

Chapter 01 정보보안 소개

Chapter 02 사이버전 개념

Chapter 06 주요국의 사이버전 수행능력

PART 3 사이버전 기술

Chapter 10 사이버 방어 기술

PART 4 소프트웨어로 배우는 사이버전 기술

PART
1

정보보안과 사이버전

Chapter 01

정보보안 소개

2013년 3월 20일 오후, 국내 방송사와 은행 등 주요기관에서 모두 4만 8000여 대에 달하는 컴퓨터가 무더기 해킹을 당하는 사태가 벌어졌다. 방송국에선 전산시스템이 마비되어 손으로 기사를 썼고, 은행에선 현금 거래가 중지됐다. 지금껏 유례가 없던 대규모 해킹사건이었다. 이미 사람들은 이 날을 '3.20 전산대란'라는 이름으로 부른다. 역사에 남을 만한 대규모 사건이었던 셈이다. 정부는 이번 사건의 배후를 북한으로 지목했다. 북한 내부에서 국내 공격 경유지에 수시로 접속해 공격을 준비한 정황을 포착했으며, 공격 경유지 49개 중 22개가 과거에 사용했던 경유지와 동일한 것을 발견했다는 것이다. 또한, 해커는 이번 범행을 위해 이미 오래전부터 악성코드를 심어 두고 기다리고 있었다는 의미다. 기관 내부에 있는 컴퓨터 대부분이 악성코드에 감염될 때까지 기다렸다가, 어느 순간 한꺼번에 실행시켜 대단위 컴퓨터 고장을 노린 것이다.

이후 2013년 6월 25일부터 7월 1일 사이에 또 한 번의 사이버 공격이 일어났다. 이른바 '6.25 사이버 공격' 이라고 불리는 이 공격에서는 청와대, 국무조정실 등 홈페이지 변조, 방송, 신문사 서버장비 파괴, 정부통합전산센터 DDoS 공격 등의 피해를 입었다. 관련 국가 기관인 미래창조과학부에서는 "6.25 사이버 공격 당시 서버공격에 활용한 국내 경유지의 IP와 피해기관 홈페이지 서버를 공격한 IP에서 북한이 사용한 IP를 발견했다"고 발표했다. 이어 "서버를 다운시키기 위한 시스템 부팅영역(MBR) 파괴, 시스템의 주요파일 삭제, 해킹 결과를 전달하기 위한 공격상황 모니터링 방법과 악성코드 문자열 등의 특징이 '3.20 전산대란과 동일했다"고 말했다. 또한 "홈페이지 변조 및 디도스(DDoS)[1] 공격에 사용된 악성코드 역시 3.20 전산대란시 발견된 악성코드의 변종된 형태임이 확인됐다"고 전했다.

그림 1-1 '13. 3.20 전산대란 관련 뉴스

출처 : KBS 뉴스 특보

그림 1-2 6.25 사이버 테러 당시 청와대 홈페이지

출처 : 어나니머스 집단의 유튜브 해킹 동영상

---

1) 디도스 공격(DDoS Attack, Distributed Denial of Service Attack) : 시스템을 악의적으로 공격해 해당 시스템의 자원을 부족하게 하여 원래 의도된 용도로 사용하지 못하게 하는 공격이다. 특정 서버에게 수많은 접속 시도를 만들어 다른 이용자가 정상적으로 서비스 이용을 하지 못하게 하거나, 서버의 TCP 연결을 바닥내는 등의 공격이 이 범위에 포함된다.

정보통신기술의 급속한 발전에 힘입어 범세계적으로 진행되고 있는 '디지털 혁명'은 과거 산업 혁명 때와는 비교할 수 없을 정도의 빠른 속도로 인류의 삶과 생활에 커다란 변화를 가져왔다. 인터넷을 통해 많은 사람들은 정보를 공유하고 활용하면서 다양한 혜택을 누리고 과거에는 상상하지 못했던 많은 혜택을 누리고 있다. 지속적인 네트워크 기술의 발달로 컴퓨터 뿐 아니라 각종 사물들이 네트워크에 연결되어 있는 사물 인터넷(IoT : Internet of Things)의 시대가 도래하였다. 다양한 장비들이 인터넷에 연결됨으로 인해 카드 없이 스마트폰으로 결제를 한다거나, 스마트 워치를 이용해 운동 효과를 분석할 수 있게 되었다. 하지만 편리성이 증가한 만큼 정보를 대상으로 하는 보안 위협 가능성이 증가하고 있다. 보안 위협은 이제 다른 세상의 이야기가 아닌 우리들의 일상생활에서 일어날 수 있는 현실이 되었다. 보안 위협에 대한 사회적 관심이 커짐과 더불어 보안 위협을 막을 수 있는 정보보안에 대한 관심도 급증하고 있다. 군에서도 사이버전을 정규전에 포함시켜야 한다는 움직임이 일고 있으며, 사이버 사령부를 창설하여 군의 정보보안을 담당하게 하고 있다. 그렇다면, 정보보안은 무엇이며, 왜 해야 하는지 설명해 나가도록 하겠다.

1.1 정보보안의 개념과 목표

1.1.1 보안의 개념

보안은 자산의 보호와 관련된 개념이다. 자산이란 가치 있는 것으로 여겨지는 실체로서, 중요한 자산을 보호하는 것은 자산에 가치를 두는 자산 소유자의 책임이다. 실제 또는 가상의 위협원도 자산에 가치를 두지만, 이는 자산 소유자와는 반대로 자산을 남용, 또는 악의적으로 이용하기 위해서 이다. 위협원에는 해커, 악의적인 사용자 등의 '의도적인 위협원'과 악의가 없으나 오류를 발생시킬 수 있는 사용자, 컴퓨터 프로세스 및 재난 등의 '비의도적인 위협원'이 있으나, 본 교재에서 위협원은 '의도적인 위협원'으로 한정을 하겠다. [그림 1-3]은 보안 개념 및 관계를 설명하고 있다.

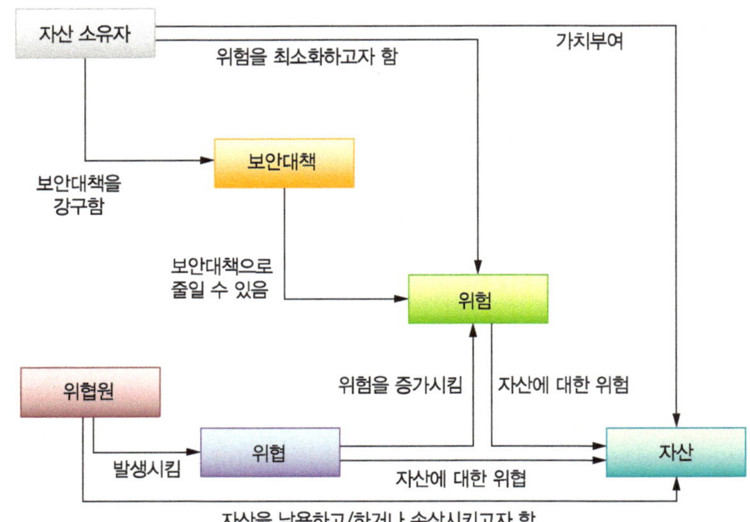

그림 1-3 보안의 개념 및 관계

출처 : 정보보호 시스템 공통평가기준 v3.1 1부

1.1.2 정보보안의 개념

정보보안이란, 정보를 여러 가지 보안 위협으로부터 보호하는 것을 뜻한다. 좀더 구체적으로 알아보면, 정보보안은 정보의 수집, 가공, 저장, 검색, 송신, 수신 도중에 정보의 훼손, 변조, 유출 등을 방지하기 위한 관리적 방법과 기술적 방법을 의미한다. 이러한 정보보안은 정보를 제공하는 공급자 측면과 사용자 측면 2가지로 이해할 수 있다. 공급자 측면에서는 내·외부의 위협요인들로부터 네트워크, 시스템 등의 하드웨어와 데이터베이스, 통신 및 전산시설 등 정보자산을 안전하게 보호 및 운영하기 위한 일련의 행위를 말한다. 사용자 측면 에서는 개인 정보 유출, 남용을 방지하기 위한 일련의 행위를 의미한다. 미국 표준기술연구소(NIST : National Institute of Standards and Technology)에서는 정보보안을 컴퓨터 보안 핸드북 [NIST95]에 다음과 같이 정의하고 있다.

> "정보 시스템 자원(하드웨어, 소프트웨어, 펌웨어, 정보 / 데이터, 통신)에 대한 기밀성과 가용성, 무결성 유지와 같은 목적 달성을 위해 자동화된 정보 시스템에 적용되는 보호"

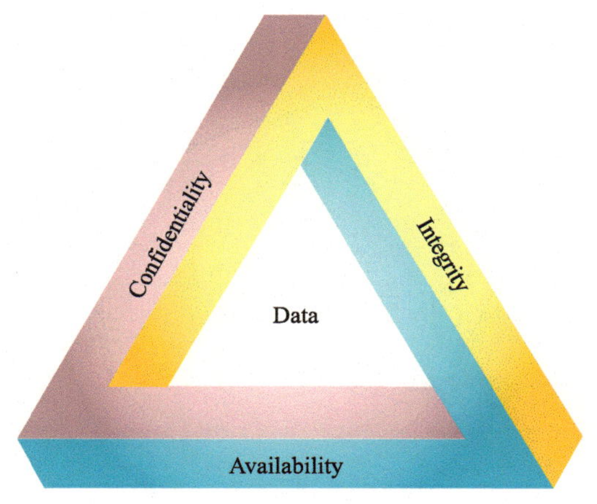

그림 1-4 보안의 3요소

출처 : http : //www.isswg.org.uk/cia.php

이 정의에 따르면 정보보안의 주요 원칙을 기밀성(confidentiality), 무결성(integrity), 가용성(availability)으로 제시하고 있다. 20여년이 넘도록 이 세 가지 원칙은 보안의 핵심요소로 자리매김하고 있으며 가장 앞 글자를 따서 CIA triad(보안의 3요소)라고도 불린다. [그림 1-4]는 보안의 3요소를 보여주고 있으며 각각에 대한 세부적인 설명은 정보보안의 목표에서 다루도록 하겠다.

1.1.3 정보보안의 목표

(1) 기밀성(Confidentiality)

기밀성은 권한이 없는 사용자나 시스템에 정보가 노출되지 않는 것을 뜻한다. 개인적이거나 비밀스러운 정보가 비인가된 사용자(unauthorized user)에게 노출되거나 적절한 보안대책이 강구되지 않은 시스템에 저장된다면 데이터 기밀성이 보장되지 않았다고 볼 수 있다. 대표적인 예로서 이메일 패스워드를 들 수 있다.

이메일 시스템에 접속하여 패스워드를 입력하게 되면 패스워드를 입력하는 란은 [그림 1-5]와 같이 화면에는 노출되지 않는다. 패스워드가 화면상에 노출된다면 지나가다가 화면을 본 사람이 패스워드를 이용하여 악의적인 행동을 할 수 있다. 즉, 다른 사람의 아이디로 로그인하여 그 사람의 이메일을 훔쳐보거나, 엉뚱한 사람에게 메일을 보내

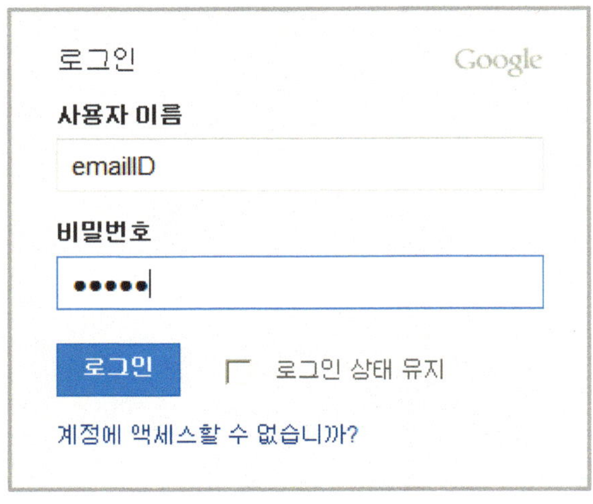

그림 1-5 데이터 기밀성의 보장을 위한 ID와 패스워드 입력

는 등의 행동을 할 수 있다. 이렇듯 패스워드의 기밀성을 유지하기 위하여 패스워드의 글자를 화면상에 노출시키지 않는 방법을 사용한다.

(2) 무결성(Integrity)

무결성은 정보와 프로그램이 반드시 인가된 방법에 의해서 변경되어야 하는 것을 뜻한다. 다시 말해서, 정보와 프로그램이 관리자가 알지 못하게 바뀌어서는 안 된다는 것이다. 무결성은 정보의 노출과 관련 있는 기밀성과는 다르게 주어진 정보의 불법적인 변경에 초점을 둔다. 대표적인 예로 은행 시스템에서 사용하고 있는 전자결제 같은 경우 금융결제원의 공인인증서를 통해 무결성을 보장받는다.

(3) 가용성(Availability)

가용성이란 인가된 사용자가 정보 및 정보 시스템을 원하는 시점에서 원활히 그리고 안정적으로 사용할 수 있어야 한다는 뜻이다. 즉, 인가된 사용자에게는 정보 서비스가 잘 제공되어야 한다. 지난 2009년 국방부 및 청와대 홈페이지가 마비되었던 7.7 DDoS 사건이 바로 그 대표적인 예이다. [그림 1-6]은 7.7 DDoS 공격 개요를 설명하고 있다. 해커는 메일 등의 수단을 이용하여 바이러스를 퍼뜨린 다음, 특정 날짜에 맞추어 감염된 PC(좀비 PC)들이 일제히 목표 사이트에 접속하여 특정 서버를 다운시키는 방법이다. 서버가 다운되면 인가된 사용자들은 해당 서비스를 사용할 수 없기 때문에 피해를 입게 된다.

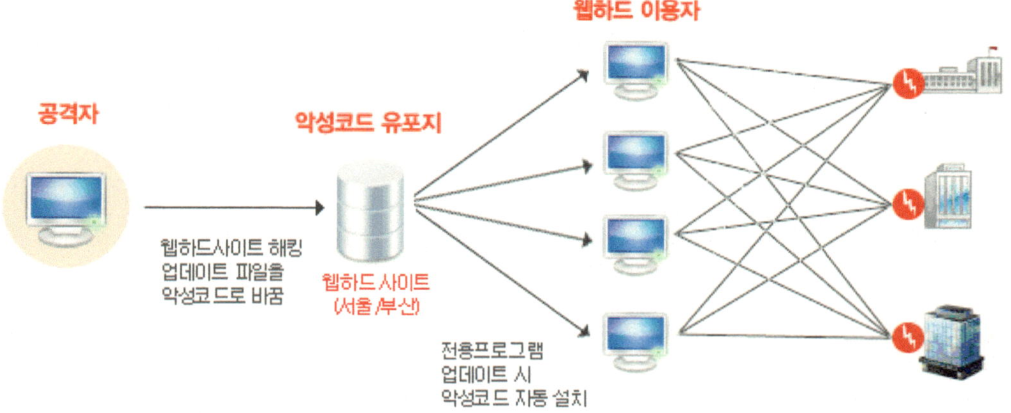

그림 1-6 7.7 DDoS 공격 개요

출처 : http://www.hauri.co.kr/customer/security/colum view.html?intSeq=104&page=1

(4) 기타

보안의 3요소 이외에도 보안의 원칙으로서 추가되는 개념들이 몇 가지 있다. 가장 대표적인 것이 인증성(authenticity)과 책임 추궁성(accountability)이다.

인증성(authenticity)은 두 개체가 주고 받는 데이터(메시지, 문서 등)가 진본이며 검증될 수 있어야 한다는 것이다. 두 개체가 데이터를 주고 받을 경우 진본이라는 것을 검증하는 과정이 반드시 필요하며, 두 개체가 모두 자신들이 주장하는 개체가 맞아야 한다. 즉, 인증성은 거짓 없는 통신환경을 조성하기 위해 필요한 원칙이다. 대표적인 예가

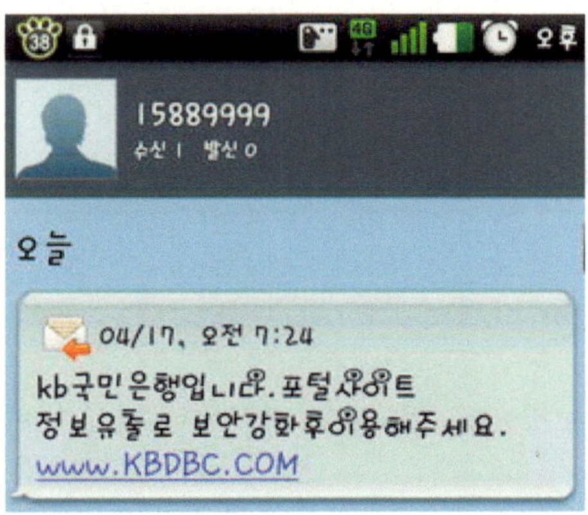

그림 1-7 피싱의 예

피싱(phishing)이다. 개인정보를 뜻하는 Private data와 낚시를 뜻하는 Fishing을 합성한 단어인 피싱은 해커가 공격 목표로 정한 웹사이트와 동일하게 웹사이트를 구성하여 고객이 마치 진짜 웹 사이트에 와 있는 것처럼 착각하게 만드는 것이다. 사용자의 금융 정보와 패스워드를 가로채기도 하고 심지어는 클릭만으로 자동결제가 이루어져 사용자의 돈이 몰래 인출되기도 한다.

책임 추궁성(accountability)이란 보안 위반행위를 추적하여 위반 책임자를 찾아낼 수 있어야 한다는 것이다. 이를 위해 시스템은 개체들의 행동을 항상 기록한다. 기록된 자료는 향후 위반 행위를 추적하거나 분쟁이 발생한 경우 이를 조정하기 위한 증거 자료로서 활용될 수 있다. 책임 추궁성은 부인방지[2]와 예방, 침입 탐지 및 대응, 사후복구, 법적조치 등의 내용을 포함한다. 최근 들어 사이버 범죄의 위협이 증대되면서 사이버 수사관에 대한 관심도 역시 높아지고 있다. 기존에는 해커를 잡기 위한 해킹 기술을 배우기 위해 노력하였다면 최근에는 이에 못지않게 해킹에 대한 기록을 조사하여 법적 증거자료로 제출하는 컴퓨터 포렌식(computer forensics)대한 관심과 노력이 발전하고 있다. 컴퓨터 포렌식은 책임 추궁성을 추구하기 위한 방법이다. 사이버 범죄의 유형이 갈수록 다양해짐에 따라서 컴퓨터 포렌식의 범위도 역시 점점 넓어지고 있다. 예를 들어, 예전에는 네트워크의 로그 파일만 확인하면 알 수 있었던 사실을 이제는 범죄자들이 로그 파일을 삭제하기 때문에 하드디스크에서 관련 내용을 복원하여 알아내야 한다. 따라서 컴퓨터 포렌식은 디스크 및 파일 시스템, 접속기록(로그 및 히스토리 등), 네트워크 시스템, 운영체제, 데이터베이스, 그리고 각종 응용 프로그램과 같이 컴퓨터의 거의 모든 부분과 연관이 있다.

1.2 보안 위협

1.2.1 보안 위협의 개념

보안 위협은 정보 혹은 정보를 보유하고 있는 시스템에 피해를 줄 가능성이 있는 행

2) 부인방지(non-repudiation) : 메시지의 송수신이나 교환 후, 또는 통신이나 처리가 실행된 후에 그 사실을 사후에 증명함으로써 사실 부인을 방지하는 보안 기술.

위나 사건을 의미한다. 주로 시스템의 보안 취약점을 악용하여 위협 행위가 이루어지며, 위협 행위의 결과로 보안 3요소의 훼손이 일어난다. 위협의 시스템에 직접적인 해를 끼치는 적극적인 위협(Active threat)과 시스템에 영향을 주지 않고 정보만을 획득하는 소극적인 위협(Passive threat)으로 구분된다.

1.2.2 보안 위협 행위와 결과

위협 행위에 따른 결과는 폭로, 기만, 혼란, 권한 강탈의 네 종류로 구분되며, 이를 야기하는 위협 행위에는 폭로, 가로채기, 위조, 변형 등이 있다.

(1) 폭로(Unauthorized disclosure)

폭로는 기밀성이 훼손된 위협 결과로, 비인가된 방법으로 정보에 접근한 경우에 발생한다. 폭로를 수반하는 위협 행위의 종류로는 노출(exposure), 가로채기(interception) 등이 있다.

- 노출: 중요 데이터가 비인가자에게 공개되는 행위
- 가로채기: 비인가자가 송수신 중인 정보에 접근하는 행위

(2) 기만(Deception)

기만은 무결성이 훼손된 위협 결과으로, 인가자나 인가된 시스템이 거짓 데이터를 획득하고 그 데이터가 거짓인지 인식하지 못할 때 발생한다. 기만을 수반하는 위협 행위의 종류로는 가장(masquerade), 위조(falsification) 등이 있다.

- 가장: 비인가자가 인가자로 가장하여 시스템에 접근하는 행위
- 위조: 인가된 시스템이나 사용자가 거짓 데이터를 획득하는 행위

(3) 혼란(Disruption)

혼란은 무결성과 가용성이 훼손된 위협 결과로, 인가자가 시스템의 기능이나 데이터를 정상적으로 이용하지 못하도록 방해할 때 발생한다. 혼란을 수반하는 위협 행위의 종류로는 무력화(incapacitation), 변형(corruption) 등이 있다.

- 무력화: 시스템의 요소를 무력화시켜 시스템의 정상 동작을 막는 행위

• 변형: 시스템에 악영향을 미치도록 시스템의 기능이나 데이터를 바꾸는 행위

(4) 권한 강탈(Usurpation)

권한 강탈은 무결성이 훼손된 위협 결과로, 비인가자나 비인가된 방법에 의해 시스템 의기능이 제어될 때 발생한다. 권한 강탈을 수반하는 위협 행위의 종류로는 도용(misappripriation), 오용(misuse) 등이 있다.

• 도용: 비인가자가 시스템의 자원 통제를 취득하는 행위
• 오용: 시스템이 보안에 유해한 기능을 수행하게 하는 행위

1.3 정보보안 목표를 이루기 위한 방법

보안을 위협하는 다양한 공격으로부터 정보자원을 보호하기 위한 방법으로는 암호, 접근제어, 인증 등이 있다.

1.3.1 암호(Cryptography)

안전한 정보통신 환경에서는 송신자와 의도된 수신자만이 전송되는 정보 메시지 내용을 이해할 수 있어야 한다. 암호 기술을 이용하여 정보 메시지를 변형하여 암호화(Encryption)하고 상대방에 전달을 하면, 메세지가 가로채기 당하라도 그 내용을 이해할 수 없기 때문에 암호는 기밀성을 보장한다. 대표적인 암호체계에는 대칭키 암호체계(symmetric-key cryptography)와 공개키 암호(public-key cryptography)체계가 있다.

1.3.2 인증(Authentication)

인증은 다중 사용자 시스템 또는 네트워크 운용 시스템에서, 시스템이 단말 로그인 정보를 확인하는 보안 절차이다. 인증에는 네트워크를 경유해서 컴퓨터에 접속해 오는 사용자가 등록되어 있거나 정당하게 허가받은 사용자인지를 확인하는 것과, 전송된 메시지가 변조되지 않은, 송신자가 보낸 그대로의 것인지를 확인하는 것이 있다. 전자의

경우, 사용자의 성명과 패스워드를 허가받은 사용자 목록과 대조하여 일치하면 사용자가 컴퓨터 시스템에 접속하는 것을 허용하되 그 사용자의 접속 카테고리나 사용자 계정상의 지정된 범위까지만 접속을 허용하는 경우를 의미한다. 후자의 경우, 메시지 인증코드, 암호, 디지털 서명 부호 등이 사용된다.

대표적인 예로, 우리가 온라인 거래를 위해 사용하는 공인인증서가 있다. 전문성과 공신력이 있는 인증기관(CA : Certificate Authority)이 해당 인증서를 발급하고, 사용자를 확인한다. [그림 1-8]은 공인인증서의 예를 보여주고 있다.

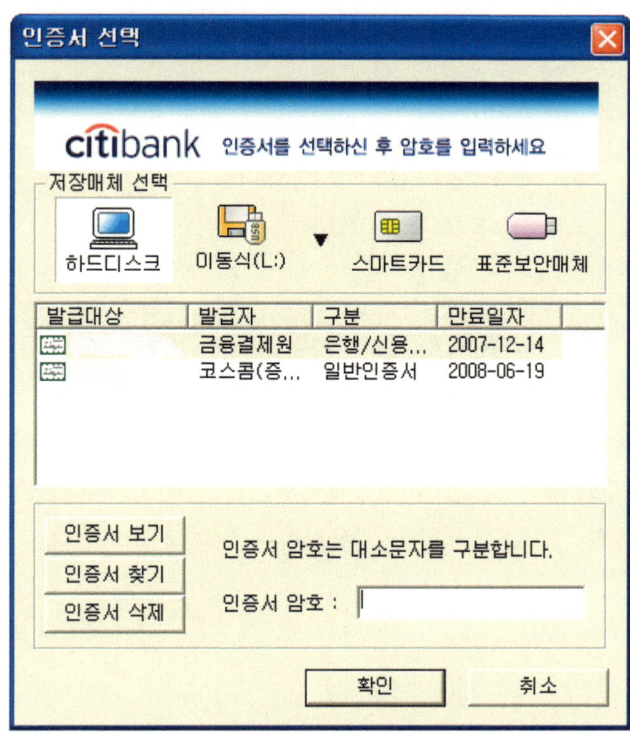

그림 1-8 공인인증서의 예

1.3.2 접근 제어(Access control)

접근 제어는 정보의 획득이나 정보에 대한 접근을 허용 및 거부하는 기능으로, 비인가자나 비인가된 방법을 통한 접근을 막음으로써 정보보안 목표를 달성한다. 철책이나 검문소 등을 이용하여 물리적인 접근을 제어하는 물리 접근 제어와 패스워드나 권한 부

여 등을 이용하여 논리적인 접근을 제어하는 논리 접근 제어로 나뉜다. 인가자라도 사

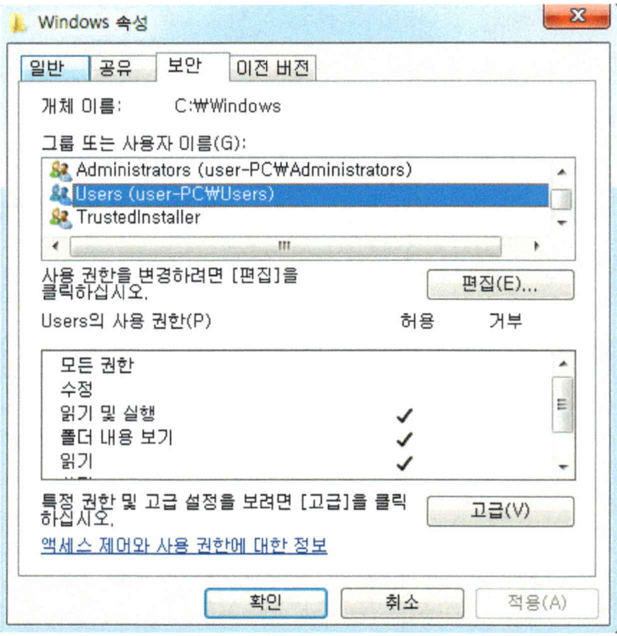

그림 1-9 사용자에 따른 파일 사용 권한

용자의 신원에 따라 정보에 접근하거나 수정할 수 있는 권한을 다르게 부여하여 효과적인 정보보안을 수행한다. 예를 들어 운영체제에서는 파일에 대한 접근 제어를 수행하기 위해 파일을 읽고 쓸 수 있는 권한을 사용자마다 다르게 부여한다.

연습문제

〈객관식〉

1. 다음 중 정보보안의 목표가 아닌 것은 무엇인가?

① 기밀성(confidentiality) ② 무결성(integrity)
③ 인증성(authenticity) ④ 암호화(encrpytion)
⑤ 책임 추궁성(accountability)

2. 인가자나 인가된 시스템이 거짓 데이터를 획득하고 그 데이터가 거짓인지 인식하지 못하여, 무결성이 훼손되는 보안 위협 결과는 무엇인가?

① 폭로(unauthorized disclosure) ② 기만(deception)
③ 가로막기(interruption) ④ 혼란(disruption)
⑤ 권한 강탈(usurption)

〈단답형〉

1. 특정 사이트가 DDoS 공격을 받아 일정 시간동안 사용자들이 사이트에 접속을 할 수 없었다. 이 때, 훼손된 정보보안 목표는 무엇인가?

( )

2. 비인가자가 이해할 수 없도록 정보를 변경하여 기밀성을 보장하는 정보보안 방법은 무엇인가?

( )

〈서술형〉

1. 최근 정보보안이 중요한 이슈로 대두되고 있는 이유에 대해 근거를 들어 서술하시오.

Chapter

02 사이버전의 개념

1970년대 세계 최초의 개인용 컴퓨터를 개발했을 때만 해도 우리가 이토록 컴퓨터에 친숙한 환경에 살 것이라고는 아무도 예상하지 못했을 것이다. 현재 우리는 스마트폰을 이용해 뉴스를 보고, 인터넷에 연결된 개인 컴퓨터를 이용해 수시로 메일을 확인하며, 정보의 보고라 할 수 있는 인터넷에서 필요한 정보를 검색한다. 지하철이나 버스를 탈 때에도 승차권을 구입하지 않고 교통카드 기능이 내장된 신용카드나 케이캐시[3]를 주로 이용한다. 은행 업무도 획기적으로 발전하여 언제 어디서든 현금 자동 입출금기(ATM : Automated Teller Machine)를 이용해 현금을 인출할 수도 있고, 전화 혹은 인터넷을 이용해 송금을 하기도 한다. 바쁜 생활 속에서 만나지 못하는 지인(知人)들과는 페이스북(Facebook)이나 트위터(Twitter) 같은 소셜 네트워크 서비스(SNS : Social Network Service)를 통해 연락을 주고받기도 하고 온라인상에서 생면부지(生面不知)의 사람들과도 쉽게 친구가 되기도 한다. 바야흐로 우리는 정보통신기술(ICT : Information & Communication Technology) 기반의 사이버 공간(Cyber space)[4]에 살고 있는 것이다.

인터넷 등 네트워크 기술의 발전은 군의 전쟁수행 모습 또한 네트워크 중심전(NCW : Network Centric Warfare)으로 바꾸어 놓았다. 이는 탐지 시스템, 지휘통제 시스템, 타격 시스템이 네트워크를 통해 연결되어 최고 지휘관으로부터 병사에 이르기까지 공통된 상황인식을 통해 정보우위를 달성함으로써 전투력의 상승효과를 달성하는 새로운 전쟁

---

3) 케이캐시(K-CASH) : 금융결제원과 대한민국의 은행 및 신용카드사가 참여하여 개발한 대한민국의 전자화폐이다.

4) 물리적인 위치와는 전혀 관계없이 사람들이 컴퓨터와 통신을 통해 완전히 상호 연결되어 있는 것. 1984년 윌리엄 깁슨(William Gibson)이 자신의 소설에서 'Neuromancer'라는 용어를 사용함으로써 이 용어를 만들고 보급시켰다고 알려져 있다.

수행 개념이다. 다시 말해 센서(감시체계), 전투원, 타격수단을 네트워크를 통해 유기적으로 연결함으로써 실시간으로 상황파악 및 정보공유가 이루어지고, 지휘 속도 및 작전 템포가 빨라지며, 살상력과 생존성을 극대화 함으로써 전투 효율성을 증대시킬 수 있는 것이다. 일례로 공중 조기경보 통제체계를 통해 획득된 표적에 대한 정보는 네트워크를 통해 K-9 자주포, 다련장 로켓, 혹은 현무 미사일 등 다수의 타격시스템 중 표적 제압에 가장 효율적인 무기체계에 자동으로 입력되어 지휘관의 결심만 이루어지면 바로 제압이 가능하도록 운용될 수 있다. 따라서 네트워크 중심전이 현실화되면 지휘관이 모니터로 적군과 아군의 상황을 실시간으로 감시하면서 전쟁을 수행할 수 있을 것이다. 이러한 네트워크 중심전 환경에서는 지휘체계의 중추신경을 담당하고 있는 컴퓨터와 유・무선 통신망, 즉 네트워크의 중요성이 더욱 증대될 수밖에 없다.

이와 같이 컴퓨터 및 네트워크 기술이 비약적으로 발전하고 군은 물론 국가의 기반구조에 이르기까지 사이버 공간이 확대됨에 따라 사이버 공간에 대한 주도권을 장악하는 것이 매우 중요한 문제로 대두되었으며, 사이버 공간을 주 전장으로 하는 새로운 전쟁 개념인 사이버전(cyber warfare) 개념이 등장하였다. 또한 컴퓨터 바이러스 등 사이버 공간에 대한 공격수단이 하나의 무기체계로 떠오름으로써 전투 수행방법이 변화되고 있으며 장차전의 승리는 사이버 공간에 대한 주도권 장악에 의해 크게 좌우될 것으로 예상된다. 따라서 사이버전에 대해 이해하고 대비하는 것이 매우 중요하다.

본 절에서는 먼저 사이버전의 개념 및 정의에 대해 알아보고 사이버전 현황 및 한반도 주변국의 사이버전 수행능력에 대해 살펴본 뒤 사이버 공격 기술의 최근 동향에 대해 알아본다.

2.1 사이버 공간과 사이버전

2.1.1 사이버 공간의 개념

사이버 공간이란 '컴퓨터에 의해 제어되는'이라는 뜻을 지닌 'cyber'라는 단어와 '공간, 장소 혹은 시간'을 의미하는 'space'라는 단어가 결합된 것이다.[5] 본격적으로 '사이

5) 사이버스페이스(cyberspace)라는 단어에서 접두어인 'cyber'는 희랍어 '쿠베르'에서 유래된 단어이다. '쿠

버 공간' 이라는 용어는 윌리엄 깁슨이 1984년에 쓴 과학 소설 '뉴로맨서' 에서 최초로 등장했다. 인공두뇌학(cybernetics)을 뜻하는 cyber와 공간을 뜻하는 space의 합성어로서 현실이 아니라 두뇌 속에서 펼쳐지는 또 다른 우주를 뜻한다. 이러한 사이버스페이스라는 용어는 존 페리 발로(John Perry Barlow)가 의사전달의 공간(communication space)라는 개념으로 사용하면서부터 일상적인 용어가 되었다.

사이버 공간에서는 국경과 이념의 한계가 없으며, 지리적 위치, 시간, 신분상의 제한을 받지 않고 누구에게나 실시간 또는 비실시간으로 정보의 선택 및 송수신이 가능하다. 사이버 공간에서는 다양한 활동이 이루어질 수 있는데, 사이버 교육은 이러한 사이버 공간 내에서 이루어지는 교육의 한 예이다. 컴퓨터나 인터넷상의 데이터영역을 다수의 이용자가 자유롭게 정보를 주고받는 곳이며 최근에는 컴퓨터 네트워크상에서 행해지는 범죄를 사이버범죄라고 부르는 등 컴퓨터 네트워크상에 구성된 사회, 즉 사이버 공간에 대한 인식이 정착되었다.

미국에서는 사이버전을 위한 사이버 공간의 영역을 다음과 같이 정의하고 있다[6].

> **"사이버 공간은 인터넷, 통신네트워크, 컴퓨터 시스템, 내장 프로세서 및 제어기 등이 포함된 정보기술기반의 독립된 네트워크로 구성된 정보환경 영역이다."**

작전 영역에서의 사이버 공간은 육, 해, 공, 우주 영역 중 하나이다. 이들 영역은 모두 독립적으로 구성이 되어 있다. 이러한 도메인의 영역으로 볼 때, 물리적으로 구분 가능하다. 하지만, 나머지 네 개의 영역과는 다르게 사이버 공간은 인위적으로 만들어진 공간으로 사이버 공간에서의 활동은 다른 영역에서의 활동에 대한 행동의 자유를 보장하며, 각 전장 영역에서의 활동을 하나의 활동으로 연결해 주는 매개체 역할을 한다.

베르난(kubernan)'은 '조종하다'라는 뜻을 가진 말이며, '쿠베르네테스(kubernetes)'는 '노 젓는 사람, 조타수'라는 뜻을 지니고 있다. 이후 이 단어는 'gubernetes'이라는 라틴어로 번역되었다. 라틴어로 'gubernetes'란 '통치자, 명령자'라는 뜻을 지니고 있다. 19세기 들어 미국의 수학자인 로버트 위너는 '전자적, 기계적, 생물학적 시스템에서의 정보의 흐름에 대한 통제'를 뜻하는 단어를 표현하기 위해 'cybernetics'라는 단어를 사용하였는데 이 단어는 'kubernetes'에서 유래된 말이다. 따라서 'cyberspace'라는 단어는 엄밀히 말해 'cybernetics'라는 단어와 'space'라는 단어의 합성어로 볼 수 있다. 출처 : '사이버공간, 사이버문화'(1996). 홍성태. 서울문화과학사 / '사이버, 사이버네틱스와 사이버공간'(1997) 홍성태. 서울문화과학사

6) Joint Publication(JP) 1-02, *Department of Defense Dictionary of Military and Associated Terms*

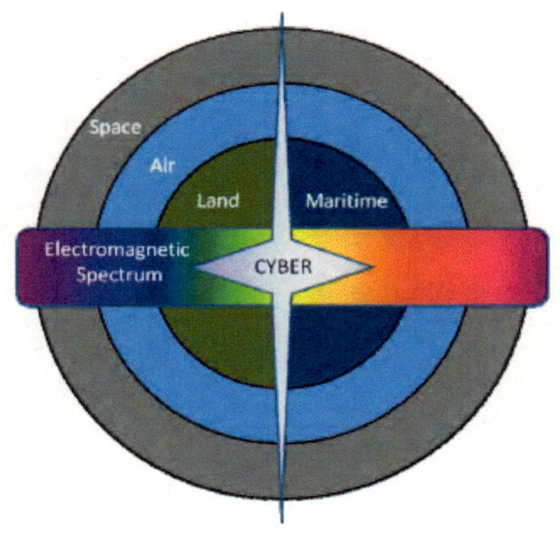

그림 2-1 작전 영역들간의 관계

출처 : Convertino, Sebastian, Flying and Fighting in Cyberspace, July 2007, Air University, p. 11.

[그림 2-1]은 작전 영역에 있어서 각 영역들의 관계를 나타내어 주고 있다. 현대전에 있어서 모든 영역은 사이버 공간에 의해서 서로 연결이 되는 점을 중요하게 생각하자.

사이버 공간은 다음의 세 영역으로 구분되기도 한다.

(1) 물리적 영역

물리적 영역은 지형적 요소와 물리적 네트워크 요소를 포함한다. 지형적 요소는 네트워크가 설치된 지역을 의미한다. 정보의 전달이 빛의 속도로 움직이기 때문에 사이버 공간에서의 지형적 경계는 쉽게 넘나들을 수 있다. 하지만, 아직도 물리적 영역에 포함되어 구분하는 이유는 이러한 정보 유통을 위한 수단은 근본적으로 하드웨어(hardware)로 구성되어 있기 때문이다. 물리적 네트워크 요소는 모든 하드웨어와 유, 무선 통신 시설 및 주파수, 컴퓨터 등 정보를 이용할 수 있는 매개체도 포함된다.

(2) 논리적 영역

논리적 영역은 연결되는 장비 사이에 정보 전달이 이루어 질 수 있도록 하는 기술을 의미한다. 우리는 컴퓨터와 컴퓨터를 연결하기 위해서 IP 주소를 부여하고, 그 주소에 따라서 해당 컴퓨터와 통신을 한다. 이처럼 컴퓨터 네트워크의 모든 장비를 식별을 위한 논리적 영역을 나눈다.

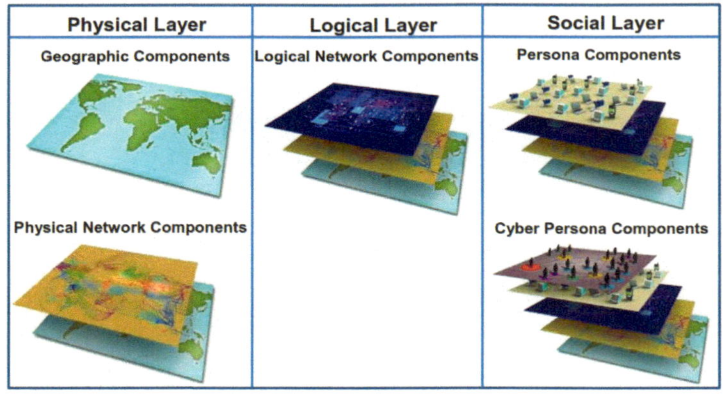

그림 2-2 사이버 공간의 3계층

출처 : US Army's Cyberspace Operations Concept Capability Plan 2016-2028[TRADOC PAM 525-7-8]

(3) 사회적 영역

사회적 영역은 사람과 인식의 영역으로 구성이 되어 있다. 이는 사이버 속성(cyber persona) 요소와 개별 속성(persona) 영역으로 구분이 된다. 사이버 속성 영역은 사람을 식별하거나 또는 네트워크에서 이메일 주소, IP 주소, 핸드폰 번호 등과 같이 네트워크를 인식할 수 있는 영역을 포함한다. 또한, 개별 속성은 실제로 네트워크에서 활동하는 사람으로 구성이 되어 있다. 실제 컴퓨터를 이용하는 사람은 여러 개의 속성을 갖는다. 예를 들면, 각기 다른 컴퓨터에서 다른 이메일 주소를 활용하는 것들을 의미한다. 이러한 것은 사이버 활동의 목표가 되기도 하고 책임성이 부여하기도 한다.

2.1.2 사이버전의 정의

사이버전에 대해 미국 정부의 보안 전문가인 리처드 클라크(Richard Clarke)는 2010년도 그의 저서 '사이버전(Cyber War)'에서 "특정 국가가 다른 국가의 컴퓨터나 네트워크를 공격하여 피해를 입히거나 파괴할 목적으로 취하는 행동(actions by a nation-state to penetrate another nation's computers or networks for the purposes of causing damage or disruption)"으로 정의하였고, 이코노미스트지는 사이버전을 제 5의 전쟁 영역으로 묘사하고 있다. 미 국방차관 윌리엄 린(William J. Lynn)은 "펜타곤은 공식적으로 사이버 공간을 전쟁의 새로운 영역으로 인식하고 있으며 육, 해, 공, 우주의 군사작전에 있어 매우 중요한 부분이 되었다"고 언급하였다. 영국 또한 미국의 NSA에 해당하는 정부통신본부(GCHQ : Goverment Communications HeadQuaters)에 사이버 보안 작전 센터를 설립하였다. 2009년 미국 대통령 버락 오바마(Barack Obama)는 미국의 디지털 기반구조를 전략적 국가 자산으로 선언하였고, 급기야 2010년 펜타곤은 미국의 군사 네트워크를 보호하고 다른 나라들의 시스템들을 공격하기 위해 사이버사령부(USCYBERCOM : United States CYBER COMmand)을 설립하였다. 바야흐로 사이버 공간이 전쟁의 새로운 영역으로 인식되고 있으며 사이버 공간에 대한 공격 및 방어가 군사작전의 중요한 영역이 된 것이다.

우리 군의 경우 합동참모본부(이하 합참)와 국방부에서 사이버전에 대해 정의하고 있다. 먼저 합참은 사이버전을 "컴퓨터가 합성한 가상현실의 세계와 가상인간의 영역과 같이 인공지능체계가 운용되는 공간(cyberspace)에서의 전쟁으로 이는 정보화 사회의 과학기술 발전을 역이용하여 취약점을 공격함으로써 물리적인 군사시스템 파괴보다 훨씬 결정적인 손실을 가용할 수 있는 총체적인 가상공간에서의 정보 마비전을 추구하는 전쟁수행방식을 의미한다." 라고 정의하고 있다. 국방부의 경우 "사이버 공간에서 일어나는 새로운 형태의 전쟁수단으로서 컴퓨터시스템 및 데이터 통신망 등을 교란, 마비, 무력화함으로써 적의 사이버 체계를 파괴하고 아군의 사이버 체계를 보호하는 것"으로 정의하고 있다. 이와는 별도로 육군에서는 사이버전을 "사이버 공간의 지배를 목적으로 적의 컴퓨터 시스템과 네트워크 및 데이터를 교란, 마비, 무력화시키고, 적의 사이버 공격으로부터 아군의 컴퓨터 시스템과 네트워크 및 데이터를 방호하기 위해 취하는 군사행동"이라고 정의하고 있다. 우리 군은 2010년 1월 11일, 급증하는 사이버위협에 체계적으로 대응하기 위해 국군사이버사령부를 최초 창설하였으며, 2011년 7월 1일 국방부는 사이버 공간에서의 테러 대응 능력을 강화하고 사이버전 지휘체계를 보다 효율화하기 위해 국방정보본부 예하에 편성되어 있던 국군사이버사령부를 국방부 직할부대로 변경하였다. 또한 2015년 3월 1일부로 사이버전을 본격적인 군사작전으로 인식하여 사이버전 작전통제를 국방부에서 합동참모본부로 전환하였다.

결론적으로 정의마다 다소간의 차이는 있겠으나 일반적으로 사이버전을 '국가 간에 이루어지는 적대적 행위'와 '인터넷 등 사이버공간에서 정보기술을 이용하여 이루어지는 행위' 등으로 정의하고 있다. 정리하자면, 사이버전이란 '국가 또는 그 요원이 자국의 이익을 위해 인터넷 등 사이버 공간에서 정보기술을 이용하여 타국을 대상으로 적대적 행위를 가하고, 이에 대하여 타국이 사이버공간에서 정보 기술을 통해 방어하는 일련의 과정[7])'을 의미한다고 볼 수 있다.

> "국가 또는 그 요원이 자국의 이익을 위해 인터넷 등 사이버 공간에서 정보기술을 이용하여 타국을 대상으로 적대적 행위를 가하고, 이에 대하여 타국이 사이버공간에서 정보 기술을 통해 방어하는 일련의 전쟁양상."

2.1.3 사이버 공간 작전과 사이버 공간 우세

사이버 공간에서의 작전은 사이버 공간에 대한 의도적이면서 군사적인 활동을 포괄적으로 의미하는 용어이다. 미 합참은 사이버 공간의 작전을 "사이버 공간을 통해 군사적 목적을 달성하거나 영향을 미치기 위한 사이버 능력을 운용하는 것" 이라고 정의한다.[8]) 최근에는 사이버 공간 우세(cyberspace superiority)라는 개념도 사용되고 있다. 미 공군에서는 "새로운 전장 영역인 사이버 공간에서의 압도적인 우세를 달성하여, 해당 전장에서 적의 방해를 받지 않고 주어진 시간과 공간에서 작전을 수행하는 작전적 유리함(operational advance)"으로 사이버 공간 우세를 정의하고 있다.

2.2 국가 정보화와 사이버 위협

우리는 지난 20여 년 동안 인터넷 등 네트워크와 컴퓨터 등 과학 기술 장비의 보급을 통해서 정보화 사회로 발돋움을 해왔다. 정부는 정보통신 기술을 기반으로 효율성과 투명성을 증대시킨 정부 업무의 전자적 처리를 위한 '전자 정부(e-Government) 사업'을 추진해왔다. 그로 말미암아 2010, 2012년 2회 연속으로 UN 전자정부평가 발전지수 세계 1위를 달성하게 되었다.

또한, 행정, 방송통신, 에너지, 금융 분야 등의 국가 기반 체계의 효율성 강화를 위한 정보시스템을 구축하고 네트워크를 통해 각 정보 시스템을 상호 유기적으로 연결시켜 전자 정부의 효율성을 극대화 시켰다.

---

7) 김홍석, 전게서, p. 18.

8) Secretary of Air Force, Cyberspace Operations, Air Force Doctrine Document 3 12~ , p.2

구 분	2005	2008	2010	2012	2014
전자정부 발전지수	**5위**	**6위**	**1위**	**1위**	**1위**
온라인 서비스	0.97 (4위)	0.82 (6위)	1.00 (1위)	1.00(1위)	0.97(3위)
정보통신 인프라	0.67 (9위)	0.69(10위)	0.64(13위)	0.83(7위)	0.93(2위)
인적자본	0.97(14위)	0.98(10위)	0.99 (7위)	0.94(6위)	0.92(6위)
온라인 참여지수	**0.87 (5위)**	**0.98 (2위)**	**1.00 (1위)**	**1.00(1위)**	**1.00(1위)**

그림 2-3 UN 전자정부 평가결과

출처 : 안정행정부, 보도자료. 2014. 7. 14

하지만, 최근 들어 스턱스넷(Stuxnet)[9], 그 변형인 듀큐(Duqu) 등 악성 프로그램 유포를 통한 사이버 공격이 날이 갈수록 고도화·지능화됨에 따라 그 피해 위험도 날로 증가하고 있다. 2007년 개봉된 영화 '다이하드 4.0'에서 상관에 불만을 품은 전직 국방부 프로그래머가 '파이어세일'이라는 악성 프로그램을 통해 교통, 금융·통신, 가스·수도 등 사회 인프라를 단계적으로 파괴시키려 했었다. 이러한 일이 영화에서만 일어나는 것이 아니다. 북한이 자행했던 2009년 7. 7 DDoS 대란, 2011년 GPS 교란, 2013년 3.20 및 6.25 사이버 공격의 주된 목표는 정부 기관 및 방송통신 시설을 겨냥하고 있다. 북한의 사이버전 공격의 근본적인 목표는 어디일까? 그것은 바로 국가 기관 홈페이지와 전력, 원자력, 가스, 교통, 수자원 등을 포함하는 국가기반시설의 제어시스템(SCADA : Supervisory Control and Data Acquisition)이 될 것으로 예상된다. 특히, 다이하드 4.0에서 소재로 다뤄졌듯이 전력, 가스, 교통 등의 국가기반시설에 사이버 공격이 발생하면 그 파급효과는 전쟁 이상의 재앙으로 이어질 수 있으므로, 북한의 사이버전 목표는 이곳에 집중될 것이다. 예를 들면, 북한의 해커가 철도 시설의 네트워크 및 시스템을 장악하여 열차의 충돌을 일으킬 경우 대량의 사상자가 발생할 수 있으며, 원자력 발전소의 발전시설을 해킹하여 임계치 이상의 핵분열을 하도록 한다면 핵무기에 버금가는 폭발로 국가 재앙 사태가 생길 것이다. 위의 예는 영화나 상상속에서 나온 예들이 아니다. 실제로 2012년 국가 정보화 백서에서 발표한 국가기반시설의 국내외 전자적 제어시스템 피해사례는 [표 2-1]과 같다.

9) 스턱스넷(Stuxnet) : 독일 지멘스사의 산업자동화제어시스템을 공격 목표로 제작된 악성코드로 원자력, 전기, 철강, 반도체, 화학 등 주요 산업 기반 시설의 제어 시스템에 침투해 오작동을 일으키는 악성코드를 입력해 시스템을 마비

표 2-1 국내외 전자적 제어시스템 피해사례

시기	발생국	피해내용	비고
2003.1	한국	• ISP의 DNS 등이 슬래머웜에 감염 • 수 시간 동안 운행중단 • www.krcert.or.kr/index.jsp	통신
2003.8	미국	• 동부 지역의 철도신호시트템이 소빅-F웜에 감염 • 수 시간 동안 운행중단 • www.cbsnews.com/storises/2003/08/21/tech/main569418.shtml	교통
2007.3	미국	• DHS 주관 미국발전소 제어시스템 모의해킹 • 발전기 가동 사이클을 변경하여 발전기 파괴 • www.cnn.com/2007/us/09/26/power.at.risk/index.html#cnnSTCText	전력
2008.1	폴란드	• 14세 소년이 TV리모콘을 개조하여 트램교차로 불법조작 • 4대의 트램 탈선 및 12명 부상 • www.telegraph.co.uk/news/worldnews/1575293/schoolboy-hacks-into-citys-tram-system.html	교통
2008.5	미국	• 회계감사원(GAO) 주관 미국 최대 국립전력회사인 TVA사 제어시스템을 모의해킹 • 발전소 제어시스템 침투성공 • www.cnn.com/2008/us/05/21/cyber.attack/index.html	전력
2009.8	러시아	• 수력발전 댐의 터빈제어시스템 장애 • 발전기 터빈 폭발. 75명 사망 • en.wikipedia.org/wiki/2009_sayano_sayano_shushenskaya_hydro_accident	수자원
2010.7	이란	• 스턱스넷 바이러스 원자력발전소 제어시스템 침투 • 이란 나탄즈 원자력 원심분리기의 일부분 기능 마비 • en.wikipedia.org/wiki/stuxnet	원자력
2011.11	미국	• 일리노이 주 상수도 시설 시스템 침투 • 펌프 작동 시스템 파괴 • www.bbc.co.uk/news/technology-15817335	수자원
2014.12	한국	• 한국수력원자력 전산망 해킹 • 한수원 직원 개인정보 및 원전 운전 매뉴얼 공개 • http://science.ytn.co.kr/program/program_view.php?s_mcd=0082&s_hcd=&key=201507141550438658	원자력
2015.10	한국	• 서울메트로 PC관리프로그램 운영 핵심 서버를 북한 해커 집단이 장악 • 악성코드 감염 58대, 서버 권한 탈취 2대, 업무자료 12건 유출 • http://www.boannews.com/media/view.asp?idx=48090&kind=1	교통

2.3 사이버전의 영역

2.3.1 컴퓨터 네트워크 작전

컴퓨터 네트워크 작전은 컴퓨터 및 네트워크와 관련된 기반 장비를 토대로하는 군사 및 군사관련 영역의 컴퓨터 네트워크상 공간에서 적의 컴퓨터 및 네트워크와 그에 내재해 있는 정보를 공격하여 붕괴시키거나 정보활동을 통해 적의 컴퓨터 네트워크를 이용하는 한편, 아군의 컴퓨터 네트워크와 정보를 방어하는 무형적(non-kinetic)정보작전 활동이다. 컴퓨터 네트워크 작전은 방어와 공격 두 가지로 나뉜다. 컴퓨터 네트워크방어(CND : Computer Network Defence)는 아군의 컴퓨터 및 컴퓨터 네트워크 내 인가되지 않은 활동에 대하여 이를 방호, 감시, 분석, 탐지 및 대응하기 위해 취해지는 활동이며, 컴퓨터 네트워크 공격(CNA : Computer Network Attack)은 컴퓨터와 컴퓨터 네트워크 그 자체에 내재하고 있는 정보를 혼란, 차단, 손상, 파괴하거나 정보활동에 의해 이를 이용하는 공세적 활동이다. 컴퓨터 네트워크 작전에 대한 자세한 내용은 2장에서 다루기로 한다.

2.3.2 사이버 심리전

2012년 11월 14일, 이스라엘이 팔레스타인의 무장정파 하마스의 군사 지도자 아흐마드 자바리를 정밀타격으로 살해하면서 가자지구에 다시금 피바람이 일었다. 8일 동안 계속된 이 교전에서 '총성 없는 전쟁' 사이버전은 그 어느 때보다 더 치열했다. 또한 이스라엘, 하마스 양측 모두 소셜 네트워크 서비스(SNS)를 적극적으로 활용하면서 오늘날의 사이버전은 새로운 전기를 맞이하였다.

심리전의 기본원리는 특정 대상에게 심리적 자극을 주어 주체자가 의도하는 반응을 얻어내는 것이 핵심이다. 국가, 집단, 개인을 대상으로 하지만, 궁극적으로는 인간, 인간정신을 대상으로 한다. 상대방의 견해, 태도, 행동 등을 자기에 유리하도록 유도하는 심리적 수단을 계획적으로 사용하는 것을 통칭하는 것이 심리전이며, 특정 대상에 특정 목표를 두고 자기에게 유리한 상황으로 만드는 협의적 의미도 포함된다.

사이버 심리전이란 정보통신 기술 기반의 사이버 공간에서 명백한 군사적 적대행위 없이 적군이나 상대국 국민에게 심리적인 자극과 압력을 주어 자기 나라의 정치, 외교,

군사 면에 유리하도록 이끄는 전쟁으로 사이버 공간에서 수행되는 심리전이다. 주로 컴퓨터 및 스마트 폰을 이용하여 홈페이지, SNS, 블로그 등을 이용하여 유언비어를 유포하거나, 중상모략, 흑색선전선동을 통해서 국론 분열 및 사회적 혼란을 야기하기도 한다.

사이버 심리전은 [표 2-2]와 같은 특징이 있다.

표 2-2 사이버 심리전의 특징

제목	내용
출처와 공세요원의 익명성	사이버 공간에서 출처와 공세요원이 익명 또는 가명으로 전달한다.
광범위성과 내용 전파의 신속성 → 무제한적 정보확산	표적 내용이 신속하게 불특정 다수나 특정그룹에게 무제한 확산된다.
높은 수준의 상호 작용	SNS 등 상호 의사소통 및 피드백으로 대상과 밀접한 관계 유지가 가능하여, 대상자의 동요 등 심리상태를 실시간 파악할 수 있다.
저비용, 편리성	네트워크 연결만으로 시 / 공간을 초월하여 정보를 송, 수신할 수 있다.
정보의 보안성과 동시에 취약성도 존재	전문가 그룹에 의해 무차별 정보누출이 가능해 심리전 방어에 취약하다.

출처 : I-WAR, 손영동

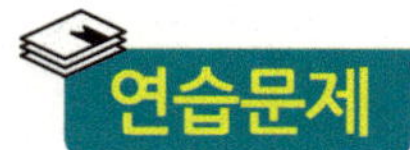

연습문제

〈객관식〉

1. 다음 중 사이버 심리전의 특징이 아닌 것은?

① 출처와 공세요원의 익명성　　② 광범위성과 내용 전파의 신속성

③ 높은 수준의 상호 작용　　④ 고비용, 편리성

⑤ 정보의 보안성과 동시에 취약성도 존재

〈단답형〉

1. 작전 영역에서의 지상, 바다, 하늘, 우주를 비롯한 전쟁의 영역 중 하나이지만, 나머지 네 개의 영역과는 다르게 인위적으로 만들어진 공간으로 각 전장 영역에서의 활동을 하나의 활동으로 연결해 주는 매개체 역할을 하는 인터넷, 통신네트워크, 컴퓨터 시스템, 내장 프로세서 및 제어기 등이 포함된 정보기술기반의 독립된 네트워크로 구성된 정보환경 영역을 의미하는 것은?

(　　　　　　　　　　　　　　　　　　　　)

2. 국가 또는 그 요원이 자국의 이익을 위해 인터넷 등 사이버 공간에서 정보기술을 이용하여 타국을 대상으로 적대적 행위를 가하고, 이에 대하여 타국이 사이버공간에서 정보 기술을 통해 방어하는 일련의 전쟁양상은?

(　　　　　　　　　　　　　　　　　　　　)

3. 정보통신 기술 기반의 사이버 공간에서 명백한 군사적 적대행위 없이 적군이나 상대국 국민에게 심리적인 자극과 압력을 주어 자기 나라의 정치, 외교, 군사 면에 유리하도록 이끄는 전쟁을 의미하는 것은?

(　　　　　　　　　　　　　　　　　　　　)

〈서술형〉

1. 컴퓨터 네트워크 작전(Computer Network Operations)이란 무엇인가?

Chapter

03 사이버전 사례

해킹(hacking) 및 사이버전(cyber warfare)의 역사는 컴퓨터와 네트워크 출현과 함께 시작되었으며 그 동기는 단순한 호기심에서부터 경제적 이익, 정치적 복수에 이르기까지 다양하게 변화하였다. 본 장에서는 역사적으로 주목할 만한 여러 가지 해킹 및 사이버전 사건을 소개하겠다.

그림 3-1 카오스 컴퓨터 클럽 주체의 Hacking Cyber Warfare 2013

출처 : http://www.globalpost.com

3.1 해킹의 역사

3.1.1 해킹의 태동

해커(hacker)는 1960년 미국 MIT(Massachusetts Institute of Technology)의 모형 기차 제작 동아리(Tech model railroad club)에서 처음으로 탄생했다. 해킹(hacking)이란 단어는 전자 기기의 스위치들을 빠르게 조작(hack)한다는 것에서 유래했는데 모형 기차 제작 동아리의 학생들은 본래 동아리 취지에서 벗어나 교내 컴퓨터 시스템 쪽으로 연구하였다. 1980년 최초의 전자게시판이 만들어지면서 해커들은 전자게시판뿐만 아니라 이메일에서 탈취한 컴퓨터 암호 및 신용카드 번호를 공유하면서 주목 받았다. 미국에는 리전 오브 둠(Legion of Doom), 독일에서는 카오스 컴퓨터 클럽(CCC: Chaos Computer Club)과 같은 해킹 그룹이 형성되기 시작했다.

그림 3-2 1960년대 MIT의 모형 기차 제작 동아리

출처 : http://webmuseum.mit.edu

3.1.2 개인 컴퓨터의 등장

1980년대 IBM은 CPU, 소프트웨어, 메모리, 스토리지, 운영체제가 장착되어 독립적으로 작동할 수 있는 개인 컴퓨터(PC: Personal Computer)를 개발했다. 개인 컴퓨터의 보급과 함께 컴퓨터 해킹이 급속도로 발전하기 시작했는데 대표적으로 '414 gang'사건을

들 수 있다. 1983년 FBI(Federal Bureau of Investigation)는 미국 밀워키(Milwaukee)의 지역번호를 따서 이름 붙인 '414 gang'이란 해커 그룹의 10대 해커 6명을 60대의 컴퓨터에 침입한 죄로 체포했다.

3.1.3 모리스 웜

1988년 코넬대학교(Cornell University)를 졸업한 로버트 모리스(Robert Morris)는 인터넷 상에서 최초의 웜(worm)을 만들어 냈다. 모리스는 훗날 웜을 만들게 된 것이 누군가에게 피해를 주기 위함이 아니라, 웹의 규모를 알고 싶어서였다고 말했다. 모리스는 웜의 기원이 코넬대학교라는 것을 숨기기 위해서, 웜을 MIT에서 배포해 인터넷의 취약점을 공략하도록 했다. 그러나 설계상의 문제로 인해 웜은 모리스가 의도했던 것 보다 훨씬 빠른 속도로 자기 복제를 해 나갔고, 시스템 오버로드 등으로 막대한 손해를 입혔다. 그는 네트워크로 연결된 6,000여 대의 컴퓨터를 감염시켜 정부 및 대학교 시스템을 마비시켰고 결국 웜의 최초 배포자로 밝혀지면서, 컴퓨터사기남용법(CFAA : Computer Fraud and Abuse Act)이 적용 되어 처벌받는 첫 번째 인물이 되었다. 모리스는 3년간 보호 관찰을 받고 400시간 동안의 자원 봉사와 1만 50달러의 벌금을 선고 받았다. 이를 계기로 미 국방부는 1988년 11월 카네기 멜론 대학교에 컴퓨터 비상 대응팀(CERT: Computer Emergency Response Team)을 설립했다.

그림 3-3 1988년 체포되는 로버트 모리스

출처 : http://www.computerworld.com

3.1.4 해킹 도구의 개발

1990년대 인터넷 브라우저 넷스케이프(Netscape)가 개발되고 웹 정보에 대한 접근이 가능해짐에 따라 해커들은 자신들의 노하우와 프로그램을 웹 사이트로 옮겨놓았다. 이에 다양한 해킹 정보와 사용이 편리한 해킹 도구들이 웹을 통해 본격적으로 공개되기 시작했다. 일부 사용자들은 패스워드 스니퍼(password sniffer)와 같은 도구를 사용해 사적인 정보를 캐기도 하고 은행 컴퓨터 내의 계좌 정보를 변조하기도 했다. 언론은 이들을 해커라 불렀고, 해커는 더 이상 순수한 목적으로 시스템의 내부를 연구하는 사람을 지칭하는 용어로 쓰이지 않게 되었다.

3.1.5 여러 가지 해킹 사건

1995년 FBI는 20,000개의 신용카드 번호를 훔친 혐의로 케빈 미트닉(Kevin Mitnick)을 체포했는데, 아이러니하게도 그는 이를 계기로 해커 추종자들 사이에서 영웅의 반열에 올랐다.

같은 해 한 러시아 범죄 조직의 우두머리인 블라디미르 레빈(Vladimir Levin)이 씨티은행(Citibank) 네트워크에 있는 계좌에 접속 해 수백 만 달러를 훔치는 사건이 발생하였다. 거대 범죄 조직을 등에 업은 레빈은 런던에 있는 컴퓨터를 사용해 고객 코드(customer codes) 및 패스워드 목록을 얻어낸 후, 몇 주에 걸쳐 로그인을 반복해 범죄 조직의 계좌로 돈을 빼돌렸다. 공식적인 기록에 따르면 그는 370만 달러를 훔쳤다. 결국 FBI가 런던 공항에서 그를 잡았고, 미국 재판에 넘겨진 후 유죄 판결을 받아 약 3년간의 수감형을 받았다. 또한 씨티은행 측에는 24만 15달러를 배상하라는 판결이 내려졌다.

'c0mrade'라는 해커 명으로 알려진 조나단 제임스(Jonathan James)는 1999년 16세의 나이에 앨러배마 주 헌츠빌(Huntsville)의 마샬우주비행센터(Marshall Space Flight Center)를 해킹해 국제우주정거장의 특허 소프트웨어를 다운로드 하는 데 성공했다. 특허 소프트웨어는 국제우주정거장의 물리적 환경을 지탱하고 우주 생활에서 중요한 습도 및 온도를 조절하는 역할을 하는 소프트웨어였다. 나사(NASA) 관계자들은 조나단이 훔친 것이 약 170만 달러의 가치가 있다고 밝혔다.

'솔로'라는 별명으로 통한 스코틀랜드 해커 개리 맥키넌(Gary McKinnon)은 2001년과 2002년 미국 국방부 컴퓨터를 해킹했다는 혐의를 받았다. 국방부 관계자들에 따르면 맥키넌은 국방부 운영 체제에서 중요한 파일들을 지우고, 24시간 동안 약 2,000여 대의 컴퓨터가 있는 워싱턴의 미군 관구사령부(US Army Military District) 네트워크의 작동을 중지시켰다. 그는 또 얼 해군 무기 기지(Earle Naval Weapons Station)의 일지를 삭제하기도 했는데, 관계자들에 따르면 맥키넌이 저지른 일을 복구하기 위해 약 70만 달러의 비용이 들었다고 한다.

알버트 곤잘레스(Albert Gonzalez)는 사이버 범죄 조직의 수장으로, 이 조직은 2005년부터 2007년 사이 TJX를 비롯해 신발 가게 DSW나 오피스맥스(OfficeMax), BJs 홀세일 클럽(BJs Wholesale Club), 데이브 앤 버스터(Dave & Busters) 등 많은 소매상들에서 9,000만 개가 넘는 신용카드 및 직불 카드(debit card)를 훔쳤다. 곤잘레스는 또 2008년 하트랜드 결제 시스템(Heartland Payment Systems)에 막심한 피해를 입힌 해킹을 주도한 인물이기도 하다. 2009년, 곤잘레스는 20년의 수감을 형 받았는데, 이는 미국 내에서 해킹이나 신원 도용에 내리는 처벌 중 가장 무거운 형벌이었다.

3.2 사이버전 사례

해킹은 비용 대비 효과(파괴력)가 큰 비대칭 무기의 성격을 띠고 있으며 공격자의 익명성을 은폐하기 쉽고, 공격자의 신원이 노출되더라도 보복이 어렵다는 특징이 있다. 이런 특징 때문에 해킹 공격이 일종의 전쟁 무기로써 활용되기 시작하였고, 이는 사이버전으로 확대되었다.

3.2.1 국외의 사이버전 사례

사이버전은 2000년대 중반부터 본격적으로 등장했다. 대표적인 사례로 2007년 발생한 러시아의 에스토니아 사이버 공격을 꼽을 수 있다. 당시 에스토니아는 러시아의 사이버 공격으로 3주간 대통령궁, 의회, 정부기관, 은행, 이동통신 네트워크 등 국가 시스템 전체가 마비되는 초유의 사태를 겪었다. 에스토니아는 인터넷 무선 접속이 비교적 자유롭고, 인구의 절반 이상이 인터넷 뱅킹을 하고 있는 IT강국이어서 피해가 더욱 심각했다.

또한 2008년 8월 러시아와 그루지야의 영토 분쟁에 앞서 대규모의 사이버 공격이 진행되었다. 그루지야전은 오세티아 자치주의 독립문제로 그루지야가 남오세티아를 공격하자 그루지야와 갈등이 있던 러시아가 참전하면서 발발했다. 2008년 6월 28일부터 사흘 간 그루지야의 정부 홈페이지, 언론사, 포털 사이트 등이 대규모 분산 서비스 거부(DDoS)공격을 받았으며, 당시 DDoS공격은 평균 2시간 15분, 최장 6시간 동안 지속되었다. 이 공격은 물리전과 사이버전이 병행될 수 있음을 보여준 대표적인 사례로 꼽히고 있다.

국가 기반시설에 대한 대표적인 사이버전 사례로는 사이버 미사일이라 불리는 악성코드인 스턱스넷(Stuxnet)을 들 수 있다. 스턱스넷은 2010년 6월에 발견된 바이러스의 일종으로 마이크로소프트 윈도우즈를 통해 감염되어, 지멘스 산업의 소프트웨어 및 장비를 공격한다. 스턱스넷이 산업시설을 공격하는 최초의 악성 소프트웨어는 아니지만, 산업시설을 감시하고 파괴하는 악성 소프트웨어로는 최초이다. 스턱스넷은 마이크로소프트 윈도우즈가 설치된 임의의 컴퓨터에 감염될 수 있지만 지멘스의 SCADA 시스템만을 제어하고 감시하는 특수한 코드를 내부에 담고 있다. 스턱스넷은 장비를 프로그램하는데 사용되는 PLC(Programmable Logic Controller)를 감염시켜 장비의 동작을 변경한다.

스턱스넷은 이란에 있는 5개 시설에서 발견되었으며, 공격 목표는 이란의 우라늄 농축 시설인 것으로 추정되었다. 2010년 8월 시만텍은 스턱스넷에 감염된 전세계의 컴퓨터 중 60%가 이란에 소재한 컴퓨터라고 발표했다. 11월 29일 지멘스는 스턱스넷이 자

그림 3-4 스턱스넷의 기간시설 파괴 원리

출처 : http://www.bk1news.com

그림 3-5 스턱스넷 감염 호스트 분포

출처 : http://www.symantec.com/ko/kr/index.jsp

사의 고객에게 어떤 피해도 끼치지 않았으나, UN 안보리 결의안 1737호에 의해 사용 금지된 지멘스 제품을 비밀리에 입수하여 사용 중인 이란 핵시설만이 피해를 입었다고 발표했다. 전문가들은 2010년 3월이나 4월부터 이것이 퍼지기 시작했다고 추정했으나, 첫번째 변종은 2009년 6월부터 등장한 것으로 밝혀졌다. 전파 속도가 느리다고 여긴 개발자들이 2010년 3월 크게 발전된 두 번째 변종을 제작한 것으로 추정된다. 2010년 4월에는 약간의 수정을 거친 세 번째 변종이 퍼지기 시작했다.

스턱스넷은 치밀한 정보수집과 실험을 걸쳐 탄생한 정교한 사이버 무기이다. 해커들이 만드는 일반적인 웜이나 바이러스보다 50배 정도 큰 것으로 알려졌으며 기존 방식으로는 탐지가 되지 않는다. 스턱스넷 공격으로 이란이 가지고 있던 원심분리기 5,000여 개 중에서 1,000개 정도가 파괴되었고, 우라늄 농축 프로그램이 약 2년 정도 지연된 것으로 평가된다. 스턱스넷은 다른 컴퓨터들과 분리된 폐쇄 컴퓨터 네트워크를 감염시키고 탐지되지 않으면서 막대한 피해를 입힌 점으로 보아, 단순히 해커 집단의 행위는 아닌 것으로 추정되었는데, 결국 언론을 통해 미국과 이스라엘 정부의 개입이 있었음이 보도되었다.

스턱스넷과 함께 최근 중동 지역에 대한 사이버 공격 사례가 많아지고 있다. 2012년 5월에는 이란의 컴퓨터 보안 기관들이 플레임(Flame)이라 불리는 첩보용 악성 프로그램의 존재를 확인하였다. 컴퓨터 네트워크와 USB 메모리를 통해 전파되는 플레임은 소리, 화면, 키보드 동작, 네트워크 활동, 나아가 블루투스가 설치되어 있는 컴퓨터의 경우 그

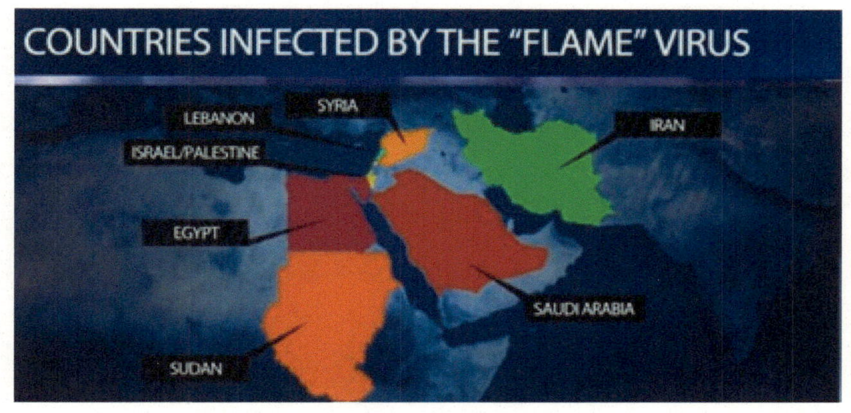

그림 3-6 플레임에 감염된 국가들

출처 : 카스퍼스키 랩

주변에 있는 블루투스 기기의 활동과 데이터까지도 탐지한다. 플레임은 스턱스넷보다 복잡한 프로그램으로 주로 정부기관을 목표로 하였다. 플레임은 발각되는 것을 피하기 위해 스스로 흔적을 지우는 기능을 탑재한 것으로 알려져 있다. 플레임은 이란의 국립 CERT에 의해서 확인되었을 뿐만 아니라 감염된 컴퓨터의 대부분이 이란에 위치하고 있어서 스턱스넷과 마찬가지로 이란을 대상으로 한 사이버 공격으로 여겨진다. 또한 프로그램의 복잡성, 공격 대상의 특성 등을 고려해 봤을 때 특정 국가의 개입 가능성이 높다고 할 수 있겠다.

2014년 11월에는 GOP(Guardian Of Peace)라는 집단 세력이 영화 배급 회사인 소니 픽처스(Sony Pictures)의 전산망을 마비시키고 최신 개봉작, 미개봉 영화 등을 포함한

그림 3-7 소니 픽처스 해킹관련 보도

출처 : http://www.mbn.co.kr

수백 TB(Tera Byte)에 달하는 자료를 유출시킨 사건이 일어났다. 이 사건은 소니 픽처스가 북한 김정은의 암살이 주제인 영화 “디 인터뷰”의 최종 예고편을 공개한 직후에 일어났기 때문에 사건의 배후로 북한이 의심을 받았다. 미국 정부에서는 이 사건을 북한의 소행이라고 공식 비난하였지만 북한 당국은 이를 부인하였다. 일부 보안 전문가들은 이 사건에 북한 정보가 연결되어 있다는 것은 정황적인 증거이고, 시스템을 공격한 수준을 보았을 때 내부 관계자의 소행일 가능성을 높게 보았다.

3.2.2 국내 사이버전 사례

국외에서 발생한 여러 가지 사이버전 사례들에 이어 최근 우리나라에서도 대규모의 사이버 테러가 발생하였다. 그 중 대표적인 예가 7.7 DDoS와 3.20 전산대란이다. 2009년 7월 7일, 7.7 DDoS 공격이 1차, 2차 그리고 3차 공격까지 이어지는 사건이 발생했다. 해커들은 먼저 미국의 주요 사이트들을 공격한 후에 국내 주요 사이트의 업무를 마비시켰다. 7월 9일 국가정보원에서는 발생의 진원지가 북한의 110호 연구소로 추정된다는 발표를 하였고, 보안 업체에서는 미국과 우리나라를 포함한 여러 국가의 IP에서 발생이 시작된 것이라고 추정하였다. 이어서 7월 16일, 영국의 GDB(Global Digital Broadcast)는 “DDoS 공격에 사용된 마스터 서버를 미국의 협력업체가 보유하고 있는 것으로 확인됐다”고 발표했고, 10월 말 국정원에서는 진원지가 북한의 체신청이라는 공식 조사결과를 발표했다. 11월 17일 미국의 보안업체 맥아피(McAfee)는 북한이 만약 DDoS 공격을 감

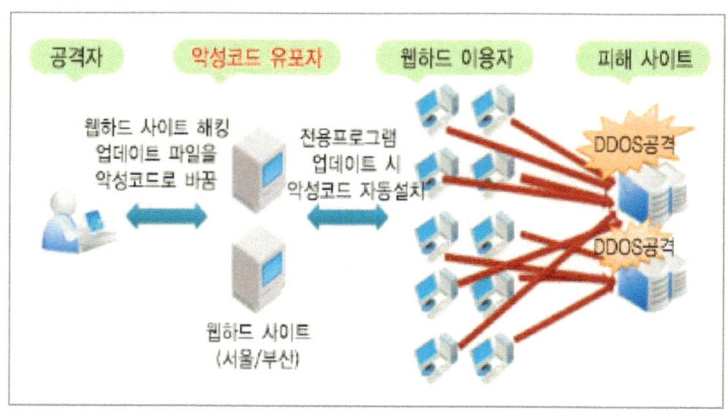

그림 3-8 7.7 디도스 공격 경로

출처 : http://www.ddaily.co.kr

행했다면 주한미군과 본토 지휘부 사이의 커뮤니케이션을 마비시키기 위한 전략에 따른 것일 수 있다고 보고했고, CNN 등의 언론은 이를 인용하여 보도했다.

공격은 여러 단계를 거쳐 변화하면서 진행되었다. 처음 공격은 미국 사이트들을 대상으로 이루어졌는데 이에 미국에서는 7월 4일을 1차 공격으로, 우리나라에서는 7월 7일을 1차 공격으로 부르고 있다. 공격방식의 특징은 공격 명령을 하달하는 C&C 서버(Command and Control Server, 명령 제어 서버)가 없으며, 미리 지정해둔 스케쥴러(scheduler)에 따라 지정된 시간에 공격하게 되어있다. 따라서 공격을 방어하기 위해서 대부분의 DDoS 공격을 차단할 수 있는 방식인 IP차단 방식을 사용할 수 없었다. 우리나라를 목표로 한 1차 공격은 2009년 7월 7일 오후 6시 경에 시작되었고 약 24시간동안 지속되었다. 이때 우리나라와 미국의 주요 26개 사이트를 공격했는데, 청와대 및 백악관, 그리고 주요 언론사와 주요 정당, 포털의 홈페이지 등이 공격 받았다. 2차 공격은 2009년 7월 8일 오후 6시에 시작되었고 약 24시간동안 지속되었다. 1차 공격 리스트에 있었던 사이트 일부와 주요 포털 사이트의 메일서비스를 포함해 16개의 사이트를 공격했다. 3차 공격은 2009년 7월 9일 오후 6시에 시작되었다. 3차 공격으로 인해 국가정보원과 일부 금융기관 홈페이지에 장애가 있었지만 약 3시간 만에 정상화되었다. 7.7 DDoS 공격의 사후 조치로서 5개 분야 정부 DDoS 대응체계 구축 사업과 함께 DDoS 대응장비를 별도로 지정하였다. 또한 국가정보원장 주재로 국가사이버안전전략회의가 개최되었으며 사이버 공격으로부터 대응역량을 강화하기 위한 '국가 사이버위기 종합대책'을 수립하고 시행하였다.

7.7 DDoS 공격으로부터 약 4년 후 3.20 전산대란이 일어났다. 2013년 3월 20일 우리나라의 주요 언론과 기업의 전산망이 마비되고, 다수의 컴퓨터가 악성코드에 감염되어 피해를 입었다. 악성코드의 유포로 3만 2천여 대의 시스템이 감염된 것으로 알려져 있으며 방송통신위원회는 사건 당일 브리핑에서 "피해 기관으로부터 채집한 악성코드를 분석한 결과 특정 업체의 업데이트 관리 서버(PMS)에서 악성코드가 유포된 것으로 추정된다"고 설명했다. 다음날인 21일 브리핑에서는 단일 조직이 계획한 트로이 목마를 통해 사전에 유입된 악성코드에 공격당한 것으로 추정되며, 일부 기업의 악성코드 유입 경로 추적 결과 중국 소재 IP 주소가 발견되었다고 발표했다. 하지만 22일 중국이 아니라 농협은행의 것으로 정정했는데 '101.106.25.105'라는 사설 IP 주소가 중국의 국제 공인 IP 주소와 같아 잘못 판단했다고 설명했다. 보안 업체인 잉카인터넷의 분석 자료에 따르면 ApcRunCmd.exe, Othdown.exe라는 파일명의 악성코드가 확인되었는데 이 악성

그림 3-9 3.20 전산대란 주요 언론사 보도

출처 : http://ytn.co.kr, http://kbs.co.kr

코드는 2013년 3월 20일 오후 2시가 되면 시스템을 파괴하도록 설계되어 있었다.

4월 10일 오후 정부과천청사 미래창조과학부 브리핑실에서 발표된 중간 조사 결과 발표에서는 북한 정찰총국의 소행으로 추정된다고 결론 내렸으며, 2012년 6월 28일부터 최소한 6대의 북한 내부에 있는 PC들로부터 악성코드가 유포되었다고 밝혔다.

공격에 의한 피해를 살펴보면 마스터 부트 레코드(MBR)와 볼륨 부트 레코드(VBR)를 파괴하여 컴퓨터가 부팅이 되지 않았고, KBS, MBC, YTN 등 주요 언론사 PC가 피해를 입어 업무에 차질이 있었다. 신한금융지주의 계열사인 신한은행과 제주은행의 전산망이 장애를 일으켰고, 농협은행도 일부 PC에서 문제를 일으켜 추가 피해를 예방하기 위해 LAN 케이블을 분리하였다.

연습문제

〈객관식〉

1. 로버트 모리스(Robert Morris)가 1988년 네트워크로 연결된 6,000여 대의 컴퓨터를 감염시킴으로 정부 및 대학교 시스템을 마비시킨 악성코드는 무엇인가?

① 스턱스넷(Stuxnet)

② DDoS

③ 웜(worm)

④ PLC(Programmable Logic Controller)

⑤ 플레임(Flame)

〈단답형〉

1. 2009년 7월 7일에 발생하여 3차에 걸쳐 국내와 미국의 주요 사이트의 업무를 마비시킨 사건에서 해커가 사용한 공격 기법은 무엇인가?

( )

〈서술형〉

1. 스턱스넷(Stuxnet)을 이용한 사이버 공격이 다른 사이버 공격과 다른 점을 서술하시오.

PART

2

사이버전 환경

Chapter

04 네트워크 중심전과 네트워크 작전

미래전은 대량살상전과 소모전의 양상에서 벗어나 피·아간의 피해를 최소화하는 효율과 효과 중심의 전쟁으로 바뀌고 있다. 미군에서 제시한 신속결정적작전과 효과기반작전은 이러한 패러다임을 가시화한 대표적인 결과물이다. 걸프전을 통해 미군은 우세한 기동과 정밀타격 능력, 그리고 정보 우위가 미래 전쟁의 승패를 좌우하는 키워드임을 실증하였다.

이중 정보의 우위는 네트워크 중심전과 밀접한 관계를 가진다. 네트워크화 된 지휘·통제 체계를 통해 전장상황을 빠르게 공유하고, 지휘관의 의사결정 시간을 단축시킴으로써 효율적인 전쟁수행을 보장하는 네트워크 중심전은 적의 약점을 먼저 파악하고, 적보다 빠른 결심을 통해 효과기반작전과 신속결정적작전을 지원한다. 즉, 미래전의 성공을 위한 필요조건이 네트워크 중심전인 것이다. 네트워크 중심전을 수행하기 위해서는 네트워크 중심환경을 성공적으로 구축해야하는데 이는 만만치 않는 노력과 시간, 그리고 비용이 요구되는 복잡한 일이다.

미군은 네트워크 중심환경(NCOE)의 구축을 위해 네트워크 작전(NCO)을 수행한다. 네트워크 작전이란 네트워크 중심환경을 운용하고 이를 방어하기 위한 작전이다. 미래전에서 네트워크 중요성을 단적으로 보여주는 예라고 할 수 있다. 네트워크의 군사적 중요성이 증대됨에 따라 적군의 하드웨어와 소프트웨어를 공격하는 이른바 사이버전도 함께 주목을 받고 있다. 해커라고 불리는 소수의 인원들의 전유물이었던 해킹은 이제 군사적 영역에서 무시할 수 없는 영향력을 발휘하고 있다. 본 장에서는 미래전의 양상인 효과기반작전과 신속결정적작전에서부터 새롭게 주목받고 있는 사이버전까지의 역사적 흐름을 기술하고자 한다.

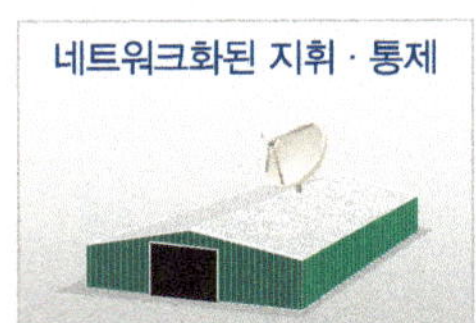

그림 4-1 신속결정적작전, 효과기반작전, 그리고 네트워크 중심전의 관계

4.1 미래전의 양상

군사혁신(Revolution in Military Affairs)이란 미래전의 이론으로서 통상 과학기술의 발전과 조직구조의 개선을 통해 효과적인 군사력을 정착시키기 위한 활동을 뜻한다. 군사혁신의 개념은 1970년대 구 소련의 마샬 니콜라이 오르가코프(Marshal Nikolai Orgakov)에 의해 최초 이론으로 정립되었으며, 미군에서는 앤드류 마샬(Andrew Marshall)에 의해 소개 되었다. 이후 캐나다, 영국, 네덜란드 등 다른 국가에서도 군사혁신에 대한 관심을 보이기 시작하였지만, 기반시설 구축에 필요한 높은 투자비용으로 주로 조직구조의 개선에 초점을 두었다.

1991년에 발발한 걸프전은 군사혁신에 대한 전 세계적인 관심을 다시금 불러일으켰다. 미군은 인공위성과 같은 우세한 정보자산, 유도 미사일 등의 정밀 타격체계, 그리고 지형적으로 떨어져있는 여러 부대들을 연결해주는 통신기술을 통해 이라크군에 일방적인 승리를 거두었다. 당시 이라크군이 보유하고 있던 재래식 무기의 수와 이라크군 규모를 고려했을 때 이는 충격적 결과였다. 미군의 걸프전 수행에 대한 분석을 통해 알아본 군사혁신의 방향은 다음과 같다.

첫째, 전쟁의 패러다임 변화이다. 과거 지형적 목표를 확보하거나 상대의 군사력을 파괴하는 이른바 섬멸전(annihilation war)과 소모전(attrition war)의 양상에서 벗어나 적의 지휘부, 주요 장비 및 시설을 타격하여 전투수행능력과 의지를 파괴하여 승리를 달성하는 효과중심의 전쟁양상으로 변모하고 있다. 이를 위해 산술적 전투력의 통합보다는 전투력 승수효과(synergy effect) 달성에 주안을 둔 효과중심, 심리적 마비 중심의 전쟁수행 방식이 보편화되고 있다.

둘째, 플랫폼 중심에서 네트워크 중심으로의 작전환경 변화이다. 개별적 군사행동 능력을 갖추어 표적을 탐지하고 타격할 수 있는 전차, 화포, 함정, 전투기 등과 같은 플랫폼 중심 작전환경에서 다양한 작전요소들이 상호연결 되어 실시간으로 정보공유가 가능한 네트워크 중심의 작전환경으로 변화한다. 이러한 환경에서는 모든 작전요소들이 분산된 위치에서도 동일한 작전목적 달성을 위해 동시·통합적으로 운용될 수 있다.

셋째, 기동과 화력의 우위보다 지식과 정보의 우위가 더욱 중요해진다. 지식과 정보 우위 달성을 통해 아군이 원하는 시간과 장소에서 상대적 전투력 우위를 달성할 수 있을 뿐만 아니라 상대방의 취약점에 효과적으로 전투력을 집중하여 주도권을 장악할 수 있다.

미군은 이와 같은 군사혁신을 통해 기존의 결정적 전력의 합동 작전개념에서 신속우위에 기반한 합동 작전개념으로 사고의 전환을 이루었다. 적의 핵심 연결점을 타격하여 전투력을 마비시키고 피·아간의 대량파괴를 회피하는 동시에 전쟁 목표를 달성하는 효율성과 효과성에 기반한 작전개념이다. 제2차 세계대전시 표적을 무력화시키기 위해 수주일에서 수개월 동안 순차적 공격(sequential attack)을 실시하였으나 걸프전에서는 개전 첫날(24시간) 152개의 표적을 병행적으로 공격(parallel attack)할 수 있었다. 이는 미 8공군이 1942년부터 1943년까지 공격했던 총 표적보다 많은 숫자이다[1)].

신속우위에 기반한 작전개념은 신속결정적작전(RDO : Rapid Decisive Operations)과 효과기반작전(EBO : Effects-Based Operations)으로 가시화된다. 기존의 작전 개념이었던 결정적 전력과의 주요 차이점이 [표 4-1]에 잘 나타나 있다.

1) David A. Deptula, USAF, "Effecgs-based Operations : Change in the Nature of Warfare", Aerospace Education Foundation, 2001. Gary Crowder, Air Combat Command, EBO 자료

표 4-1 신 · 구 합동 작전개념의 차이[2)]

구분	신속우위(Rapid Dominance)	결정적 전력(Decisive Force)
목표	적 의지, 인식 및 이해에 대한 통제	적 대항능력의 전반에 대해 군사적으로 결정적 승리
전력의 사용	적 의지, 인식 및 이해를 통제하고 실질적인 전술조치 또는 대응조치에 대한 적 무력화	적 능력을 능가하고 군사적으로 승리하는데 압도적인 능력
전력의 규모	대항세력보다 소규모이나 기술, 훈련, 기교에서는 첨단	대규모, 고도의 훈련 및 완벽화 : 물리적으로 압도적
범위	모든 범위 포함	적 전력과 지원능력
속도	필수적	요망적
손상	양측이 상대적으로 소규모 피해	잠재적으로 양측 대량 피해
기교	마비, 충격, 무기력, 거부, 파괴	군사적 능력의 체계적 파괴

4.1.1 신속결정적작전과 효과기반작전

신속결정적작전이란 지식, 지휘통제, 작전을 통합하여 요망하는 정치적 군사적 목표를 달성하는 미래 합동작전 개념이다. 용어 중 신속(rapid)이라는 말은 적보다 우세한 속도를 통해 신속히 목표를 달성함을 뜻한다. 결정(decisive)이란 적의 전투수행능력과 의지를 말살함으로써 아군의 의지를 적에게 강요함을 뜻한다. 즉, 적이 대응할 수 없는 방향으로 압도적인 비대칭 공격을 가하여 작전조건을 아군이 원하는 방향으로 조정, 통제하여 적의 작전수행능력을 붕괴시키고 저항의지를 말살하는 작전이다.

신속결정적작전의 기본개념은 단순히 적 전력의 소모에 초점을 맞추지 않고 외교 및 경제와 같은 비군사적 수단들과 군사적 능력을 연계하여 효과를 달성함으로써 인명 및 국가 재산의 피해를 최소화하여 가능한 신속히 분쟁을 종결시킬 수 있도록 하는 것이다. 신속결정적작전의 구성요소는 [그림 4-2]와 같이 지식, 지휘통제, 작전의 3가지 범주로 이루어진다.

지식은 전장정보를 공유할 수 있는 공통작전상황도, 운용망평가, 합동정보, 감시 및 정찰을 통해 축적할 수 있고, 지휘통제는 합동상호계획, 합동작전 등을 통해서 이루어진다. 작전은 우세한 기동, 정밀교전, 그리고 정보작전을 중심으로 한 효과기반작전이 핵

2) Christopher Ankersen & Losel Tethong, “Rapid Decisive Ops are Risky Business”, Proceedings, October 2003.

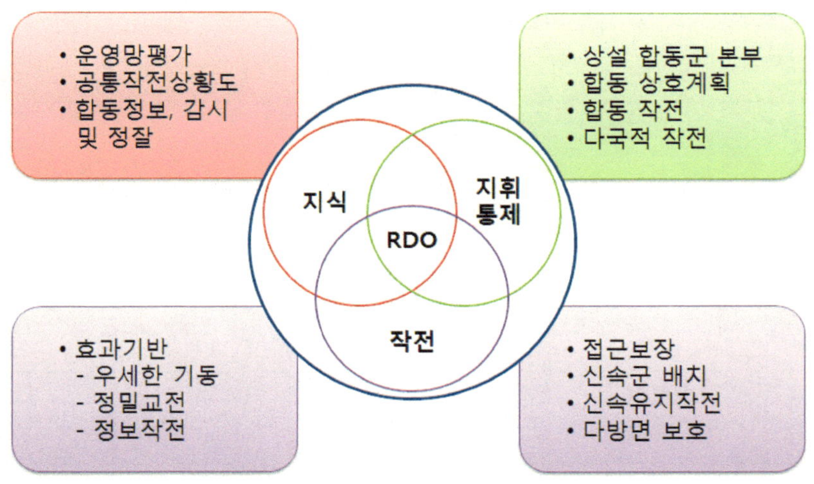

그림 4-2 신속결정적작전의 구성요소[3)]

심이다.

효과기반작전이란 적에 대해 요망하는 전략적 성과나 효과를 얻기 위한 일련의 과정으로서 이를 위해 분쟁의 모든 수준에서, 아군의 가용한 모든 군사적·비군사적 능력을 최대한으로 적용하는 것을 말한다. 이는 효과를 중심으로 하는 새로운 전쟁수행방안으로서 대량 살상 및 파괴를 통해 승리를 달성하는 섬멸전과 대비되는 개념이다.

정보체계가 적의 약점을 파악하여 C4I 시스템을 통해 지휘부에 정보를 전달하고, 아군 지휘부는 종합된 정보를 토대로 타격명령을 내리게 된다. C4I 체계를 통해 전달된 명령과 목표에 대한 정보를 토대로 적의 전략적, 작전적, 전술적 중요부위를 우세한 기동으로 선점할 수 있으며 또한 정밀유도무기로 정확히 공략할 수 있다. 이것이 미군이 주창하는 'sensor-to-shooter'의 개념이다. 특히, 현대전에서의 정밀유도무기의 활약은 수치를 통해서도 확인할 수 있다.

걸프전에서 사용된 레이저 유도폭탄의 수는 7.7%에 불과한 반면 이라크전에서는 67%의 정밀유도무기를 활용하였다. 걸프전 이후의 전쟁에서도 정밀 유도무기의 정확도와 사용량은 증가하였다. [표 4-2]는 전쟁에 따른 정밀유도무기 사용 현황을 보여준다. 정밀유도무기의 사용량이 증가함에 따라 성능도 함께 발달하게 되는데 예를 들어 가로 60ft, 세로 100ft 크기의 표적을 파괴하는데 제 2차 세계대전시에는 9,000발의 폭탄을

---

3) USJFCOM, Toward a Joint Warfighting Concept Rapid Decisive Operations, RDO Whitepaper Ver. 2.0.

표 4-2 정밀유도무기(PGM) 사용 현황[4)]

구분	걸프전	코소보전	아프간전	이라크전
정밀유도무기 사용비율	7.7%	40%	60.4%	67%

표 4-3 전쟁별 무장 및 정확도 비교[5)]

구분	제2차 세계대전	베트남전	걸프전	이라크전
기종	B-17	F-4	F-117	B-2
출격	1,500소티	30소티	1소티	1소티
탄약	9,000발	176발	2발	16발
공산오차	3,300ft	400ft	10ft	20ft
할당표적	1개	1개	1개	16개

사용한 반면, 이라크전에는 B-2폭격기 1회 출격으로 16개의 표적을 무력화시킬 수 있었다. [표 4-3]은 전쟁별 무장 및 정확도를 비교한 표이다. 보는 바와 같이 정밀타격 능력은 점점 발전하고 있으며 전장에서 심리적 효과를 극대화시킬 수 있는 방향으로 전쟁양상을 변화시키고 있다.

전쟁양상은 이제 최소한의 희생으로 최대의 효과를 거두기 위한 효율·효과중심의 철학을 기반을 지향한다. 정보우위를 통해 상대방의 약점을 파악하여 효율적으로 타격하고, 정보우위를 통해 결정적 목표를 식별하여 표적화한 후, 이를 상대적으로 우세한 속도로 확보한다. 결국 신속결정적작전과 효과기반작전의 성공을 위해서는 정보 우위가 뒷받침되어야 한다. 효과기반작전의 세 번째 요소인 정보작전이 없다면, 아무리 우세한 기동능력과 정밀타격 능력이 보유하고 있다하더라도 요망하는 효과를 거두기 어려울 것이다.

4.1.2 네트워크의 군사적 중요성

합참은 정보작전을 "정보우위를 달성하기 위해 가용수단을 통합하여 아측의 정보 및

---

4) Jane's Defense Weekly, 18 June 2003. CSIS 자료

5) David A. Deptula, USAF, "Effecgs-based Operations : Change in the Nature of Warfare", Aerospace Education Foundation, 2001. Gary Crowder, Air Combat Command, EBO 자료

정보체계를 방어하고, 상대의 정보, 정보체계 및 의사결정 과정에 공격을 가하거나 영향을 주는 군사작전"으로 정의한다. 정보화시대에 접어들면서 컴퓨터 기술의 급격한 발전과 함께 정보작전도 네트워크 중심으로 이루어지고 있다. 우리 군만 하더라도 합참의 KJCCS를 중심으로 육군의 ATCIS, 공군의 AFCCS, 그리고 해군의 KNCCS를 통해 지휘통제를 하며, 전장상황을 공유한다.

네트워크의 군사적 중요성이 증대됨에 따라 '네트워크 중심전'이라는 개념이 도입되어 전쟁수행의 핵심도구로써 네트워크를 바라보는 시각이 나타나기 시작했다. 네트워크 중심전이라는 개념은 그 자체가 전적으로 새로운 것은 아니지만 정보의 우위를 달성하기 위하여 미 합참 합동비전을 통해 '글로벌 감시 및 신속한 결정적 타격능력과 지휘통제 능력 구비'라는 목표로 제시되었다. 네트워크 중심전에 대한 내용은 다음 절에서 언급한다.

4.2 네트워크 중심전(NCW : Network Centric Warfare)

네트워크 중심전이란 전장의 제 전력요소들을 연결하여 지리적으로 분산된 위치에서 정보의 공유·활용에 의해 자체 동기화와 속도지휘를 창출하는 정보·지식시대의 전쟁 패러다임이다. 탐지-지휘통제-타격을 C4I로 연결하여 모든 전투원과 정보를 공유하며, 정보 우위의 달성을 통해 작전의 우위를 달성한다는 개념이다. 미군이 군사혁신을 추진하는 과정에서 사용하기 시작한 이 개념은 이제 미 국방부에서 추진하고 있는 군사력 변환의 핵심으로 추진되고 있으며, 점차 범세계적으로 확산되는 추세이다.

여기서 '네트워크 중심'이란 기존의 패러다임인 '플랫폼 중심'에 대비되는 용어이다. 과거의 작전환경이 전차, 함정 등과 같은 개별적 군사행동능력을 가진 플랫폼 중심이었다고 한다면, 이제는 이들 플랫폼들을 유기적으로 연결하여 작전효과를 극대화할 수 있는 네트워크 중심의 작전환경이다[6]. 다양하고 성능이 우수한 감시·정찰체계, 정밀타격체계, 그리고 지휘통제체계를 통합하여 합동전투력을 효과적으로 발휘하는 NCW 개념은 아프가니스탄 전쟁과 이라크 전쟁에서 그 효용성이 상당부분 검증되었다. 네트워크 중심전의 특징은 다음 네 가지로 압축할 수 있다.

---

6) 황진환 외, 『군사학개론』, 2011

첫째, 전투 단위의 축소이다. 네트워크화된 군은 지역적으로 분산되어 있어도 네트워킹을 통해 작전능력을 발휘할 수 있기 때문에 소규모 단위로 편성될 수 있다. 소규모로 편성된 부대는 뛰어난 기동성을 발휘한다. 또한 상대적으로 적은 양의 군수품이 필요하고 이에 따라 더 적은 비용으로 임무를 수행할 수 있게 된다. 전투 단위의 축소는 효율적이고 빠른 임무수행을 가능하게 한다.

둘째, 전력의 집중과 분산이 용이하다. 아군은 일정한 대형을 갖추지 않음에 따라 적이 공격하기 어려우며, 네트워크를 통해 정보를 공유함으로써 공격 목표에 대한 집중이 가능하다. 기존 무기체계간 통신거리 제한으로 인해 병력의 불가피한 집중이 필요했지만, NCW 환경 하에서는 분산 배치된 상태에서도 충분히 전투능력을 발휘할 수 있기 때문에 생존성이 향상될 수 있다. 이라크 전 당시 사용된 스와밍 전술(swarming tactics)[7]은 네트워크를 통한 전력의 집중과 분산의 효과를 입증한 대표적 사례이다.

셋째, 작전의 유연성 향상이다. 실제 전투는 여러 가지 변수에 따라 초기 계획과 다른 양상으로 전개될 수 있으며, 이에 따른 적절한 대책이 필요하다. NCW 작전환경에서는 전투 양상이 비록 다르게 전개되더라도 단위 부대가 전장 정보를 실시간으로 공유함으로써 현재 전장상황의 명확한 인식이 가능하며 이에 따라 혼란을 미연에 방지할 수 있다. 재구성된 작전은 단위부대에 실시간으로 수정 하달되어 작전의 템포를 유지할 수 있게 해준다.

마지막으로, 의사결정시간과 명령하달시간을 단축시킨다. 감시・정찰체계, 지휘통제체계, 정밀타격체계 간 전장정보가 실시간으로 공유됨에 따라 불필요한 중간보고 단계를 생략할 수 있다. 전장에 있는 전투원들은 미 본토로부터의 분석 보고서를 기다리는 대신 센서 디스플레이 상에 나타나는 가공되지 않은 정보를 통해 현재의 상황을 파악할 수 있다. 또한 자동화된 컴퓨터 시스템은 정보 처리에 소요되는 시간을 현격히 단축시켜준다.

4.2.1 네트워크 중심전의 발전

미 국방부 군사력 변환실(Office of Force Transformation)에서 2005년 발간한 「Im-

---

7) 스와밍 전술은 벌떼 전술이라고도 번역하며, 미 해군대학원 교수인 John Arquilla에 의해 네트워크 기술을 적극 활용한 새로운 비선형전으로 소개되었다. 벌떼들은 '윙윙'소리를 통한 상호교신으로 순식간에 무리를 이루어 특정 목표를 공격하게 되는데, 이를 전술에 응용하여 중・소대급 부대들을 분산배치한 후 네트워킹을 통해 표적을 집중공격하는 방식이다.

plementation of Network Centric Warfare」는 미군의 NCW 구현 방안을 7가지로 요약하고 있다.

① Get the Theory Right : 올바른 이론의 정립이다. NCW의 개념은 미군이 군사혁신을 추진하는 과정에서 정리되기 시작하였으며, 1998년 미 해군의 Arthur Cebrowski와 John Garstka 가 공동으로 작성한 논문을 통하여 본격적으로 소개되었다. 최초에는 해군의 군사력 변환과 관련하여 발전되었기 때문에 해군에 한정된 개념으로 제시되었다.

② Apply the Theory Enterprise Wide : 이론이 해군에만 국한되어서는 안되며, 전체 군대 차원에서 네트워크 중심전 구현에 요구되는 개념과 능력을 개발하고 적용한다. 2001년 부시행정부가 출범하고 Donald H. Rumsfeld 국방장관이 취임하였다. Rumsfeld 국방장관은 군사력 변환실을 신설하고 NCW 개념을 제시한 Cebrowski를 실장에 임명함으로써 NCW가 군사력변환의 핵심임을 확실히 하였다. "네트워크는 관리(manage)해야할 대상이 아니라 싸워서(fight) 획득해야할 대상이다"라는 Rumsfeld 장관의 말은 무기체계로서의 네트워크가 전장에서 차지하는 중요성을 잘 나타낸다.

③ Accelerating of the Joint Force : 군사력들의 네트워크화를 더욱 신속하게 진행시킨다. 단순히 군종별로 예하부대들을 연결하는 것이 아니라, 전략적 · 작전적 · 전술적 차원에서 부대와 군사력을 연결시킴으로써 합동 능력을 극대화시킨다.

④ Accelerate Deployment of Network-Centric Systems, Concepts, and Capabilities : NCW 이론에 의해 개발된 새로운 시스템 및 개념들을 가능하면 조기에 전투부대 및 전투지역에 배치한다. 이 단계는 2001년 10월에 발발한 아프가니스탄 전쟁을 통해서 수행되었으며, 미군은 NCW의 뛰어난 효과를 확인할 수 있었다. 특히, 산악지대에서 탈레반과 알 카에다를 추적하는데 뛰어난 능력을 발휘하였다. 예를 들어, 특수부대들이 표적을 발견하면 레이저 조사기로 표적의 정확한 위치를 항공기에 전송하게 되고, 항공기는 GPS를 이용하여 합동직접공격탄(JDAM)을 20분 내에 유도할 수 있었다. 또한 무인 항공기에서 수집된 정보들이 실시간으로 지휘소에 전달되었으며, 플로리다의 사령부와 쿠웨이트 및 우즈베키스탄의 전방지휘소의 효과적인 정보공유가 이루어졌다[8]. 그러나 아프가니스탄에서 사용한 NCW는 제한적인 규모였으며, 새롭게 개발된 시스템을 통해 발전소요를 도출하고자 하는 목적이 강했다.

---

8) 박휘락, "네트워크 중심전의 이해와 추진 현황", 국방정책연구, 2005

⑤ Experiment with Network-Centric Concepts and Capabilities : ④의 발전소요를 통해 보충한 NCW의 개념과 능력에 대해 보다 적극적으로 실시함으로써 완성도를 높여나간다. 특히, 합동성 차원에서의 실험을 강화한다. 이라크전에서 네트워크 중심전은 아프가니스탄전보다 더욱 개선된 형태로 적용되었다. Tommy Franks 사령관을 비롯한 다수의 지휘관들이 NCW의 이점을 높게 평가하였으며, 초기 군사작전에서 중요한 기여를 하는 등 그 효과와 잠재력이 입증되었다. 특정 목표를 타격하는데 소요되는 시간이 걸프전은 2일이었지만, 이라크전에서는 단 40분이었으며, 지휘속도는 약 7배 향상되었다고 평가한다. 정보 공유능력은 약 8배, 전투효과는 10배 향상되었으며, 사상자는 10배 감소하였다[9]. 이에 반해, 다수의 제한사항도 식별되었다. 인공위성을 지나치게 많이 사용하였으며, 주파수 소요가 많아서 민간주파수를 사용하지 않을 수 없었다. 또한 실제 전투를 수행하는 대대급 이하 제대는 항공사진과 같은 정보를 공유할 수 없었다.

⑥ Address Challenges of Allied and Coalition NCO : 네트워크 중심전 개념이 범세계적으로 확산됨에 따라 다른 우방국 역시 명칭과 방식이 다를지라도 NCW 구현을 위해 노력할 것이다. 이 단계에서는 다른 우방국들과의 협력을 강화하고 연합작전을 수행할 때 발생할 수 있는 문제점을 예측하고 해결한다. 이라크전 당시 연합작전의 경우 각국이 상이한 체계를 사용하였기 때문에 정보공유가 곤란하였고, 이에 따라 주요한 작전은 미군 단독으로 수행하여야 했다.

⑦ Develop Doctrine and Tactics, Techniques, and Procedures(TTP) for NCO : 네트워크 중심전에 대한 교리, 그리고 세부적인 전술전기 및 절차를 발전시켜 나가야하며, 다른 국가와의 연합작전에서도 적용할 수 있어야 한다. 미군은 국방부 군사력 변환실에서 발간한 「Implementation of Network Centric Warfare」을 통하여 NCW를 교리화하였다.

네트워크 중심전은 미 우방국을 중심으로 유럽 등에 확산되고 있다. 명칭은 다소 차이가 있지만 컴퓨터를 중심으로 모든 부대를 연결하여 전장정보를 공유한다는 핵심 개념은 동일하다. 우리 군에서도 사이버전, 정보전, 정보작전 등의 유사한 용어를 NCW로 통일하려는 모습을 보이고 있으며 합참의 주도로 NCW 개념을 적극적으로 반영하기 위한 노력을 계속하고 있다.

---

9) 이대우 외, 『미래 NCW에 대비한 지상전력 혁신방향』, 2007

4.2.2 네트워크 작전환경

네트워크 중심전도 몇 가지 비판을 받고 있다. 첫째, “warfare”라는 용어를 사용하고 있음에도 싸우는 방식에 대한 명확한 언급이 없다. 미래전을 수행하는 방법을 제시하는 것처럼 이야기하지만 네트워크 구축을 통한 부대의 연결을 강조할 뿐, 구체적인 전쟁 수행방식에 대한 내용이 없다는 비판이 있다. 둘째, 정보의 우위가 전쟁의 승리에 직접적인 영향을 주는 것으로 묘사하고 있지만, 실제적으로 전쟁의 승리를 위해서는 좀 더 다양한 요소들이 복합적으로 필요하다. 즉, 정보의 우위는 전쟁의 승리를 위한 필요조건이지만 마치 충분조건인 것으로 묘사한다는 것이다. 셋째, 네트워크 기술에 의존적이다. 네트워크 기술에 문제점이 발생했을 경우 전쟁수행 자체가 어려울 수 있다는 것은 간과할 수 없는 문제이다. 적군의 입장에서도 아군의 지휘통제 능력을 마비시킬 수 있다는 점에서 네트워크 기반시설은 전쟁 발발시 우선시되는 타격대상이 될 수 있다. 이를 두고 프랑스의 마지노선에 비유하기도 한다[10].

이와 같은 한계로 인하여 미군은 “네트워크 중심전(NCW : Network Centric Warfare)”에서 “네트중심환경(NCE : Net-Centric Environment)”로 용어를 변경하였다. 가장 큰 차이점은 “warfare” 대신 “environment”를 사용한다는 점이다. 이를 통해 먼저, 전쟁의 수행방식을 제시해야한다는 비판에서 벗어날 수 있다. 또한 네트워크 기술을 통한 정보의 우위가 전쟁의 승리를 결정짓는 요소가 아닌 군사력 효율성을 극대화하기 위한 요소로서 해석될 수 있다. 즉, 네트워크 기술의 승리가 전쟁 승리의 충분조건이라는 오해를, 필요조건이라고 정정한 것과 동일하다.

네트워크 작전환경(NCOE : Net-Centric Operational Environment)은 NCE의 작전적 측면이다. 국방부 차원에서 자체 및 예하 기관과 부대를 연결하여 NCW를 구현할 수 있도록 환경을 구축하는 것은 NCE지만, 합참 및 작전부대 간에 형성되는 네트워크는 NCOE이다. 즉, 군사력 운용의 작전적 측면을 위한 네트워크는 NCOE이며, 군사력 건설과 행정을 포함한 네트워크는 NCE라고 볼 수 있다.

미 합참이 정의한 NCOE의 정의는 “인간적 및 기술적 연결성과 상호운용성을 통하여 모든 관련부대 및 요원들이 필요로 하는 정보를 공유하고, 공동으로 이해하고 조치하며, 적으로부터 그러한 정보를 보호하는 틀”이다[11]. 이를 위해 “미래의 합동군이 공유된 지식

---

10) The Library of Congress, Network Centric Warfare : Background and Oversight Issues for Congress, CRS Report for Congress(June 2, 2004), p. 9.

11) Department of Defense, Net-Centric Environment Joint Functional Concept. Ver. 1.0(7 April 2005), p.1.

및 기술적 연결성을 결정적인 수준으로 보유할 수 있도록, 지식관리(knowledge management), 네트워크 관리(network management), 그리고 정보보증(information assurance)의 완전한 통합을 통하여 압도적인 지식(pervasive knowledge)을 제공할 것"을 요구한다[12]. 지식관리와 네트워크 관리, 그리고 정보보증은 별도의 기능으로 수행되는 것이 아니라 통합적으로 수행되어야 비로소 NCOE가 제대로 구축되었다고 할 수 있다.

NCOE의 구축은 상당한 노력을 필요로 하는 어렵고 복잡한 과제이다. 현재 구축된 구조 및 기능들을 전반적으로 재설계하고 재구축해야하기 때문이다. 더불어 이를 유지하고 방어하는데에도 쉽지 않는 노력이 요구된다. 미군은 이러한 문제를 해결하기 위하여 네트워크 작전이라는 개념을 도입했다. 네트워크 작전에 대한 설명은 다음 절에서 계속한다.

4.3 네트워크 작전

미군은 [그림 4-3]에서 보는 바와 같이 2005년에 작성된 합동기능개념서와 합동통합개념서에 'Net-Centric Environment'를 포함시켰다. 합동작전개념서는 향후 8~20년 동안에 필요한 전력증강소요를 도출하기 위해서 국방부, 합동전력사령부, 전투사령부 등 관련 기관이 동참하여 작성한다. 최상위 합동작전개념서로서 전체적인 방향을 제시하고, 합동운용개념서를 통해 주요한 작전형태별 수행개념을 제시하며, 합동기능개념서를 통해 군대가 수행하는 기능별 발전방향을 제시한다. 마지막으로 합동통합개념서를 통해 특별한 관심이 요구되는 분야에 관한 미래지향적 수행개념을 구체적으로 밝힌다[13]. 네트워크 중심환경이 합동기능개념서와 합동통합개념서에 포함되었다는 것은 앞으로 미군에서의 NCW 위치를 재확인시켜주는 것임과 동시에 네트워크의 중요성을 부각시켜준다.

[그림 4-4]는 「Implementation of Network Centric Warfare」에서 제시한 네트워크 중심전의 개념 체계도(conceptual framework)이다. 이 체계도는 NCW의 수행능력을 평

12) Department of Defense, Net-Centric Operational Environment Joint Integrating Concept, Ver. 1.0(31 October 2005), p. 7.

13) 박휘락, 『미 합동작전개념 발전체제에 대한 이해와 한국군이 과제』, 2006

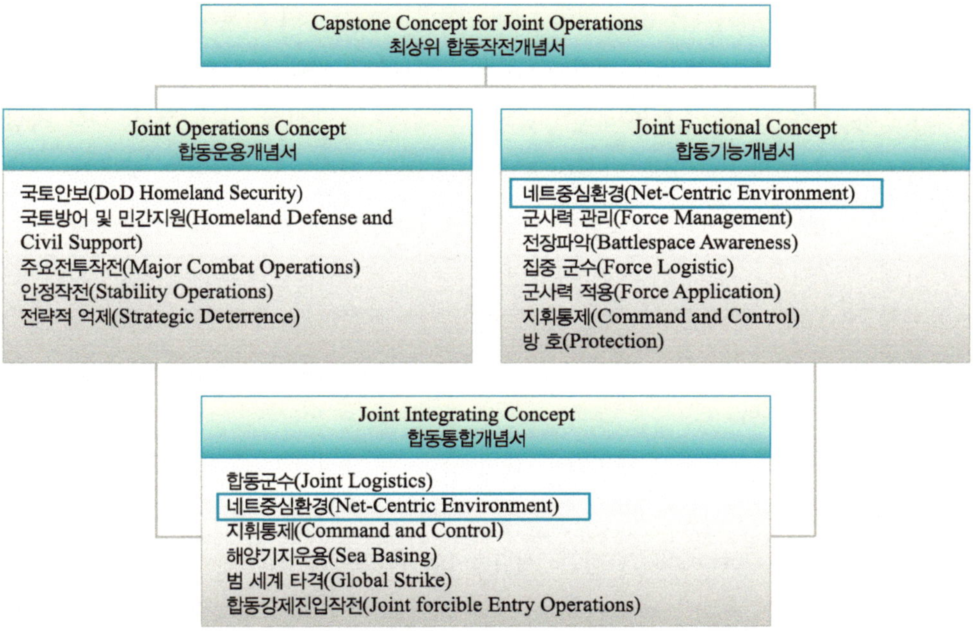

Capstone Concept for Joint Operations
최상위 합동작전개념서

Joint Operations Concept
합동운용개념서

국토안보(DoD Homeland Security)
국토방어 및 민간지원(Homeland Defense and Civil Support)
주요전투작전(Major Combat Operations)
안정작전(Stability Operations)
전략적 억제(Strategic Deterrence)

Joint Fuctional Concept
합동기능개념서

네트중심환경(Net-Centric Environment)
군사력 관리(Force Management)
전장파악(Battlespace Awareness)
집중 군수(Force Logistic)
군사력 적용(Force Application)
지휘통제(Command and Control)
방 호(Protection)

Joint Integrating Concept
합동통합개념서

합동군수(Joint Logistics)
네트중심환경(Net-Centric Environment)
지휘통제(Command and Control)
해양기지운용(Sea Basing)
범 세계 타격(Global Strike)
합동강제진입작전(Joint forcible Entry Operations)

그림 4-3 미 합동개념서의 작성 현황

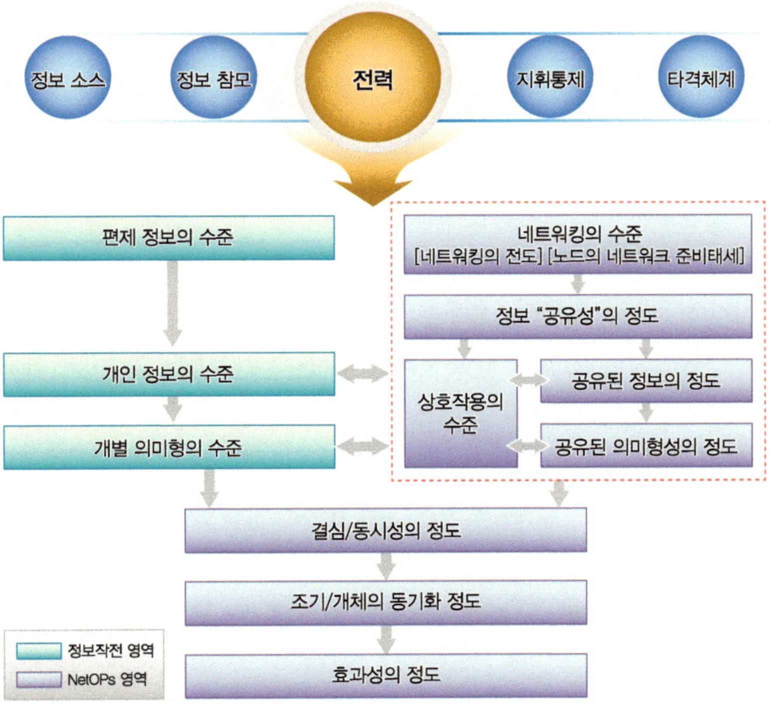

정보 소스
정보 참모
전력
지휘통제
타격체계

편제 정보의 수준
개인 정보의 수준
개별 의미형의 수준

네트워킹의 수준
[네트워킹의 전도] [노드의 네트워크 준비태세]
정보 "공유성"의 정도
상호작용의 수준
공유된 정보의 정도
공유된 의미형성의 정도

결심/동시성의 정도
조기/개체의 동기화 정도
효과성의 정도

정보작전 영역
NetOPs 영역

그림 4-4 네트워크 중심전의 개념 체계도

가하는데 사용되는 평가요소들에 대한 개념도이다. 즉 각각의 항목에 대한 능력이 높을수록 NCW 수행전력이 높다고 평가될 수 있는 것이다. 아래 그림의 좌측에 있는 사항 '편제정보의 수준', '개인정보의 수준' 등의 요소들은 보유하고 있는 정보 수집 자산들의 성능 개량이나 새로운 정보 자산의 획득을 통해서 향상시킬 수 있는 사항이다. 그러나 오른쪽의 '네트워킹의 수준', '공유된 정보의 정도' 등은 각각 개별 자산의 능력의 향상이 문제가 아니라 이들 자산들이 얼마나 네트워크를 통해 정보를 잘 공유하는가에 대한 정도가 NCW의 평가요소에 매우 중요한 영역을 차지하는 것을 보여준다. 즉, 네트워크 중심전의 성공을 위해서는 우수한 네트워크 능력이 필요하다는 것을 나타내는 대표적인 개념이라 하겠다.

이러한 필요성에 발맞추어 미군이 2006년 개정한 Joint Publication 6-0 「Joint Communications System」에서는 하나의 챕터를 할애하여 최초로 네트워크 작전(NetOps, Network Operations)이라는 개념을 소개하고 있다. 또한 2010년 개정판에서도 여러 업데이트를 통하여 네트워크 작전의 개념을 발전시키고 있는데 이러한 움직임은 미군이 NCW를 수행하기 위한 선결조건으로서 네트워크 작전의 중요성을 인식하고 있음을 알 수 있다. 또한 2008년 발간된 NetOps Strategic Vision을 통해 새로운 NetOps의 요구능력과 목표를 제시하는 등 지속적인 개념의 발전을 이루고 있으며 각종 교범 및 핸드북에도 NetOps수행을 위한 세부사항이 반영되어 있다.[14][15][16]

4.3.1 네트워크 작전의 개념과 3대 요소

네트워크 작전이란 네트워크 가용성, 정보 보호, 그리고 정보 전달을 보장하기 위해 GIG(Global Information Grid)를 운용하고 방어하는 것이다. 이 때, GIG 란 미 국방부의 임무, 기능, 작전을 지원하기 위한 기반으로서 전장의 말단에 있는 전투원에서부터 전 사용자에 이르기까지 전 세계 어디에서나 필요한 정보 및 서비스를 제공받기 위한 범세계적 차원의 국방망의 집합이다.

네트워크 작전의 3대 요소는 GEM(GIG Enterprise Management), GNA(GIG Network Assurance), GCM(Content Management)이다.

GEM은 네트워크 관리(NM : Network Management)로 번역할 수 있으며, 네트워크를

---

14) 미 국방성, 『NetOps Strategic Vision』, 2008

15) 미 육군본부, 『Signal Soldier's Guide(FM 6-02.43)』, 2009

16) 미 합동참모본부, 『Joint Officer Handbook(JOH)』, 2010

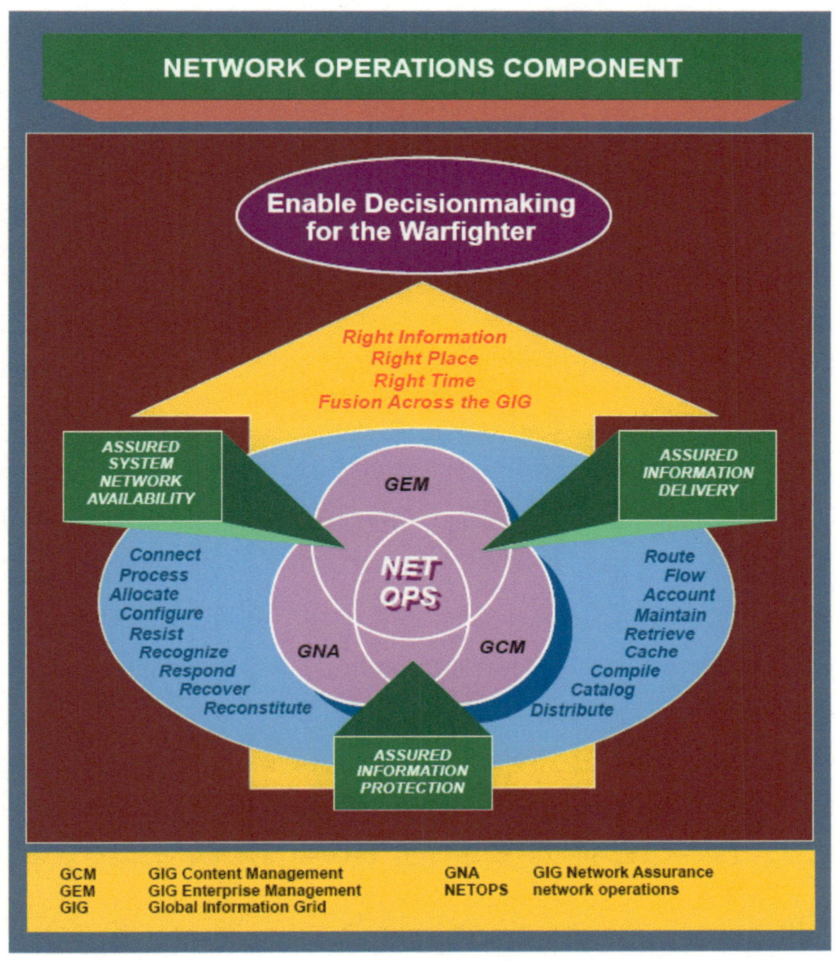

그림 4-5 네트워크 작전의 구성요소와 기대효과[17)]

효과적으로 설치, 운용, 관리, 최적화, 복원하기 위해 필요한 기술, 과정, 정책을 통칭한다. 주로 성능 모니터링(performance monitoring)을 통해 발견된 문제점을 식별, 조치하여 서비스의 질과 네트워크 가용성을 향상시킨다.

GNA는 정보 보증(IA : Information Assurance)을 뜻하며, 정보의 교환 시 정보의 비밀성[18)], 무결성[19)], 가용성[20)], 인증[21)], 부인 방지[22)]를 보장하는 일체의 행위를 말한다.

17) 미 합동참모본부, 『Joint Communication System』, 2010
18) confidentiality : 정보가 비인가자(unauthorized users)에게 노출이 되지 않아야 함
19) integrity : 정보가 중간에 조작(manipulated)되지 않아야 함
20) availability : 정보의 접근이 적의 방해 행위로 제한받지 않아야 함
21) authenticity : 정보 제공자가 누구인지 알 수 있어야 함

네트워크의 기능 중단, 서비스 거부, 기능 저하, 또는 파괴를 막기 위해 시스템을 모니터링하고 적의 공격을 탐지 및 분석하여 비인가 사용자 및 악의적인 행위로부터 아군 네트워크를 보호하는 행위를 포함한다.

GCM이란 정보분배관리(IDM : Information Dissemination Management)를 의미하며, 정보 수요자가 필요로 하는 유사 혹은 정확한 정보를 제공하기 위해 필요한 기술, 과정, 정책, 절차를 통칭하며 크게 정보 전파와 컨텐츠 제공으로 구분할 수 있다. 정보 전파란 올바른 정보가 올바른 시간과 장소에 올바른 사람에게 사용가능한 포맷으로 전달되는 것을 뜻하며, 컨텐츠 제공이란 수많은 정보 중 어떤 정보가 처리되고, 목록화되며, 저장되어야 하는지에 대한 기술을 말한다.

GEM과 GNA가 제 기능을 발휘하면 시스템 안정성과 네트워크 가용성(assured system and network availability)을 얻을 수 있다. 이는 네트워크 자원들에 대한 가시성과 통제력이 제공되는 상태를 뜻한다. 네트워크 자원들의 효율적 관리와 잠재적 문제점들을 진단하고 예방함으로써 네트워크의 안정적이고 중단 없는 서비스를 보장한다. 우아한 성능저하(graceful degradation), 자기 치유(self-healing), 장애 극복(fail over) 등의 네트워크 기술들을 포함한다.

GNA와 GCM이 성공적으로 수행될 때 정보 보호력(assured information protection)을 기대할 수 있다. 네트워크 상의 이동 중이거나 시스템 상에 저장되어 있는 정보를 수집, 저장, 처리하여 사용자 및 시스템에 전파 및 활용되기까지 모든 과정이 보호된다. 인가된 사용자들이 필요한 정보를 원하는 시간에 정확히 접근할 수 있도록 보장하는 한편, 비인가된 사용자들의 접근은 제한된다. 컴퓨터 네트워크 보안(computer network defense), 전자 보호(electronic protect capabilities)를 포함한다.

GEM과 GCM의 교집합은 성공적인 정보 전달(assured information delivery)이다. 대부분의 정보는 전달에 필요한 데드라인(deadline)이 존재하는데, 사용자 및 시스템에 정보가 제공될 때 데드라인 이전에 정보가 전달됨을 뜻한다. 사용자 및 시스템의 필요에 적합하도록 네트워크의 응답속도, 단위시간당 처리량(throughput), 성능 등을 항상 모니터링 한다.

네트워크 작전은 GEM, GNA, GCM이 모두 제 기능을 발휘하여 위의 기대효과를 모두 충족할 때 비로소 성공할 수 있다.

---

22) non-repudiation : 정보의 교환 후 이에 대한 사실 증명이 가능해야 함

4.3.2 네트워크 작전의 수행체계

미군의 네트워크 작전 수행체계는 [그림 4-6]과 같다. 명칭과 구조는 지역전투사(Geographical Combatant Command)에 따라 약간씩 상이할 수 있음을 참고하자. 수행체계에 대한 설명에 앞서 네트워크 작전에서 발생하는 이벤트들에 대한 설명이 먼저 필요하다.

네트워크 작전에서 발생하는 사건은 크게 글로벌 이벤트(global event)와 전구 이벤트(theater event)로 구분한다. 글로벌 이벤트는 GIG 전체에 영향을 줄 수 있는 잠재적 활동을 뜻하며, 악성 코드의 급속한 전파, 위성통신의 할당 문제, 주요 프로그램의 손실 등이 이에 해당한다. 이와 반대로 전구 이벤트는 해당 전구 내에서만 영향을 줄 수 있는 활동들을 뜻한다.

네트워크 작전은 전략사령부(USSTRATCOM) 예하 JTF-GNO(Joint Task Force-Global Network Operations)가 전담한다.[23] JTF-GNO가 지구 전역에서 발생하는 모든 이벤트를 관리하는데 한계가 있기 때문에 앞에서 설명한 바와 같이 글로벌 이벤트와 전구 이벤트로 네트워크 작전에서 발생하는 이벤트를 구분하여 관리하며 이중 글로벌 이벤트에 대한 처리를 담당하였다. 또한 지역전투사령부 예하에 TNCC(Theater Network Control Center)를 설립하여 전구 이벤트에 대한 관리를 책임지도록 하였다.[24][25]

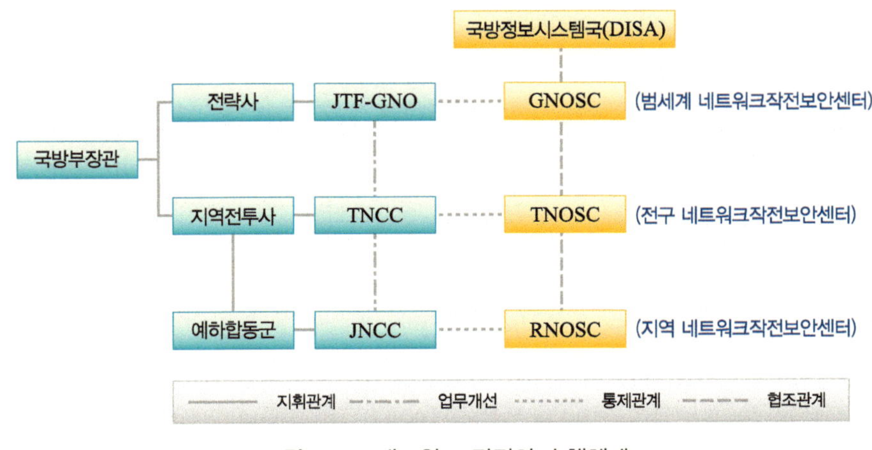

그림 4-6 네트워크 작전의 수행체계

23) 사이버전(cyber warfare)의 중요성에 따라 미군은 이를 전담하는 사이버사령부를 2008년에 창설하였으며, 현재 JTF-GNO는 사이버사령부 예하에 있다.

24) 미 육군본부, 『Network Operations(FM 6-02.71)』, 2008

25) Lc. Peter J. Beim, "Network Operations: The Role of the Geographic Combatant Commands, Quadrennial Defense Review Report", 미 육군본부, 2006

TNCC는 전구 전체 네트워크 작전을 통제하는 기관으로서 전구 내 GIG 자산을 관리하는 역할을 한다. 전투사령관의 명령 및 지휘를 구현하기 위해 GIG 자산 및 자원을 최적화하며 현행 및 장차 작전의 수행을 지원하기 위해 전투사령관에게 GIG에 대한 조언을 한다. 또한 작전지역의 서비스 중단 및 복원에 대한 협조를 제공하고 네트워크 작전 활동 및 사건에 대한 평가를 개발하고 이를 전담한다.

JNCC(Joint Network Control Center)는 지역전투사령부 예하의 단위 합동군 및 연합군 네트워크 작전을 통제하기 위해 설립되었다. TNCC가 지역전투사령부 예하 구성군에 대한 네트워크 자산을 관리하기 위함이라면 JNCC는 지역전투사령부 예하 합동군 사령부에 대한 네트워크 자산을 관리하기 위함이다. JNCC는 전개된 구성군과 예하 사령부 통신체계를 관리하는 역할을 한다. 합동 네트워크 작전 지시를 위한 단일 통제기관으로서 기획, 시행, 기술, 관리 기능을 수행하며, 표준 및 절차를 개발 및 전파하고 통신시스템 관리, 통계 데이터 수집 및 제시를 수행한다.

JTF-GNO, TNCC, JNCC는 군 조직으로서 네트워크 작전을 통제하는 역할을 수행하며 실제로 이를 수행하는 기관은 각각 GNOSC(Global Network Operations and Security Center), TNOSC(Theater Network Operations and Security Center), RNOSC(Regional Network Operations and Security Center)이다. 이들은 미 국방정보시스템국(Defense Information Systems Agency)에 의해 운영된다.

미군은 신속결정적작전과 효과중심작전을 미래전의 핵심으로 구상하였으며, 이를 구현하기 위해 네트워크 중심전 개념을 도입하였다. 군이 첨단화 될수록 지휘통제체계의 네트워크화는 가속화되고 있으며, 전장에서 네트워크가 차지하는 영향력 또한 증가하고 있다. 본 절에서 설명한 바와 같이 네트워크 중심전의 성공을 보장하기 위해 미군은 네트워크 작전이라는 개념을 제시하고 있다. 네트워크 중심전이 네트워크의 군사적 활용에 중점을 둔 것이라면 네트워크 작전은 네트워크의 방어와 관리에 중점을 둔 것이다. 안정적인 네트워킹 능력이 없다면 네트워크를 중심으로 한 지휘통제 능력은 무기력해질 것이 분명하다.

네트워크 작전은 네트워크의 방어와 관리라는 큰 기능이 있다. 책 서두에 소개한 사이버전 관련 사례들은 네트워크 작전의 기능 중 방어의 중요성을 더욱 부각시켰다. 과거에는 네트워크의 기능적 결함 등의 이유로 작전에 차질이 발생하였다면, 현재는 적군의 네트워크 공격으로 인해 작전에 차질이 발생하는 것이다. DDoS 공격 등 다양한 해킹 기법들이 개발되면서 네트워크 방어는 점점 더 어려워지고 있으며, 네트워크의 군사적 활용도는 점점 커지고 있다. 이러한 현실이 사이버전의 탄생 배경이다.

지휘통제체계의 네트워크화가 가중된다면 적의 지휘통제체계를 무력화시키는 가장 좋은 방법은 적의 네트워크를 공격하는 것이며, 아군의 지휘통제체계를 보호하기 위해서는 적의 공격으로부터 네트워크를 방어해야한다. 지금까지 사이버전의 기본 개념과 사이버전의 환경, 즉 네트워크에 대해 배워보았다. 지금부터는 네트워크 공격방법으로 알려진 기법들을 살펴보고 더불어 이를 막을 수 있는 여러 가지 방법을 살펴보고자 한다. 마지막 파트에는 오픈소스 프로그램을 통해 이를 실습해보도록 한다.

연습문제

〈객관식〉

1. 다음 중 네트워크 작전의 3대 요소가 아닌 것을 모두 고르시오.

① 정보 보증 ② 응용 프로그램 제작

③ 네트워크 관리 ④ 정보분배관리

⑤ 모바일 컴퓨팅

2. 다음 중 지역전투사령부 예하의 단위 합동군 및 연합군 네트워크 작전을 통제하기 위해 설립되었으며 지역전투사령부 예하 합동군 사령부에 대한 네트워크 자산을 관리하는 역할을 하는 기관을 고르시오.

① TNCC ② JNCC

③ JTF-GNO ④ RNOSC

⑤ GNOSC

3. 다음 중 전장의 제 전력요소들을 연결하여 지리적으로 분산된 위치에서 정보의 공유·활용에 의해 자체 동기화와 속도지휘를 창출하는 정보·지식시대의 전쟁 패러다임은 무엇인가?

① 사이버전 ② 네트워크 작전

③ 네트워크 중심전 ④ 신속결정적작전

⑤ 효과중심작전

〈단답형〉

1. 미래전은 대량살상전과 소모전의 양상에서 벗어나 피·아간의 피해를 최소화하는 효율과 효과 중심의 전쟁으로 바뀌고 있다. 미군에서 제시한 ( )과 ( )은 이러한 패러다임을 가시화한 대표적인 결과물이다. 걸프전을 통해 미군은 우세한 기동과 정밀타격 능력, 그리고 정보 우위가 미래 전쟁의 승패를 좌우하는 키워드임을 실증하였다.

2. 네트워크 작전의 3대 요소 중 GNA는 ( )을 뜻하며, 정보의 교환 시 정보의 비밀성, 무결성, 가용성, 인증, 부인 방지를 보장하는 일체의 행위를 말한다. 네트워크의

기능 중단, 서비스 거부, 기능 저하, 또는 파괴를 막기 위해 시스템을 모니터링하고 적의 공격을 탐지 및 분석하여 비인가 사용자 및 악의적인 행위로부터 아군 네트워크를 보호하는 행위를 포함한다.

3. (   )란 미 국방부의 임무, 기능, 작전을 지원하기 위한 기반으로서 전장의 말단에 있는 전투원에서부터 전 사용자에 이르기까지 전 세계 어디에서나 필요한 정보 및 서비스를 제공받기 위한 범세계적 차원의 국방망의 집합이다.

〈서술형〉

1. 미군은 "네트워크 중심전(NCW : Network Centric Warfare)"에서 "네트중심환경(NCE : Net-Centric Environment)"로 용어를 변경하게 되었는데, 용어를 변경하게 된 배경을 서술하시오.

2. 네트워크 작전과 사이버전의 상관관계에 대해 논하시오.

Chapter

05 지휘통제체계

본 장에서는 사이버전의 주된 공격목표가 될 수 있는 우리 군의 지휘통제체계에 대해 살펴본다. 이를 위해 제일 먼저 지휘통제체계의 발전과정에 대해 살펴보고, 정보를 전달하기 위한 전술데이터링크 및 전술정보통신체계에 대해 알아보며, 나아가 우리 군의 5대 전장관리체계, 전투단위 지휘통제체제, 그리고 연합지휘통제체계에 대해 설명한다.

5.1 지휘통제체계의 발전과정

우리가 흔히 지휘통제체계로 일컫는 C4ISR+PGM은 가장 단순한 형태의 C2로부터 C3, C3I, C4I, C4ISR을 거쳐 현재에는 C4ISR+PGM으로 진화하였다. 본 장에서는 지휘통제체계의 발전과정에 대해 살펴본다.

5.1.1 C2(Command & Control) 체계

지휘통제란 지휘관이 부대의 임무를 달성하기 위해 예속 및 배속된 전력에 대해 권한과 지시를 행하는 행위이다. 지휘통제에서 지휘는 지휘관이 결심하고 지시하는 것을 말하며, 통제는 지시된 사항의 이행을 감시하고 교정하는 것이다.

지휘(command)는 전쟁수행의 가장 근간이 되는 부분이다. 아무리 인원이 많고 화력이 많아도 결정적인 전투가 이루어지는 장소에서 그 인원과 장비가 맡은 임무를 제대로 수행하지 못한다면 유명무실해질 것이다. 전쟁에서 부대의 이동이나 전투력의 응용은 지휘에 의해 발휘되는데, 과거 전사를 살펴보면 지휘관이 전사하거나 혼자 탈출해 부대가 와해되는 경우를 쉽게 볼 수 있을 만큼 전쟁에서 지휘는 필수불가결한 요소라 할 수 있다.

통제(control)는 종종 지휘와 혼동되기도 하는데, 통제란 지휘관에 의해 부여된 목표(즉, 지휘의도)를 달성하기 위한 조정이나 제한 등을 의미한다. 예를 들어 지휘관이 계획된 여러 가지 활동들이 바람직한 방향으로 진행되고 있는지, 또는 부대가 의도했던 결과를 달성할 수 있는지 확인하고, 문제가 있을 때에는 수정조치를 취함으로써 미래 계획에 반영하는 과정 등이 통제에 해당한다.

미 합참은 지휘 및 통제(Command and Control)를 "적절하게 임명된 지휘관이 임무수행을 위해 예하 부대에 대해 행사하는 권한과 지시이다. 지휘 및 통제 기능은 임무달성을 위해 부대 및 작전을 계획, 지시, 협조 및 통제함에 있어서 지휘관이 운용하는 인원, 장비, 통신, 시설 및 절차를 통해 수행된다."라고 정의하고 있다. 이와 관련해 지휘통제체계란 "주어진 군사력으로 부과된 임무를 달성하기 위해 작전을 기획 및 계획하고 지휘·통제하기 위해 필요한 자원 및 절차의 복합체"로 정의할 수 있다.

5.1.2 C3(C2 + Communication) 체계

전장에서 지휘관에 의한 성공적인 지휘 및 통제를 위해서는 지휘관의 의도가 신속히 전파될 수 있어야 한다. 이때 필요한 것이 통신(communication)이다. 통신이란 송신자와 수신자가 전송매체인 전송로를 이용해 상호 간에 데이터(정보)를 주고받는 행위를 의미한다. 이때 데이터(data)는 현실 세계에서 관찰이나 조사를 통해 수집 또는 생산되는 사실이나 특정 값을 의미하며, 정보(information)는 데이터를 가공·처리해 만든 것으로 약속이나 관습에 따라 데이터에 의미를 부여한 것이다.

인류 최초의 통신은 말(언어)로 볼 수 있으며 청각을 이용한 북, 시각을 이용한 봉화, 비둘기나 말과 같은 동물을 이용한 원거리 통신 등 다양한 형태의 통신이 활용되었다. 인류 최초의 근대적 통신방법으로는 [그림 5-1]에서 보이는 모스(Morse)의 전신기를 들 수 있으며, [그림 5-2]에서 보이는 알렉산더 그레이엄 벨(Alexander Graham Bell, 1847~1922)에 의해 전화기가 개발된 이후 통신은 비약적인 발전을 거두게 된다. 최근에는 네트워크 기술이 발전함에 따라 네트워크를 통해 데이터 및 정보를 교환하는 네트워

그림 5-1 모스(Morse)의 전신기

출처 : KEPCO 전시관

그림 5-2 벨(Bell)의 전화기

출처 : 다음 블로그

크 통신을 통신의 범주에 포함하게 된다.

즉, C3 체계는 C2 체계에 통신체계를 합한 체계로서 지휘 및 통제 기능에 통신망을 유기적으로 연결해 정보처리를 포함해 지휘결심의 실시간화를 도모하고, 지휘 및 통제의 범위를 확대하는 지휘통제체계라 할 수 있다.

5.1.3 C3I(C3 + Intelligence) 체계

지휘관이 전장에 성공적인 지휘 및 통제를 하기 위해서는 정확한 시간과 장소에 정확한 정보(intelligence)가 필요하다. 이때 우리가 혼동하기 쉬운 것이 information과 intelligence의 차이이다. 우리가 번역할 때에는 information과 intelligence 모두 정보로 번역하지만, 여기에는 아주 뚜렷한 차이가 있다. 동사 inform(알리다)의 명사형 information이 알림 → 정보나 지식을 알려줌 → 정보의 과정을 거친 말이라면, 형용사 intelligent의 명사형인 intelligence는 '어떤 것들 가운데서(inter) 선택(lig ← leg)함'이라는 뜻이 포함되어 있다. 따라서 intelligence에는 많은 데이터(data)와 information 중 선택하여 올바른 결정을 내릴 수 있도록 더욱 상세히 분석 가공한 '정보'를 의미한다. 이에 비추어 볼 때 information이 있는 사실에 대한 객관적인 내용을 가리킨다고 하면 intelligence는 information을 가공해 전략적으로 이용할 만한 가치가 있는 형태로 만든 것을 가리킨다고 할 수 있다.

비슷한 의미로 우리가 주로 사용하는 데이터(data)와의 연관성을 살펴볼 때 데이터

(data)는 체계적 조직과 가공을 거치지 않은 채 수집된 단순 자료이며, information은 데이터보다 더 체계화되고 더 많은 의미를 지니고 있는 전후 사정에 입각한 데이터이고, intelligence는 조직의 목표와 의사결정을 지원키 위해 통찰력을 제공할 목적으로 수집, 가공, 분석한 데이터와 information을 의미한다. 따라서 정보기관에서 사용하는 intelligence(정보)는 국가의 정책결정을 돕기 위해 주로 적국의 동향과 관련하여 수집, 가공, 분석한 기밀을 필요로 하는 특수한 지식을 나타낸다고 보면 된다.

지휘·통제·통신 및 정보의 네 가지 요소를 유기적으로 통합해 지휘관이 실시간(real time) 작전대응 능력을 갖추도록 지원하는 체계가 바로 C3I 체계이다. 역사적으로 볼 때 C3I라는 용어는 1978년 미 육군의 공지전투 개념에서 처음 사용되었는데, 공지전투는 적 종심 공격을 위한 장거리 타격체계와 전장종심 감시 장비가 필요하고, 적의 정보를 신속히 수집 분석하여 각 부대에 전달할 수 있는 수단이 요구되었다. 이에 따라 광범위한 지역에 분산된 정보수집 수단과 예하 제대에 대한 지휘통제능력의 확보가 가능한 C3I 기능이 요구되었던 것이다.

5.1.4 C4I(C3I + Computer) 체계

컴퓨터가 개발됨에 따라 지휘통제체계도 비약적인 발전을 이루게 된다. 즉, 지휘, 통제, 통신, 정보를 통합하는 데 있어 기존에 사람의 머리만을 이용하던 방식에서 컴퓨터가 도입됨으로써 비약적인 데이터 처리량과 신속함, 그리고 자동화를 추구할 수 있게 되었다. 즉, 컴퓨터가 도입되기 이전에는 지휘, 통제, 통신 및 정보를 처리하는 데 몇 시간이 걸렸으나 컴퓨터가 도입된 후 단 몇 분 만에 처리할 수 있게 됨으로써 보다 효율적인 대응이 가능해졌다.

C4I 체계는 기존의 C3I 체계에 컴퓨터체계가 포함된 것을 의미하는데, 이때 컴퓨터체계란 지휘 및 통제뿐만 아니라 정보·인사·군수·통신지원을 위해 필요한 정보나 첩보를 컴퓨터로 처리·종합·분석·평가 및 해석해 필요한 자료만을 선별, 필요한 부서에 자동으로 전파하거나 저장하는 기능을 수행하기 위한 하드웨어, 소프트웨어, 인원 등을 포함한 전반적인 체계를 의미한다. 또한, 컴퓨터와 통신이 결합하여 구성되는 정보통신은 C4I 체계의 정보전달 기능을 수행한다.

현대전에 있어 C4I 체계는 "지휘관이 부여된 임무달성을 위해 가용한 자원을 최적의 장소와 시간에 배열하여 전투력 상승효과를 발휘할 수 있도록 지휘통제·통신·컴퓨터 및 정보의 각 요소를 유기적으로 통합, 연결하여 실시간에 정보수집 및 분석–지휘결심–계획지시–작전수행(타격)이 가능하게 하는 모든 시설·장비·인원 및 절차로 구성된 통합 지휘통제체계로서 먼저 보고, 먼저 결심하여, 먼저 행동할 수 있도록 군사력을 배비하고 운영하는 총체적인 수단과 절차"를 의미한다. 또한, 앞으로 설명될 C4ISR 및 C4ISR+PGM이 감시 및 정찰 체계와 정밀유도무기를 포함하는 지휘통제체계라는 점을 고려할 때 순수한 의미의 지휘통제체계는 C4I 체계라 할 수 있다. 이러한 점에서 C4I 체계가 지휘통제체계로 대변되기도 하며 이 두 용어는 혼용되어 사용되고 있다.

5.1.5 C4ISR(C4I + Surveillance and Reconnaissance) 체계

사전적인 의미에서 감시(surveillance)는 시각·청각 등 여러 가지 방법으로 지상, 공중, 해상, 수중 등에 위치한 사람 혹은 사물을 조직적으로 관찰하는 것을 의미한다. 사람의 눈을 통한 육안감시뿐 아니라 레이더나 다른 장비를 이용하거나 사진이나 혹은 다른 촬영수단에 의한 감시도 이에 해당한다. 이에 비해 정찰(reconnaissance)은 적이나 잠재적 적 활동 및 자원에 관한 첩보를 입수하거나 특정지역의 기상 및 지리적 특성에

그림 5–3 다양한 종류의 감시 및 정찰 장비

출처 : 방위사업청(http://www.dapa.go.kr)

관한 제원을 획득하기 위해 수행되는 임무를 의미한다. 지휘통제의 측면에서 보면 감시 및 정찰은 정보의 획득 수단이 되고, 이렇게 획득된 정보를 바탕으로 의사결정을 하므로 전쟁의 승패를 결정하는 아주 중요한 요소가 된다.

[그림 5-3]에서 보는 바와 같이 현대전에는 정찰 및 감시위성, 정보수집 선박, 신호 및 영상수집 정찰기, 조기경보기, 무인항공기, 지상감시레이더, 대포병레이더 등 다양한 감시 및 정찰 장비들이 개발되어 활용되고 있다. 이와 같은 장비들로부터 탐지되고 수집된 첩보들은 그 가치가 사라지기 전에 C4I 체계를 통해 분석 및 유통되고, 필요한 경우 탐지된 표적을 가용한 타격수단을 통해 직접 공격할 수도 있다.

5.1.6 C4ISR+PGM(C4ISR + Precision Guided Munitions) 체계

정밀유도무기(PGM, Precision Guided Munition)란 전파, 음파 따위의 유도 장치를 이용해 표적에 정밀하게 명중하도록 만든 무기로서 무분별한 파괴보다 정밀타격을 통해 효과 위주의 전쟁을 수행할 수 있는 대표적인 무기체계라 할 수 있다. 다시 말해 정밀유도무기는 탄두를 발사지점부터 목표지점까지 유도해 표적을 선별적으로 파괴 및 무력화

그림 5-4 다양한 종류의 정밀유도무기

출처 : 방위사업청(http://www.dapa.go.kr)

시키도록 고안된 무기체계로서 국가 전략무기 분야이자 최첨단 핵심기술이 요구되는 분야라 할 수 있다. 미군의 경우에서 살펴볼 때 지난 10년간 미군이 수행한 군사작전에서 정밀타격 미사일의 효과가 충분히 인정되었고 앞으로도 그 사용이 증가할 것으로 보인다.

현재까지 정밀유도무기는 원거리 전천후 정밀공격과 소형 스마트화, 극초음속 및 지향성 에너지 기술을 활용하는 추세로 발전해 왔으며, 앞으로는 전천후 장거리 타격, 이동형 표적 공격, 견고화 표적 공격 및 정밀 표적 정보 획득 등이 가능한 무기체계로 발전될 전망이다. [그림 5-4]는 현재까지 개발되어 운용되고 있는 국내·외 주요 정밀유도무기들을 보여주고 있다.

5.2 전술데이터링크(Tactical Data Link) 체계

전술데이터링크(TDL : Tactical Data Link) 체계[26]는 감시정찰체계, 지휘통제체계, 그리고 타격체계 간 전술자료를 실시간(real-time) 또는 근실시간(near real-time)으로 교환해 전술상황을 공유하기 위한 디지털 데이터 통신체계로 단일 또는 다중 네트워크 구조와 다중 통신매체를 통해 2개 이상의 지휘통제 및 무기체계를 연동하는 통신체계로 정의된다. 이때 전술자료는 상황인식, 위협평가, 지휘결심, 교전통제 등의 전쟁을 수행하는 데 필요한 모든 자료를 나타내며 표적위치, 식별정보, 무장 및 연료정보, 표적할당정보, 교전정보, 영상정보 등이 모두 포함된다.

앞서 설명된 지휘통제체계와 관련지어 생각하면 전술데이터링크 체계는 전술데이터를 송신 및 수신할 목적으로 C4ISR + PGM 체계들을 연결하는 링크로서 체계들 사이에서 실시간 혹은 근 실시간으로 정보교환을 지원하는 통신체계를 의미한다. 즉, 전술데이터링크는 다른 장소에 위치한 감시체계 및 타격체계와 연동해 상황인식, 위협평가, 지휘결심, 교전통제 등의 행위를 지원하기 위한 통신 무기체계로서 지휘통제부대와 전투기, 전투헬기, 전투함정과 같이 전술정보를 필요로 하는 모든 체계 사이에서 실시간 또는 근실시간으로 전술자료를 교환할 수 있도록 지원하는 통신체계이다.

---

26) 전술데이터링크 체계는 미군의 전술 디지털 정보링크(TADIL : TActical Digital Information Link)라는 용어와 혼용되어 사용되고 있다.

전술데이터링크를 활용해 교환되는 전술자료는 과거에는 여러 통신매체를 통해 공유되어왔다. 예를 들면 무전기를 통한 음성통신이 그 대표적인 예이다. 다만 과거에는 교환하는 전술자료를 활용해 공격하기까지 걸리는 시간이 길었고, 정보의 양도 충분하지 않았다. 하지만 현재는 최첨단 컴퓨터와 디지털 처리 기술의 발전으로 데이터 처리 시간이 대폭 단축되면서 전술데이터링크를 통해 대용량의 전술정보를 신속·정확하게 전달하는 것이 가능해졌다. 이처럼 신속·정확한 전술자료의 교환을 보장하는 전술데이터링크는 공통상황 인식을 통해 교환되는 전술정보에 대한 높은 신뢰도와 정확도를 보장하여 전투력을 높일 수 있으며, 무기체계의 명중률을 증가시키고, 생존성을 향상하는데 큰 이바지를 한다. 또한, 전술데이터링크를 통해 각 체계를 통합함으로써 전투력 상승 및 시너지 효과, 상호 운용성을 제공할 수 있다. [그림 5-5]는 전술데이터링크의 운용개념을 보여주고 있다.

현재까지 다양한 종류의 전술데이터링크가 개발되어 활용되고 있지만 본 교재에서는 한국군에서 주로 사용되고 있는 전술데이터링크인 Link-11, Link-11B, Link-14, Link-16, 그리고 Link-22와 현재 우리 군에서 개발하고 있는 한국형 전술데이터링크에 대해 살펴보기로 한다.

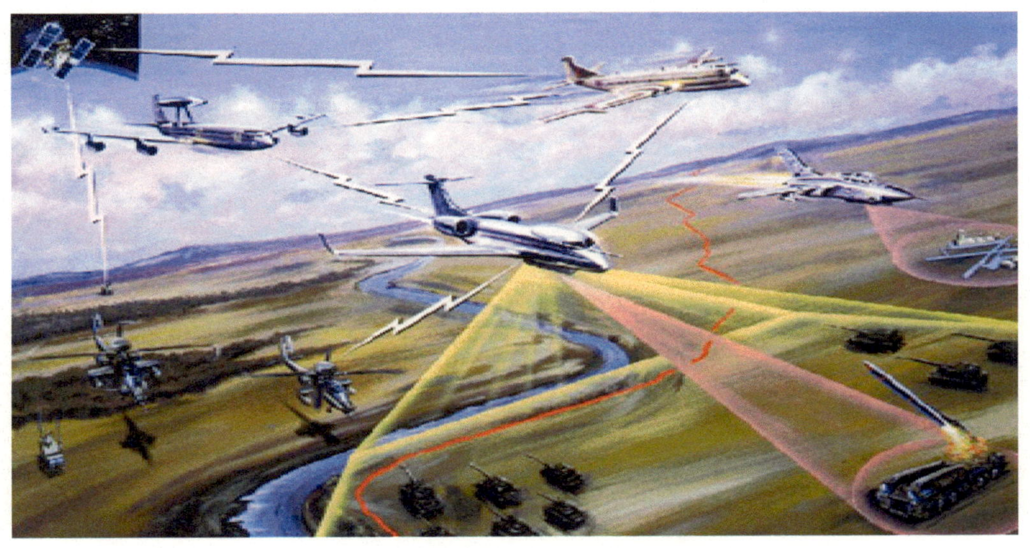

그림 5-5 전술데이터링크 운용개념도

출처 : 국방과학연구소

5.2.1 Link-11(TADIL A)

Link-11은 광범위한 지역의 감시, 전술적인 징후 및 경고 등 다양한 임무를 지원하는 전술 데이터링크 체계로서 비행체, 지상, 함정에서 디지털 정보교환을 위한 통신기술과 표준메시지 형식을 정의한 통신체계이다. Link-11은 HF(High Frequency) 또는 UHF (Ultra High Frequency) 대역에서 운영가능하며 HF 대역에서는 1,364bps, UHF대역에서는 1,364 또는 2,250bps의 전송능력을 보유한다. Link-11은 기지국 중심의 호출방식 (polling by net control)을 사용하며, HF 대역에서는 송신자로부터 전방향 300해리[27] 범위까지, UHF 대역에서는 가시권(LOS: Line of Sight)상의 함정과 함정은 약 25해리, 함정과 항공기는 150해리까지 전송이 가능하다.

Link-11은 미 해군에 의해 대공전(AAW: Anti-Air Warfare) 목적으로 개발되어 1961년부터 사용되고 있으며, 대잠전, 대함전 등에 확장 운용되어 항공모함, 순양함, 구축함, 호위함, 잠수함, 상륙함, 상륙 지휘함, E-2C, S-3, P-3 등에서 사용되고 있다. 미 해병대는 Link-11을 전술항공지휘센터(TACC : Tactical Air Command Center), 전술항공작전센터(TAOC : Tactical Air Operational Center) 등에서 사용하고 있으며, 미 육군은 패트리어트(PATRIOT) 및 전술작전센터(TOC : Tactical Operational Center)에서 운용한다. 현재 Link-11을 운용하는 국가는 미국, 영국, 프랑스, 독일, 이탈리아, 네덜란드, 캐나다, 호주, 일본 그리고 한국 등이 있다. 한국 해군의 경우 5.4.2장에서 설명될 해군 전술데이터처리체계(KNTDS : Korea Naval Tactical Data System) 장비를 탑재한 전함들이 Link-11을 활용해 전술자료를 교환하고 있다. [그림 5-6]은 Link-11의 운용개념을 보여주고 있다.

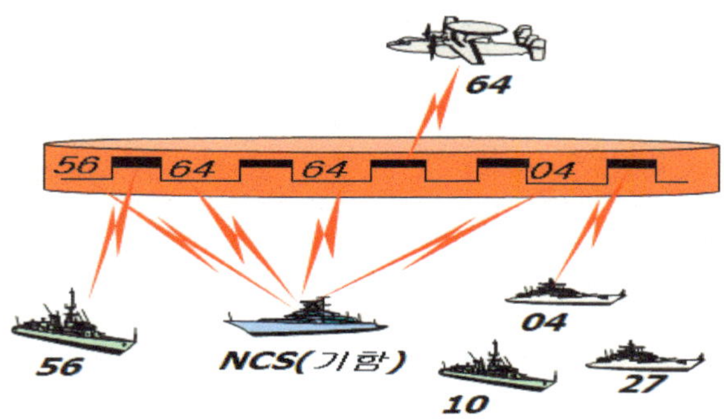

그림 5-6 Link-11 운용개념도

출처 : 국방과학연구소

27) 해리(NM : Nautical Mile) : 바닷길의 거리 단위로서 1NM은 1,852미터

5.2.2 Link-11B(TADIL B)

Link-11B는 지상기반의 방공작전 및 관제를 위한 정보교환을 위해 주로 사용되며, 다양한 통신매체(유선 케이블, SHF, UHF 등)를 통해 운용할 수 있다. Link-11B 네트워크는 전용의 점대점(point-to-point) 방식의 데이터링크 연결구조로 구성되어 전이중 전송 방식으로 디지털 정보를 교환하며 송수신 선이 독립된 유선을 사용하므로 주파수 대역을 구분할 필요가 없다. Link-11B는 미군 표준인 MIL-STD-6011B와 나토 표준 STANAG 5511에 정의되어 있는 M-시리즈 메시지를 사용한다. Link-11B는 현재 미 육군(AN/TSQ-73 미사일 통제장비 보유), 미 해병대(TACC와 TAOC), 미공군 CRC (Control and Reporting Center) 또는 CRP(Control and Reporting Post) 간 및 국가안보국(NSA : National Security Agency) 등에서 운용하며, 한국 공군의 경우 중앙방공통제소(MCRC : Master Control and Report Center)에서 사용하고 있다. [그림 5-7]은 Link-11B의 운용개념을 보여주고 있다.

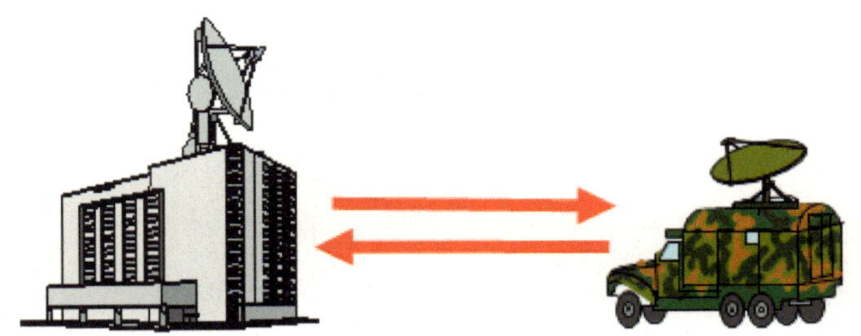

그림 5-7 Link-11B 운용개념도

출처 : 국방과학연구소

5.2.3 Link-16(TADIL-J)

Link-16은 걸프전 이후 미 국방성이 표준체계로 채택하여 1996년부터 미국의 전 군에 배치된 전술데이터링크 체계로서 미군이 합동 및 연합작전에 각 군 간 또는 국가 간 전술 데이터를 서로 교환하고 공유하기 위해 개발되었다. Link-16은 현재 북대서양조약기구(NATO)의 전술데이터링크로 채택되어 사용되고 있으며, 한국군 또한 2008년 F-15K를 구입함으로써 Link-16 체계도 함께 도입해 사용하고 있다. [그림 5-8]은 Link-16의 운용개념을 보여주고 있다.

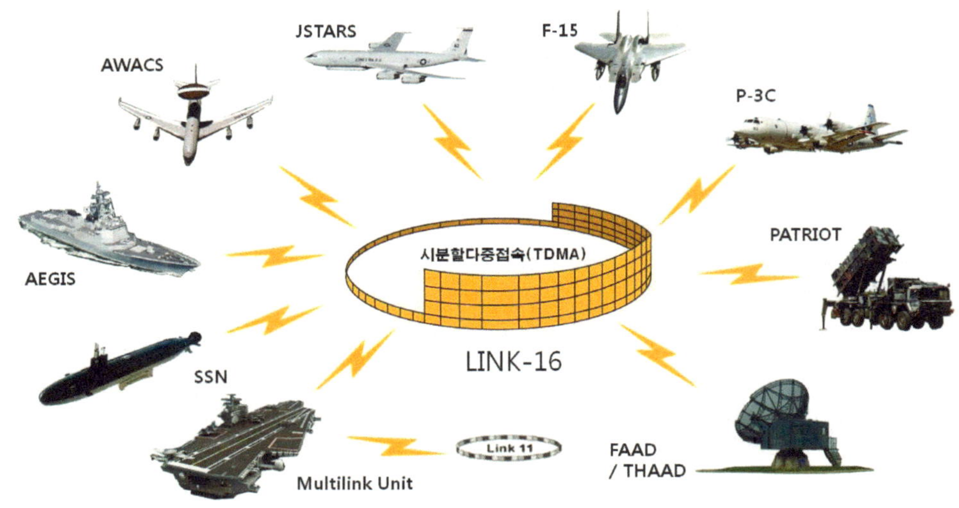

그림 5-8 Link-16 운용개념도

출처 : 해군지휘통제체계 성능고도화 및 발전방안 연구보고서

Link-16은 감시와 지휘 및 통제 정보를 다양한 지휘통제체계 및 무기체계의 플랫폼(platform) 간 교환함으로써 작전 효용성을 증가시키기 위한 통신, 항법, 식별체계로 볼 수 있다. Link-16은 다양한 플랫폼 간 정보전달 시 근실시간 전송 및 항재밍(anti-jamming)이 가능한 다중접속을 제공한다. 또한, 주파수 도약 패턴을 달리해 같은 주파수 대역 내에서 여러 개의 네트워크를 운용하는 멀티넷(mult-net) 구조를 지원하므로 동시에 여러 개의 복합작전수행이 가능하다.

위와 같은 장점들에도 불구하고 Link-16은 고정적인 네트워크 구조 및 낮은 전송률 등이 문제점으로 제기되고 있다. Link-16은 주파수 도약과 함께 고정적인 시분할 다중접속(TDMA : Time Division Multiple Access) 구조를 사용하기 때문에 제한적인 가변 데이터 전송률을 지원하며, 고속 데이터 전송에는 한계가 있다. 또한, 이러한 구조로 인해 동적인 망 관리가 불가능하며, 합동 작전 시 전술데이터의 실시간 전송이 불가능한 단점이 존재한다. 게다가 Link-16은 비효율적인 변조방식인 순환 부호 편이 변조 및 최소 편이 방식[28]을 사용하기 때문에 낮은 주파수 효율을 가지며, 고정된 채널 코딩 및 변조 기법을 사용하기 때문에 채널환경을 고려하지 않아 전송효율이 낮은 단점이 있다. Link-16 자체의 낮은 데이터 전송률로 인해 좌표, 음성, 텍스트 등의 제한적인 서비스만

28) CCSK/MSK(Cyclic Code Shift Keying/Minimum Shift Keying)

이 지원 가능하며, 이 때문에 IP 기반 서비스의 지원은 불가능하다.

미군은 이러한 Link-16의 단점을 개선하기 위해서 LET(Link-16 Enhanced Throughput) 프로젝트를 진행하였다. LET는 기존의 Link-16을 최소의 비용과 설계변경으로 성능을 향상시킬 목적으로 개발되었다. 이러한 LET는 Link-16에 비해 최대 10.25배 정도의 데이터 전송률을 달성할 수 있는 것으로 알려졌다. 대역폭 효율을 높이고 고속 데이터 애플리케이션(application) 서비스가 가능한 LET는 반대급부(trade-off)로 Link-16의 높은 항재밍/저피탐 성능은 보장받을 수 없게 되었다.

5.2.4 Link-22(NILE)

Link-22는 초기에 NILE(NATO Improved Link Eleven)이라는 이름으로 개발되었으며, Link-11과 Link-16의 혼합형 구조를 가지는 전술데이터링크 체계이다. Link-22는 함정, 잠수함, 항공기, 해안기지 간의 디지털 데이터링크로서 역할을 담당할 예정이며 기존의 Link-11을 대체할 예정이다. Link-22는 Link-16과 상호 운용성을 유지함으로써 연합국 간의 상호 운용성 및 지휘관의 전투능력을 개선하는데 목적을 두고 있으며 Link-11의 단점인 전자보호 기능(EPM : Electronic Protection Measures) 부족, 낮은 전송속도, 불충분한 에러검출 및 교정능력, 느리고 융통성이 부족한 데이터링크 운용절차, 제한된 라우팅 등의 문제들을 개선하고 있다.

[그림 5-9]에서 보듯이 Link-22는 HF 대역과 UHF 대역을 통해 데이터를 전송하고, 대역별 사용 가능한 웨이브(wave) 모양에 따라 하나의 네트워크에서 HF 대역에서는 최대 4,053Kbps의 속도를 지원하며, UHF 대역에서는 최대 12,667Kbps의 속도를 지원한다. 그리고 각 대역에서 고정 주파수 방식과 주파수 도약 방식을 지원한다. 더 나아가, Link-22는 전송률을 향상시키기 위해 사용자가 최대 4개의 무전기를 사용해 서로 다른 네트워크에 참여할 수 있게 구성하였다. 이때 Link-22는 Link-16의 정적인 시분할 다중접속(TDMA)뿐만 아니라 동적인 시분할 다중접속(TDMA)를 지원하여 사용자의 요구량에 따라 타임 슬롯(time slot)을 다르게 할당해 줄 수 있다.

또한, Link-22는 미국의 주관 아래 NATO 6개국이 함께 개발하였으며 이탈리아, 프랑스, 독일은 2008년, 그리고 캐나다, 영국, 스페인은 2010년에 구축을 완료한 것으로 알려져 있다. 현재로서는 선진국들에서 Link-16과 Link-22 이외의 새로운 전술데이터링크를 개발할 계획은 없으며, 최근 개발된 Link-16으로 기존 구형 전술데이터링크를 대

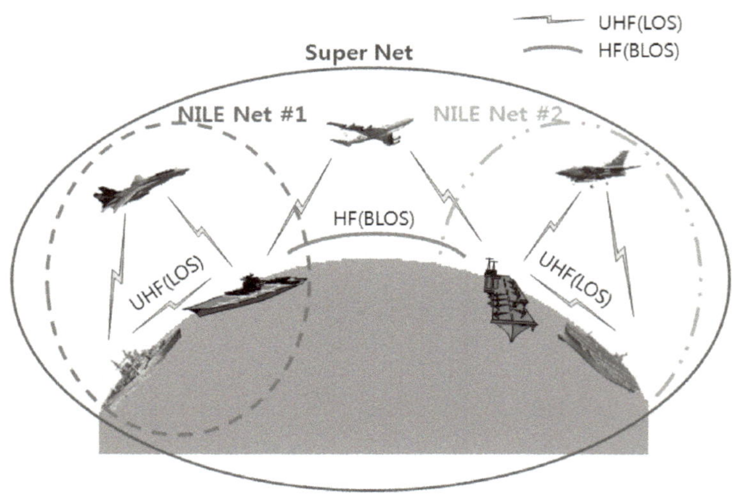

그림 5-9 Link-22 운용개념도

출처 : 네트워크중심작전을 위한 전술데이터링크 기술동향

체하거나 새로운 무기체계에 Link-16을 탑재하기 위해 노력을 집중하고 있다.

5.2.5 한국형 전술데이터링크

한국군 합동작전을 위한 한국형 전술데이터링크 필요성이 대두되어 합동참본부 주관으로 6개 합동작전 운용개념을 정립하였고, 국방과학연구소 주관으로 2009년부터 시행된 체계개발은 2014년 완료되어 전력화되었다.

아직 전술데이터링크 체계를 구축하지 않은 한국 육군은 한국형 지상군전술데이터링크(KVMF : Korean Variable Message Format)[29] 개발을 통해 지휘통제체계와 무기체계 간의 전술데이터의 상호 운용성을 확보할 예정이다.

(1) 한국형 합동전술데이터링크체계(JTDLS)

한국형 합동전술데이터링크체계(JTDLS : Joint Tactical Data Link System)는 한국군 전장환경 및 무기체계에 적합하도록 감시체계, 지휘통제, 타격체계 간 전술정보를 실시간으로 공유하기 위한 전술통신 기반체계로서 합동작전 시 전술정보 교환을 위한 표준

29) 국방과학연구소는 2006년부터 기존 美 육군 무기체계의 표준 메시지(VMF : Variable Message Format)를 바탕으로 응용연구를 시작한 이후 6년 만에 한국형 지상전술데이터링크(KVMF) 개발에 성공하였다.

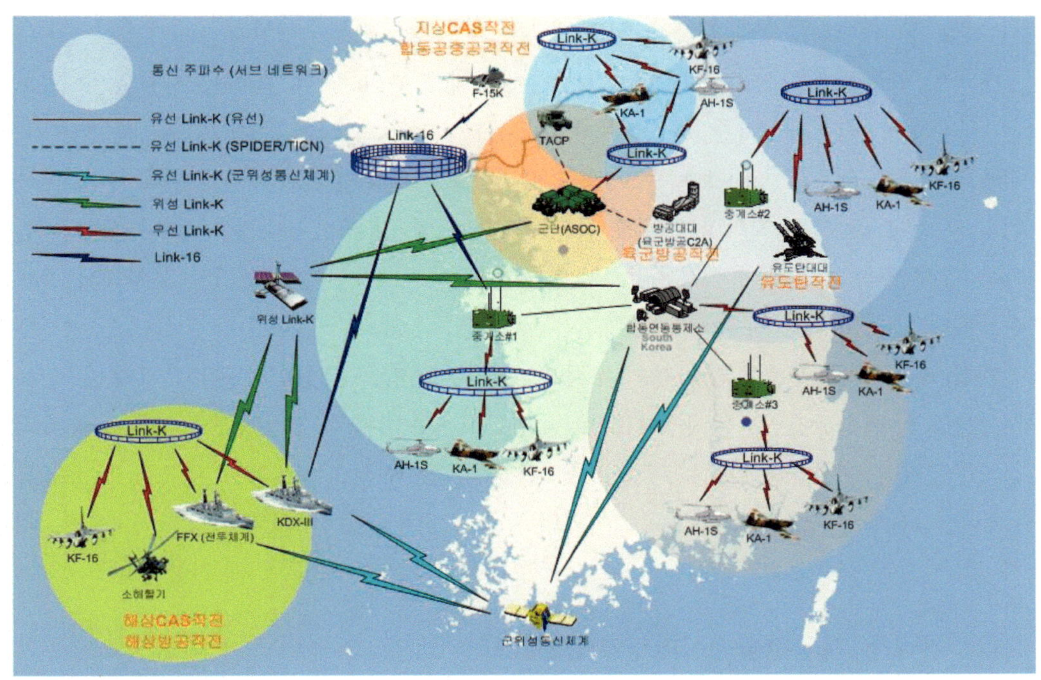

그림 5-10 한국형 합동전술데이터링크체계(JTDLS) 운용 개념도

출처 : 해군지휘통제체계 성능고도화 및 발전방안 연구보고서

통신체계로 개발되고 있다.

한국형 합동전술데이터링크체계의 운용개념을 살펴보면 먼저 한국형 합동전술데이터링크체계는 합동작전을 위해 전술정보를 필요로 하는 지상·해상·육상의 무기체계와 지휘소에 설치된다. 한국형 합동전술데이터링크(Link-K)를 통해 유통되는 전술정보는 다양한 감시 및 정찰체계로부터 수집된 전술자료를 통합 및 처리하여 생성된 다양한 전술데이터가 포함된다.

[그림 5-10]에서 보듯이 한반도 전역에서 원활한 전술자료 유통을 위해 중심적인 임무를 수행하는 합동연동통제소(KICC : Korea Interface Control Cell)는 공군의 중앙방공통제소(MCRC), 해군의 해군전술자료처리체계(KNTDS), 미군의 합동연동통제소(JICC : Joint Interface Control Cell)로부터 한국형 합동전술데이터링크체계(JTDLS)를 통해 한반도 전역의 항적정보를 수신한다. 이렇게 수신된 항적정보는 3개 지역 분산중계소를 거쳐 각 중계소의 무선 Link-K를 통해 공중 플랫폼들에게 전달된다. 또한 합동연동통제소(KICC)는 네트워크 설계, 전술상황정보 관리 및 분배기능을 수행하며, 작전환경변화에 따라 최적의 상태에서 안정적으로 전술데이터링크를 운영할 수 있도록 가입자 및 망

의 부하 등 데이터링크의 상태 감시와 구성관리 기능 등도 수행한다.

한국형 합동전술데이터링크(Link-K)는 통신매체로 무선, 위성, 유선을 사용할 수 있도록 설계되고 있으며, 이들 통신매체를 사용하는 네트워크는 각각 무선, 위성, 유선 Link-K이다. 고속 위성 Link-K는 대량의 항적정보/지휘통제명령 전파를 위해 주로 사용되고, 무선 Link-K는 지역망 형태로 운영되면서 지역 상공의 항적정보/지휘통제명령 전파를 위해 공중 플랫폼에 사용된다. 유선 Link-K는 1:1 통신이 요구되는 상황에서 주로 사용된다.

지상 및 해상 플랫폼들은 각각의 무선 Link-K 지역망을 운영하며, 인근 지역 내의 플랫폼들에게 전술상황정보를 중계함으로써 합동작전을 수행한다. 중계소 무선 Link-K의 전파통달거리 밖에 있는 지상과 해상 플랫폼들에게는 위성 Link-K 또는 유선 Link-K를 통해 전술상황정보를 전파한다. 그 이외의 합동작전에 필요한 지휘통제 명령, 응답, 위치 및 시스템 상태보고, 교전결과 보고 등도 이와 같은 경로를 통해 전달된다.

(2) 한국형 지상전술데이터링크(KVMF)

한국형 지상전술데이터링크(KVMF)는 표준화된 메시지를 기반으로 지상군의 제한된 전술 통신환경에서 유・무선 통신수단을 이용하여 감시체계, 지휘통제체계, 타격체계 간 디지털 전술정보를 근실시간으로 교환하기 위한 체계이다. 한국형 지상전술데이터링크는 지상군의 미래 네트워크중심전(NCW) 능력 구현을 위해 모든 지상무기체계에 탑재되어 지상무기체계 간 지휘통제(C2) 및 전술상황인식(SA : Situation Awareness) 정보를 공유하고, 한국형 합동전술데이터링크체계(JTDLS)와 연동하여 네트워크중심 작전환경(NCOE : Network Centric Operational Environment)하에 육・해・공 합동작전수행을 지원하기 위해 개발되었다.

[그림 5-11]에서 보듯이 한국형 지상전술데이터링크(KVMF)는 전차, 장갑차, 헬기 등 약 40여 종의 지상 전술무기체계에 적용되어 지상군의 통합전투력 발휘에 결정적인 구실을 한다. 또한, 한국형 지상전술데이터링크(KVMF)는 육군전술지휘정보체계(ATCIS), 대대급 이하 전투지휘체계(B2CS : Battalion Battle Command System), 군사정보통합처리체계(MIMS : Military Intelligence Management System), 한국 합동화력운용체계(JFOS-K : Joint Fire Operation System - Korea) 등과 연동되어 관련 전술정보를 교환할 수 있도록 구성될 예정이다.

한국형 지상전술데이터링크(KVMF)는 합동전술데이터링크체계(JTDLS)와 연동을 통

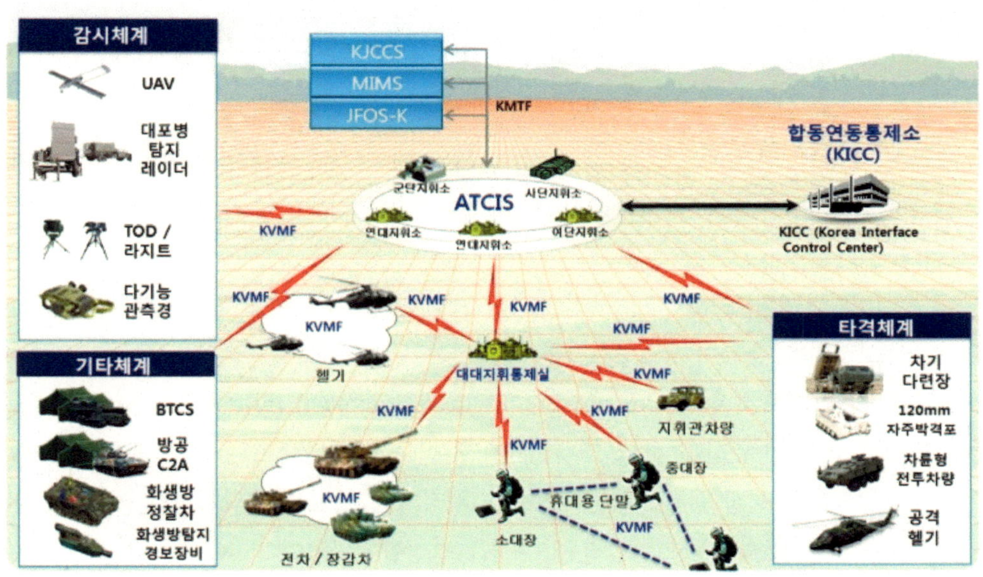

그림 5-11 지상전술데이터링크(KVMF) 운용 개념도

출처 : http://armymagazine.blog.me/110166949088

해 연합 및 합동작전 수행을 지원하며, 전술용 다대역 다기능 무전기(TMMR : Tactical Multi-band Multi-role Radio) 및 다양한 통신수단을 활용하여 각 무기체계 간 전술정보 교환이 가능하도록 구성된다. 한국형 지상전술데이터링크(KVMF)를 통해 수행되는 지상작전은 공격작전, 방어작전, 지연작전, 기타 작전 등이 있고, 해병대에 의해 수행되는 상륙작전을 지원하며, 항공작전을 위해 항공타격, 공중강습. 항공지원작전 등도 지원한다. 한국형 지상전술데이터링크(KVMF)는 장비별, 작전형태에 따라 고유의 작전 소요 정보를 포함하는 메시지로 구성되어 있으며, 작전운용 개념에 따라 각각의 단계별, 제대별, 부대별, 그리고 장비별 작전을 지원한다.

5.3 전술정보통신체계(TICN)

통신은 눈에 보이지는 않지만, 전쟁을 수행하는데 매우 중요한 역할을 한다. 특히 부대의 임무를 달성하기 위해 지휘관의 지휘권 행사를 보좌하고 모든 전투수행기능을 통합하는 지휘통제 기능의 생명은 통신수단에 달려있다고 해도 과언이 아니다. 5.2장에서 설명되었듯이 우리 해군과 공군은 장비의 도입과 함께 부수적으로 전술데이터링크도 함께 도입함으로써 제한적이기는 하지만 나름의 통신네트워크를 구축해 활용해왔다. 하지만 육군의 경우는 전술데이터링크의 활용이 거의 이루어지고 있지 않았고 최근 들어서야 한국형 지상전술데이터링크(KVMF)를 개발해 각종 장비와의 연동을 추구하고 있는 실정이다.

육군은 1990년대까지 PRC-77 무전기, TA-312 전화기 등 주로 음성통화 기능만을 제공하는 통신장비를 활용하였고, 2000년대 들어서야 비로소 육군전술통신체계(SPIDER)와 육군전술지휘정보체계(ATCIS : Army Tactical Command Information System)를 개발해 제한된 데이터 통신을 하고 있다. 하지만 이들 체계만으로는 현대 전장에서 요구하는 음성, 데이터, 영상 등의 대용량 정보를 처리하는 것이 제한되기 때문에 우리 군이 추구하는 공세적 전(全) 전장 통합작전 수행을 보장할 수 없었다. 따라서 육군은 대용량의 전송능력을 갖춘 네트워크 체계를 개발하고 있는데, 그 핵심이 바로 전술정보통신체계(TICN : Tactical Information Communication Network)이다. [그림 5-12]는 전술정보통신체계(TICN)의 운용 개념을 보여주고 있다.

그림 5-12 전술정보통신체계(TICN) 운용 개념도

출처 : http://armymagazine.blog.me/110166949088

최근 전쟁양상은 정보공유, 지휘속도 향상, 신속한 작전전개, 공격의 정밀성, 생존력 향상 등의 목적을 달성하기 위해 감시체계, 지휘통제체계, 그리고 타격체계가 네트워크를 통해 연결되어 실시간으로 정보공유를 공유함으로써 상대적 정보 우위를 달성하고, 전투력을 극대화하는 네트워크 중심전(NCW)의 형태를 띠고 있다. 따라서 육군은 모든 전장요소를 연결해 전장상황을 공유하고, 효과중심의 동시・통합작전 수행을 통해 전투력 상승효과를 창출할 수 있는 네트워크중심 작전환경(NCOE)을 조성하기 위해 미래형 네트워크인 전술정보통신체계(TICN)를 개발하고 있다.

전술정보통신체계(TICN)는 전술제대가 먼저 보고(先見)-먼저 결심해서(先決)-먼저 타격(先打)할 수 있도록 감시정찰체계, 지휘통제체계, 정밀타격체계 사이에 원활한 정보유통을 보장하는 ALL IP 기반의 대용량 무선 전술통신체계로서 전술정보통신체계(TICN)의 개발이 완료되면 현재 운용 중인 육군전술통신체계(SPIDER)를 대체하게 된다.

전술정보통신체계(TICN)는 [그림 5-13]에서 보는 바와 같이 대용량 (무선)전송체계, 소용량 (무선)전송체계, 전술이동통신체계, 전투무선체계, 망관리/교환체계 등 5개 체계와 각 체계의 운용을 보장하는 지원 부수장비 및 종합군수지원으로 구성되어 있다. 먼저 고속도로에 비유할 수 있는 (1) 대용량 (무선)전송체계는 연대로부터 야전군 사이의 음성 및 데이터 통신을 지원하기 위한 무선전송로를 구성하는데 전송용량이 현 전술통신체계인 스파이더(SPIDER)의 대용량 전송체계보다 약 11배 이상 향상될 예정이다. 반면 지방도로에 비유할 수 있는 (2) 소용량 (무선)전송체계는 대대급 제대의 무선전송로

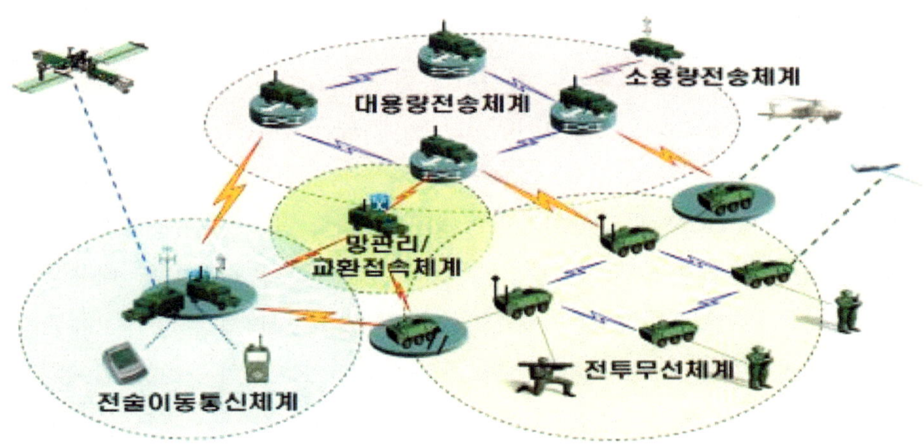

그림 5-13 전술정보통신체계(TICN) 5개 체제

출처 : http://newsday.kr/index.php?mid=f01&document srl=34233&listStyle=viewer

를 구성하는데 전송용량이 현 전술통신체계의 소용량 전송체계보다 약 4배로 향상될 예정이다. (3) 전술이동통신체계는 이동기지국과 상용 스마트폰 수준의 군용 휴대전화(TMFT : Tactical Multi-Function Terminal)으로 구성되는데, 군용 휴대전화(TMFT)는 사용자 요구에 따라 다양한 소프트웨어를 설치하여 작전에 사용할 수 있다. 군용 휴대전화(TMFT)는 그 운용범위를 지휘관 및 참모에서 전투근무지원부대 반장까지 확대하여 지휘통제능력을 강화할 예정이다. (4) 전투무선체계는 음성 및 데이터 통신을 지원하는 전술용 다대역 다기능 무전기(TMMR)로서 현재 운용하는 무전기인 P-999K에 비해 전송용량이 최대 200배 이상 향상될 예정이다. 또한 P-999K는 난청지역 극복을 위해 별도의 중계장비를 이용해 중계해야 했으나, 전술용 다대역 다기능 무전기(TMMR)는 무전기 자체에 중계기능을 갖고 있어 음성과 데이터를 자동으로 중계할 수 있다. 또한, 내부 소프트웨어 변경만으로 AM 무전기에서 FM 무전기로 기능을 변경하여 운용할 수 있고, 많은 성능이 향상할 수 있도록 개발하고 있다. 마지막으로 (5) 망관리/교환체계는 통신망을 계획 및 관리하는 망관리 체계와 데이터들이 최적의 경로를 통해 전달할 수 있도록 하는 교환 체계를 의미한다. 전술정보통신체계(TICN)는 위 5개 체계 이외에도 해당 체계들이 정상적으로 운용·유지되기 위해 전원을 제공하는 발전기, 전지 등과 앞으로 안정적인 운용을 위한 통합정비체계도 포함된다.

전술정보통신체계(TICN)의 개발이 단계별로 완료되면 전술상황을 고려하여 5개의 체계를 상호 유기적으로 연결하여 전장의 전 전투원에게 작전 수행에 필요한 정보를 송·수신할 수 있는 하나의 대규모 무선 네트워크를 구성하게 된다. 이 네트워크를 통해 감시–지휘통제–정밀타격체계 사이에 대용량 데이터들이 쉽게 유통되고, 기동·화력·방호 등의 모든 전장기능이 유기적으로 통합되어 전투력 발휘의 승수효과를 달성할 수 있게 한다는 점에서 전술정보통신체계(TICN)는 미래 육군 전투력을 향상해줄 중요한 무기체계로 볼 수 있다[30].

전술정보통신체계(TICN)의 전력화가 완료되면 현재의 육군전술통신체계(SPIDER)에 비해 다음과 같은 효과를 얻을 수 있다. 첫째, 실시간 정보유통을 위한 대용량 데이터 전송로를 확보함으로써 대대급 이하 제대까지 감시–결심–타격체계 간 정보유통을 보장할 수 있고, 무인항공기(UAV), K-9자주포, 한국형 헬기, K-2전차 등 다양한 무기체계는

30) 전술정보통신체계(TICN)은 육군의 기간 네트워크로 개발되고 있지만 향후 체계개발이 성공적으로 완료되어 전력화될 경우 육군은 물론이고 해군과 공군의 초고속·대용량의 전술통신기반체계로 활용될 수 있을 것으로 예상된다.

물론이고 해 · 공군 지휘통제체계와 연동되어 합동작전 수행여건이 크게 개선될 수 있다. 둘째, 최신 정보통신 및 IoT 기술을 적용함으로써 영상정보, 타격명령, 위치보고 등을 기동 중에도 실시간으로 전파할 수 있어 즉각적인 전투수행이 보장되고, 소대급까지 전장 단말기를 활용한 지휘통제를 보장할 수 있어 기동 간 전투지휘 능력이 더욱 향상된다. 셋째, 부대가 새로운 지휘소로 이동하면 정보통신부대는 전술정보통신체계(TICN)를 설치하고, 사용자는 간편하게 단말기를 접속 단자에 연결하기만 하면 전장기능별로 통신망이 자동으로 구성되어 신속한 지휘소 구축이 가능하므로 작전반응시간을 크게 단축할 수 있다. 육군은 장기적으로 현재 개발 중인 전술정보통신체계(TICN)를 위성 및 중계용 무인항공기(UAV)와 통합하는 4세대 전술정보통신체계(TICN)로 발전시키는 계획을 추진하고 있다. 즉, 위성 및 중계 무인항공기(UAV)가 전술정보통신체계(TICN)에 통합되면 하늘의 중계 무인항공기(UAV)가 기동부대들의 기동 중 지휘통제를 지원하고, 우주의 위성통신이 작전거리가 늘어난 대대급 이상의 지휘소들을 전술정보통신체계(TICN)에 연결함으로써 전장의 전투원들에게 언제, 어디서나 지휘통제와 상황인식 정보를 신속하게 전달할 수 있게 된다.

전술정보통신체계(TICN)는 정보유통을 위한 일종의 기반체계 네트워크로서 전술정보통신체계(TICN)를 바탕으로 앞으로 설명될 각종 전투 · 전술 · 전략 지휘통제체계들이 응용체계 형태로 운용된다고 이해하면 된다.

5.4 한국군 지휘통제체계

합참을 비롯한 우리 육 · 해 · 공군은 작전환경의 변화에 따른 시대적 요구와 2015년으로 계획된 전시작전통제권 전환에 대비해 전략급, 전술급, 그리고 전투급 지휘통제체계를 개발해 운용해오고 있다. 또한, 미래 미군 혹은 우방국과의 연합작전을 위해 연합지휘통제체계를 일부 구축하여 운용하거나 혹은 구축할 예정이다.

[그림 5-14]에서 보는 바와 같이 한국군은 전략단위 지휘통제체계로서 한국군 합동지휘통제체계(KJCCS : Korean Joint Command and Control System)를 운영하고 있다. 한국군합동지휘통제체계(KJCCS)는 합참을 중심으로 각 군 본부와 육 · 해 · 공군의 작전사급 이상 부대, 수방사, 항작사, 특전사 등 작전통제 부대에 설치되어 전 · 평시 합동작

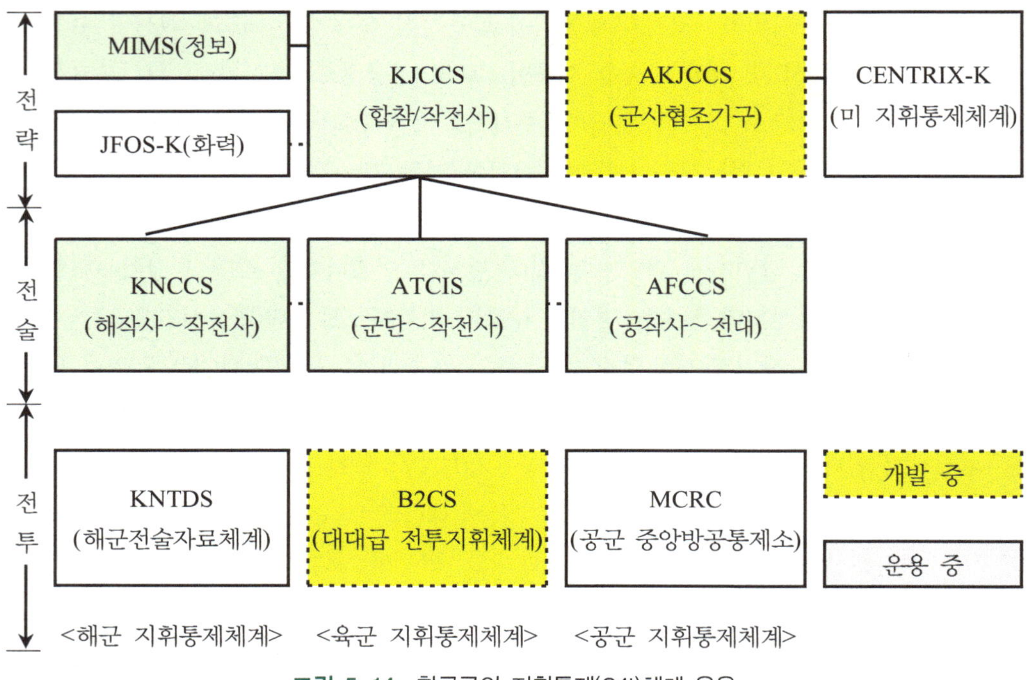

그림 5-14 한국군의 지휘통제(C4I)체계 운용

전을 지원하고 있다.

전술단위 지휘통제체계로서는 육군지휘통제체계(ATCIS : Army Tactical Command Information System), 해군지휘통제체제(KNCCS : Korean Naval Command and Control System), 그리고 공군의 공군지휘통제체계(AFCCS : Air Force Command and Control System) 등이 있다. 이때 육군지휘통제체계(ATCIS)는 육군의 1, 3군 사령부의 군단 및 전술 부대에 설치하여 지상작전 수행을 위해 운영하고, 해군지휘통제체제(KNCCS)는 작전사를 중심으로 전, 평시 해상작전 임무수행을 위한 계획, 지시, 조정 및 통제 수단으로 운용되며, 공군지휘통제체계(AFCCS)은 공군작전사령부를 중심으로 비행부대, 방공포병부대, 전술항공통제 부대에 구축되어 공군 중앙방공통제소(MCRC)를 근간으로 운용된다.

전투단위 지휘통제체계로는 함정, 항공기, 전탐감시대에 설치된 센서들과 기타 연동된 합동 및 연합체계로부터 전술정보를 수집, 처리, 통합해 해상전술상황을 생성 및 전시하는 해군전술자료처리체계(KNTDS : Korea Naval Tactical Data System)와 한반도 주변 상공에 떠 있는 비행기 등 모든 물체에 대해 공군레이더를 통해 한·미 양국 공군이 추적·감시해 표시해주는 체계인 공군 중앙방공통제소(MCRC) 등이 이미 개발되어 운용되고 있다. 육군의 경우는 현재까지는 전투단위 지휘통제체계가 운용되고 있지 않으나 앞으로 대대급 이하 제대의 핵심 전상상황 파악 및 지휘통제를 위한 정보를 실시간으로 공유하고, 기동 간 지휘통제를 보장하기 위해 대대급 이하 전투지휘체계(B2CS : Battalion Battle Command System)를 개발해 운용할 예정이다.

또한, 우리 군은 각종 감시 및 정찰장비로부터 수집 혹은 획득한 군사정보 및 첩보를 종합적으로 분석 및 평가해 정보를 생산하고, 이를 필요한 부서에 전달하는 시스템인 군사정보통합처리체계(MIMS : Military Intelligence Management System)를 운용하고 있다. 군사정보통합처리체계(MIMS)는 전장지식에 대한 체계적인 관리체계를 구축함으로써 적군과 아군의 작전환경에 대한 상황공유를 도모해 전장 가시화를 달성하는데 그 목표가 있다.

5.4.1 한국군 5대 전장관리체계(전략 및 전술단위 지휘통제체계)

지금까지 설명된 한국군의 지휘통제체계 중에서 한국군 합동지휘통제체계(KJCCS), 육군지휘통제체계(ATCIS), 해군지휘통제체제(KNCCS), 공군지휘통제체계(AFCCS), 그리고 군사정보통합처리체계(MIMS)를 5대 전장관리체계라 부른다.

(1) 한국군 합동지휘통제체계(KJCCS)

한국군 합동지휘통제체계(KJCCS)는 합참 등 전략제대에서 전시와 평시에 전장상황을 실시간으로 제공하여 전장 상황을 가시화하고, 제대 간 전장상황을 공유하여 상황판단과 지휘결심을 지원하기 위한 한국군 지휘통제체계의 핵심체계이다.

우리 군은 1999년에 지휘소 자동화 체계(CPAS : Command Post Automation System)라는 독자적인 지휘통제체계를 구축해 10개의 전략제대를 중심으로 운용해 왔다. 우리 군이 지휘소 자동화체계(CPAS)를 개발하게 된 배경은 평시와 전시작전통제권 환수 및 주한미군 감축 혹은 철수에 대비해 한국군의 전략 및 전술에 맞는 독자적인 지휘통제체계를 구축하기 위해서였다. 이러한 취지에 맞게 지휘소 자동화 체계(CPAS)는 순수 국내 기술로 개발되었다. 하지만 사용자 접근성과 편의성 부족, 실시간 정보와 상황 공유 불가능, 지휘통제체계의 핵심기능중의 하나인 공통작전상황도(COP : Common Operational Picture) 기능 부재 등 기술적 한계와 문제점으로 인해 우리 군은 지휘소 자동화 체계(CPAS)의 보유에도 불구하고 미군의 지휘통제체계인 한반도 연합지휘통제체계

(CENTRIXS-K : Combined Enterprise Regional Information Exchange System - Korea)에 의존해왔다.

이러한 문제를 해결하기 위해 우리 군은 2001년 지휘소 자동화 체계(CPAS)의 성능을 대폭 향상해 2007년까지 공통작전상황도(COP)와 같은 핵심기능 위주의 한국군 합동지휘통제체계(KJCCS)를 개발해 2009년부터 본격 가동했다. 이와 더불어 2010년까지 육군·해군·공군 지휘통제체계 전력화를 완료하고, 전략 및 전술 지휘통제체계를 군사정보통합처리체계(MIMS)과 연동시킴으로써 정보공유의 범위를 대폭 확대하였다. 이러한 한국군 합동지휘통제체계(KJCCS)는 주요 정보수집자산을 통해 획득된 정보를 분석 및 정리하고 이를 필요로 하는 각 군의 작전사령부급 지휘소와 야전부대에 전달하는 과정을 통합 및 자동화시킨 것이 특징이며 명실상부한 전략단위 합동지휘통제체계라고 할 수 있다.

(2) 육군지휘통제체계(ATCIS)

육군지휘통제체제(ATCIS)는 군단급 이하 전술제대(해병대 사령부 포함)의 지휘·통제·통신·컴퓨터를 유기적으로 통합해 실시간으로 정보를 공유함으로써 효율적인 감시 – 결심 – 타격 작전수행을 보장하기 위한 육군의 지휘통제체계이다.

육군지휘통제체제(ATCIS)는 군단 – 사단 – 연대급 전술제대에 배치하여 전술통신체계인 스파이더(SPIDER) 네트워크 혹은 앞으로 개발될 전술정보통신체계(TICN)를 이용하여 제대 및 기능체계별 상호연동을 통하여 통합 전투수행을 위한 지휘통제 수단으로 운용된다. 육군지휘통제체제(ATCIS)는 감시수단과 타격수단을 연동하여 수집된 첩보 및 정보를 해당 제대 및 부서에 전파해 타격할 수 있도록 운용하며, 각 제대 지휘관의 지휘결심 사항과 관련된 각종 현황 및 상황 파악 등을 자동화하여 지휘결심을 지원하기 위해 전·평시 운용된다.

육군지휘통제체제(ATCIS)는 1996년 소요가 제기된 이후 약 4년간의 개념연구와 타당성 검토, 시범체계 구축 및 운용 등을 통해 개발준비를 완료하였다. 1단계에는 삼성SDS 주도로 2000년 12월부터 2002년 6월까지 전문처리, 상황도 도식 등 공통으로 활용될 소프트웨어(S/W)들을 개발하였고, 2단계에는 쌍용정보통신 주도로 2001년 12월부터 2004년 4월까지 탐지 및 타격체계와 지휘통제체계 간 연동장비를 개발하였으며, 3단계에는 LG-CNS 주도로 2002년 7월부터 2005년 5월까지 지휘소의 정보, 작전, 화력, 전투근무지원 기능에 대한 자동화를 위한 지휘결심 소프트웨어(S/W)를 개발하였다.

2006년부터 2008년 12월까지 전방 군단과 해병대를 대상으로 전력화를 완료하였으며, 체계가 시대에 뒤떨어지는 것을 방지하기 위해 성능개량을 지속적으로 추진하여 최신 첨단기술을 적용함으로써 군의 요구를 충족시켰다. 특히 전시작전통제권 전환 준비 차원에서 계획된 것보다 약 2년을 앞당겨 2008년 전력화함으로써 국방핵심전력인 육군지휘통제체제(ATCIS)를 조기에 구축하고 국방예산을 절감하는 효과를 거두었다.

육군지휘통제체제(ATCIS)는 2010년 1차 성능개량 사업을 통해 연대급 부대의 전산보호장치(shelter)에 대한 이중화를 통해 생존확률을 높였고, 노후 전산 장비를 교체하였으며, 신규 무기체계 도입에 따른 연동기능을 개선하였다. 또한, 우리 군은 2010년부터 2019년까지 약 4,000억 원의 예산을 들여 전방군단에 구축된 육군지휘통제체제(ATCIS)에 대한 성능을 개량하고, 작전사급 부대에 대한 지휘통제체계를 국내기술로 개발 확보하려는 목적으로 2차 성능개량 사업을 추진하고 있다. 2차 성능개량 사업 간에는 군단에서 연대까지만 연동된 현재의 육군지휘통제체제(ATCIS)가 대대급까지 확대되고, 정보 송수신을 위해 기존에 이용하던 스파이더(SPIDER) 네트워크도 전술정보통신체계(TICN) 기반으로 개량되어 대량의 데이터 전송이 가능해질 전망이다.

(3) 해군지휘통제체제(KNCCS)

해군지휘통제체계(KNCCS)는 지휘관과 참모의 전·평시 및 훈련 상황에서의 임무수행 절차 및 지휘결심을 지원하며, 정보 우위의 신속한 의사결정을 통해 합동성, 통합성, 동시성을 보장하는 체계로 작전 요구조건을 신속히 반영하기 위해 개발되었다. 해군지휘통제체계(KNCCS)는 네트워크중심 작전환경(NCOE)을 구현하기 위한 지휘·통제·통신 전력 증강을 목적으로 개발되었으며, 해군작전사를 중심으로 함대사, 전(단)대, 함정을 포함한 전 전술부대를 대상으로 구축되었다.

또한, 진화적 발전체계로서 1단계 체계는 정보·작전 중심의 핵심 기능을 개발하여 시범부대에 설치·적용하였으며, 2단계 체계는 전투근무지원 및 의사결정지원 기능의 확장과 정보·작전의 추가 요구기능을 반영 후 해군 전 전술부대로 확대 설치되었다.

해군지휘통제체계(KNCCS)는 정부통제 기반의 업체주도 연구개발 사업으로 2002년 해군본부 자동화체계 사업단(C4I 사업과) 관리하에 삼성 SDS의 개념연구를 거쳐, 2004년 12월부터 쌍용정보통신(주)가 주도해서 1단계(정보·작전 중심의 핵심 기능) 체계개발이 진행되었으며, 2006년부터는 해군에서 방위사업청으로 사업이 이관되어 계속 추진되었다. 해군지휘통제체계(KNCCS)는 2006년 5월에 주요 관계관이 참석한 가운데 상세설계검토회의(CDR : Critical Design Review)를 개최하였고, 2007년 1월 개발시험평가

(DT : Development Test)를 거쳐 그 해 7월에 1단계 사업이 완료되었다. 2008년부터 시행된 2단계(전투근무지원 및 의사결정지원 기능의 확장과 정보·작전의 추가 요구기능 추가) 체계개발은 2010년 완료되어 전력화되었다.

해군은 운용중인 해군지휘통제체계(KNCCS)를 중심으로 효율적인 체계운용을 위하여 해군전술자료처리체계(KNTDS)를 통합하는 해군 전술지휘통제자동화(C4I)체계 성능개량 사업을 2020년 전력화를 목표로 진행 중에 있다. 해군 전술지휘통제자동화(C4I) 성능개량체계는 실시간 전술상황 공유 및 즉각적인 지휘결심이 가능해진다. 수집된 전술정보의 종합, 처리 및 전파를 통해 육상과 해상 작전 제대 간 실시간 전장상황 인식 및 의사전달을 위한 정보교환 수단으로 활용하여 효율적이고 적시적인 상황판단과 지휘결심이 가능토록 지원한다. 또한, 각 군 지휘통제체계 및 타 체계와 원활한 연동으로 연합 및 합동작전을 지원 가능하도록 개발 예정이다.

(4) 공군지휘통제체계(AFCCS)

공군지휘통제체계(AFCCS)는 공군작전사령부와 남부전투사령부를 중심으로 공군본부 및 예하 전술제대에 배치하여 제대 및 기능별로 상호 연동하여 통합 전투수행을 위한 지휘통제 수단으로 활용되는데 작전 운용에 필요한 정보를 수집 및 전파하고, 각 제대 지휘관의 지휘 결심사항과 관련된 각종 현황 및 상황파악 등을 자동화하여 지휘결심을 지원하기 위해 활용된다. 그리고 타군, 미군 및 타 체계와의 연동을 통하여 연합 합동작전 수행을 지원한다.

공군지휘통제체계(AFCCS)는 2000년 12월에서 2001년 12월까지 약 1년 동안 항공전역관리, 항공작전, 방공포병작전, 기지방호작전 등 공군 지휘통제체계에 대한 개념연구를 하고, 2001년 8월 공군본부 참모업무 협조회의를 거쳐 체계구축에 대한 전략을 수정한 뒤, (주)포스데이타가 2004년 4월부터 2007년 5월까지 약 570여억 원을 투자해 구축한 전술단위 공군 지휘통제체계이다. 2010년부터 시행된 2단계(항공임무명령서(ATO) 생산, 방공포병작전 지원 및 기지방호작전지원 기능 추가) 체계개발은 2014년 완료되어 전력화되었다.

(5) 군사정보통합처리체계(MIMS)

군사정보통합처리체계(MIMS)는 전장 6대 기능 요소의 하나인 정보 분야를 자동화시킨 체계로서 각종 정보 및 첩보를 수집 및 분석하여 한국군 합동지휘통제체계(KJCCS),

각 군 전술지휘통제체계, 연합 지휘통제체계에 전파 및 공유함으로써, 전쟁지도부와 지휘관의 작전결심을 지원하는 체계이다. 군사정보통합처리체계(MIMS)의 핵심은 전 제대별 및 기능별 군사정보를 통합해 연합 및 합동 작전을 위한 정보체계를 확보하고, 정보유형별 혹은 출처별로 대용량 데이터베이스(DB)를 구축하며, 이들 자료를 공유할 수 있는 정보검색 및 유통기능을 제공함으로써 신속 정확한 정보전파로 지휘결심을 지원하고, 더 나아가 현재 및 앞으로 운용될 지휘통제체계와의 통합 및 상호 연동이 가능하게 하는 것이다.

군사정보통합처리체계(MIMS)는 모든 출처로부터 수집·획득된 군사 정보 및 첩보를 종합적으로 분석해 정보를 생산하고, 생산된 정보를 관리하며, 필요한 부서 및 지휘관에게 적시에 전달하여 전투력 상승효과를 발휘한다.

군사정보통합처리체계(MIMS)는 합동개념상 6대 구성요소 중 정보(전장인식)분야의 제반 업무활동을 지원하는 자동화 체계로서 원활한 정보유통을 기반으로 신속하고 정확한 정보 생산을 통해 정보 우위를 달성하고 지휘관의 작전결심을 지원하는 체계이다. 이와 같은 군사정보통합처리체계(MIMS)를 활용함으로써 사용자 중심의 전장요구를 충족시키는 지휘통제 중심의 탐지-타격(Sensor-to-Shooter) 개념을 구현할 수 있다.

5.4.2 전투단위 지휘통제체계

현재 우리 군에서 운용 중인 전투단위 지휘통제체계로서는 육군에서 개발 중인 대대급 이하 전투지휘체계(B2CS), 해군에서 운용 중인 해군전술자료처리체계(KNTDS), 그리고 공군에서 운용 중인 공군 중앙방공통제소(MCRC) 등이 있다.

(1) 대대급 이하 전투지휘체계(B2CS)

대대급 이하 전투지휘체계(B2CS)는 대대급 이하 제대의 핵심 전장상황 파악 및 지휘통제를 위해 정보를 실시간으로 공유하고, 기동간 지휘통제를 보장하기 위한 지휘통제체계이다. 현재는 중대급까지는 육군지휘통제체제(ATCIS) 체계의 일부로 보급된 위치보고접속장치(PRE)를 통해 자동 위치보고와 간단한 전문 송·수신이 가능하지만, 소대급 부대는 소형 무전기만 보급되어 전장에 대한 상황파악이 제한된다. 따라서 말단 병사까지 상·하·인접부대간 공통의 상황인식 및 지휘통제 정보를 공유하기 위한 추가적인 지휘통제체계의 도입이 필요하다. 이에 따라 대대로부터 소대까지 기동간 지휘통제를 보장하고 근실시간 정보공유를 통한 전장 가시화가 가능하도록 대대급 이하 전투지휘체계(B2CS)를 2011년부터 2015년까지 개발하고, 2020년까지 전력화할 예정이다.

(2) 해군전술자료처리체계(KNTDS[31])

해군전술자료처리체계(KNTDS)는 해상에서의 작전능력을 향상시키기 위하여 함정, 항공기, 전탐감시대에 설치된 센서들과 기타 연동된 합동 및 연합체계로부터 전술정보를 수집처리 및 통합하여, 해상 전술상황을 생성 및 전시하는 체계이다. 해군전술자료처리체계(KNTDS)는 통합된 전술상황을 각 부대로 전파하여 해당 부대의 지휘관과 참모들로 하여금 신속하게 전장상황을 인식하고 빠른 지휘결심과 통제를 가능하게 한다.

해군전술자료처리체계(KNTDS)의 주요기능으로는 표적의 탐색 및 식별, 위협평가, 무기통제, 통신망 연동, 전술용 보조자료 관리, 모의훈련 기능 등이 있다. 해군전술자료처리체계(KNTDS) 1차 체계는 1994년 12월 해외에서 수입되어 2함대 지역 육상 및 함정에 설치 운용하였으며, 연평해전 등 각종 분쟁 지역에서 탁월한 능력을 인정받은 바 있다. 1999년 12월에서 2004년 1월까지 진행된 해군전술자료처리체계(KNTDS) 2차 사업은 정부통제 기반의 업체주도 연구개발 사업으로 국내기업이 해외업체와의 공성설계 후 자체기술로 개발하였다. 1차 체계는 서해안 지역에 국한되었지만 2차 체계는 한반도 전해역에서 이동하는 해상 및 공중표적을 해군 작전사령부에서 대형 컴퓨터 스크린으로 실시간 파악할 수 있으며 이러한 전술정보는 즉시 해군본부와 합참에 보고되고, 동시에 예하 부대에 전파됨으로써 지휘관이 대응방책을 신속히 결심하여 지시할 수 있게 되었다.

해군전술자료처리체계(KNTDS)가 한국 해군에 도입됨으로 해상작전 시 상・하제대가 원활한 정보소통으로 정확한 지휘통제가 가능하게 되었으며, 공군 중앙방공통제소(MCRC) 및 한반도 연합지휘통제체계(CENTRIXS-K : Combined ENTerprise Regional Information eXchange System-Korea) 등과 상호 연동되어 합동 및 연합작전 능력 향상에 이바지하게 되었다.

---

31) 해군전술자료처리체계(KNTDS)는 본래 해상에서 움직이는 물체를 파악해서 컴퓨터로 분석한 뒤 대형 스크린 모양의 상황판에 실시간으로 중계하는 장치로 해상 상황을 쉽게 확인할 수 있도록 도와주는 체계이다. 현재 해군의 전술제대 지휘통제체계인 해군지휘통제체계(KNCCS)가 개발되기 이전부터 사용되었으며, 해군지휘통제체계(KNCCS)가 개발된 이후에는 함께 연동되어 해군지휘통제체계(KNCCS)의 눈과 같은 역학을 하고 있다.

(3) 공군 중앙방공통제소(MCRC)

공군 중앙방공통제소(MCRC)는 공군의 핵심 지휘통제체계로써 현재 남・북부 분권화 작전을 수행할 수 있도록 두 개의 체계로 이원화하여 구축되어 있으며, 필요할 때 두 체계 간 항적정보를 교환할 수 있도록 상호 예비 보완체제로 구축되어 있다. 중앙방공통제소(MCRC)는 한국 방공식별구역(KADIZ : Korea Air Defense Identification Zone)[32] 내의 모든 공중 이동물체에 대한 탐지가 가능하며, 탐지된 항적에 대하여 피아식별을 통해 적 항공기로 확인되면 전투기 또는 방공포병 전력을 이용하여 대응할 수 있도록 365일 24시간 상시 대응체제를 유지하고 있다. 또한, 전국의 레이더 기지로부터 자료를 수신해 컴퓨터로 종합, 신속 정확하게 작전 콘솔에 전시하여 방공작전을 수행하고, 관련 부서에 공중상황을 전파하여 지휘관의 지휘통제를 지원할 수 있도록 만들어진 체계이다. [그림 5-15]는 공군 중앙방공통제소(MCRC) 내부 모습을 보여주고 있다.

그림 5-15 공군 중앙방공통제소(MCRC) 모습

출처 : 시티뉴스(2013.6.14)

32) 방공식별구역(KADIZ)은 국가안보상 항공기의 식별, 위치결정 및 관제를 위하여 설정한 방공책임구역으로 통보 없이 진입한 항공기에 대해서 강제착륙 또는 퇴거조치 할 수 있는 구역이다.

5.4.3 연합지휘통제체계

현재 우리 군의 지휘통제체계와 다른 나라(현재는 미국만 고려)의 지휘통제체계를 연동하기 위한 체계로는 한반도 연합지휘통제체계(CENTRIXS-K), 연합군 지휘통제체계(AKJCCS), 연합군사정보유통체계(MIMS-C), 그리고 한국 합동화력운용체계(JFOS-K) 등이 있다.

(1) 한반도 연합지휘통제체계(CENTRIXS-K) – 현재 미군과 운용 중

범세계적 연합지휘통제체계(CENTRIXS : Combined Enterprise Regional Information Exchange System)는 미군이 다국적군과의 연합작전을 수행할 때 보다 효율적인 정보 공유 및 자료 교환 체계를 구축하기 위한 신개념의 지휘통제체계이다. 범세계적 연합지휘통제체계(CENTRIXS)는 미국이 대테러 전쟁을 지원하기 위해 다국적 정보 공유 네트워크 구축이 필요해짐에 따라 2002년 9월 이후 본격적으로 구축되었다. 이 중 한국의 지휘통제체계와 연동을 위해 구축한 것이 바로 한반도 연합지휘통제체계(CENTRIXS-

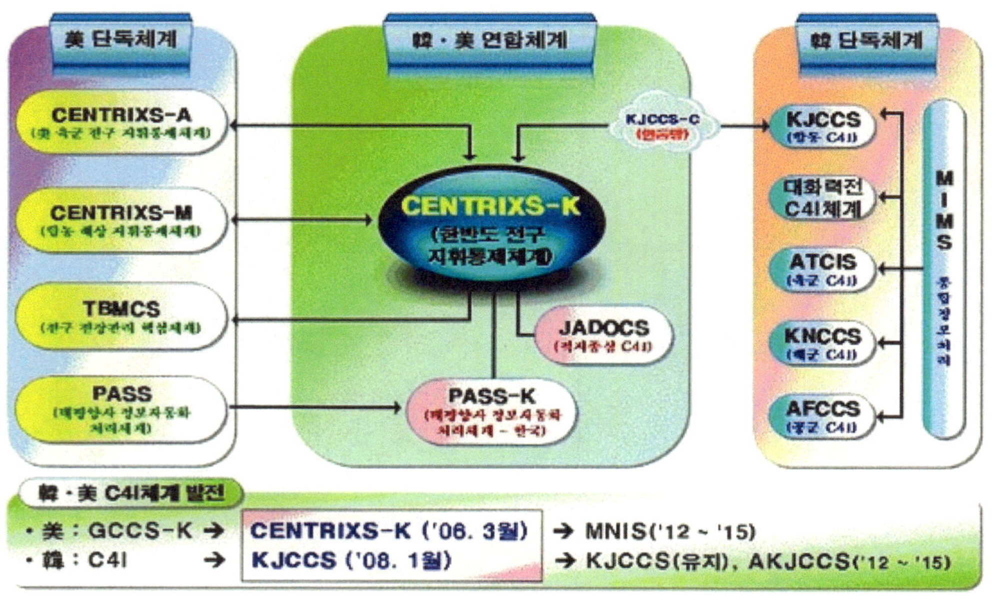

그림 5-16 한반도 연합지휘통제체계(CENTRIXS-K) 운용개념도

출처 : http://blog.naver.com/opium95?Redirect=Log&logNo=90094078047

K[33])이다. 즉, 한반도 연합지휘통제체계(CENTRIXS-K)는 한미 연합사를 중심으로 합참 및 각 군의 연합, 합동작전을 지원하기 위한 체계이며, 부대 간 상호운용성을 보장하는 핵심체계로 한미 군 지휘관, 참모 및 실무 장교들에게 지휘통제를 위한 의사 결정을 지원한다.

[그림 5-16]에서 보는 바와 같이 한반도 연합지휘통제체계(CENTRIXS-K)는 한미 연합군 사령관에게 신속한 상황전파와 지휘통제 수단을 제공하는 한반도 핵심 지휘통제체계이며 준용 제대는 한반도 내의 작전사급 이상 제대이다. 주요기능 및 수행업무로는 문서편집, 전자우편, 웹과 포털 공유, 브리핑 및 화상회의, 자동번역체계, 공통작전상황도(COP) 전시, 경고, 운용보강 등이다.

(2) 연합군 지휘통제체계(AKJCCS) - 현재 개발 중

연합군 지휘통제체계(AKJCCS : Allied Korean Joint Command & Control System)는 한국군 합동지휘통제체계(KJCCS)와 한반도 연합지휘통제체계(CENTRIXS-K)를 연동해 정보공유 및 전장상황 공동인식을 위한 연합 지휘통제체계이며, 한미 연합작전에 필요한 정보 공유를 위한 수단으로 활용할 예정이다.

사실 연합군 지휘통제체계(AKJCCS)는 향후 전시작전통제권 전환을 대비해 한국군과 미군 사이에 실시간 정보연동이나 명령 전달을 가능하게하기 위한 지휘통제체계로서, 우리 군은 현재 한국군이 사용하는 지휘통제체계인 한국군 합동지휘통제체계(KJCCS)를 연합군 지휘통제체계(AKJCCS)로 발전시킨 뒤, 이를 주한미군 지휘통제체계인 한반도 연합지휘통제체계(CENTRIXS-K)와 연동해 미군 지휘통제체계와 연동함으로써 미래 전시작전통제권 전환 이후를 대비한다는 개념을 가지고 있다.

연합군 지휘통제체계(AKJCCS)는 한·미 지휘통제체계 간 연동능력 확보를 통해 연합작전 수행을 가능케 하는 체계로서 [그림 5-17]에서 보는 바와 같이 우리 측에서는 한국군 합동지휘통제체계(KJCCS) 단말기를 통해 연합군 지휘통제체계(AKJCCS)의 주요 기능을 운용하고, 미군 측은 한반도 연합지휘통제체계(CENTRIXS-K)를 통해 연합군 지휘통제체계(AKJCCS)의 주요 기능을 운용한다.

우리 군은 2017년 말까지 한국군 합동지휘통제체계(KJCCS)와 한반도 연합지휘통제체계(CENTRIXS-K)간 효과적인 연동을 위해 한·미 실시간 전장상황 공유를 위한 데이터베이스(DB) 연동방식, 연합 작전을 위해 필요한 자료의 상호 조회를 제공하기 위한

---

33) CENTRIXS-K : Combined **En**terprise **R**egional **I**nformation E**x**change **S**ystem-**K**orea

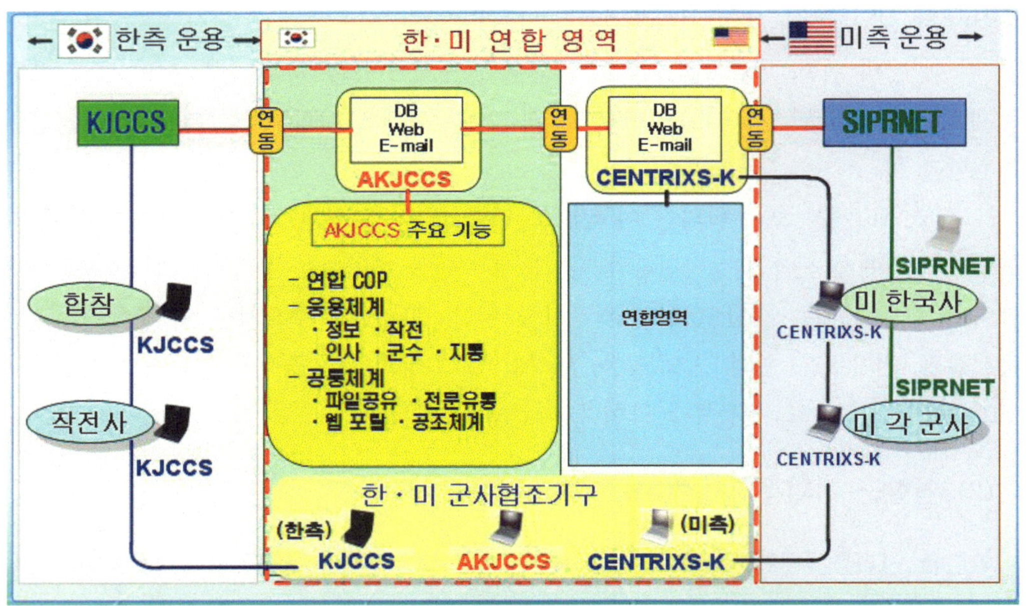

그림 5-17 연합군 지휘통제체계(AKJCCS) 운용개념도

출처 : 해군지휘통제체계 성능고도화 및 발전방안 연구보고서

웹(WEB) 연동방식, 그리고 한미 지휘관과 참모 간 의사소통을 지원하기 위한 이메일(E-Mail) 연동 방식 등에 대해서 연구개발을 실시할 예정으로 알려졌다.

(3) 연합군사정보유통체계(MIMS-C)

한국군과 미군은 2011년 한·미 군사정보동맹을 체결함으로써 북한 위성사진과 북한군에 대한 도청·감청 자료 등 각종 군사정보를 100% 공유하는데 합의했다. 군사정보의 공유를 위해 한국군과 미군은 양군에서 운용 중인 군사정보통합처리체계(MIMS)를 직접 연결해 정보를 공유한다는 내용의 양해각서(MOU : Memorandum of Understanding)를 체결했다. 이 양해각서가 이행되면 한국군과 미군은 각각 양국이 수집한 군사정보의 원자료(raw data)를 아무런 제한 없이 접근할 수 있게 된다.

[그림 5-18]에서 보는 바와 같이 한·미 연합군사정보유통체계(MIMS-C)는 한국군의 군사정보통합처리체계(MIMS)와 미군의 군사정보통합처리체계(MIMS)를 직접 연결해 서로의 군사정보를 교환하는 체계로서 한·미 양측은 2013년까지 사업을 완료하기로 합의했다.

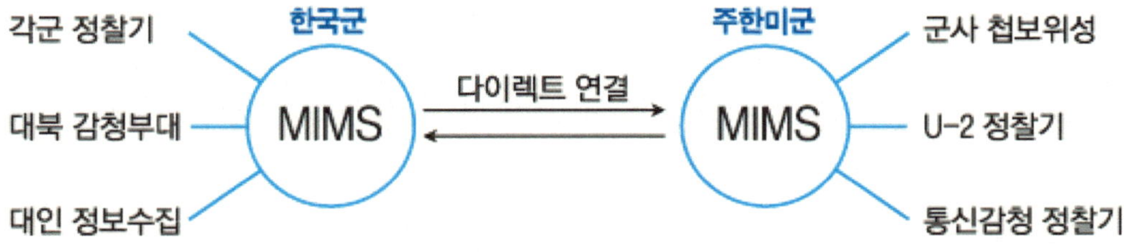

그림 5-18 연합군사정보유통체계(MIMS-C) 개념도

출처 : http://news.mk.co.kr/newsRead.php?year=2011&no=266578

우리 군의 경우 대북 신호정보와 영상정보에 대한 대미 의존도가 90% 이상에 이르는 상황에서 한·미 연합군사정보유통체계(MIMS-C)가 완료되면 이들 정보에 무제한 접근할 수 있게 돼 대북 정보력이 한층 높아질 것이며, 2015년 전시작전통제권 전환을 대비해 우리 군이 독자적 작전능력을 끌어올리는 계기가 될 것으로 판단된다.

(4) 한국 합동화력운용체계(JFOS-K)

한국 합동화력운용체계(JFOS-K : Joint Fire Operating System-Korea)는 대화력전 수행 간 한국군과 미군에서 이원화해서 운용하고 있는 한국군 합동지휘통제체계(KJCCS)와 미군의 합동자동화종심작전협조체계(JADOCS : Joint Automated Deep Operations Coordination System)를 연동함으로써 합참 중심으로 실시간 탐지-결심-타격 체계를 구현하기 위한 전구 합동화력 운용체계이다.

본래 미군의 자동화종심작전협조체계(ADOCS : Automated Deep Operation Coordination System)는 군단급 이상 제대의 자동화 통합 표적처리를 위하여 현행 전투상황을 추적해 육군 항공기의 항로분석 및 적 방공화기 제압과 사격부대 지정 및 사격임무를 수행하며 표적추천, 승인, 처리 및 공역통제, 화력지원협조수단 전파에 관련하여 자동화 처리와 그래픽 기능을 제공하는 지휘통제체계이다. 자동화종심작전협조체계(ADOCS)는 미 육군의 전술데이터 통신체계(MSE[34]/TRI-TAC[35]) 위에서 운용되고 있으며 미 2사단의 대화력전 수행의 중심에 있는 지휘통제체계로 다른 모든 정보수집, 분석, 화력통제

34) MSE(Mobile Subscriber Equipment : 미군의 군단급 이하제대 전술통신체계로서 80년대 말 개발되어 미 2사단에는 90년대 초에 배치되었으며 98년도에 데이터 통신을 보강하는 업그레이드가 이루어져 현재까지 운용되고 있다.

35) TRI-TAC(Tri-service TACtical communication system) : 미군의 합동작전을 지원하는 전략제대 전술통신체계로서 주한미군의 1통신여단이 운용한다.

시스템과 연동되어 움직인다. 이러한 환경에서 감시 장비가 새로운 목표를 탐지해 자동화종심작전협조체계(ADOCS)에게 전달해주면 자동화종심작전협조체계(ADOCS)는 가장 적합한 타격방식을 자동으로 선정해 해당 타격체계에 좌표까지 단번에 넘겨준다. 자동화종심작전협조체계(ADOCS)로부터 사격명령을 받은 미군 포병여단은 첨단야전포병전술자료체계(AFATDS : Advanced Field Artillery Tactical Data System)를 통해 어느 포에서 어떤 포탄을 발사할지, 그 결과는 어떤지 확인하는 과정을 역시 자동으로 처리한다. 따라서 이 두 지휘통제체계를 활용하면 탐지에서부터 타격에 이르기까지 사람의 개입을 최소화한 상태에서 신속하고 정확하게 적을 타격할 수 있기 때문에 명실상부하게 네트워크 중심전(NCW) 수행이 가능하다.

하지만 한국군이 운용하고 있는 탐지자산과 타격자산은 미군의 자동화종심작전협조체계(ADOCS)에 연결되어 있지 않고, 한국군 포병 화력 역시 미군의 첨단야전포병전술자료체계(AFATDS)에 직접 연결되지 않기 때문에 지금까지는 별도의 연락반을 배치해 유선 혹은 무선 상으로 좌표를 불러주는 방식을 사용하였고, 이 때문에 탐지에서 타격에까지 걸리는 시간이 길 수밖에 없었다. 이러한 단점을 극복하기 위해 미군은 자동화종심작전협조체계(ADOCS) 몇 개 세트를 한국군 측으로 대여해서 합동자동화종심작전협조체계(JADOCS)로 만들어 일부 미군 측 자산을 활용할 수 있도록 하였다. 하지만 한국군 측의 지휘통제체계와 연동이 되지 않는 탓에 그 활용은 대단히 제한적일 수밖에 없었다. 따라서 한국군 합동지휘통제체계(KJCCS)와 미군의 합동자동화종심작전협조체계(JADOCS)를 연동함으로써 그런 제한사항을 극복할 필요성이 대두되었다.

[그림 5-19]에서 보는 바와 같이 한국 합동화력운용체계(JFOS-K)는 한국군 측의 한국군 합동지휘통제체계(KJCCS)와 미군 측의 합동자동화종심작전협조체계(JADOCS)를 연동함으로써 전구차원의 종심작전 및 대화력전시 수행 시 한국군의 독자적인 임무수행과 실시간 탐지-결심-타격체계 구현을 지원한다. 이러한 의미에서 2015년 전시작전통

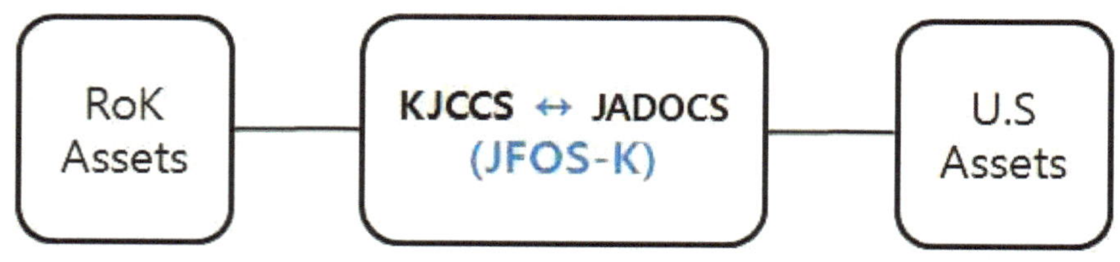

그림 5-19 대화력전간 한국 합동화력운용체계(JFOS-K) 운용개념

출처 : 네트워크 효과를 고려한 C4I 체계 전투력 상승효과 평가

제권 전환과 연계에서 한국 합동화력운용체계(JFOS-K)의 구축은 매우 시급하고 중요한 사업이라 할 수 있다.

사실 주한미군은 자신들의 지휘통제체계의 핵심 중 하나인 합동자동화종심작전협조체계(JADOCS)를 한국군 합동지휘통제체계(KJCCS)와 연동시키는 것에 대해 자신들의 암호체계 누출 등 여러 가지 어려움을 이유로 꺼렸으나 불가능해 보일 것 같던 이 일이 전격적으로 성사됨으로써 한국 합참의 상황실은 크게 향상된 운영이 가능해졌다는 점에서 큰 의미가 있다고 볼 수 있다.

〈객관식〉

1. 다음 중 지휘통제체계가 아닌 것은 무엇인가?

① C2 ② C3

③ C4 ④ C3I

⑤ C4I

2. 다음 전술데이터링크(TDL) 중 한국 해군에서 해군전술자료처리체계(KNDTS) 장비를 탑재한 전함에서 사용하고 있는 전술데이터링크는 무엇인가?

① Link-11(TADIL A) ② Link-11B(TADIL B)

③ MIMS ④ Link-16(TADIL J)

⑤ Link-22(NILE)

3. 다음 중 한국군의 지휘통제체계에서 전략급 지휘통제체계에 해당하는 지휘통제체계는 무엇인가?

① KJCCS ② KNCCS

③ AFCCS ④ ATCIS

⑤ KNTDS

〈단답형〉

1. 현대전에 있어 C4I 체계는 "(　　　　　　　　)이 부여된 임무달성을 위해 가용한 자원을 최적의 장소와 시간에 배열하여 (　　　　　　　　)를 발휘할 수 있도록 지휘통제 · 통신 · 컴퓨터 및 정보의 각 요소를 유기적으로 통합, 연결하여 실시간에 정보수집 및 분석-지휘결심-계획지시-작전수행(타격)이 가능하게 하는 모든 시설 · 장비 · 인원 및 절차로 구성된 통합 지휘통제체계이다.

2. 전술데이터링크(TDL, Tactical Data Link) 체계는 (　　　　　　　　), (　　　　　　　　), (　　　　　　) 간 전술자료를 실시간(real-time) 또는 근실시간(near real-time)으로 교환해 전술상황을 공유하기 위한 디지털 데이터 통신체계이다.

3. 한국군 (   )는 합참 등 전략제대에서 전시와 평시에 전장상황을 실시간으로 제공하여 전장 상황을 가시화하고, 제대 간 전장상황을 공유하여 상황판단과 지휘결심을 지원하기 위한 한국군 지휘통제체계의 핵심체계이다.

〈서술형〉

1. 육군지휘통제체계(ATCIS)란 무엇인지 개념을 기술하시오.

2. 해군지휘통제체계(KNCCS)란 무엇인지 개념을 기술하시오.

3. 공군지휘통제체계(AFCCS)란 무엇인지 개념을 기술하시오.

Chapter

06 주요국의 사이버전 수행능력

20세기에 두 차례 세계대전을 거치며 막대한 인명 희생을 경험한 인류는 이후 인명 피해를 야기하는 국가 간 물리적 전쟁을 최대한 억제하려 노력하였다. 이에 따라 무력 충돌보다는 각 나라의 경제・외교 분야에서의 경쟁이 가열됨과 동시에, IT(Information Technology) 기술의 발전에 따라 사이버 공간에서의 전쟁이 시작되었다.

사이버 공간에서의 우위를 점하는 것은, Chapter 2(사이버전의 개념)에서 알아본 바와 같이 최근 각국 정부의 여러 가지 체계는 물론이고, 군사작전 영역에서도 네트워크에 기반을 둔 체계들이 핵심적인 부분을 차지하고 있다는 점에서 매우 중요하다는 것을 알 수 있다. 실제로, Chapter 3(사이버전 사례)에서 알아볼 여러 사이버전 관련 사례에서 알 수 있듯, 최근 사이버 공격으로 인한 군사적, 국가적 피해가 급격하게 증가하고 있기 때문에 세계 각국에서는 이에 대비하고자 노력을 강화하고 있다.

유엔 군축연구소에 따르면 2012년 말 기준 세계 193개국 가운데 47개국이 사이버전담 부대를 운용하고 있다. 군부대가 아닌 형태로 존재하는 기관을 합하면 사이버전을 수행할 전력을 갖춘 나라는 67개국에 이른다[36]. 이 장에서는 우리나라를 비롯하여 사이버전 강국이라 할 수 있는 미국, 중국 및 우리나라에 심각한 위협을 가하고 있는 북한, 그리고 일본과 러시아에 대한 사이버전 수행능력을 조직, 인력 및 능력 측면을 위주로 살펴본다.

36) United Nations Institute for Disarmament Research, *The Cyber Index: International Security Trends and Realities*, 2013.

6.1 우리나라의 사이버전 능력

2009년 7·7 분산 서비스 거부(DDoS : Distributed Denial of Service) 공격으로 큰 충격을 받은 대한민국은, 그 이후 2011년 농협 전산망 해킹사고 및 개인정보 유출사고, 2013년 3·20 사이버테러 등 지속적인 사이버 위협을 받아왔고, 이를 통해 입은 경제적 손실이 수천억 원에 이른다. 이러한 사이버 위협이 단순한 사이버 공간에 대한 공격을 넘어 국가의 실질적인 위협이 되고 있다는 것을 인식한 대한민국은 민·관·군 협조체제를 구성하고 대응방향을 연구하며 꾸준히 사이버전에 대한 대비태세를 강화해 왔다.

6.1.1 조직

우리나라의 사이버전 관련된 회의체, 조직 및 상호 관계는 대통령훈령 제310호(2013.5.24.)인 '국가 사이버 안전관리규정'과, 정부가 각종 사이버위협에 범국가 차원의 역량을 결집함으로써 관계부처와 합동하여 체계적으로 대응하기 위해 2013년 7월 4일에 발표한 '국가 사이버안보 종합대책'에 기술되어 있다. 총괄적인 회의체, 조직 및 협조관계는 [그림 6-1]과 같다.

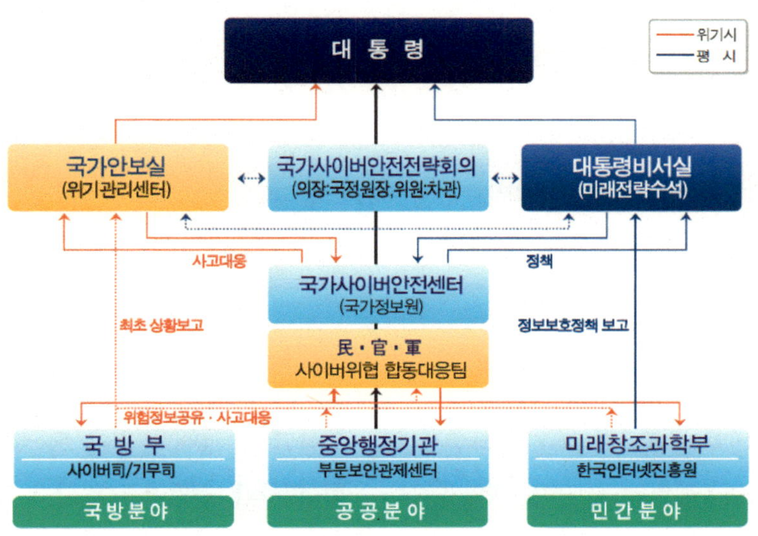

그림 6-1 대한민국의 사이버전 관련 조직 및 회의체

출처: 2015 국가 정보보호 백서

국가 사이버안보 종합대책 상 조직관계의 핵심은 평시에는 국가사이버안전전략회의와 대통령 비서실의 미래전략수석이 정보보호정책 수립을 관장하나, 사이버위협 상황 발생 시 국가안보실에서 모든 상황을 통제, 지휘하게 된다는 것이다. 실무총괄은 국가정보원이 담당하며 이를 위해 예하에 국가사이버안전센터(NCSC : National Cyber Security Center)를 2004년 2월 설치하였다.

민간부분의 사이버 위협에 대한 대응을 담당하는 한국인터넷진흥원(KISA : Korea Internet & Security Agency) 예하 인터넷침해대응센터(KrCERT/CC : Korea Computer Emergency Response Team Coordination Center)는 1996년 7월에 컴퓨터 침해사고 대응팀으로 최초 설립되어 2009년 7월에 현재 명칭으로 변경되었다. 이 기관은 국내에서 운영되고 있는 전산망의 침해사고 대응활동을 지원하고, 전산망 운용기관 등에 대해 통일된 협조체제를 구축하여, 국제적 침해사고 대응을 위한 단일 창구를 제공하고 있다.

2009년 7·7 DDoS 공격 이후 군에서도 사이버전을 전담할 기관에 대한 필요성이 대두되었고, 국방부는 군내 사이버전 전담기관으로 2010년 1월 국방정보본부 예하에 국군사이버사령부를 창설해 운용을 시작하였다. 이듬해 2011년 9월 국방개혁 307계획에 따라 대한민국 국방부 직속 사령부로 배속전환 및 증편되었으며, 2015년에는 사이버전이 군 작전 영역임을 인식, 합동참모본부로 작전 통제되어 운영되고 있다. 국군사이버사령부는 컴퓨터 네트워크 작전을 전담 수행하고, [그림 6-1]에서 나타난 것처럼 기무사령부와 함께 국방사이버안전 전담기관으로서의 역할을 수행하고 있다. 국방부 내 사이버전 전담기관으로서 국군사이버사령부의 임무는 대통령령 제23006호(2011. 7. 1.) '국군사이버사령부령'에 따르며, 세부적으로는 국방 사이버전의 기획·계획수립·시행, 국방사이버전 전문 인력의 육성과 기술개발, 국방 사이버전을 대비한 부대훈련, 국방 사이버전 유관기관 사이의 정보 공유 및 협조체계 구축, 그리고 그 밖에 국방 사이버전과 관련된 사항에 대한 임무를 수행한다.

이 밖에도 각 소관기관에서는 사이버안전대책을 수립 및 시행하고 있으며, 특히 경찰청 예하에 1997년 8월 '컴퓨터범죄수사대'로 창설된 후 2000년 7월 현 체제로 전환된 '사이버테러대응센터'는 사이버 치안유지를 위한 임무를 수행하고 있다.

6.1.2 인력

우리나라 전체의 사이버전 관련 인력 수는 조사되어 공개된 바 없다. 하지만 군내의 상황을 볼 때, 현재 600여 명으로 알려진 사이버사령부의 인력규모를 다른 주요 국가의 군내 사이버 담당 인력규모와 비교해 보면 그 수가 상대적으로 부족하다는 것을 알 수 있다.[37] 최근 들어서는, 사이버전 및 관련 인력양성의 중요성에 대한 인식이 점점 더 증대됨에 따라 민, 군이 각각 사이버전 관련 인력 확보를 위해 노력하고 있다.

민간 현황을 살펴보면, 2014년을 기준으로 36개 일반 대학교와 8개 전문대학에서 정보보호 학과를 개설하여 교육을 진행 중이며, 미래창조과학부는 한국인터넷진흥원을 통해 최정예 사이버보안 인력(K-Shield) 양성 사업, 차세대 보안리더(BoB : Best of Best) 양성 프로그램 등을 통하여 정보보호 고급인력을 양성하고 있다.

군내에서도 국군사이버사령부는 향후 1천여 명까지 인력을 증편하는 방안을 추진 중이며, 각 군의 사관학교, 학사장교, 특수목적 대학교(고려대 사이버 국방학과 등)에서 사이버 전문가를 육성하고, 여러 선발과정을 통해 관련 능력을 갖춘 장교와 군무원을 획득하고 있다.

이 외에도 정부는 사이버사령부가 주관하는 대한민국 화이트햇 콘테스트, 한국인터넷진흥원이 주관하는 해킹방어대회(HDCON : Hacking Defence CONtest)와 국내 최초 국제 해킹방어대회인 코드게이트(Codegate) 등의 해킹방어대회를 통하여 사이버 전문인력을 발굴하고 육성하고자 하고 있다

6.1.3 능력

많은 전문가들은 대한민국의 IT 인프라와 군사력을 고려할 때, 그 사이버전 능력은 주변국에 비해 부족하다는 의견을 가지고 있다. 소프트웨어 얼라이언스(BSA : Business Software Alliance)에서 보안전문 컨설팅 기관인 갈렉시아(Galexia)와 함께 아태지역 10개 국가들의 사이버보안 관련 실태를 조사하여 발표한 2015년 “APAC 사이버보안 실태 보고서”에서, 한국은 중국, 말레이시아 등과 함께 국가적인 사이버보안 전략이 미비한 5개 국가 중 하나에 포함되었다. 뿐만 아니라 사이버보안을 위한 민·관 상호 협조가 아직

---

37) 미국은 2016년까지 사이버사령부 인력을 6000여명으로 확충할 예정이고, 중국 사이버사령부 및 각 군구의 사이버 전담인력이 약 18만명으로, 북한은 전자정찰국 사이버전지도국 내 사이버전 인력이 약 3천여 명으로 추정되고 있다.

부족한 국가로도 꼽혔으며, 베트남, 중국, 인도네시아와 함께 어린 나이부터 사이버보안에 대한 인식과 지식을 길러주기 위한 교육 전략이 미비한 것으로 분석되었다[38].

지난 일련의 해킹사고 및 이에 대한 설익은 대응을 보더라도, 대한민국이 IT 인프라 측면에서는 세계 최고를 다투고 있는데도 불구하고 사이버전에 대한 관심 및 능력이 많이 부족한 것을 알 수 있다. 단적인 예로, 전체 정보화 예산 대비 정보보호 예산의 비중은 미국 8.8%를 비롯해 선진국은 8~10% 가량을 차지하는데 비해, 우리나라의 경우 2.5%에 불과하다. 그렇기 때문에 그동안의 사이버 위협에 대한 대응은 전산망에 대한 일상적이고 방어적인 모니터링과 분석업무에 치중할 수밖에 없었고, 사이버 공격을 포함한 사이버작전 수행능력 역시 타 국가에 비해 상대적으로 낮은 상황이다.[39]

그러나 사이버 위협이 점증되는 가운데 사이버보안에 대한 인식이 높아지면서, 정부에서 2013년 국가 사이버안보 종합대책을 발표하였으며, 관련 예산을 별도로 편성하기로 결정하고 관련 법제를 정비하는 등 사이버보안 능력을 갖추기 위한 노력을 계속하고 있다.

특히 사이버전의 특성 상 각각의 기관들이 개별적으로 업무를 수행하는 것이 아니라 전 국가적인 협조된 대응이 중요함을 인식, 한국인터넷진흥원 주관 하에 2014년부터 각 부・처간의 원활한 정보공유를 위한 '사이버위협정보 공유시스템(C-TAS : Cyber Threats Analysis System)'을 가동하였다. 이 체계는 각종 사이버 위협 정보를 체계적으로 수집해 관계기관 간 자동화한 정보공유를 목적으로 하는 예방 및 대응 시스템으로, 가동 이후 지속적으로 운영의 폭을 확장하고 있다.

뿐만 아니라 정부는 현재 평시와 전시로 이원화된 사이버안보 수행체계를 일원화하여 국가안보실 중심의 전반적인 사이버안보 컨트롤타워 기능을 강화하기 위한 사이버안보 태세 강화 종합대책을 추진하고 있다[40].

---

38) 신규용 외, *한국군 사이버전 수행능력 향상을 위한 육군사관학교 사이버전 교육현황 및 발전방향*, 2016
39) 사이버국방연구센터, 국가 사이버공간작전수행체계의 출발점, 사이버 병과 신설, 보안뉴스, 2013. 4. 29.
40) 국가정보원 등, 2015 *국가정보보호백서*, 2015.

6.2 미국의 사이버전 능력

패권 국가로서 미국은 전 세계적으로 사이버 공격의 표적이 되어 왔다. 이에 따라 일찍부터 사이버 안보에 관심을 가진 미국은, 사이버전에 국가적 역량을 집중한 결과 현재 세계에서 가장 강력한 사이버전력을 갖추고 있는 나라로 평가되고 있다[41]. 이에 따라 미군 역시 우수한 사이버전 역량을 지니고 있는데, 미국의 테크놀리틱스사(Technolytics Institute Incorporation)에 의해 2009년에 발표된 세계 160개국의 군 사이버 역량[42]에 의하면 역량목적(목적 달성을 위한 목표와 심리상태 평가), 공격역량(전시 특수 목적을 달성하기 위한 능력), 정보수집능력(사이버 영역에서의 정보 수집 적응력)을 각각 5점 만점으로 평가했을 때 미군은 각각 4.2점, 3.8점, 4.0점을 받아 평균 4.0점으로 중국과 함께 공동 1위로 평가되었다.[43]

6.2.1 조직

미군은 1990년대부터 꾸준히 사이버전 능력을 육성해 왔다. 처음에는 미 국방부 산하 국가안보국(NSA : National Security Agency)을 중심으로, 중앙정보국(CIA : Central Intelligence Agency), 연방수사국(FBI : Federal Bureau of Investigation), 국방부 정보국(DIA : Defense Intelligence Agency), 육군 정보보안본부(INSCOM : Intelligence and Security Command), 해군정보실(ONI : Office of Naval Intelligence), 공군 정보감시정찰대(AFISRA : Air Force Intelligence, Surveillance and Reconnaissance Agency), 해병대 정보국(MCIA : Marin Central Intelligence Agency) 등의 주요 정보기관들이 각각 사이버전 수행능력을 키워왔다. 그러나 2001년 9.11테러 이후 국가의 핵심기반시설 보호의 중요성이 안보의 중심으로 떠올랐고, 이에 따라 국토안보부를 신설하여 사이버 공격에 대한 방어 임무를 포함한 핵심기반시설의 방호를 수행하도록 하였다. 이후에도 지속적인 사이버 위협을 받던 미국은, 2009년 오바마 정부에 들어 사이버보안을 핵심 국정과제로 내세웠고, 같은 해 5월에 “사이버공간 정책 리뷰(Cyberspace Policy Review)”를 발표하며 본격적인 사이버보안 강화를 시작하였다. 그 결과 [그림 6-2]에서와 같이 여러

---

41) 신규용 외, *한국군 사이버전 수행능력 향상을 위한 육군사관학교 사이버전 교육현황 및 발전방향*, 2016

42) The Technolytics Institute, *The Cyber Commander's eHandbook*, 2009.

43) 우리나라는 평균 3.2점, 북한, 일본 및 이스라엘은 평균 3.6점을 받았음.

그림 6-2 미국의 정보기관 가계도

출처 : 「국가정보학 원론」(한화원 저, 법률출판사)

사이버전 수행기관을 통합하여 민간에는 국토안전부(DHS : Department of Homeland Security) 예하 사이버보안 및 커뮤니케이션국(CS&C : Office of Cybersecurity and Communication)에 국가 사이버보안 및 커뮤니케이션 통합 센터(NCCIC : National Cybersecurity and Communication Integration Center)를 설치하였고([그림 6-3]), 군에는 전략사령부(USSTRATCOM : United States Strategic Command) 예하에 '사이버사령부'(USCYBERCOM : United States Cyber Command)를 창설하였다[44].

사이버보안 및 커뮤니케이션국은 공공, 경제, 정부의 서비스를 보호하기 위해 중요한 정보 기반시설의 붕괴를 방지 또는 최소화 하는 임무를[45], 2009년 10월에 설치된 국가 사이버보안 및 통합 센터는 사이버 보안 및 통신 영역에서 미국의 헌법 및 개인 정보보

---

44) http://www.defense.gov/speeches/speech.aspx?speechid=1399

45) http://www.dhs.gov/office-cybersecurity-and-communications

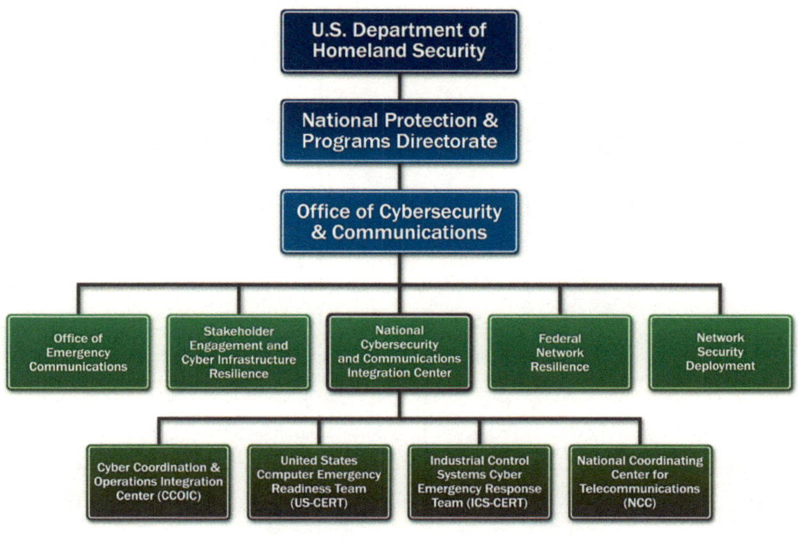

그림 6-3 미 국토안전부 예하 사이버전 관련 기구

출처 : https://www.dhs.gov/about-national-cybersecurity-communications-integration-center

호 권리를 보호하면서 동시적인 대응을 위해 민간분야, 경찰기관, 정보 및 국방관련 커뮤니티를 통합 및 조율하는 임무를 수행한다.

미 사이버사령부는 [그림 6-4]와 같이 2009년 6월에 설립된 후 2010년 5월부터 작전 능력을 구비하게 되었고, 예하에 육, 해, 공군 및 해병대 사이버사령부가 지휘관계에 있으며, 사이버사령관은 미 국방부 소속 정보수집 기관인 국가안보국의 수장이 겸임하게 하여 조직의 빠른 안정을 꾀하였다. 미 사이버사령부의 임무는 국방부의 정보 네트워크를 보호하고 작전을 지휘하며, 모든 영역에서의 행동을 보장하기 위해 사이버 공간에서의 모든 군사작전을 준비하고 실시하여 사이버 공간에서 미국 및 동맹국의 행동의 자유를 보장하고, 상대국의 행동의 자유를 거부하는 것이다.46)

사이버사령부 산하에는 '국가작전팀(NMF : National Mission Force)', '사이버보호팀(CPF : Cyber Protection Force)', '전투작전팀(CMF : Combat Mission Force)' 등 3개 부대가 운용된다. 국가작전팀은 전력발전소처럼 국내 경제, 안보 위협 요소에 대응하고, 사이버보호팀은 국방부 자체 네트워크 보안 강화를 담당한다.47) 전투작전팀은 실제 사

46) US Department of Defense, Cyber Command Fact Sheet, 2010,10.13.

47) Jorge Benitez, Pentagon creating thirteen teams to launch cyberattacks as threat grows, Atlantic Council(2013.3.13)

그림 6-4 미국 사이버사령부 조직도

이버전투를 수행을 담당하며 잠재적 위협국 별로 설치돼 전쟁 발발 전 적군의 컴퓨터 지휘통제시스템을 무력화시키는 임무를 맡고 있다.

최근에는 날로 더해가는 미 정부기관에 대한 사이버 공격을 방어하기 위하여, 연방정부에 대한 사이버위협을 총괄 감독하고 대응을 조직하는 E-Government and Information Technology를 백악환 예산관리국 산하에 설립하였는데, 의회에 제출된 이 조직의 2016년의 예산은 약 1억300만 달러에 달하는 것으로 알려졌다.

6.2.2 인력

미국은 정확한 사이버보안 인력의 규모를 공개하고 있지는 않으나, 전문가들은 군과 정부 기관에 배치된 사이버보안 인력의 수를 수만 명으로 추정하고 있다. 미 국토안전부 예하에는 사이버전 관련 인력이 약 2천여 명 근무하고 있는 것으로 알려져 있으며, 사이버사령부는 현재 비교적 적은 인원의 사령부 인원을 2016년 말까지 6000여명으로 증설하는 계획을 가지고 있다.

미국은 사이버 인력 양성을 사이버전 경쟁력의 핵심으로 보고, 국립표준기술연구소(NIST : National Institute of Standards and Technology)를 중심으로 2010년에 "국가 사이버보안교육 이니셔티브(NICE : National Initiative for Cybersecurity Education)"를 발표하였다[48]. NICE는 정보보호 인력양성 부분을 분리시켜 역량을 더욱 집중시키려는 의도 하에 국민의 사이버보안 의식제고(Awareness), 교육기관의 사이버보안교육 도입(Education), 연방 사이버보안 인력 구조 구축(Federal Workforce Structure)과 사이버보안 인력 훈련 및 전문화(Training and Professional Development) 등의 세부분야에 대한 사이버보안교육 프로그램을 개발하고 있으며, 이 프로그램의 실질적 실행은 국가안보국을 중심으로 이루어지고 있다.

군내에서도 사이버 전문 인력을 양성하는 '육군 사이버학교'를 설립하려는 움직임이 있으며, 미 육군사관학교(USMA : United States Military Academy)에서도 교내 사이버 연구센터(CRC : Cyber Research Center)를 통해 연구와 교육을 꾸준히 진행하고 있다. 특히 미 육군사관학교는 2001년 이래로 미국의 사관생도들을 대상으로 경진대회의 형식을 띤 사이버 방어 훈련(Cyber Defense eXercise, CDX)을 진행하여 우수한 사이버인력 육성을 도모하고 있다[49].

6.2.3 능력

미국의 사이버전 세부 수행능력은 비공개이나, 일부 외부로 공개된 훈련이나 계획 등을 통하여 우수한 능력을 보유하고 있음을 추정하고 있다.

특히 미국은 국토안전부 주관 하, 미국 내 핵심기반시설 공격 등 다양한 사이버 위협상황 하에 공공기관과 기업 사이의 의사소통과 대응 정책, 작전 절차 등을 훈련하여 사이버 위협에 대한 유기적 대응 능력을 배양하는 국가적 훈련인 사이버 스톰(Cyber Storm)을 2006년부터 격년 주기로 시행하고 있다[50]. 이 훈련은 점점 확장되어 2008년부터는 영국, 호주, 캐나다, 뉴질랜드 등 4개국이 훈련에 참가하였고, 2010년 훈련에는 참가국이 13개 국가로 증가하였다.

뿐만 아니라 사이버사령부의 작전개념을 소극적 방어에서 적극적 공세행동으로 전환하였는데, 2013년 미 사이버사령관은 미군이 조직한 사이버 임무 팀 40개 중, 13개의

48) NICE, *National Initiative for Cybersecurity Education Strategic Plan*, 2011.

49) Schepens, Wayne J. et al., *The Cyber Defense Exercise: An evaluation of the effectiveness of information assurance education*, 2002.

50) Department of Homeland Security Office of Cybersecurity and Communications National Cyber Security Division, *CYBER STORM Exercise Report*, 2006

팀이 사이버전 공격 임무 수행을 위한 팀이라고 밝혔다[51]. 미군은 인력뿐만 아니라 사이버 무기 확보를 위해 수백억원을 투자하는 계획을 추진 중이며, 사이버 작전을 기존 군사작전계획에 통합하기 위해 군사 교리를 개선하고 있는 것으로 알려졌다.

이러한 민간과 군사 분야의 능력 확보 노력에 더하여, 미국은 사이버 위협에 대한 정보공유를 향상시키기 위하여 2015년 국가안보국 내 사이버 위협정보 통합센터(CTIIC : Cyber Threat Intelligence Integration Center)를 설립하여 NSA, CIA, FBI의 사이버 위협정보를 취합, 분석 및 전파하는 임무를 부여하였다. 또한 같은 해 2월 13일 있었던 사이버 안보 정상회의에서 오바마 대통령이 민관 정보공유 활성화 행정명령을 내리는 등, 미국은 근본적 의미에서의 사이버전력 강화를 위한 각고의 노력을 쏟아 붓고 있다.

6.3 중국의 사이버전 능력

6.2절에서 언급하였듯, 테크놀리틱스(Technolytics)사의 보고서에서 중국은 미국과 함께 군 사이버 역량에서 1위로 평가되었다. 중국의 경우에는 신호 및 국방정보를 총괄하는 인민군 총참모부가 사이버전 발전을 주도하고 있어, 민간 영역과의 협력을 중시하는 미국과 달리 군 중심으로 사이버전 조직이 발전하였고, 이러한 결과 중국이 세계에서 손꼽히는 강력한 사이버전력을 갖추게 되었다[52].

6.3.1 조직

중국은 1995년에 정보전 계획을 수립하기 시작하여 1997년에 중앙군사위원회 직할로 100여명 규모의 컴퓨터 바이러스 부대인 넷포스(Netforce)를 설치했고, 2000년에는 중국과학원 산하에 '반(反)해커 부대'를, 2003년에는 베이징군구와 광저우군구 등 총 7개 군구 가운데 4개 군구에 '전자전 부대'를 만들었다.

2010년에는 중앙군사위 후진타오 전 주석의 지시로 인민해방군 내에 사이버전 전담부대인 '사이버 블루팀'을 만들었는데, 이 팀은 중국 인민해방군의 사이버사령부로서 중

51) Russia Today-America, Pentagon creates 13 offensive cyber teams for worldwide attacks(2013. 3. 13)
52) 김인수, *북한 사이버전 수행능력의 평가와 전망*, 2015.

국에서는 신식 정보보장기지라고 부른다. 사이버 블루팀은 유사시 사이버 공격 및 방어 체제 구축, 전 군에 전략정보 지원, 군의 정보화 및 현대화 추진을 그 주요기능으로 하고 있다. 2014년에는 시진핑 주석이 직접 조장으로서 임무를 수행하는 '중앙 사이버 안전 및 정보화 소조'를 창설하였다. 이 소조는 사이버 안보 정책을 수립하고 사이버 관련 문제가 발생했을 때 처리를 하는 주무기관으로서 정부에서 사이버 정책을 총괄하는 조직이라고 할 수 있다.

인민해방군 중앙군사위원회 총참모부 예하에는 직접 각종 사이버 공격을 수행하는 부대인 61398부대가 있다. 이 부대는 중국발 해킹공격의 근원으로 추정되고 있는데, 적어도 2006년부터 미국을 포함하여 세계적으로 민간 및 공공기관에 대해 광범위하게 수행된 지능형지속위협[53](APT : Advanced Persistent Threat)공격과 연관이 있을 것으로 추정되어 미국의 컴퓨터 보안업체인 만디언트(Mandiant)는 이 부대를 APT1이라 명명하기도 하였다[54].

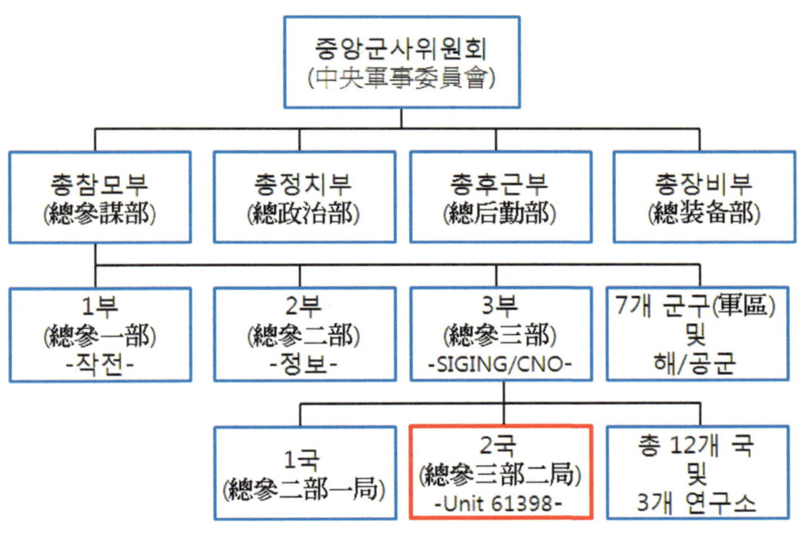

그림 6-5 인민해방군 내에서의 61398부대의 위치

출처 : The People's Liberation Army as Organization (Santa Monica, CA: RAND Corporation, 2002)

---

53) 지능적인 방법을 사용해서 지속적으로 특정 대상을 공격하는 것. 과거의 불특정 다수를 노렸던 공격과는 달리 하나의 대상을 정해서 성공할 때까지 공격을 멈추지 않는 것이 특징임.

54) Mandiant, APT1 : *Exposing One of China's Cyber Espionage Units*(2013)

중국에는 정규군 이외에도 '홍커(紅客)'라 불리는 사이버 예비군도 존재한다. 이들은 정규군은 아니지만 중화민족주의와 애국심으로 무장하고, 국익에 위배되는 국가나 기관, 외부 세력에 대해 해킹 등의 사이버 공격을 가하는 일종의 사이버 부대로서의 역할을 수행하고 있으며 그 수는 약 100만여 명에 달하는 것으로 알려져 있다.

6.3.2 인력

중국은 공식적으로 방어적 성격의 사이버 부대의 존재만 주장하고 있으나, 관련 전문가들은 총참모부, 7대 군구, 연구기관 및 학교 등에 분포되어 있는 사이버 전담 인원이 100만명으로 추정되는 홍커를 제외하고도 약 18만명 가량 되는 것으로 추정하고 있다. 이들은 오래 전부터 사이버 기밀 유출 및 침투 등 사이버 공격을 수행하고 있으며, 국내 당 지도 공고화 및 반체제 인사 감시 등의 임무도 수행하고 있는데, 가장 잘 알려진 61398부대의 경우, 상하이의 푸둥(浦東) 지역에 위치한 부대 건물의 규모로 인력규모를 추정해 볼 때 그 규모는 적게는 수백에서 많게는 수천 명까지 달할 것으로 예상된다.

이런 수많은 인력 소요를 충당하기 위하여 중국은 1999년 중국인민해방군신식공정대학(People's Liberation Army Information Engineering University, PLAIEU)을 설립 사

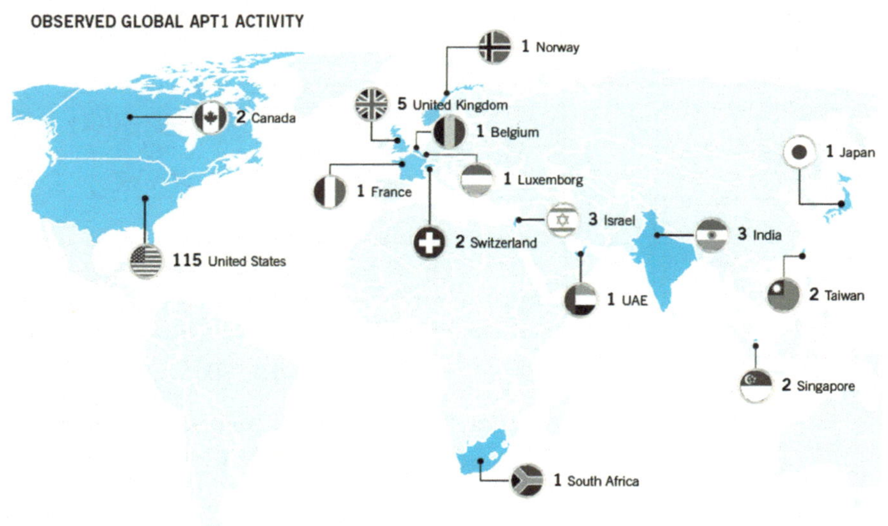

그림 6-6 61398 부대의 활동 빈도수

출처 : APT1 : Exposing One of China's Cyber Espionage Units(Mandiant, 2013)

이버 인력을 양성하고 있다. PLAIEU는 정보보안과 사이버전에 대한 깊은 연구를 진행하고 있는 중국의 군사 대학으로, 800명의 전임 교수와 고급 엔지니어, 100명의 객원교수가 55개의 대학원 학위 과정 교육을 통해 우수한 사이버전 인력을 양성하고 있다. 또한 중국 공산당국은 각종 지원 프로그램을 통해 46개 이상의 일반 대학에게도 연구비를 지원하며 사이버전 연구와 인력 양성에 많은 노력을 쏟고 있다.

6.3.3 능력

[그림 6-7]에서 볼 수 있듯이, 오래 전부터 지속적으로 세계 곳곳의 정부기관 및 기업들에 대해 사이버 침투와 공격을 수행해온 중국의 사이버전 공격 능력은 충분히 잘 알려져 있다. 특히 중국 사이버 공격의 중심이라 할 수 있는 61398부대는 2006년부터 적어도 전 세계 141개 기관에서 수백만 테라바이트의 정보를 빼내어갔으며, 이러한 경험을 응축하여 잘 정의된 사이버 공격 방식을 보유하고 있는 것으로 추정되고 있다.

뿐만 아니라 만리장성에서 그 이름을 따온 'The Great Firewall'이라는 중국의 외부 네트워크 방화벽은 외부에서의 공격을 쉽지 않게 만드는 측면이 있어 사이버 방호 능력 역시 높게 평가되고 있다.

6.4 북한의 사이버전 능력

북한의 사이버전 능력은 북한의 폐쇄 정책으로 인하여 정확하기 알기 어렵다. 그러나 저비용-고효율로 공격 목적을 달성할 수 있고, 자신들의 정체를 숨기면서 정보 수집 및 테러행위가 용이하며, 비대칭 전력으로 기습을 노릴 수 있는 수단으로써 사이버전을 평가하면서, 사이버전을 핵과 게릴라전과 더불어 인민군의 3대 비대칭 전력을 삼아 전력을 확충하고 있다[55]. 특히 남한의 IT 인프라가 잘 발달되어 공격이 용이한 반면, 북한의 네트워크는 그 폐쇄성 때문에 공격이 어렵고 방어가 쉽다는 비대칭성을 고려하면, 북한은 사이버전에 대한 투자를 지속할 것으로 예상된다.

---

55) 임종인 외, *북한의 사이버전력 현황과 한국의 국가적 대응전략*. 2014.

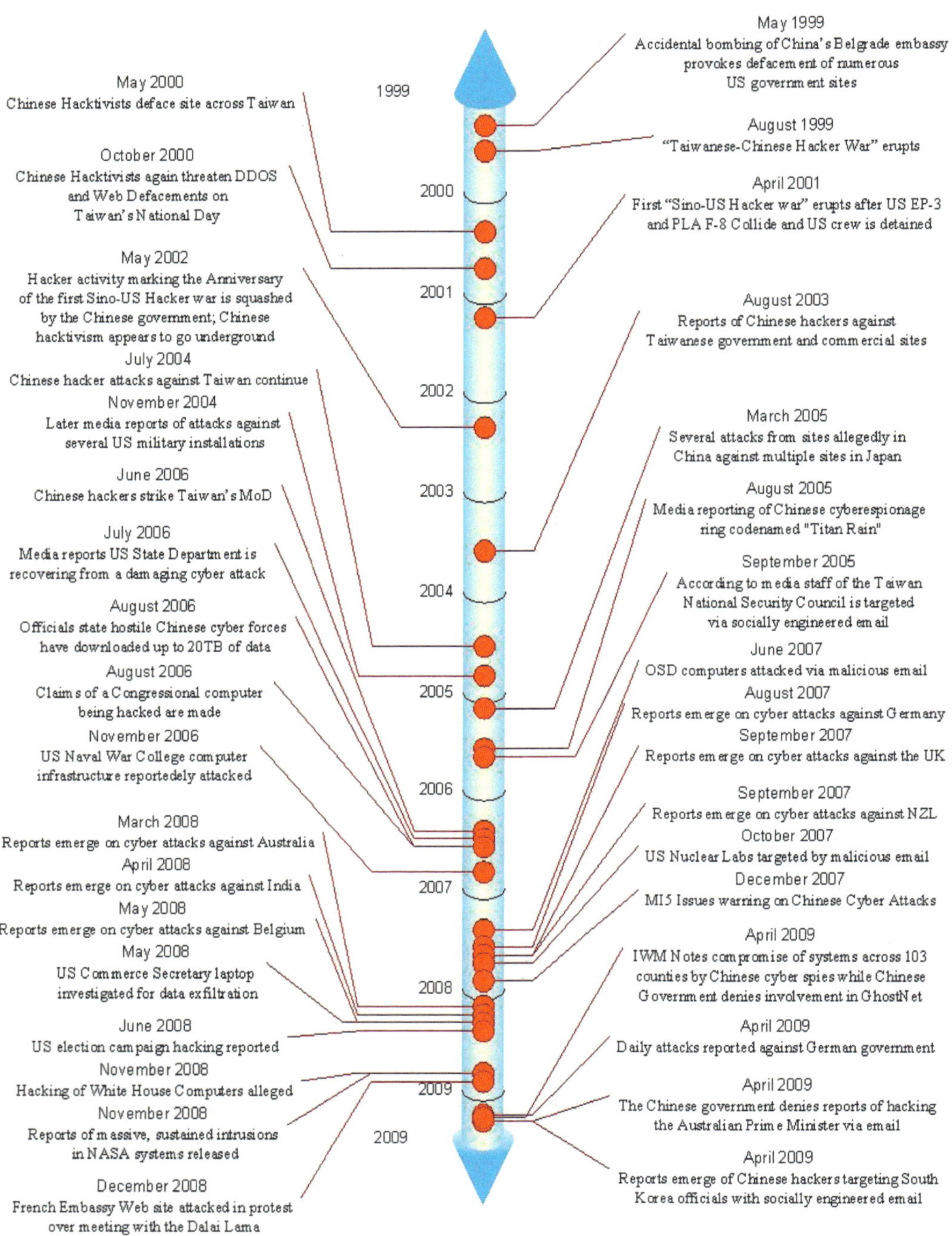

그림 6-7 중국과 관련된 사이버 사건들(1999~2009)

출처 : The US-China Economic and Security Review Commission, Capability of the People's Republic of China to Conduct Cyber Warfare and Computer Network Exploitation(2009)

6.4.1 조직

북한의 사이버전 관련 조직은 [그림 6-8]에서 보는 바와 같다. 북한은 당과 군, 내각 조직 산하 여러 개의 사이버전 조직을 두고 있지만 그중 가장 잘 알려진 것이 정찰총국이다. 북한은 2009년 2월 대남·해외 공작업무를 총괄하기 위해 기존 인민무력부 산하 정찰국과 노동당 산하의 작전부, 35호실 등 3개 기관을 통합, 정찰총국을 만들었고 이때 전자정찰국 사이버전지도국(121국)도 정찰총국 산하에 창설했다. 121국은 다른 나라의 컴퓨터망에 침입해 비밀자료를 해킹하고 바이러스를 유포하는 사이버전 전담부대로 인력만 3천여 명에 이르는 것으로 우리 군 당국은 추정한다.

이와는 별도로 북한의 총참모부 예하의 지휘자동화국은 바이러스 전문요원과 참모요원으로 구성되어 있으며, 31소와 32소, 56소가 있어 군 관련 프로그램과 함께 해킹 프로그램을 개발하고 있는 것으로 알려졌다.

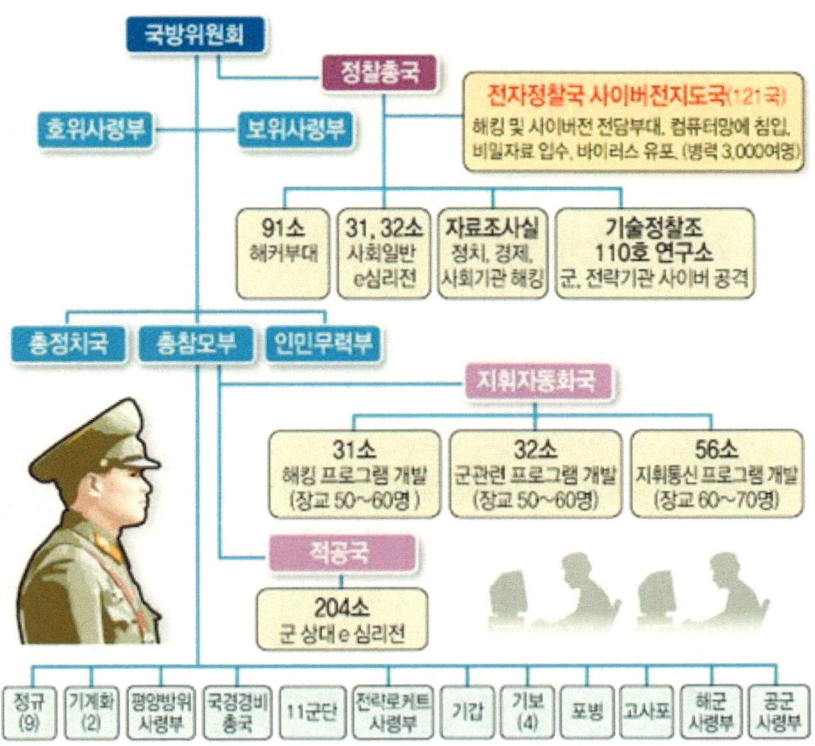

그림 6-8 북한 군사지휘 및 사이버부대 기구도 및 주둔지

출처 : 北 사이버전 인력 1만2천명 추정…핵심은 정찰총국(연합뉴스, 2013.4.10.)

6.4.2 인력

북한의 총 사이버전 수행 인력은 대략 1만 2천여 명으로 추정되며, 이 중 정찰총국 산하에만 현재 3천여 명에 달하는 사이버전 인력이 배치되어있는 것으로 알려져 있다. 이 인력들은 주로 평양 지휘자동화대학(구 미림대학) 출신들인데, 지휘자동화대학은 북한의 최고 영재들 중에서 선발된 인력들을 체계적으로 교육하고, 많은 특혜를 부여하며 사이버 전사를 양성하는 북한의 핵심 사이버 인력 양성 기관이다. 이 대학은 인민군 총참모부에 소속되어 있으며, 학생 수는 700여명이고, 교직원은 500~600여명이며, 한해 배출되는 120명 정도의 졸업생은 정찰총국 산하 해킹전문 부대에 배치되고 있다.

지휘자동화대학 외에도 기술 장교 육성기관인 김일성종합대학, 김책공대, 모란봉대학에서도 1980년대 후반부터 시작하여 꾸준히 사이버전 인력을 양성해왔다. 고등 교육기관 뿐만 아니라, 중등 교육 단계에서도 컴퓨터 영재반을 운영하여 우수한 인력들을 선발하여 어린 나이부터 해킹 집중 교육을 하기 때문에 개개인의 능력도 우수한 것으로 평가되고 있다.

6.4.3 능력

북한의 사이버전 수행 능력에 대한 국내·외 전문가 및 유관기관들의 평가는 초보적인 수준에 불과하다는 견해에서부터 세계 최고 수준이라는 견해에 이르기까지 매우 다양하나, 비교적 우수하다는 평가가 상대적으로 우세하다. [표 6-1]에서 이러한 평가들을 볼 수 있다. 표에는 드러나 있지 않으나 최근에는 북한이 보유한 네트워크와 컴퓨터 시스템 등 기반 IT 인프라가 우수한 인력에 비해 매우 취약하기 때문에 능력을 발휘하는데 한계가 있다는 평가가 이루어지고 있다.

이론적인 평가에 더하여, 우리나라에 대한 북한의 사이버 테러 사례를 몇 가지 살펴보면 그 능력을 실질적으로 가늠해 볼 수 있다. 2009년 7월 7일부터 약 4일간에 걸쳐 북한이 실시한 분산 서비스 거부(DDoS) 공격은 청와대와 국방부, 주요 정부 사이트, 일부 정당과 포털 사이트, 그리고 언론사 등의 국내 홈페이지와 미국의 국토안전부, 재무부 등 일부 해외 홈페이지의 접근을 일시적으로 차단시켰고, 이로 인한 약 544억 원의 경제적 손실을 일으켰다. 2011년 3월 4일에도 2009년의 유형과 유사하나 공격 형태 측면에서 다소 진화한 DDoS 공격이 있었다. 같은 해 4월 12일에는 농협 협력업체 직원의 컴퓨터에 악성코드를 심어 농협 전산망에 있는 자료가 대규모로 손상되어 수일에 거쳐

표 6-1 북한의 사이버전 수행 능력 관련 견해

전문가/기관	주요 평가 내용
한국 정보기관	• 미 태평양군 사령부를 마비시키고 미국 내 국방 관련 네트워크에 광범위한 피해를 발생시킬 수 있는 능력 보유
미국 정보당국	• 북한 전문 해커들의 능력은 세계 최고 수준(CIA 수준)
박춘식 교수 (서울여대)	• 우리나라를 비롯한 미국 · 중국 등을 압도하는 사이버전 능력
임채호 부소장 (KAIST 사이버보안 연구센터)	• 한국보다 10배 가량 강한 해킹능력 보유 ※ 사이버 테러로 한국의 기반시설을 직접 공격할 수 있는 수준(신호체계 · 발전소 가동을 멈추게 하는 수준)에 근접
북한 내부 고위급 인사	• 한국 내 모든 은행, 통신사 컴퓨터 서버에 자유로이 침투 가능
북한 컴퓨터 기술대 교수출신	• 전 세계적으로 'C'(윈도우즈 및 컴퓨터 운영체제에서의 프로그래밍 기초언어)를 완전히 분석하는 나라는 미국과 북한밖에 없을 것
김흥광 대표 (NK 지식인연대)	• 각종 암호작성, 암호해독 알고리즘을 만들어 공격에 도입하는 과정들이 빠른 속도로 진행되고 있다는 사실이 중요.
미국 국제전략문제연구소	• 북한의 사이버전 능력은 초보적 단계

출처 : 북한의 사이버전 능력과 우리의 대응방향(합참, 2011)

서비스 이용이 마비된 일명 '농협전산망마비사태'가 발생하였다. 2013년 3월 20일에는 '3.20 전산대란'사건이 발생하였는데 이 수법은 지능형지속위협(APT)공격이 사용되어 특정 업체의 업데이트 관리 서버(PMS : Patch Management System)에서 악성코드가 유포된 것으로 추정되며 감염된 PC는 부팅에 필요한 영역인 MBR(Master Boot Record)이 손상되어 PC내 문서 등 데이터가 손상이 되었다. 이로 인해 대한민국의 주요 언론사(KBS, MBC, YTN) 및 금융회사(NH 농협은행, 신한은행, 제주은행)의 전산망이 마비되고, 다수의 컴퓨터가 악성코드에 감염되었다.

실제 사례를 바탕으로 북한의 사이버전 수행능력을 평가해 보면, 북한의 수뇌부들이 사이버전에 대한 필요성과 유용성을 절감하면서 이에 많은 투자를 했기 때문에, 열악한 네트워크 인프라에도 불구하고 북한은 대한민국에 심각한 피해를 입힐 수 있는 능력을 구비하고 있다고 할 수 있다.

6.5 기타 국가의 사이버전 능력

6.5.1 러시아

러시아는 실제 전쟁에서 사이버전을 활용한 전례가 있는 국가이다. 2008년 러시아와 그루지야의 영토분쟁 시, 러시아가 그루지야 대통령, 정부 및 금융, 언론사, 군 정보시스템 등에 분산 서비스 거부 공격으로 모든 정보망을 마비시키고 지상군을 투입하여 5일 만에 그루지야를 장악한 전례가 있다. 또한 최근 우크라이나 분쟁에서도 러시아가 우크라이나의 파워 그리드 시스템에 대해 악성코드를 이용하여 사이버 공격을 수행하였다는 유럽국가들의 주장이 있다.

러시아의 사이버전 능력에 대한 평가는 기준에 따라 상이하나, 실제 군사 작전에 사이버전을 함께 수행한 전적이 있고, 각종 주요 해킹 사건에 러시아 해커가 연루되는 점 등을 바탕으로 전반적으로 전 세계 3위라는 평가나 미국과 필적하는 능력을 보유했다는 평가 등, 우수한 사이버 전력을 보유한 것으로 평가되고 있다.

실제 보유 전력을 살펴보면, 러시아군의 5th-Dimension Cyber Army는 사이버전을 주로 수행하는 조직으로 알려져 있으며, 규모는 약 7천 3백여 명이다. 이들이 사이버 공격을 위해 보유한 능력은 1) 분산 서비스 거부 및 스파이 행위를 위한 대규모의 발전된 봇넷(BotNet), 2) 전자펄스 무기, 3) 진화된 능동적 정보수집 컴퓨터 및 네트워크 탐색 도구, 4) 무선 데이터통신 방해전파, 5) 사이버 논리 폭탄, 컴퓨터 바이러스 및 웜 등[56]

그림 6-9 러시아 청년단체 '나시(Nashi)'의 로고(좌) 및 깃발(우)

출처 : http://en.wikipedia.org/wiki/Nashi (youth movement)

56) Russia's Cyber Forces(DefenseTech, May 27, 2008)

이 있다. 2014년부터는 국방부 산하에 본격적인 사이버사령부를 설립하는 것을 추진하고 있다.

러시아의 사이버 전력 중 또한 큰 부분을 차지하는 것은, 청년단체인 '나시[57](Nashi)'에 의해 통제되는 '크램린(the Kremlin)'과 같은 그룹 및 '러시아 비즈니스 네트워크(RBN : Russian Business Network)와 같은 범죄 집단이다. 러시아가 이러한 사이버전 전략을 채택하고 있는 이유는 이들을 매우 저렴한 비용으로 활용할 수 있는 반면 그 효율은 매우 높아 국가적 이익을 챙길 수 있으며, 만약 이들의 행위가 발각된다고 해도 이를 정부의 개입과 직접적으로 연관 짓는데 제한이 따르므로 정치적 부담을 줄일 수 있기 때문이다.[58]

6.5.2 일본

2001년 1월 일본은 5년 이내에 세계 첨단의 정보통신기술(IT) 국가를 이룩한다는 목표 하에 'e-Japan 중점계획 2002'를 추진하였다. 이 계획은 중요 기반시설에 대한 정보보호를 위해 민·관·군의 연락 및 제휴체계 구축, 긴급대응지원팀(NIRT : National Incident Response Team) 창설, 사이버테러 대응능력 향상을 위한 연수 실시, 정보시스템의 정보보호 확보 및 운영을 위한 가이드라인 제정 등을 그 골자로 하고 있다. 일본은 e-Japan 중점계획 첫 해인 2001년 사이버 공격을 방어하기 위한 첨단 전자장비와 관련 기술 개발비용으로 방위예산 1398억 엔을 책정할 정도로 사이버전에 큰 관심을 갖고 준비를 하였고, e-Japan 중점계획 2002의 결과로 구성된 일본의 정보보호 관련 조직은 [그림 6-10]에서 보는 바와 같다.

내각의 사이버전 주무기관으로 정보보안 대책 추진실은 각 정부부처와의 협력을 도모하고 민간전문가로 구성된 팀의 조언을 받아 정부의 정보보호 및 사이버테러 대책에 관한 민·관의 정책 추진을 총괄하고 있다. 2002년 4월에는 국민생활에 중대한 영향을 줄 우려가 있는 정보보호에 관련된 사항에 대한 정책 입안에 필요한 조사·조언 등을 위해 정보보안 대책 추진실 예하에 긴급대응지원팀(NIRT)을 설치하였다. 2005년에는 기존의 정보보안 대책 추진실을 확대 개편하여 국가정보보호센터(NISC : National Information Security Center)를 설립하였는데, 그 주요 임무를 ① 정보보호정책회의 사무국으로서

57) 러시아의 청년단체이며 푸틴의 친위대로도 알려져 있다. 이들은 학교도 운영하고 있으며 러시아 정부에서도 나시를 후원하고 있다. 러시아 전역에 모스크바 지부 등 각 지방에 나시 지부가 위치해 있다.

58) David J. Smith, Russian Cyber Operations, Potomac Institute Cyber Center(July 2012)

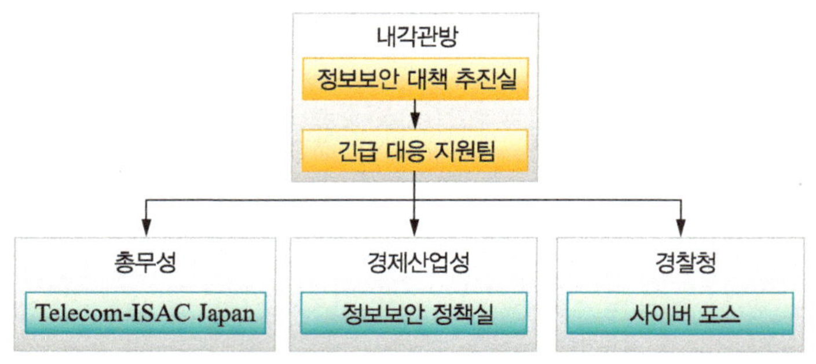

그림 6-10 일본의 정보보호 관련 기구

출처 : http://www.itfind.or.kr

정보보호에 관한 기본전략을 입안 및 주요전략에 대한 홍보, ② 정부기관의 종합적 대책 추진을 위해 정부의 통일된 안전기준책정과 이에 근거한 각 부처의 정보보호대책을 평가하고, 정부 지원의 인재육성·인재확보 및 각 부처에 대한 안전시스템 설계 지원, ③ 정부기관의 긴급사안 대응지원을 위해 각 부처에 경보 발령, 각 부처의 피해정보 파악 및 원인분석, 관계기관과의 협력으로 하였다.

내각관방의 지휘를 받는 다른 기관들의 사이버전 관련 부서를 살펴보며, 예하의 Telecom-ISAC Japan은 전기통신사업자협회, 일본 인터넷 제공자 협회, 텔레콤서비스협회, 전기통신 사업자들이 제공 중인 통신 서비스의 보안 수준을 평가 하고, 다른 중요한 기반시설의 보안 침해 사안에 관한 대처 및 예방조치에 대한 상호 연계를 위해 2002년 7월에 설립한 조직이다. 경찰청 예하의 사이버 포스(cyber force)는 경찰 네트워크에 대한 해킹 행위를 24시간 체제로 감시하며, 정보통신이나 은행 · 증권거래소 등 금융 관계, 철도 · 항공, 전력 · 가스 등의 사회의 중요 기반시설에 대해서도 방호 임무를 수행하기 위해 2001년 4월에 설립되었다.

이와 더불어 일본 자위대는 최근의 정보통신기술(IT) 혁명에 대응하기 위해 정보우위를 추구하고 방위력의 통합적이고 유기적인 운용을 가능하게 하는 기반을 체계적으로 구축하며, 자위대 시스템을 사이버 공격으로부터 방어하는 정보보안 확보를 중심으로 하는 시책을 추진해왔다. 이를 위해 지난 2006년 4월 미-일간 방위협력의 일환으로 정보교환 등을 통해 사이버 공격 대처능력향상을 목적으로 한 '정보보증과 컴퓨터 네트워크 방어 협력에 관한 양해각서(MOU : Memorandum of Understanding)'를 체결하였다. 그리고 2008년 7월에는 네트워크 관리, 자위대 컴퓨터에 대한 사이버 공격 방호 임무를 수행하는 지휘통신시스템대를 창설하고, 2014년에는 방위대신 직할부대로 사이버 방위대를 창설하여 군의 사이버 대응 능력을 강화하였다. 2015년에는 국가 차원의 사이버전 준비 전략을 담은 사이버보안 전략(Cybersecurity Strategy)을 발표하는 등 사이버전 준비에 최선을 다하고 있다.

〈객관식〉

1. 우리나라의 사이버전 관련 민, 군 대응기관 및 총괄 기관으로 알맞게 짝지어진 것은?

	민	군	총 괄
①	인터넷진흥원	기무사령부	사이버테러대응센터
②	사이버테러대응센터	사이버사령부	국가사이버안전센터
③	사이버테러대응센터	사이버사령부	인터넷진흥원
④	사이버테러대응센터	지휘통신사령부	국가사이버안전센터
⑤	인터넷진흥원	사이버사령부	국가사이버안전센터

〈단답형〉

1. 미국이 정보보호 인력양성 부분을 분리시켜 역량을 더욱 집중시키려는 의도 하에 설립한 (   )는 국민의 사이버보안 의식제고, 교육기관의 사이버보안교육 도입, 연방 사이버보안 인력 구조 구축과 사이버보안 인력 훈련 및 전문화 등의 프로그램을 개발하고 있으며, 실질적인 시행은 (   )에서 담당하고 있다.

2. 중화민족주의와 애국심으로 무장하고, 국익에 위배되는 국가나 기관, 외부 세력에 대해 해킹 등의 사이버 공격을 가하는 중국의 사이버 예비군은 (   )이다.

3. 북한의 인민군 총참모부 소속으로 평양 (   )(구 미림대학)에서 한해 배출되는 120명 정도의 졸업생은 정찰총국 산하 해킹전문 부대에 배치되는 것으로 알려졌다.

〈서술형〉

1. 북한의 대표적인 사이버전 관련 조직에 대하여 서술하시오.

사이버전 기술

Chapter

07 네트워크 기본 개념

사이버전이란 컴퓨터 네트워크를 통해 정보가 유통되는 가상공간에서 다양한 사이버 공격수단을 사용하여 적의 정보체계를 교란, 거부, 통제, 파괴하는 등의 공격과 이를 방어하는 활동을 말한다. 사이버전이 네트워크에서 일어나는 전쟁활동인 만큼, 사이버전의 이해를 위해서는 네트워크의 기본적인 특성에 대한 지식이 필요하다. 따라서 이 장에서는 네트워크의 정의, 물리적 구조, 범주 등과 같은 네트워크의 기본개념, 네트워크를 통해 정보를 주고받기 위한 데이터 신호와 전송기술, 네트워크 표준 모델인 OSI 참조모델과 TCP/IP 프로토콜에 대해서 살펴볼 것이다.

7.1 네트워크의 기본개념

아침에 지하철을 타면 많은 사람이 스마트폰을 사용해서 무엇인가 하는 모습을 쉽게 볼 수 있다. 온라인 게임, 카카오톡을 하거나 음악을 듣고 동영상을 보며 이메일을 보내는 사람을 쉽게 볼 수가 있고 매우 익숙하다. 손쉽게 외국에 있는 친구들에게 이메일을 보내고 아이피 티비(IP-TV)를 통해 놓친 드라마를 다시 보는 것도 가능하다. 불과 10년 전만해도 상상도 못할 모습들이 나타나고 있는 것이다. 이렇게 우리의 삶을 크게 변하게 한 가장 큰 기술이 바로 네트워크이다. 이 장에서는 네트워크의 정의와 네트워크의 구성과 기술들에 대해서 살펴볼 것이다.

7.1.1 네트워크의 정의

네트워크는 그물(net)과 일(work)의 두 단어의 합성어로 다수의 이용자가 컴퓨터 자원을 공동으로 이용할 수 있도록 독립적 기능을 갖는 컴퓨터, 단말장치 및 기타 장치들을 서로 연결해 놓은 것을 말한다.

초기의 네트워크는 당시 고가 장비였던 프린터 및 저장장치들을 공유하기 위해서 시작되었고 현재의 네트워크는 하드웨어 및 소프트웨어의 발전으로 인터넷(Internet)이라

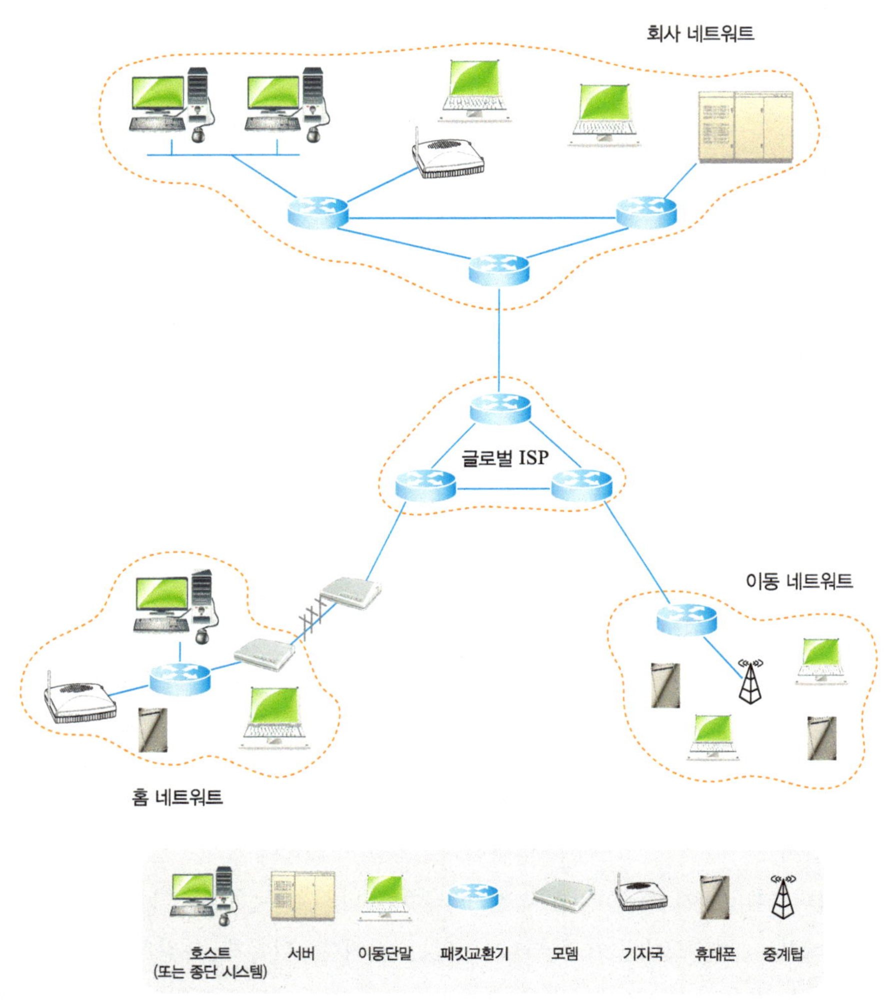

그림 7-1 인터넷을 이루는 요소들

출처 : 『컴퓨터 네트워크킹-하향식 접근』

고 하는 광범위한 연결을 통해 CPU, 메모리 등의 컴퓨팅 자원 뿐 아니라, 음성 및 영상 정보 등 대용량 데이터 전송이 가능하다.

네트워크의 개념에 대한 보다 쉬운 이해를 위해 우리 생활에 밀접한 인터넷을 통해 네트워크란 무엇인지 다시 살펴보도록 하겠다.

[그림 7-1]을 살펴보면 여러 대의 컴퓨터와 서버로 이루어진 회사의 네트워크, 집에서 사용하는 컴퓨터와 노트북, IP-TV 등으로 이루어진 홈 네트워크, 스마트폰등과 같은 이동 네트워크들이 로컬 인터넷 서비스 제공업체(ISP : Internet Service Provider)와 글로벌 인터넷 서비스 제공업체 등에 연결되어 하나의 큰 네트워크를 이루고 있는 모습을 볼 수 있다. 우리는 이러한 네트워크를 통해 음악이나 영상을 공유하고 이메일(E-mail) 보내기, 네이버 다음과 같은 포털 서비스 이용 등 다양한 일을 할 수 있다.

7.1.2 네트워크의 물리적 구조

네트워크에서 정보를 전달하기 위해서는 정보를 보내려는 장치와 정보를 받는 장치가 어떤 식으로든 물리적으로 연결이 되어야 한다. 이를 위해서 정보를 전달하는 매체가 필요한데 이를 링크(link)라 하며 링크를 통하여 두 개 이상의 장치가 연결된 것을 네트워크라 한다. 네트워크의 물리적 연결 형태로는 점대점 방식과 다중점 방식이 있고, 물리적 접속 형태로는 그물형(mesh), 스타형(star), 버스형(bus), 링형(ring)이 있다.

(1) 물리적 연결형태

차가 길이 있어야 이동을 할 수 있는 것처럼 정보도 전송매체를 통해 이동을 하기 때문에 전송매체를 통한 연결이 필수적이다. 이러한 연결을 위한 물리적 연결형태로는 1:1로 연결된 점대점 방식과 여러 장치가 하나의 매체를 공유하는 다중점 방식이 있다.

(가) 점대점 방식(point-to-point)

점대점 방식은 두 개의 장치들을 유선 또는 무선으로 일대일 직접 연결을 하는 방식을 의미한다. 가장 단순한 방법으로 두 장치들은 링크의 전체 용량을 두 기기만을 위해 사용하여 송수신 할 수 있다. 일반 전화회선의 연결이나 컴퓨터와 로컬 프린터간의 연결 등이 이에 속한다. [그림 7-2]는 점대점 방식의 여러 가지 예들을 보여준다.

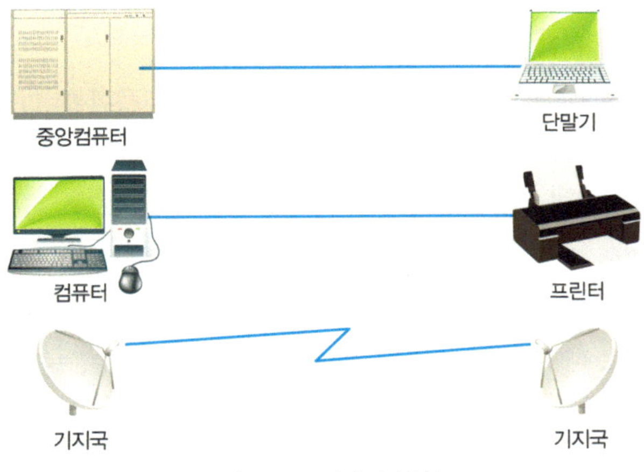

그림 7-2 점대점 방식

(나) 다중점 방식(multi-point)

다중점 방식은 점대점 방식과 달리 하나의 전용회선에 여러 개의 장치들이 연결되어 정보를 공유하는 것으로 멀티드롭(multi-drop) 방식이라고도 한다. [그림 7-3]과 같이 전용회선의 사용을 제어하는 서버(server)와 전용회선에 연결된 클라이언트(client)의 구성으로 이루어진다. 다수의 클라이언트들이 회선을 공유하기 때문에 적은 양의 데이터를 송수신 할 경우 효과적으로 사용되나, 회선에 문제가 생기면 그 회선에 연결된 모든 클라이언트의 사용이 불가해진다.

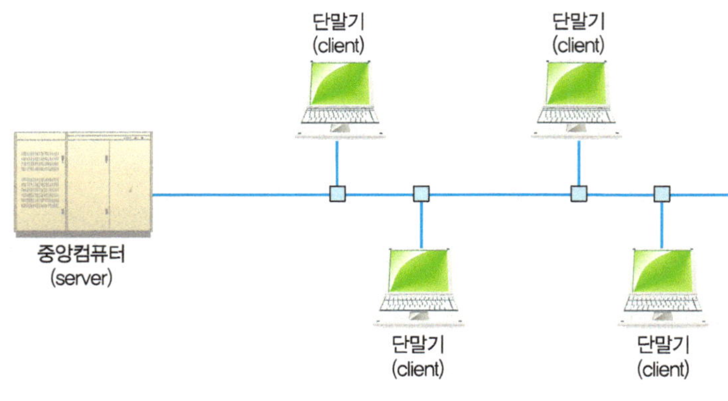

그림 7-3 다중점 방식

(2) 물리적 접속형태

물리적 접속형태(physical topology)라는 것은 네트워크의 배치 방식을 의미하며 장치가 연결된 두 개 이상의 링크가 모여 구성된다. 대표적인 물리적 접속형태로는 그물형(mesh), 스타형(star), 버스형(bus), 링형(ring)이 있다.

(가) 그물형 접속형태(mesh topology)

그물형 접속형태에서 [그림 7-4]와 같이 모든 장치는 다른 장치와 통신하기 위해 전용의 점대점 링크를 갖는다. 전용이라는 것은 연결되어 있는 두 장치간의 통신만을 담당하는 링크가 존재한다는 것을 의미한다. 이를 위해 그물형에서 n개의 장치를 연결하기 위해서는 n(n−1)/2의 링크를 필요로 하고 각 장치들은 이 링크를 수용하기 위해 n−1개의 입출력 포트를 필요로 하는데 이는 그물형 네트워크를 구성할 때 큰 단점으로 작용한다. 많은 수의 링크를 구성하기 위해서 많은 케이블을 필요로 하며 한번 구성한 이후에는 재구성이 쉽지 않다. 또한 많은 수의 링크와 입출력 포트는 비용을 증가시키는 요인이 된다. 그럼에도 불구하고 전용의 회선을 가진다는 것은 몇 가지 장점을 가지는데 첫째로 두 장치만을 위한 선로이기 때문에 일정한 전송속도를 보장 받을 수 있으며 둘째로는 한 링크가 고장이 나더라도 다른 장치에 연결된 링크로 우회 접속 할 수 있기 때문에 안전성이 높다. 셋째로는 전용의 회선을 사용하기 때문에 전송 자료가 다른 장치를 지나지 않아 보안에도 유리하다.

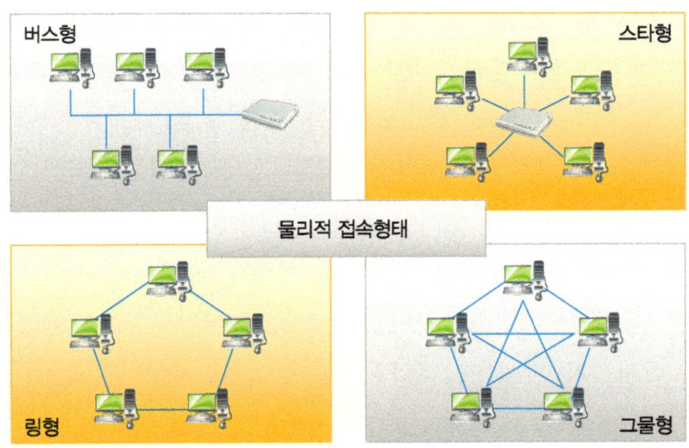

그림 7-4 물리적 접속형태

(나) 스타형 접속형태(star topology)

스타형 접속형태는 [그림 7-4]와 같이 각 장치는 일반적으로 허브(hub)라고 불리는 중앙 제어장치와 점대점 링크를 갖는다. 각 장치는 서로 직접 연결되어 있지는 않지만 제어장치를 통해 다른 장치로 통신이 가능하다. 이러한 스타형 접속형태의 장점으로는 하나의 장치를 추가하기 위해서는 1개의 링크와 1개의 입출력 포트만 존재하면 되기 때문에 그물형 접속형태보다 비용이 적게 들며 설치와 재구성 역시 쉽다. 또한 만약 하나의 링크가 끊어져서 작동하지 않더라도 해당 링크와 연결된 장치만 동작하지 않고 나머지 장치에는 영향이 없어 안전성이 높다. 하지만 전체 네트워크가 중장 제어장치 하나에 모두 접속되어 있기 때문에 중앙 제어장치에 고장이 발생하면 전체 네트워크가 동작하지 않는다는 단점이 있다.

(다) 버스형 접속형태(bus topology)

버스형 접속 형태는 [그림 7-4]와 같이 버스라고 하는 하나의 메인 케이블에 네트워크상의 모든 장치를 연결하는 다중점 형태의 접속형태이다. 이러한 접속형태의 장점은 설치하기 쉽다는 것이며 다른 접속형태에 비해 적은 케이블을 이용하여 구성할 수 있어 비용이 적게 든다. 하지만 한번 구성을 하고 나면 버스의 재구성이 힘들며 버스를 공유하기 때문에 버스에 손상이 일어나면 전체 네트워크가 동작하지 않는 단점이 존재한다.

(라) 링형 접속형태(ring topology)

링형 접속형태는 [그림 7-4]와 같이 자신의 양 옆에 있는 장치들과 점대점 연결을 갖는 접속형태이다. 이러한 구조에서는 신호의 충돌을 방지하기 위해 신호는 한쪽 방향으로만 전달이 가능하고 목적지에 도착할 때까지 옆에 있는 장치를 따라 이동한다. 링형은 각 장치는 바로 이웃에 있는 장치에만 연결되어 있기 때문에 장치의 추가와 삭제를 위해서는 단지 2개의 링크만 재구성하면 되기 때문에 설치와 재구성이 쉽다. 하지만 한쪽 방향으로만 전송이 가능하기 때문에 하나의 링크나 장치에 고장이 발생하면 그 장치나 링크를 이용할 수 없기 때문에 네트워크의 많은 부분이 동작하지 않게 된다는 단점을 가진다. 이를 방지하기 위해 양 옆의 장치들과 각각 두 대의 연결을 가지는 듀얼링(dual ring)을 구성하여 양쪽으로 신호를 전달이 가능하게 하는 접속형태가 나오게 되었다.

7.1.3 네트워크의 범주

일반적으로 네트워크에 대해 이야기 할 때 네트워크의 크기에 따라 근거리 통신망과 광역망 즉 원거리 통신망으로 나눈다. 근거리 통신망은 보통 수 킬로미터 이내의 네트워크를 이야기하고 원거리 통신망은 전 세계적인 규모의 네트워크까지를 포함하는 네트워크이다.

(1) 근거리 통신망(LAN : Local Area Network)

LAN은 사무실 등에서 쉽게 접할 수 있는 규모의 네트워크이다. LAN은 데이터와 자원(정보, 네트워크 프린터 등)을 공유하기 위하여 컴퓨터와 그 주변장치들을 연결시킨 것이다. LAN은 설치비와 유지비가 저렴하고, 확장이 용이하며, 속도가 빠르다는 장점이 있기 때문에 널리 이용되고 있다. LAN은 컴퓨터에 장치할 랜카드와 케이블, 허브 등만 있으면 구성이 가능하며 라우터 등을 설치하면 인터넷과의 연결이 가능하다. 또한 스위치나 허브를 이용하면 쉽게 다른 LAN과 연결할 수 있다.

(가) 이더넷(Ethernet)

이더넷이란 LAN을 구성하는 형식 중 하나이며 가장 널리 이용되는 방식이다. 이더넷은 [그림 7-5]와 같이 여러 대의 장비가 하나의 전송매체를 공유하는 방식으로 통신을 수행한다.

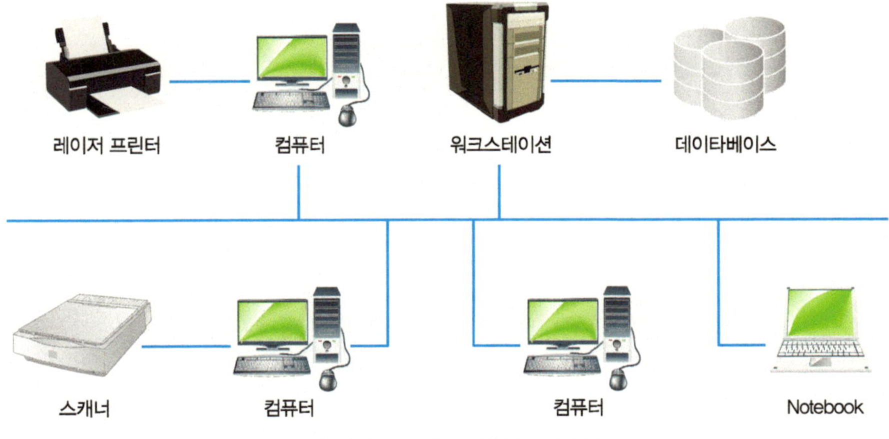

그림 7-5 근거리 통신망의 구성

1970년대에 소개된 이더넷의 기본 개념은 송신 측에서 전송한 데이터는 네트워크의 모든 구성원에게 전달되고, 수신 측에서는 전송 받은 데이터를 검사하여 자신에게 도착한 것일 경우 데이터를 수신하고 일치하지 않는 경우 데이터를 무시하는 방식으로 동작한다. 이와 같은 방식으로 네트워크를 구성하는 경우 구현이 매우 쉽다는 장점이 있으나, 네트워크를 구성하는 요소들이 증가할 경우 전송 데이터들 간에 충돌이 자주 발생하여 네트워크의 사용 효율이 낮아진다는 단점이 있다. 이런 단점을 개선하기 위하여 현재 전송매체가 사용 중인지의 여부를 케이블 전송신호를 감지하여 결정하는 채널 감지(carrier sense) 기능과 데이터 패킷 간에 충돌이 발생하면 전송매체에 연결된 노드들은 즉시 전송을 중단하고, 임의의 시간동안 대기한 후 전송을 재개하는 충돌감지(collision detection) 기능을 추가하였다. 이더넷에는 10Base-5, 10Base-2, 10Base-T 등 여러 가지 종류가 있는데, 이 중 10Base-T은 네트워크 구축비용이 저렴하면서 다른 방식의 이더넷과 비슷한 신뢰도 및 성능을 제공하여 가장 많이 사용된다.

(나) 고속 이더넷(Fast Ethernet)

컴퓨터의 처리 성능이 높아지면서 10Mbps의 전송 속도로는 네트워크 사용자들의 처리 욕구를 만족시키지 못하게 되었다. 이런 요구에 대응하기 위하여 제안된 것이 고속 이더넷이다. 고속 이더넷은 100Mbps의 전송속도를 제공한다. 현재 대부분의 일반 사용자가 사용하는 이더넷 카드는 10Mbps와 100Mbps를 모두 지원하는 고속 이더넷 카드이다. 100Base-T 방식에서는 네트워크의 속도가 10Mbps인지 100Mbps인지 구분하는 기능이 있기 때문에 두 가지 방식의 혼용이 가능하다.

(다) 기가비트 이더넷(Gigabit Ethernet)

일반 사용자의 전송 욕구는 고속 이더넷으로 만족시킬 수 있다. 그러나 인터넷이 대중화되면서 서버와 서버간의 데이터 전송구간이 전체 네트워크의 병목 지점이 된다는 문제점이 관찰되었다. 따라서 서버간 통신을 위한 고속 전송 능력을 보장하면서 기존 네트워크와 호환도 되는 새로운 네트워크에 대한 필요성이 제기되었는데 이를 만족시키기 위해 등장한 것이 기가비트 이더넷이다. 기가비트 이더넷은 1Gbps의 속도를 지원하며 동시에 기존의 10Base-T, 100Base-T방식과도 호환성을 유지한다.

(2) 원거리 통신망(WAN : Wide Area Network)

근거리 통신망(LAN)은 사무실 등에서 쉽게 접할 수 있는 규모의 네트워크이며, LAN들이 하나 둘 모여 도시 규모의 네트워크를 이루게 되면 이를 도시권 통신망(MAN : Metropolitan Area Network)이라고 부르게 된다. 원거리 통신망은 MAN들이 모여 국가, 대륙 또는 전세계를 포괄하는 광대한 영역에 데이터, 음성, 영상 및 비디오 정보의 장거리 전송을 제공하는 네트워크를 의미한다.

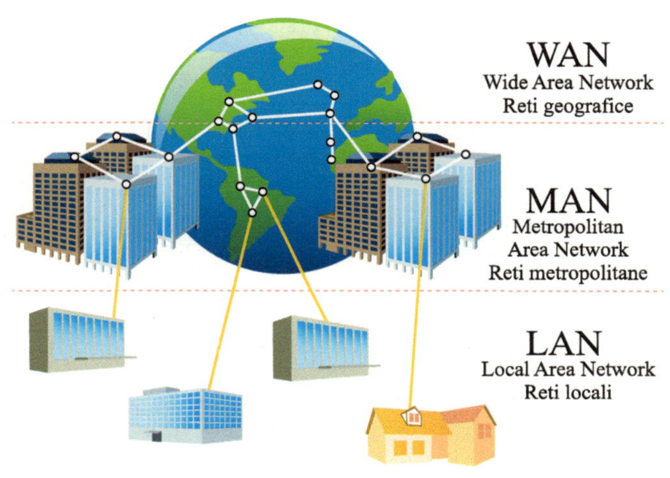

그림 7-6 근거리, 도시권, 원거리 통신망

7.1.4 프로토콜과 표준

네트워크의 정의에서는 네트워크란 무엇인지, 네트워크의 물리적 구조에서는 네트워크를 구성 연결 형태와 접속 형태에 대해서 살펴보았다. 이를 통해 자원과 정보의 공유를 위해 각 장치는 물리적으로 연결이 되어 있어야 한다는 것을 알았다. 이렇게 물리적인 연결이 존재하더라고 그 연결을 통해 정보를 주고받기 위해서는 복잡한 기술들이 필요하고 모든 사람들이 같은 방식으로 정보를 주고받기 위해서는 같은 방법을 사용할 것을 약속해야 하는데 이를 위해 프로토콜이 개발되고 표준이 정의되었다.

(1) 프로토콜(protocol)

컴퓨터 네트워크는 서로 다른 시스템에 있는 엔티티(entity)들끼리 통신하는 것이다.

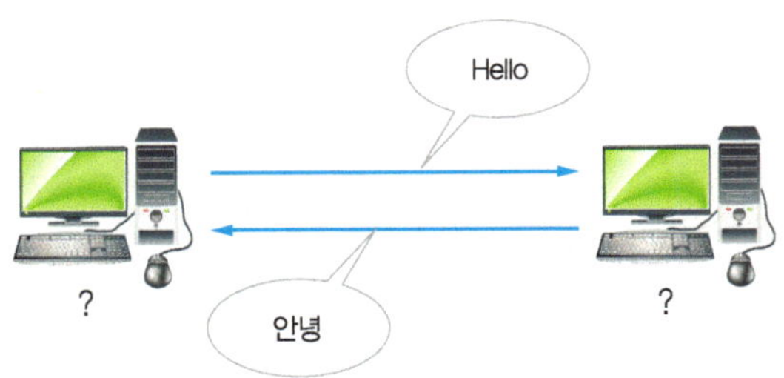

그림 7-7 규약 없이 통신한 경우

엔티티란 정보를 보내거나 받을 수 있는 개체로 사용자 응용 프로그램, 데이터베이스 관리시스템 등을 말하며 시스템이란 엔티티를 보유하는 물체로서 컴퓨터나 터미널 등을 의미한다. 서로 다른 시스템에 있는 엔티티 간 통신을 할 때 [그림 7-7]과 같이 정해진 규약 없이 서로 자신의 언어로 통신을 한다면 아무 의미가 없을 것이다. 따라서 통신을 할 때는 엔티티들이 미리 약속되어 있는 정해진 규약을 사용해야 하며 이러한 규약을 프로토콜(protocol)이라고 한다.

프로토콜은 다음과 같은 것들을 정의한다.

- 구문(syntax) : 데이터 형식, 코딩, 신호 레벨
- 의미(semantics) : 제어 정보, 조정, 에러 처리
- 타이밍(timing) : 속도의 조절과 순서 관리

(2) 표준(standard)

네트워크에서 표준은 전 세계적으로 통신의 상호연동성을 보장하기 위해 국제표준제정위원회(standard creation committee), 협의회(forum), 법규기관(regulatory)간의 협조를 통해 개발이 되며 그 기술의 대표 프로토콜이라고 볼 수 있다. 장비제조업체들은 표준에 맞게 장비를 개발해야 모두 같은 방식으로 통신이 이루어져 전 세계적으로 통신이 가능해진다. 표준에는 공식기관에 의해 입법화된 법률표준과 어떤 기관에 의해 공인되지는 않았지만 업계에서 널리 사용되어 사실상 표준을 대체하는 경우가 있는데 이를 사실표준이라 한다.

7.2 OSI 참조 모델

컴퓨터 통신과 컴퓨터 네트워크의 사용이 증가됨에 따라 사용자들에게 다양한 서비스를 제공하기 위해서 새로운 정보통신 기기나 통신망 구조가 개발되었다. 그러나 개발하는 회사별로 고유한 통신 프로토콜을 사용했기 때문에 서로 다른 회사의 제품이나 망 사이에는 통신을 할 수 없었다. 이와 같은 프로토콜 차이로 인한 정보 교환의 장애를 해결하고 통신 소프트웨어를 매번 힘들게 개발하지 않아도 되도록 하기 위하여 국제적인 표준 제정이 필요하게 되었다. 따라서 국제 표준화 기구(ISO)에서 1977년에 부위원회를 구성해 이러한 통신 표준을 논의했고 1978년 스위스 제네바에서 OSI(Open Systems Interconnection) 참조 모델을 발표하였다.

OSI 참조 모델은 통신 네트워크로 구성된 두 개의 종단 이용자들 사이에서 컴퓨터가 어떻게 데이터를 전송할 것인가에 대한 표준규약 또는 참조 모델이다. 서로 다른 컴퓨터에서 실행되고 있는 두 개의 응용 프로그램 사이의 유일한 통신 프로토콜을 정의하는 것은 너무 복잡하기 때문에 OSI 참조 모델에서는 이를 관리 가능한 몇 개의 부분으로 나누는 계층 구조(layering) 기법을 사용하였다. [그림 7-8]은 OSI 참조 모델의 7계층의 구조를 보여주고 있다.

OSI 참조 모델의 주된 개념은 네트워크상의 두 종단에 있는 이용자 사이에서, 통신 처리를 위한 주요한 기능을 중심으로 7계의 계층으로 구성한 것이다. 각 통신 이용자는 7계층의 기능을 갖는 컴퓨터를 이용한다. 이용자들 사이에 메시지가 주어지면, 컴퓨터에

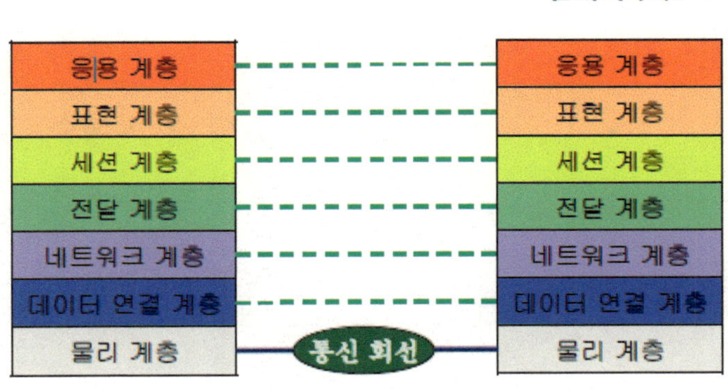

그림 7-8 OSI 참조 모델

서 한 계층씩 아래로 각 층을 통과하여 데이터가 흐르게 되고, 다른 쪽에서는 메시지가 도착할 때 메시지를 받는 컴퓨터는 한 계층씩 위로 통과하여 이용자에게 전달될 것이다.

7.2.1 계층화의 필요성

초기의 네트워크에서는 정보 전달을 위해 복잡한 프로토콜이 필요하지 않았다. 하지만 네트워크를 사용하는 사람들이 많아지고 네트워크가 복잡해지면서 여러 가지 기능을 제공하기 위해 많은 프로토콜들이 만들어지기 시작했는데 이렇게 복잡해진 프로토콜을 효과적으로 관리할 필요가 생기게 되었다. 그래서 프로토콜을 비슷한 기능끼리 묶기 시작했고 묶인 프로토콜들을 계층화하기 시작했다. 프로토콜의 계층화는 프로토콜이 수행하는 통신 절차 및 규약에 관한 내용들을 단계적으로 분리하여 통신 범위 및 한계에 따라 층(layer)이라는 형태로 정의해 놓고, 다시 층간의 수직적 상하 관계에 따라 정의해 놓은 절차를 밟아 상대방 계층과의 통신을 하도록 한 것이다.

이는 새로운 기술의 도입이나 이용자 요구 등이 발생할 때 통신 기능의 확장, 변경에 의한 영향에 무관하도록 하기 위하여 다른 계층들과 기능적으로 독립성을 유지하고, 상위계층에 서비스를 제공하도록 한다.

[그림 7-9]는 두 회사의 계약과정을 단순화 시켜놓은 모습이다. 여기서 하려는 일은 사장인 존과 김사장이 계약 서류에 사인을 해서 계약을 맺는 일이다. 보통 만나서 계약을 해야 하겠지만 피치못할 사정으로 우편을 통해 계약을 하기로 했다. 존은 김사장에게 계약 서류를 전달하기 위해 제인에게 서류를 전달하고 제인은 서류에 이상이 없는지

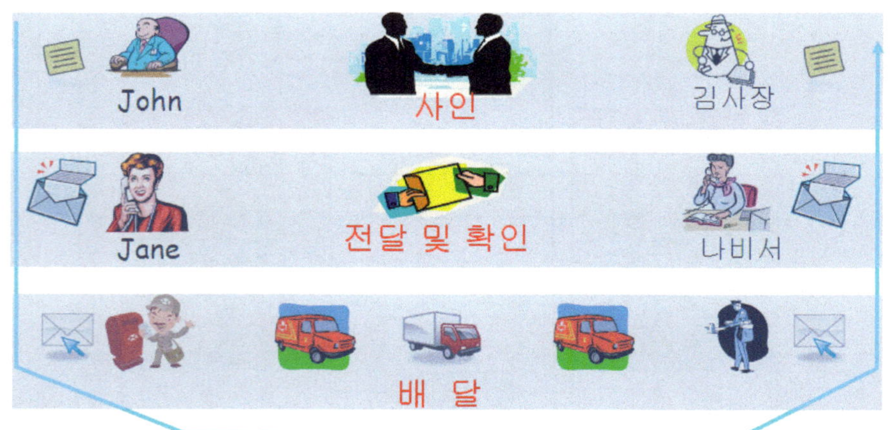

그림 7-9 계층화의 예

확인 하고 우체국에 서류를 전달한다. 우체국에서는 여러 집중국을 거쳐 김사장 회사까지 안전하게 전달하고 이 서류는 나비서를 통해 김사장에게 전달이 되고 김사장은 서류에 사인을 할 수 있게 된다. 이 과정을 계층화와 비교해 보면 이 계약과정은 3개의 계층으로 되어 있다고 말 할 수 있다 사장들이 사인을 하는 3계층, 서류를 확인하고 위와 아래 계층에 전달을 하는 2계층, 그리고 배달을 담당하는 1계층 이와같이 계층별로 역할을 잘 나누어 계층화 시켜놓으면 OSI 참조 모델에서도 네트워크의 복잡함을 줄여 설계와 구현을 쉽게 할 수 있다. 또한 1계층에서 배달이라는 역할만 제대로 해준다면 차로 배달을 할 수도 있고 비행기로도 배달을 할 수 있는 것처럼 OSI 참조 모델 각 계층의 역할만 제대로 해줄 수 있다면 어떤 프로토콜을 사용하든 상관없이 유연한 사용이 가능하다.

7.2.2 OSI 7계층

OSI의 7개 계층의 기능을 간략히 설명하면 [그림 7-10]과 같다.

1계층인 물리 계층(physical layer)은 OSI 7계층의 최하위 계층으로서 정보 전송을 위한 물리적인 인터페이스와 비트를 다른 시스템으로 옮기는 규칙에 관해 정의한다. 이 계층에서는 상위 계층인 데이터 링크 계층으로부터 전송된 데이터인 비트열을 물리적인 전송매체의 기능을 통하여 다른 시스템으로 전송하는 서비스를 수행한다.

2계층인 데이터 연결 계층(data link layer)은 발신지와 목적지간이 경로에서 한 노드에서 다음 노드로 신뢰성 있게 정보를 전송하는 기능을 제공한다. 이 계층에서는 물리 계층의 비트열을 프레인 단위의 논리적 비트 집합으로 구성하거나 흐름제어, 오류제어 등의 서비스를 제공한다.

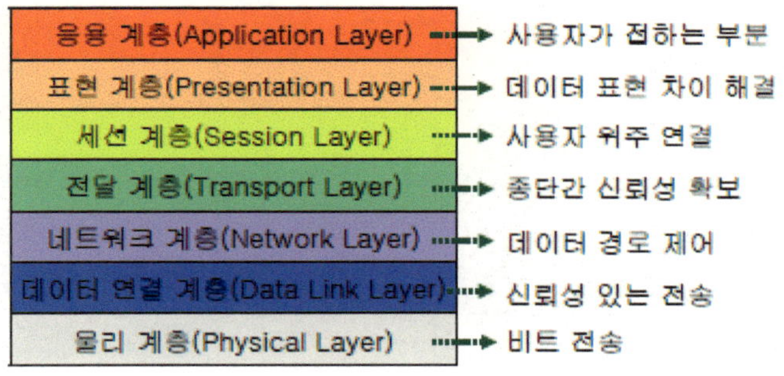

그림 7-10 OSI 7계층의 기능

3계층인 네트워크 계층(network layer)은 발신지와 목적지간에 정보전달 서비스를 제공한다. 이 때 네트워크 계층은 발신지와 목적지 사이에 전송경로를 설정 및 제어하는 기능을 하고 실제적으로 발신지에서 목적지까지 여러 노드를 거쳐 정보를 전송하는 일은 데이터 연결 계층을 이용한다.

4계층인 전달 계층(transport layer)은 발신지와 목적지에 있는 프로세스 간의 신뢰성 있는 정보전달 서비스를 제공한다. 네트워크 계층을 이용해 발신지부터 목적지까지 전달된 정보의 처리를 위해서는 발신지와 목적지에 있는 프로세스까지의 전달이 필요한데 전달 계층이 바로 그 기능을 제공한다. 또한 이 계층에서는 전송의 과정에서 데이터 단위가 에러 없이 순서에 맞게 중복되거나 없어지는 일 없이 전송되도록 관리하고, 메시지 분할과 재조립, 흐름제어 등의 서비스를 제공한다.

5계층인 세션 계층(session layer)은 사용자 위주의 논리적인 연결 서비스를 제공한다. 이를 위해 종단 호스트 프로그램 사이에서 메시지를 주고받기 위한 설정을 하고, 데이터를 받는 동기 제어 역할을 한다.

6계층인 표현 계층(presentation layer)은 응용 계층에서 교환되는 데이터와 관련된 데이터의 표현과 형식의 차이를 해결한다. 또한 정보의 안정성을 높이기 위하여 암호화나 압축을 수행하기도 한다.

7계층인 응용 계층(application layer)은 OSI 모델 중 최상위 계층으로서 사용자가 직접 접하는 부분이다. 사용자는 응용 계층만을 접하며 하위 계층을 모르고도 서비스를 사용할 수 있게 된다.

OSI 7 계층이 확립된 두 시스템 사이의 응용 프로그램간의 데이터 전송은 [그림 7-11]과 같은 과정을 거친다. 전송하려는 시스템의 응용 프로그램에서 응용 계층에 데

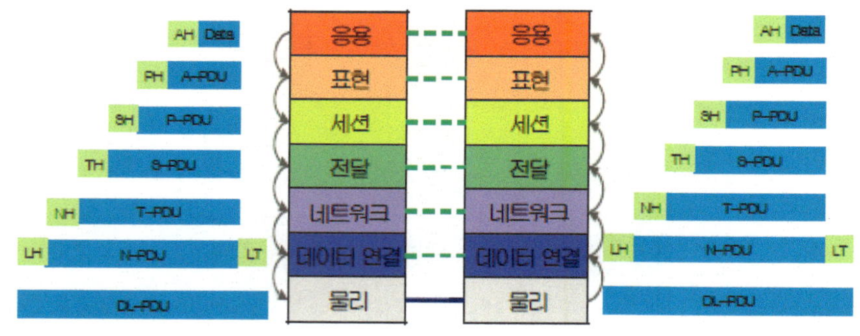

그림 7-11 OSI 참조 7계층에서 데이터의 전달

이터를 보낼 것을 주문한다. 응용 계층은 데이터에 응용 프로토콜을 위한 제어 정보가 담겨 있는 헤더를 추가시켜서 응용 계층 프로토콜에서 사용하는 데이터 단위인 A-PDU(Application Protocol Data Unit)를 구성한다. 그리고 표현 계층 프로토콜을 이용하여 A-PDU를 전송 받는 시스템의 응용 계층으로 전송한다. 표현 계층 프로토콜은 마찬가지 방식으로 P-PDU(Presentation Protocol Data Unit)를 구성하고 세션 계층 프로토콜을 이용하여 P-PDU를 전송 받는 시스템의 표현 계층으로 전달한다. 이와 같은 방식으로 물리 계층까지 도달하고 물리 계층에서는 실제로 두 시스템 사이에 연결되어 있는 통신 회선을 통해 비트를 보낸다. 전송을 받는 시스템의 물리 계층은 이 비트를 받아 데이터 링크 계층으로 전달하고 데이터링크 계층에서는 이를 네트워크 계층으로 전달하는 방식으로 결국 목적지 시스템의 응용 프로그램까지 데이터가 전달된다.

(1) 물리 계층

물리 계층은 OSI의 최하위 계층으로서 구조화되지 않은 비트 문자열을 물리적 전송 매체를 통하여 다른 시스템으로 전송하는 규칙에 관한 계층이다. 다른 전송 계층들은 하위 계층을 이용하여 자신의 PDU를 전달하지만 물리 계층은 전송 매체만을 이용한다. 실제비트열이 전송되는 전송 매체는 OSI의 표준에 속하지 않는다. 물리 계층에서 전달되는 데이터 단위는 제어 정보가 담겨 있는 헤더 영역이 없고 비트로만 전송된다.

물리 계층에서는 물리적 연결 설정, 유지 및 해제, 변조와 복조 등의 신호 처리 방식, 점대점(point-to-point), 다중점 등의 연결 유형, 버스형, 링형, 스타형, 그물형 등의 물리적 접속형태, 비동기, 동기 등의 전송 모드, 광대역(broadband), 기저대역(baseband)등의 대역폭, 주파수 분할, 시분할 등의 다중화와 같은 네트워킹 관련 기술과 구현 방법에 대해 다루며, 허브, 리피터, 집중장치 등의 전기적인 신호를 발생시키는 장치, 전화선이나 UTP, 동축 케이블 등의 기계적인 연결장치를 통하여 전기적, 기계적, 물리적 조건을 관리한다.

(2) 데이터 연결 계층

데이터 연결 계층은 인접한 두 시스템(노드)을 이어주는 전송 링크 상에서 패킷을 안전하게 전송하는 것을 목적으로 한다. 물리 계층에서는 비트 문자열 서비스만을 제공하는 반면 데이터 연결 계층에서는 이 물리적 링크의 신뢰도를 높여준다. 이를 위해 데이터 연결 프로토콜은 전송된 패킷에서 오류를 검사하고 이를 수정하는 기능을 가지며 데이터 흐름을 제어하는 역할을 한다. 데이터 연결 계층이 존재하면 데이터 연결 계층의 상위계층은 전송 링크에서 에러 없이 안전하게 전송이 이루어 졌다는 것을 확신할 수 있게 된다.

데이터 연결 계층에서는 정보를 전송할 때 컴퓨터로 처리하기 쉽도록 정보를 어떤 규정된 길이 이하로 분할한 '프레임(frame)'이란 단위로 전송한다. 송신측의 데이터연결 계층은 상위 계층인 네트워크 계층으로부터 전달받은 PDU에 데이터 연결 계층의 헤더와 트레일러(trailer)를 덧붙여 데이터 프레임(data frame)을 만들어 이를 물리 계층을 통해 전송한다. 프레임에는 프레임의 순서가 뒤바뀌지 않도록 하기 위해 프레임 번호가 부여되며 헤더에는 수신자, 송신자의 주소와 프레임 길이, 상위 계층 프로토콜에 관한 정보가 담기고 트레일러에는 에러 검출을 위한 검사합(checksum) 등이 담기게 된다. 수신측의 데이터 연결 계층에서는 이를 이용하여 프레임의 전송 확인과 흐름제어, 전송 오류의 검출, 전송 오류의 회복 등의 기능을 한다.

데이터 연결 계층의 기능은 크게 주소 지정(addressing), 매체 접근 제어(MAC : Media Access Control), 흐름 제어, 그리고 오류의 발생과 대처로 나눌 수 있다.

(가) 주소지정

컴퓨터 네트워크 상에서는 각각의 기기들을 식별해야 하는데 데이터 연결 계층에서는 물리적인 기기의 주소를 취급한다. 물리적 기기의 주소는 데이터 연결에 관련된 하드웨어마다 고유하게 지정되어 있다. 이를 MAC 주소라고 한다. 데이터 링크 계층에서 생성하는 PDU에는 송신측과 수신측의 MAC 주소가 지정되어 데이터가 올바른 목적지에 도달하도록 하며, 목적지에서 보낸 곳을 확인할 수 있도록 한다.

(나) 매체 접근 제어(MAC)

매체 접근 제어는 하나의 통신 채널을 여러 네트워크 시스템이 공유할 때 발생하는 문제를 해결하기 위한 제어 방법이다. 일반적으로 이 문제는 시간이나 대역폭을 구분하여 전송하는 TDM이나 FDM을 사용하여 해결할 수 있다. 그러나 LAN과 같이 하나의 채널만을 제공하는 매체를 이용할 경우에는 전송되는 데이터가 섞이고 변형되는 충돌(collision)이 발생할 수 있다. 따라서 충돌을 방지하기 위해서 네트워크에 참여하는 기기가 전송 매체를 사용하는 것을 적절하게 통제를 해야 할 필요가 있다.

대표적인 매체 접근 제어 방법으로 전송 전에 채널을 감지하여 전송중인 패킷의 유무를 감지하고 전송중인 패킷이 없을 경우 전송을 시작하고 그렇지 않을 경우 전송을 보류하고 잠시 후에 다시 전송을 시도하는 방식인 CSMA(Carrier Sense Multiple Access) 방식과 데이터 전송 중에도 충돌을 감지하여 충돌이 감지되면 전송을 중지하는 방식이 CSMA/CD(Carrier Sense Multiple Access with Collision Detection) 방식이 있다.

(다) 흐름제어

흐름 제어는 수신 장치의 속도나 용량 이상으로 데이터가 전송되어 데이터가 손실되지 않도록 송신 장치의 속도를 제어하는 것이다.

(라) 오류 제어

데이터 연결 계층에서 프레임 전송시 오류가 발생할 수 있다. 오류는 송신측에서 전달하였으나 중간에 상실되어서 수신측에서 받지 못하는 경우와 수신측에서 받기는 했으나 데이터가 손상된 경우로 나눌 수 있다. 오류에 대처하기 위해서는 일단 오류를 검출할 수 있어야 한다. 오류 검출을 위해서 전송할 프레임이 주어질 때 프레임의 비트들의 함수로 계산되는 에러 검출 코드(error-detecting code)를 추가한다. 수신측에서는 에러 검출 코드를 제외한 프레임의 비트를 이용하여 같은 함수로 계산하고 그 값이 에러 검출 코드와 일치하는지를 검사한다. 일치하지 않는 경우는 에러가 생긴 것이다. 오류를 검출하는 대표적인 기술로는 패리티 검사(parity check), CRC(Cyclic Redundancy Check) 등이 있다. 오류가 검출되었을 때는 수신측에서는 에러가 검출된 프레임을 재전송할 것을 송신측에 요청하고 송신측에서는 요청 받은 프레임을 재전송한다. 이 과정을 자동반복 요청(ARQ : Automatic Repeat Request)라고 한다.

(3) 네트워크 계층

네트워크 계층은 패킷이 정확한 수신자에게 보내지도록 경로를 제어하여 수신측에서 받을 수 있도록 하는 역할을 한다. 네트워크 계층이 확립되면 상위 계층에서 구체적인 시스템간의 데이터 연결 교환 기술과 같은 세부 사항에 대해 알 필요가 없다. 데이터 연결 계층 프로토콜이 단일 네트워크상에서 인접한 링크 간에 안정적으로 데이터를 전송하는 것을 목적으로 했다면 네트워크 계층 프로토콜은 인터네트워크라고 불리는 다수의 독립적인 네트워크간의 정보 전송에 이용된다. 또한 데이터 연결 계층 프로토콜이 내부 네트워크에 연결된 모든 장치에게 데이터를 전달하는 반면 네트워크 계층 프로토콜은 외부 네트워크상에서 최적 경로를 선정하여 그 경로를 이용하여 전송한다.

(가) 라우팅

라우팅은 네트워크상의 한 노드로부터 다른 노드로 패킷을 전송하기 위해 최적의 경로를 결정하는 작업을 의미한다.

예를 들어 [그림 7-12]와 같은 경우 A에서 B까지의 최적 경로는 연두색의 링크를 따라서 가는 것이고 A에서 C까지의 최적 경로는 붉은 색의 링크를 따라가는 것일 수 있는데 이를 지정하는 작업이 라우팅이다. 라우팅을 위해서는 어떠한 성능을 기준으로 최적의 경로를 정할 것인지를 결정해야 한다. 예를 들어 목적지에 도달하기까지 거쳐야 하는 라우터의 수인 홉 수(hop count)를 최소로 하도록 경로를 설정할 수도 있고, 이를 일반화시켜서 네트워크 상의 각 링크에 링크의 용량에 따라 비용을 할당하고(용량이 클수록 비용이 낮다.) 이 비용을 최소로 하는 경로를 설정할 수도 있다.

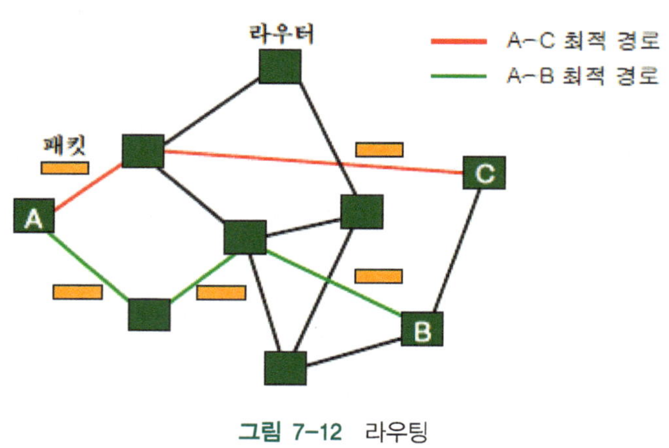

그림 7-12 라우팅

(4) 전달 계층

전달 계층은 네트워크에 연결되어 있는 통신 호스트의 프로세스 사이에서 신뢰성 있는 데이터 전송을 보장한다. 전달 계층은 컴퓨터 네트워크의 세부사항들로부터 상위 계층 프로토콜을 격리하는 역할을 한다. OSI 참조 모델에서 세션 계층 이상은 데이터 전송에 있어서 전송 오류나 회복 등을 고려하지 않으며, 프로세스간에 있어서 정보의 생성, 표현이나 유연한 대화 등의 관리만 하면 되고 전달 계층에 정보를 넘기면 그대로 상대측까지 전송해 준다. 전달계층에서는 하나의 장치가 여러 개의 서비스를 수행하는 것을 가능하게 하는 다중화/역다중화 기능을 수행한다. 또한 송신측에서 상위 계층에서 받은 메시지를 알맞은 크기의 세그먼트(segment)로 쪼개어 전달하고, 수신측에서 이를 취합하여 순서대로 조립하는 캡슐화/역캡슐화 기능을 한다. 그리고 네트워크에 흐르는 메시지 양을 조정하며(flow control), 전송 오류를 검출하여 데이터가 수신측 장치로 올바르게 전달되지 않은 경우 재전송을 하거나 상위 계층에게 오류 사실을 알려주는 기능도 수행한다.

(가) 흐름 제어

전달 계층의 흐름 제어는 데이터 연결 계층에서 다루었던 흐름 제어와 유사한 방식(정지－대기, 슬라이딩 윈도우 프로토콜)을 사용한다. 그러나 데이터 연결 계층에서는 동일한 네트워크에 있는 장치간의 흐름 제어를 다루는 반면 전달 계층에서는 종단간(end-to-end)의 흐름 제어를 다룬다.

(나) 오류 제어

데이터 세그먼트가 전송 도중에 손상되었으나 목적지에 도달했을 경우 혹은 세그먼트가 목적지에 도달하지 못하거나 지연되는 경우 오류가 발생한다. 수신측에서는 손상된 세그먼트는 폐기하며 오류가 발생한 모든 경우에 대해 송신측에 통보한다. 세그먼트의 중복이나 지연을 방지하기 위해 세그먼트에 순서 번호를 지정하거나 타이머를 두어 일정한 시간이 지나면 폐기시키는 방법을 사용할 수 있다. 전달 계층의 오류는 종단간(end-to-end)에 행해지므로 종단간 오류 제어라고 부르기도 한다.

(5) 세션 계층

세션 계층은 전달 계층에서 제공하는 종점간 연결 기능에 사용자 인터페이스를 추가하여 사용자 중심의 응용 프로그램간의 논리적 연결을 확립하고 관리한다. 이를 위해 세션설정 및 유지와 대화 관리, 재동기 서비스 등의 기능을 한다.

(가) 세션 설정 및 유지

연결 설정에서는 통신에 참여하는 개체들이 서로를 확인하고 통신을 진행하기 위한 세부 작업들을 합의한다. 합의할 세부 작업으로는 연결 식별 번호, 사용자 로그인 이름과 암호, 필요한 서비스 종류와 그 기간, 수신확인 번호 및 재전송 절차 등이 있다. 연결 유지에서 실제로 데이터 전송이 일어난다. 실제 데이터 전달, 데이터 수신 확인, 중단 상태에 있는 통신의 재개 등의 세부 작업이 일어난다. 연결 해제에서는 통신 세션을 마친다. 개체는 받을 것으로 예상되는 ACK 신호나 NAK 신호를 받지 못하는 경우 연결이 끊어졌다고 판단한다. 해제된 세션은 다시 연결하거나 새로운 세션을 이용하여 통신을 재개할 수 있다.

(나) 대화 관리

세션 계층에서는 송신측과 수신측이 정보를 주고받는 방식을 결정한다. 대화 방식에는 단방향(simplex), 반이중(half-duplex), 전이중(full-duplex)의 3개의 모드가 있다.

(다) 재동기 기능 서비스

세션 계층에서는 대량의 데이터 전송의 경우 파일 전송 중에 오류발생을 대비하여 동기점을 삽입한 후 데이터 전송 중에 오류가 발생했을 때 쌍방이 합의하는 동기점 위치에서 통신을 재개한다.

(6) 표현 계층

표현 계층은 응용 계층에서 사용하는 개체간에 교환되는 데이터의 구문(syntax)과 관련된 데이터 표현과 형식의 차이를 해결한다. 이를 위해 응용 개체들 사이에 사용되는 표준구문을 정의하고 사용되는 표현을 선택하거나 교정하기도 한다. 또한 보안을 위한 암호화/복호화와 전송되는 데이터의 크기를 줄이기 위한 압축/압축해제 등의 기능도 수행한다.

응용 계층에서 사용하는 응용 프로그램들 간 정보의 표현 방식이 다를 수 있다. 예를 들어 어떤 시스템에서는 7비트 문자 체계를 사용하고 다른 시스템에서는 8비트 문자 체계를 사용할 수 있다. 또한 어떤 시스템에서 인텔 CPU를 사용하여 최하위 비트가 데이터 메시지의 첫 번째에 나타나는 little endian을 사용할 수 있고 다른 시스템은 모트롤라의 CPU를 사용하여 최상위 비트가 데이터의 메시지의 첫 번째에 나타나는 big endian을 사용할 수도 있다. 어떤 시스템은 ASCII(American Standard Code for Information Interchange)를 사용하여 문자를 표현할 수 있고 다른 시스템은 EBCDIC(Extended Binary Coded Decimal Interchange Code)를 사용하여 문자를 표현할 수도 있다.

표현 계층에서는 이렇게 응용 계층의 프로그램들 간에 정보를 표현하는 방식이 다를

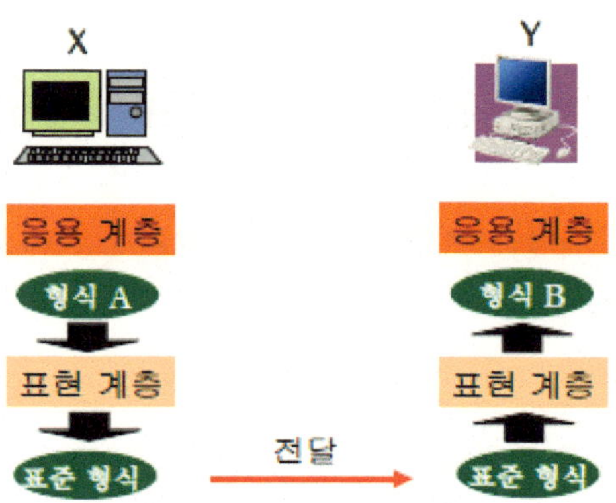

그림 7-13 표현계층의 데이터 변환

경우 상호 합의된 형식으로 데이터를 변환하는 기능을 수행한다. 즉 [그림 7-13]과 같이 어떤 시스템 X의 표현 계층이 응용 계층으로부터 정보 표현 방식이 다른 Y의 시스템으로 데이터를 전달할 것을 요구받으면 X의 표현 계층은 OSI 참조모델에서 정의한 표준 표현 방식으로 데이터를 변환하여 전송하고 B의 표현 계층은 이를 다시 Y의 응용 계층이 이해할 수 있는 형태로 전환시켜서 전달한다.

표준 표현 방식으로 많이 사용하는 것이 ASN.1이다. ASN.1은 Abstract Syntax Notation #1을 말하며, 국제전기통신 연합(ITU)에서 정의한 네트워크상의 데이터 교환을 정의한 프로토콜로 X.208에 정의되어 있다. 표현 계층에서는 ASN.1을 이용하여 응용 계층의 패킷을 기술할 수 있다.

X의 형식을 표준 표현 방식으로 바꾼 후 Y에게 송신하고 Y에서 표준 표현 방식을 다시 Y의 형식으로 변환하여 사용할 수도 있지만 X에서 Y의 표현 형식으로 바꾸거나 Y에서 X의 표현 형식으로 바꾸어서 서로 간에 데이터를 주고받을 수도 있다.

(가) 암호화/복호화

네트워크가 방대해지고 네트워크를 이용하는 사용자가 증가하면서 네트워크의 보안성 문제가 심각하게 대두되고 있다. 네트워크 보안을 확립하는 방법은 두 가지가 있다. 첫째는 허가된 사용자만이 네트워크에 접근할 수 있도록 인증 절차를 거치도록 하는 것이다. 둘째는 데이터를 주고받을 때 이를 암호화하여 특정한 메시지인 키를 아는 사람만이 데이터를 복호화 할 수 있고 나머지는 데이터를 복호화 할 수 없도록 만드는 것이다. 두 번째의 데이터 암호화/복호화는 OSI 표현 계층에서 수행하는 것으로 간주된다.

(나) 압축/압축해제

송신측의 응용 계층으로부터 전달받은 데이터를 압축하여 수신측에 전송하고 수신측에서 전송 받은 데이터를 압축 해제하여 응용 계층에 전달하면 네트워크를 통해 전송되는 데이터의 양이 줄어들어 빠르고 효율적으로 네트워크를 이용할 수 있다. 이 과정을 담당하는 것도 표현 계층이다.

(7) 응용 계층

응용 계층은 OSI 참조 모델의 최상위 계층으로 사용자 응용 프로세스들이 접속하여 다른 장치나 응용 프로그램에 접근하여 이를 이용할 수 있는 수단을 제공한다. 응용 계층에 의해 제공되는 서비스들을 이용하면 복잡한 통신 프로그램의 하부 계층들을 하나하나 고려할 필요가 없다.

응용 계층의 하부에 있는 6개의 계층들은 모두 네트워크에서 통신을 하기 위한 일반적인 작업을 하는 반면 응용 계층에서는 특정한 기능을 하는 서비스를 제공한다. 예를 들어 지금은 많이 사용되지 않으나 인터넷의 FTP와 같이 서로 다른 시스템간의 파일 전송에 사용되는 FTAM(File Transfer Access ad Manipulation) 프로토콜, Telnet 기능과 유사한 VT(Virtual Terminal) 프로토콜 등이 응용 계층을 구현하는 프로토콜이다.

FTAM과 VT는 표현 계층과 세션 계층에서 제공되는 서비스를 순차적으로 이용하는 진정한 OSI 프로토콜인데 반해 최근에 인터넷에서 많이 쓰이는 프로토콜들은 대부분 응용계층, 표현 계층, 세션 계층의 역할 중 자신에게 맞는 것을 골라 모두 수행한다. 이러한 프로토콜의 예로 이메일 전송에 이용되는 SMTP, POP3, WWW에 이용되는 HTTP, 파일 전송에 이용되는 FTP, 원격 컴퓨터 접속에 이용되는 Telnet 등이 있다.

7.3 TCP/IP 프로토콜

TCP/IP는 인터넷을 위해서 만들어진 프로토콜이며 네트워크 계층의 IP(Internet Protocol)와 전송 계층의 TCP(Transmission Control Protocol) 그리고 응용프로그램 계층으로 구성된 프로토콜의 집합이다. 1983년에 ARPANET의 공식 프로토콜로 채택되었

으며 이후 급속히 전파되어 현재 인터넷의 표준 프로토콜이 되었다. 우리가 사용하는

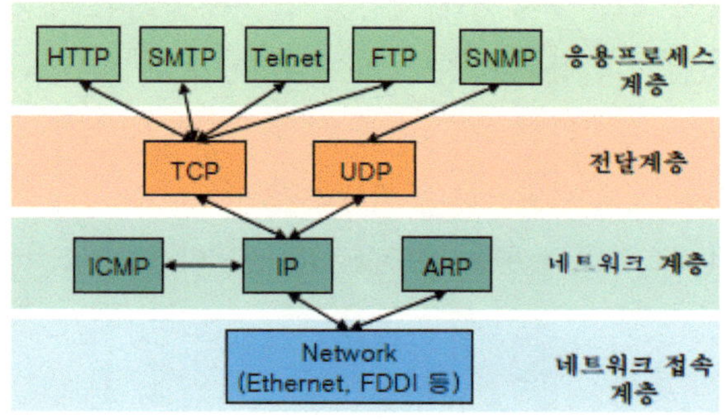

그림 7-14 TCP/IP 프로토콜 구조

인터넷상의 대부분의 응용프로그램들은 TCP/IP 프로토콜을 사용하여 정보를 교환한다. 일반적으로 TCP/IP 프로토콜 또는 TCP/IP 스택이라고 하면 TCP와 IP뿐 아니라 FTP(파일 전송), SMTP(전자 메일), Telnet(원격 접속) 등 상위 응용계층 프로토콜까지 포함한 명칭이다.

[그림 7-14]에서 보듯이 TCP/IP 프로토콜도 OSI와 마찬가지로 계층 구조로 이루어져 있으며 각 계층은 다른 계층의 역할을 간섭하지 않는 독립적인 구조를 가지고 있다.

TCP/IP 프로토콜의 각 계층의 기능을 간단히 요약하면 [표 7-3]과 같다.

표 7-3 TCP/IP 계층별 기능 요약

계 층	
응용 프로세스 계층	사용자 응용 프로세스 간의 정보 교환
전달 계층	호스트 간의 데이터 전송 서비스 제공
네트워크 계층	네트워크를 통한 패킷 교환
네트워크 접속 계층	단위 네트워크 내에서의 정보 전달

7.3.1 OSI 참조 모델과 TCP/IP 프로토콜

TCP/IP는 OSI 참조모델보다 10년 정도 앞서서 자체 모델에 따라서 고안되었으며 이후 발전을 거듭하여 OSI와 마찬가지로 세계적인 표준안이 되었다. OSI 모델은 계층의 독립성과 인접 계층 간의 인터페이스를 고려해서 비교적 엄격하게 정의되어 있으나

TCP/IP는 하나의 계층에 하나의 프로토콜만 대응되는 것이 아니라 네트워크 환경에 따라 여러 개의프로토콜을 허용하며 아래 계층을 건너뛰어 하위 계층이 제공하는 서비스를 직접 이용할 수 있는 유연성을 가진다. 또한 OSI 모델이 가상의 네트워크를 대상으로 조직적으로 개발된 모형이라면 TCP/IP는 실제의 다양한 네트워크를 연결하는 과정에서 시행착오를 거듭하며 점진적으로 진화되어 왔다.

OSI의 7개 계층과 TCP/IP의 4개 계층을 역할에 따라 대응시키면 [그림 7-15]와 같다.

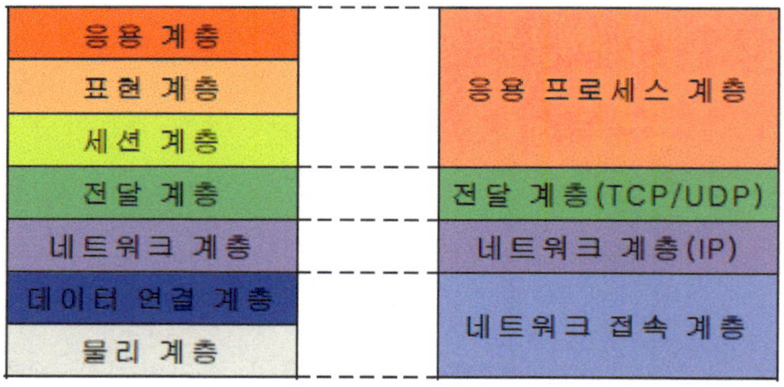

OSI	TCP/IP
응용 계층	응용 프로세스 계층
표현 계층	
세션 계층	
전달 계층	전달 계층(TCP/UDP)
네트워크 계층	네트워크 계층(IP)
데이터 연결 계층	네트워크 접속 계층
물리 계층	

그림 7-15 OSI 참조모델과 TCP/IP 구조

TCP/IP의 응용 프로세스 계층은 Telnet, FTP, SMTP 등의 프로세스 프로토콜에 해당한다. 프로세스 프로토콜은 사용자에게 응용 서비스를 제공해주며 OSI 참조 모델의 응용, 표현, 세션 계층에 해당한다. 전달 계층의 TCP와 UDP는 호스트와 호스트 간 데이터를 전달하거나 수신하게 해주는 프로토콜로서 OSI 참조 모델의 전달 계층에 해당한다. 네트워크 계층의 IP와 ICMP, ARP 등은 송신 호스트와 수신 호스트간의 경로 설정과 데이터이동을 도와주는 역할을 수행하며 OSI 참조 모델의 네트워크 계층에 해당한다. 네트워크접속 계층은 단위네트워크에서의 패킷 전송을 담당하며 OSI 참조 모델의 데이터 연결 계층과 물리 계층에 해당한다.

7.3.2 TCP/IP 프로토콜

(1) 네트워크 접속 계층

네트워크 접속 계층은 물리적인 전송로와 연결된 계층이다. 엄밀히 따지면 이 계층은

TCP/IP 스택에 해당되지 않으며 단지 TCP/IP 데이터를 전송하기 위한 계층으로 존재한다. 따라서 TCP/IP와는 독립적이라고 할 수 있다.

이 계층에서는 단위 네트워크 내에서 상대편 네트워크 장치로 패킷을 전달하는 역할을 담당한다. 이를 위하여 장치간 통신을 위한 전기적인 신호 방식 등이 정의되어 있다. 대부분의 경우 네트워크 카드에 하드웨어적으로 정의되어 있고, 여기서 사용하는 물리적인 주소는 카드마다 고유하다. TCP/IP 데이터를 전송할 수 있다면 어떤 물리적인 장치가 사용 되어도 상관없다. 이더넷(Ethernet), FDDI, 토큰링(token ring)과 같은 LAN 프로토콜과 일반 데이터 망을 위한 X.25 등이 모두 네트워크 접속 계층에 속하는 프로토콜들이다.

(2) 네트워크 계층

네트워크 계층은 IP가 있는 계층으로서 정보를 전달하기 위한 주소 체계와 전달 경로를 설정한다. 네트워크 계층에서는 하위 계층의 물리적인 특성에 관계없이 IP 주소를 보고 목적지에 데이터를 전송한다.

(가) IP(Internet Protocol)

IP는 네트워크 계층의 핵심 프로토콜로서 상위 계층의 TCP와 UDP 모두 IP에서 제공하는 서비스를 사용한다. IP 계층은 상위 계층인 전달 계층으로부터 세그먼트를 받아 이를 패킷으로 분할하여 목적지에 전송하는 것을 목적으로 한다. IP 프로토콜은 비연결형 데이터그램(datagram) 프로토콜로서 오류 검사나 추적을 제공하지 않고 신뢰성이 없으며 매 패킷마다 독자적으로 라우팅되어 목적지에 도달하여 전달 순서가 보장되지 않는다.

TCP/IP의 네트워크 계층의 패킷을 IP 데이터그램이라고 한다. [그림 7-16]은 IP 데이터그램의 구조를 나타낸다. 헤더는 기본적으로 20바이트이며 최대 60바이트까지 확장할 수 있다. 데이터그램 패킷의 각각의 필드의 기능은 아래와 같다.

- 버전(version) : IP 프로토콜의 버전을 나타낸다.
- 헤더 길이(header Length) : 헤더의 길이를 4바이트 워드의 개수로 표시한다.
- 서비스 유형(TOS : Type Of Service) : 8비트의 필드로 데이터그램이 라우터에서 어떻게 처리되어야 하는지를 나타낸다. 8비트 중 현재 사용되고 있는 것은 4비트로 D=minimize delay, R=maximize reliability, T=maximize throughput, C=minimize

cost를 의미한다.

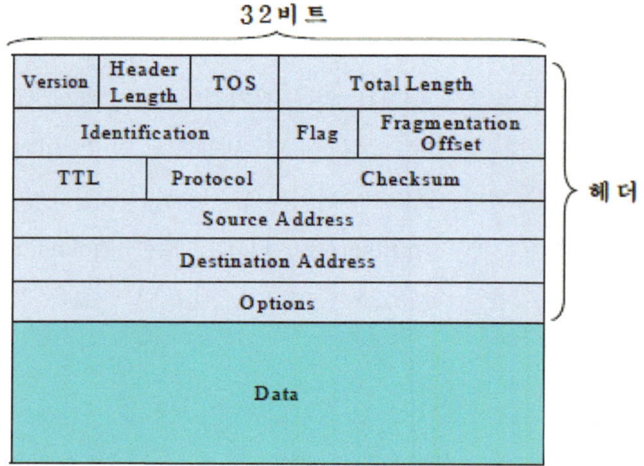

그림 7-16 IP 데이터그램 구조

- 전체 길이(total length) : 데이터그램의 전체 길이를 바이트 단위로 나타낸다.
- 식별자(identification) : 데이터그램이 분할되었을 때 원래의 데이터그램으로 재조합하기 위해 존재하는 식별자이다.
- 플래그(flag) : 3비트 필드로서 첫 비트는 사용되지 않으며 두 번째 비트는 분할가능여부(0이면 불가능), 세 번째 비트는 마지막 조각 여부(0이면 마지막 조각이거나 분할되었음)를 나타낸다.
- 분할 옵셋(fragmentation offset) : 분할된 데이터그램이 원래 데이터그램의 어느 부분에 위치하는지를 나타내는 필드로서 13비트가 할당되어 있다.
- TTL(Time To Live) : 인터넷에서 체류할 수 있는 홉 수, 라우터를 지날 때마다 1씩 감소하고 0이면 폐기된다.
- 프로토콜(protocol) : 상위 계층의 프로토콜을 나타내는 8비트의 식별자이다.
- 검사합(checksum) : 에러 확인을 위한 16비트 필드이다.
- 발신 주소(source address) : 발신 호스트의 IP 주소를 나타낸다.
- 수신 주소(destination address) : 수신 호스트의 IP 주소를 나타낸다.
- 옵션(options) : 주로 ICMP 메시지를 전달하는 데이터그램에서 경로 기록, 타임스탬프 등을 기록하기 위해 사용한다.

(나) ICMP(Internet Control Message Protocol)

IP 프로토콜은 패킷을 발신지로부터 목적지까지 전송하는 것을 목적으로 할 뿐 오류 보고와 오류 수정 기능을 가지고 있지 않다. 전송 도중 패킷이 유실되거나 수명이 다해서 폐기되어도 이러한 사실을 발신지에 알릴 수 없다. 인터넷 제어 메시지 프로토콜(ICMP)는 이러한 단점을 보완하기 위해 설계 되었으며, 크게 에러 보고(error-reporting) 메시지를 통해 동작한다. 에러 보고 메시지로는 목적지 도달 불가(destination unreachable), 발신지 억제(source quench), 시간 경과(time exceeded), 매개변수 문제(parameter problem), 재지정(redirection)이 있다. 목적지 도달 불가는 라우터가 데이터그램을 전달할 수 없거나 호스트가 데이터그램을 배달할 수 없을 때 데이터그램은 폐기되고 그 사실을 발신지 호스트에 알리는 메시지이다. 발신지 억제는 라우터나 목적지 호스트에 혼잡으로 인해 데이터그램이 폐기되었음을 발신지에 알리는 메시지이다. 발신지는 혼잡이 완화될 때까지 데이터그램의 송신 속도를 낮춘다. 시간 경과는 TTL 값이 0이 되어 수명이 다한 데이터그램을 폐기하고 이를 발신지에 알리는 메시지이다. 매개변수 문제는 데이터그램의 필드에 라우터나 호스트가 알아볼 수 없는 값을 가지고 있을 때 발신지에 보내는 메시지이다. 마지막으로 재지정은 호스트의 라우팅 테이블을 갱신하기 위한 메시지이다.

(다) ARP(Address Resolution Protocol), RARP(Reverse ARP)

IP 주소를 가지는 장치의 MAC 주소와 매핑해 주는 프로토콜이 ARP 프로토콜이고 반대로 MAC 주소를 IP 주소로 매핑해 주는 프로토콜이 RARP 프로토콜이다.

(3) 전달 계층

전달 계층은 네트워크 계층 상위에 있는 계층으로 연결 지향(connection oriented)인 TCP와 비연결 지향(connectionless)인 UDP로 나뉘어진다. IP 헤더에서 상위 계층을 나타내는 Protocol 필드에 UDP의 경우 17, TCP의 경우 6이 오게 된다.

(가) TCP(Transmission Control Protocol)

TCP는 같은 네트워크상에서 신뢰성 있는 전송을 위해서 사용되는 프로토콜이다. 패킷을 보내기 전에 서로 연결이 성립되어야만 보낼 수 있는 연결 지향의 성질을 갖는다. 따라서 보내야 할 패킷이 있으면 일단 임시로 버퍼에 보관한 후 연결 설정을 하게 되고 연결이 되면 전송을 시작한다. 이러한 연결 지향 특징 때문에 TCP 연결에서는 데이터의 전송순서가 항상 유지되며 송신측이 패킷을 보내면 수신측이 잘 받았다는 응답을 하게 되어 있기 때문에 신뢰성 있는 전송을 할 수 있다.

이러한 특성들 때문에 많은 응용 계층 프로토콜이 TCP를 이용하여 통신을 한다. 그러나 TCP는 UDP에 비해 절차가 복잡하기 때문에 빠른 전송이 요구되며 데이터의 신뢰성이 크게 치명적이지 않은 실시간 전송 등에는 이용되지 않는다.

■ TCP의 특징

• 버퍼를 이용한 스트림 데이터 서비스(Stream Data Service)

송신 TCP에서는 상위 계층으로부터 연속적인 데이터 스트림을 받아 이를 분할하여 세그먼트라고 불리는 작은 조각으로 나누어 이를 네트워크를 통하여 전송하고 수신 TCP에서는 이를 받아 재조합하여 원래의 데이터를 복원해서 상위 계층으로 전달한다. 이 과정에서 송신 TCP와 수신 TCP 모두 버퍼를 이용한다. 즉, 상위 계층에서 전달되는 데이터는 송신 TCP의 버퍼로 연속적으로 전달되고 송신 TCP는 버퍼에 있는 내용을 분할하여 전달한다. 상위 계층에서 보내는 데이터의 양이 적거나 느리면 송신 TCP는 버퍼에 어느 정도 데이터가 찰 때까지 기다렸다가 이를 세그먼트로 만들어서 전송할 수도 있다. 네트워크를 통해서 전송되는 세그먼트는 일단 수신측 버퍼에 담긴다. 수신측의 상위 계층에서는 이 버퍼의 내용을 필요할 때 읽어 들여 작업을 수행한다.

• 전이중(full duplex)

TCP에서는 데이터가 양방향으로 전송될 수 있다. 송신측에서 수신측으로 데이터를 보내면 수신측에서는 이를 받았다는 확인 신호(ACK)을 보내게 되는데 이 확인 응답 다음에 데이터를 추가해서 보낼 수 있다.

• 신뢰성 보장

수신측의 TCP는 오류 검출 기능을 이용하여 데이터가 제대로 도착했으며 손상이 발생하지 않았는지 확인한다. 오류가 발생하지 않았을 경우 송신측에 확인 응답을 보내고 오류가 발생했을 경우 재전송을 요구하여 신뢰성을 보장한다.

(나) UDP

UDP는 TCP와 같이 전송 계층에서 사용되는 프로토콜로 높은 신뢰도가 요구되지 않고 산발적이고 개별적으로 발생하는 작은 메시지를 전달하기 위한 용도로 사용되며 비연결형 서비스이다. UDP는 데이터 송신 이후 데이터가 잘 도착했는지 확인하지 않으므로 신뢰성이 확립되지 못한다는 단점이 있으나 TCP보다 패킷 헤더가 단순하며 전송 과정도 단순하므로 비용이 적게 든다는 장점이 있다. 데이터의 신뢰성보다 속도나 실시간성이 중요한 인터넷 방송, VOD, 동영상 등의 실시간 서비스에 주로 이용된다.

■ UDP의 특징

• 비연결형 서비스

UDP에서는 비연결형 서비스를 지원하므로 TCP와 같은 연결 설정, 종료 과정이 없다. UDP에서 전송을 위해 하위층 프로토콜인 IP에 보내는 패킷은 TCP와 같이 일련번호가 붙지 않고 서로 독립적으로 작용한다. 또한 응용 프로세스 계층에서 보낸 메시지를 TCP와 같이 분할하지 않고 여기에 헤더만 붙여서 전송한다. 따라서 UDP 서비스를 이용할 때 메시지를 작게 분할하는 것은 응용 프로세스가 책임져야 한다.

• 흐름 제어와 오류 제어

UDP는 별다른 흐름 제어를 제공하지 않으며 옵션인 검사합(checksum) 이외의 오류 제어 기능도 제공하지 않는다. 따라서 데이터그램이 손실되거나 손상될 수 있는데 손실된 데이터그램은 별다른 재전송을 요구하지 않으며 손상이 발견될 경우에도 단순히 폐기처분한다. UDP에는 흐름제어와 오류제어 기능이 없으므로 UDP를 사용하는 상위 계층에서 이러한 기능을 보완하여 제공하여야 한다.

(4) 응용 프로세스 계층

응용계층은 사람이나 소프트웨어에 관계없이 사용자에게 네트워크에 대한 접속을 가능하게 한다. 응용계층은 사용자 인터페이스를 제공하고 전자우편, 원격파일 접근 및 전송 시스템 자원 접근, WWW(World Wide Web), 그리고 네트워크 관리와 같은 서비스를 지원한다.

(가) HTTP(HyperText Transfer Protocol)

HTTP는 WWW의 기본 프로토콜로서 텍스트, 하이퍼텍스트, 그림, 동영상, 음악 등의 다양한 형식의 자원(resource)을 주고받기 위해 사용된다. HTTP는 인터넷 상에 존재하는 웹사이트를 URL(Uniform Resource Locator)이라는 주소를 사용해서 찾고, 클라이언트에서 요청한 서비스를 수행한다. HTTP는 기본적으로 TCP/IP 위에서 동작한다. 일반적으로 HTTP의 클라이언트는 인터넷 익스플로러, 넷스케이프 네비게이터와 같은 웹 브라우저, 서버는 웹 서버로 구성된다.

(나) SMTP(Simple Mail Transfer Protocol)

SMTP는 MTA(Mail Transfer Agent)간 메일을 주고받을 때 사용된다. 메시지를 보내는 MTA가 MTA 클라이언트, 메시지를 받는 MTA가 MTA 서버가 된다. 연결 설정 단계에서 MTA 클라이언트와 MTA 서버간에 잘 알려진 포트(well known port)인 25번 포트를 이용하여 TCP 연결이 설정된다.

연결이 설정되면 클라이언트는 메시지의 봉투 부분을 전달하여 서버에게 송수신자의 주소를 알린다. 서버가 송수신자의 주소를 알게 되면 메시지 전달 도중 오류가 발생했을때 이 메시지를 송수신자에게 전달할 수 있게 된다. 봉투가 전달된 이후 클라이언트는 헤더와 몸체를 차례대로 전달하고 서버는 이를 잘 받았다는 신호를 전달한다.

메시지 전달이 끝나면 클라이언트는 서버에게 종료 메시지를 보내고 이를 서버가 확인함으로써 메시지 전달이 종료된다.

(다) FTP(File Transfer Protocol)

FTP는 파일을 인터넷에서 전송하고 수신하는데 이용되는 프로토콜로서 데이터의 신뢰성을 위해 TCP를 사용한다. FTP는 데이터 전송을 위한 연결, 제어 정보 전송을 위한 연결 이렇게 2개의 TCP 연결을 설정한다. 별도의 지정이 없으면 데이터 전송을 위해서는 20번, 제어 정보를 위해서 21번 포트를 사용한다. 제어 정보를 위한 포트는 FTP를 종료할 때까지 계속 열려있게 되며 데이터 전송을 위한 포트는 한 번의 파일 전송마다 열리고 닫히는 과정을 반복한다.

연습문제

〈객관식〉

1. 네트워크 토폴로지 중 모든 네트워크 기기가 점대점(point-topoint)방식으로 연결된 형태로 설치가 어렵고 비용이 많이 들지만 전용회선을 통해 빠르고 안정된 통신이 가능한 형태는 무엇인가?

① 스타형(star) ② 링형(ring)
③ 버스형(bus) ④ 그물형(mesh)

2. OSI 참조모델의 계층 중 하나이며 두 사용자의 종단(end-to-end)간에 신뢰성 있는 데이터 전송을 보장하며 데이터가 에러 없이 전송되도록 관리하고 메시지 분할과 재조립, 프로세스 간에 정보 흐름 조정 등을 수행하는 계층은 어떤 계층인가?

① 데이터연결 계층 ② 네트워크 계층
③ 전달 계층 ④ 응용 계층

3. 네트워크 계층에서 수행이 되며, 네트워크 상의 한 노드로부터 다른 노드로 패킷을 전송하기 위한 최적의 경로를 설정하는 작업은 무엇인가?

① 흐름 제어(flow control) ② 라우팅(routing)
③ 에러 제어(error control) ④ 주소 지정(addressing)

4. 인터넷 상에 존재하는 웹사이트를 URL(Uniform Resource Locator)이라는 주소를 사용해서 찾고, 클라이언트에서 요청한 서비스를 수행하며 텍스트, 하이퍼텍스트, 그림, 동영상, 음악 등의 다양한 형식의 자원(resource)을 주고받기 위해 사용되는 응용계층 프로토콜은 무엇인가?

① HTTP ② SMTP
③ FTP ④ ICMP

〈단답형〉

1. 교환방식이란 네트워트에서 통신 경로와 통신 방법을 설정하여 원거리에 있는 상대에게 정보를 전송할 수 있도록 하는 기술을 말한다. 교환방식 중 하나로 패킷들이 미리 정해진 경로에 의해 전송되는 것이 아니라 상황에 따라 여러 경로를 통해 전달되는 되며 목적지에서 순서대로 다시 정렬하는 교환방식은 무엇인가?

(　　　　　　　　　　　　　　　　)

2. 데이터를 전송하고자 할 경우에 전송매체를 통하여 이동하는 신호를 들으며 현재 전송매체가 사용 중인지 여부를 확인 후에 전송매체를 사용하지 않으면 전송하고, 만약 두 개 이상의 노드가 동시에 전송을 해서 충돌이 발생할 경우 모든 노드들에게 충돌이 일어났음을 알리고 전송 노드들은 임의의 시간을 기다린 후 재전송을 시도하는 이더넷 매체 접근 방식은 무엇인가?

(　　　　　　　　　　　　　　　　)

3. 네트워크에서는 각 장치가 가지고 있는 물리적인 주소인 MAC 주소와 네트워크 관리자에 의해 주어지는 논리적인 주소인 IP 주소가 이용되는데 논리주소인 IP주소를 물리주소인 MAC 주소로 맵핑시켜주는 프로토콜은 무엇인가?

(　　　　　　　　　　　　　　　　)

〈서술형〉

1. 복잡한 네트워크의 네트워크 참조 모델인 OSI 참조모델은 7개의 계층으로, 표준 프로토콜인 TCP/IP 프로토콜은 4개의 계층으로 계층화가 되어 있다. 이러한 계층화가 가지는 장점을 약술 하시오.

Chapter

08 사이버전 기술 동향

3.20 전산대란이나 소니 픽처스 해킹 사건에서 알 수 있듯이, 사이버 위협 기술은 갈수록 지능화되고 고도화되고 있다. 위협 기술이 고도화 됨에 따라 보안 기술의 수준 또한 높아지고 있기 때문에, 공격자는 공격을 성공시키기 위하여 치밀한 계획 하에 위협 행위를 시도한다. 본장에서는 일반적으로 수행되는 사이버 위협의 단계별 절차와 실제로 발생한 사이버 위협 사례의 경과를 단계별로 분석한고 각 단계별로 실시되는 행위에 대한 대책에 대해 알아본다. 또한 최근 사이버전 사례를 통해 사이버전 기술의 발전 동향을 알아본다.

8.1 사이버 위협 4단계

사이버 위협은 공격 대상 시스템의 사용 불능화, 정보 탈취, 위조 및 변조된 정보의 삽입 등 공격자가 의도한 공격 목표를 달성하기 위한 행위이다. 목표를 달성하기 위해 공격자는 다양한 기술 및 위협 행위를 실시하는데 이를 4단계로 분류할 수 있다.

그림 8-1 사이버 위협 4단계

정보 수집은 사이버 공격의 대상이 되는 시스템의 물리적·논리적 위치를 알아내기 위해 네트워크 검색 등을 통해 위협 대상 시스템에 대한 정보를 알아내는 단계이며, 표적 접근은 시스템에 접근하여 접속을 시도하는 단계이다. 위협 행위 실시는 시스템의 기밀 정보를 훔치거나 파괴하는 등의 공격 목적을 달성하기 위한 행위를 하는 단계이고, 흔적 지우기 단계에서 공격을 받은 이후 시스템이 공격받았다는 사실을 시스템 관리자가 인지하지 못하게 하거나 공격자가 누구인지 파악할 수 없도록 공격 흔적을 지운다.

이해를 돕기 위해 UDT/SEAL이나 특전사 등의 군 특수부대가 공격을 수행하는 절차와 사이버 위협 4단계를 비교하며 설명하였다.

8.1.1 정보 수집

특수부대가 테러리스트의 근거지를 공격하는 임무를 수행한다고 가정해보자. 가장 먼저 할 일은 테러리스트 근거지의 위치를 파악하는 것이다. 위치 파악을 위해서는 다양한 정보의 수집이 필요하다. 인공위성이나 무인 항공기 등의 자동화된 정찰자산을 이용하여 위치를 파악할 수 있고, 첩보원을 동원하여 인적 정보를 수집하거나, 통화기록 등의 정보를 이용할 수 있다.

사이버 위협을 수행하기 위해서 가장 먼저 필요한 것은 위협 대상에 대한 정보이다. 시스템의 물리적·논리적 위치, 네트워크 구조, 운영체제의 종류 및 버전, 제공되는 서비스, 취약점 등의 정보를 수집하는 단계가 정보 수집 단계이다.

이러한 정보 수집은 온라인상에서 자동화된 네트워크 스캔 도구를 이용하여 수집할 수 있으며, 공격대상의 내부자에 의한 정보, 외부로 유출된 문서 등 오프라인 상에서의 정보수집도 하나의 방법이다. 대표적으로 사용되는 스캔 도구는 아래와 같다.

- 특정 취약점 스캔 도구 : Cgiscan, winscan, rcpscan
- 다중 취약점 스캔 도구 : SAINT, sscan2k, mscan, vetescan
- 은닉 스캔 도구 : Nmap, stealthscan

이러한 스캔 도구를 이용하여 동작호스트, 제공 서비스 및 포트, 시스템 기종, IP, 운영체제의 종류 및 취약점 등의 정보를 수집 할 수 있다.

```
# nmap -A -T4 scanme.nmap.org

Nmap scan report for scanme.nmap.org (74.207.244.221)
Host is up (0.029s latency).
rDNS record for 74.207.244.221: li86-221.members.linode.com
Not shown: 995 closed ports
PORT      STATE    SERVICE     VERSION
22/tcp    open     ssh         OpenSSH 5.3p1 Debian 3ubuntu7 (protocol 2.0)
| ssh-hostkey: 1024 8d:60:f1:7c:ca:b7:3d:0a:d6:67:54:9d:69:d9:b9:dd (DSA)
|_2048 79:f8:09:ac:d4:e2:32:42:10:49:d3:bd:20:82:85:ec (RSA)
80/tcp    open     http        Apache httpd 2.2.14 ((Ubuntu))
|_http-title: Go ahead and ScanMe!
646/tcp   filtered ldp
1720/tcp  filtered H.323/Q.931
9929/tcp  open     nping-echo  Nping echo
Device type: general purpose
Running: Linux 2.6.X
OS CPE: cpe:/o:linux:linux_kernel:2.6.39
OS details: Linux 2.6.39
Network Distance: 11 hops
Service Info: OS: Linux; CPE: cpe:/o:linux:kernel

TRACEROUTE (using port 53/tcp)
HOP RTT       ADDRESS
[Cut first 10 hops for brevity]
11  17.65 ms li86-221.members.linode.com (74.207.244.221)

Nmap done: 1 IP address (1 host up) scanned in 14.40 seconds
```

그림 8-2 대표적인 포트스캔 도구인 Nmap을 통한 공격 시스템 정보수집

출처 : http://nmap.org

[그림 8-2]는 대표적인 스캔 도구인 Nmap을 이용하여 목표로 한 공격 시스템의 정보를 수집하는 장면 중 일부이다. Nmap은 공격 시스템에서 현재 어떠한 서비스(service)가 어떤 포트(port)에서 제공되고 있는지 알려준다. 이러한 포트스캔 도구는 공격자의 시스템에서 공격 시스템의 포트에 신호를 보내어 탐색하는 형태를 주로 사용하는데, 방어자의 입장에서 이러한 행위는 내부 네트워크에 과도한 트래픽(traffic)을 발생시키고, 시스템을 위협하는 사전 작업의 형태로 인지될 수 있기 때문에 네트워크 관리자에게 허가되지 않은 포트 스캔도 공격의 일종으로 간주하는 것이 일반적이다. 따라서 포트 스캔을 "포트 스캔 공격(port scan attack)"으로 말하기도 한다. 단순한 포트스캔 도구의 경우 공격자의 IP주소가 쉽게 노출되어 공격 시스템에 기록이 남기 때문에, 공격 위치를 숨기기 위한 은닉스캔(stealth scan)기법들이 발달되고 있다.

8.1.2 표적 접근

정보 수집을 통해 테러리스트 근거지의 위치를 알아냈다면, 우리의 모기지에서 테러리스트의 근거지까지 병력을 접근시켜야 한다. 이때 접근 방식은 다양한 방식이 활용될 수 있다. 수송기를 이용하여 공중에서 적 근방에 착륙할 수도 있고, 지상 수송수단을 통해 접근할 수도 있다

표적 접근 단계는 정보 수집단계에서 획득한 정보를 바탕으로 대상 시스템에 접근할 수 있는 수단·방법을 찾는 단계와, 찾아낸 수단·방법을 이용하여 시스템에 접근할 수 있는 권한을 획득하는 단계로 나뉜다.

첫 번째 단계에서는 대상 시스템에 접근할 수 있는 권한을 가진 사용자의 계정 정보 및 시스템의 운영 자원을 수집한다. 이를 통해, 시스템에 접근할 수 있는 사용자, 또는 그룹 명, 라우팅 정보 등을 수집할 수 있다. 이를 위해 사용되는 대표적인 기법들은 아래와 같다.

- 사용자 계정 목록화 : null sessions, dumpACL
- 시스템 목록화 : net use/view, nbtscan, nbstat
- 파일 공유 목록화 : shownmount, NetBIOS, Audit Tool, Legion

두 번째 단계에서는 위에서 수집된 정보를 바탕으로 대상 시스템에 접근할 수 있는 권한을 획득하는 단계이다. 여기서 권한이라 함은, 시스템 사용자 혹은 관리자로서 접속을 할 수 있는 권한을 획득하는 것, 또는 그에 동등한 권한을 가지는 상태로 접속하는 것을 말한다. 권한을 획득하기 위해서는 해당 사용자의 패스워드를 확보하는 것이 중요한데, 이른 위한 방법에는 키로거(key logger)와 같은 악성코드를 이용하여 사용자의 키보드 입출력 기록을 가로채서 확보하는 방법이나[그림 8-3] 스니퍼(sniffer)를 이용하여 네트워크를 통해 전송되는 패스워드 정보를 확보하는 방법[그림 8-4], 패스워드 크래킹을 이용하여 확보하는 방법, 패스워드가 저장되어 있는 파일을 탈취하는 방법 등 다양한 방법으로 사용할 수 있다. 이 과정에서 사용되는 기법들은 아래와 같다.

- 패스워드 도청 : tcpdump, L0phtcrack
- 패스워드 크랙 : PPA, John The Ripper, L0phtcrack
- 파일 공유 무작위 공격 : NetBIOS Audit Tool, Legion
- 패스워드 파일 취득 : pwdump7

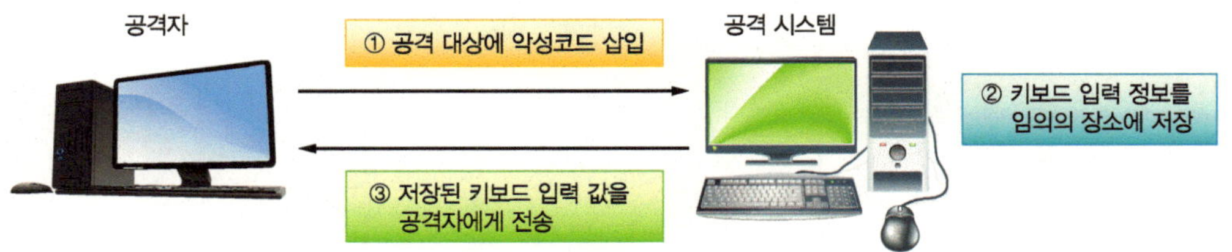

그림 8-3 키로거에 의한 키보드 입력값 탈취

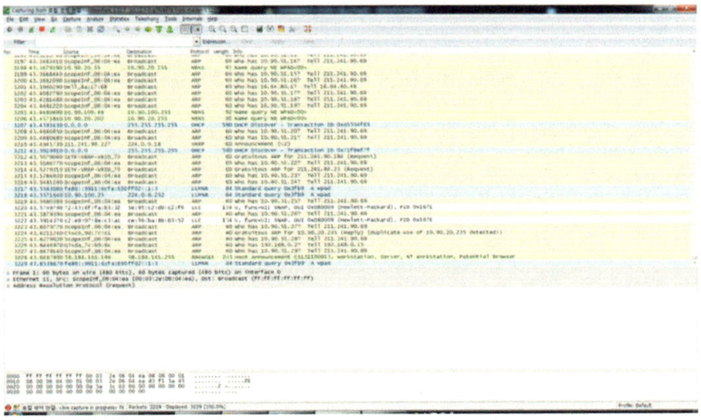

그림 8-4 **대표적인 스니퍼 WireShark**

8.1.3 위협 행위 실시

목적을 달성하기 위한 행위를 수행하는 단계이다. 근거지를 파괴하는 행위를 하거나, 적의 주요 기밀을 탈취하는 행위 또는 엉뚱한 정보를 삽입하여 적을 혼란에 빠지게 하는 행위를 실시한다.

공격자가 공격 시스템에 침투, 권한을 획득한 상황에서 아무런 도구 없이 직접 작업을 한다면 필요한 시간과 노력의 낭비가 심하다. 따라서 위협 행위를 보조하기 위한 다양한 도구들(프로그램)들을 설치하게 된다. 설치한 도구들을 이용해 시스템 내의 자료를 열람, 탈취, 삭제하거나 특정 시스템에 DDoS 공격을 명령할 수 있다.

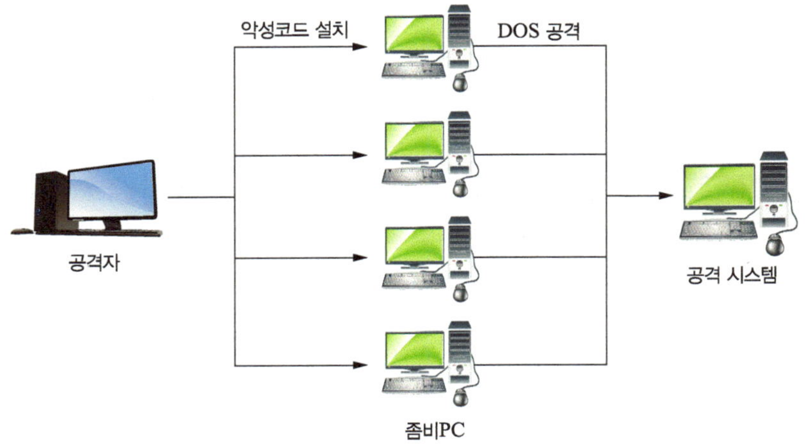

그림 8-5 악성코드가 설치된 좀비PC에 의한 DDoS 공격

8.1.4 흔적 지우기

테러리스트의 주요 기밀을 탈취하는 임무였다면 자신이 이곳에 방문했다는 흔적을 남겨서는 안 될 것이다. 따라서 탈출하기 전에 잠입한 흔적을 지우거나, 공격자가 누구인지 알 수 없도록 하는 행동을 한다. 또한 추후에 다시 침투해야할 필요성이 있을 경우를 대비해 출입이 편리한곳을 확보해 놓거나, 접근을 위해 수집했던 자료들과, 이동 방법, 경로 등을 잘 보관할 필요가 있다.

대부분의 정상적인 시스템은 접속자의 아이디, IP, 실시한 행위 등의 접속기록을 로그파일(log file)의 형태로 저장한다. 공격자가 위협 행위 실시 후 이런 파일을 남기거나 위협 행위에 사용된 프로그램이 남아있다면, 시스템 관리자가 공격당한 사실을 인지할 가능성이 있다. 시스템 관리자가 위협 행위 사실을 인지하면 공격자가 노출될 수도 있고, 노출이 되지 않더라도 해당 공격에 사용된 취약점을 보완하는 등의 보안이 강화되므로 이후 재 침투가 어렵게 된다. 따라서 불법 행위가 종료된 후에 이러한 흔적들을 삭제하여야 한다. 또한 차후 재 침입이 용이하도록 백도어(backdoor)를 설치할 수도 있다. 백도어는 서버 관리자나 프로그래머들이 자신이 서버에 편리하게 접근하기 위해 만들어진 시스템 보안이 제거된 비밀 통로를 의미하는 것으로, 한번 권한을 획득한 후 백도어를 설치하면 재침투시 앞의 단계를 생략하고 바로 권한을 획득할 수 있다.

8.2 사이버전 사례 위협 단계별 분석

본 절에서는 실제로 발발했던 3.20 전산대란 사건의 경과를 알아보고 사이버 위협 4단계에 맞춰 분석 해본다.

8.2.1 사건 경과

3.20 전산대란은 오랜 기간에 걸쳐 다수의 시스템을 확보한 후 특정 시기에 공격을 감행한 것으로 2013년 3월 20일에 발생한 대규모 사이버 공격으로 방송·금융사 6개의 업무용 서버 및 PC 48,700여대를 파괴하여 업무를 마비시킨 사건이다.

정부 조사단의 조사 결과에 따른 사건의 경과는 다음과 같다.

① 취약점을 이용한 웹 서버 해킹을 장기간에 걸쳐 시행 및 악성코드를 유포
② 악성코드에 감염된 PC 및 확보한 C&C 서버를 이용하여 원격제어
③ 내부 네트워크 정보 수집 및 관리 솔루션 취약점 이용 백신 등 S/W 배포 서버에 디스크 파괴용 악성코드 게시
④ 백신 업데이트를 가장한 디스크 파과용 악성코드 배포
⑤ 3월 20일 14시 C&C서버를 이용 악성코드에 감염된 PC 및 서버에 디스크 파괴

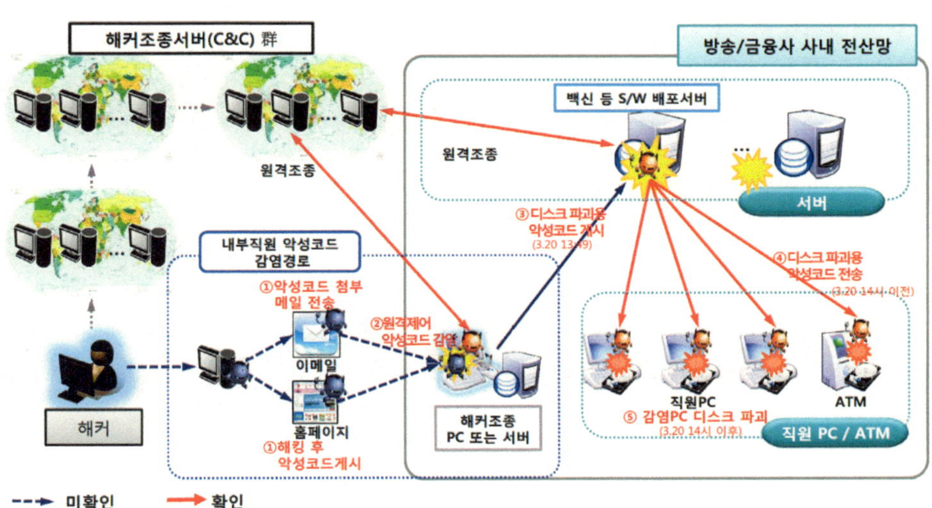

그림 8-6 3.20 전산대란 사건 개요

출처 : 한국인터넷진흥원 : 2013년 주요 침해사고 사례와 대응

8.2.2 위협 단계별 분석

(1) 정보 수집

3.20 전산대란 때 정보수집은 다양한 경로를 통해 지속적으로 실시되었다. 해커는 약 9개월간의 준비기간 동안 공격 대상 시스템의 내부직원들이 접속하는 사이트, 메일 주소 등을 지속적으로 수집하였다.

(2) 표적 접근

포적 접근은 일반 PC에 대한 접근과 SW 업데이트 서버에 대한 접근의 2가지 유형으로 실시되었다. 일반 PC의 경우 사용자가 웹 페이지에 방문 하면서 설치한 악성 Active X에 의해 감염되었고, 감염된 PC가 자신의 정보를 C&C서버에 전송함으로서 해커가 대상 시스템에 쉽게 접근할 수 있었다. 업데이트 서버의 경우 정보 수집 단계에서 파악된 정보를 바탕으로 다수의 서버 중 업데이트 서버의 위치 및 유형을 확인하고 시스템에 접근하였다.

(3) 불법행위 실시

해커는 업데이트 서버에 디스크 파괴용 악성코드를 설치하여, 대상 시스템이 속한 내부 망에 연결된 PC 및 서버가 업데이트 서버에서 제공하는 프로그램을 자동으로 다운로드 및 설치하면서 악성코드가 설치되도록 하였다. 또한 해커는 내부에서 수집한 정보를 암호화하여 C&C 서버에 전송하도록 하였다. 이를 통해 총 48,700 여대의 PC 및 서버는 자신의 하드디스크 내부의 MBR(Master Boot Record) 영역을 파괴하였다.

(4) 흔적 지우기

해커는 악성코드에 감염된 PC 및 서버를 조작하기 위하여 20개 이상의 국내외 C&C 서버를 확보하여 이용하였으며, 각 서버의 접속기록을 삭제하여 추적을 어렵게 만들었다. 또한, 백도어를 설치하여 추가적인 악성코드가 쉽게 다운로드 되고 접근이 용이하도록 하였다.

8.3 위협 단계별 방어 대책

점점 지능화되고 정교해지는 공격 기술에 대응하기 위하여 사이버 위협을 탐지하고 대응할 수 있는 방안을 강구하여 실행해야 한다. 이와 관련하여 본 절에서는 사이버 위협에 대응할 수 있는 단계별 대응책과 위협 발생 시 신속히 대응하기 위한 기술적 조치 방법에 대해 살펴보고자 한다.

8.3.1 정보 수집 단계 방어 대책

사이버 위협을 실행하기 위해 공격자가 우선적으로 수행하는 행위는 바로 공격대상에 대한 정보수집으로 공격대상 시스템 또는 네트워크에 어떠한 보안 취약점이 있는지 식별하는 것이다. 이러한 보안 취약점은 사이버 위협의 시발점이자 다양한 공격 행위에 대한 침입 경로로 활용될 가능성이 매우 높다. 따라서 공격자의 정보수집에 대한 행위를 거부하는 방어 행위는 나의 취약점을 줄일 수 있는 가장 기본적이며 필수적인 방어 대책이라 할 수 있다.

공격자로부터 자신의 시스템 정보에 대한 정보를 유출시키지 않기 위해서는 먼저 스캔 도구를 통한 정보 유출을 방지해야 한다. 효과적인 대응방안으로는 예상치 않게 열려있는 포트나 이미 알려진 외부 공격에 의해 취약한 네트워크 내부에 열린 포트를 차단할 필요가 있다. 이때 사용되는 다양한 도구들이 존재하는데 이러한 도구의 대부분은 공격자들이 사용하는 네트워크 스캔 도구들과 유사하다. 그 이유는 공격자가 정보 수집을 위해 사용하는 도구를 활용하여 사전에 불필요하게 열려있는 포트 등을 식별하여 차단함으로써 공격자들이 들어오는 것을 막을 수 있기 때문이다. 이러한 도구 사용의 핵심은 취약점을 공격자가 알아채기 전에 찾아내는 것이며, 시스템 관리자는 주기적으로 보안 취약점을 체크하여 정보수집 행위를 막아내야 한다. 네트워크 스캔 도구로는 Netstat, Fport와 같은 것들이 있으며 이를 통해 열린 포트를 목록화하여 악성프로그램 등을 찾아낼 수 있다. [그림 8-7]은 포트스캔 프로그램인 Fport를 통해 열린 포트를 확인하고 그 포트를 사용하는 프로세스를 보여주고 있다.

또한, 시스템 내부의 불필요한 소프트웨어 및 서비스를 제거할 필요가 있다. 일부는 실제 사용되지 않으면서 원격 접속 허용 등 불필요하게 내부 정보를 노출시켜 공격자에

게 시스템의 구멍과 같이 취약점을 제공할 수 있기 때문이다. 따라서 시스템 운영은 꼭

```
Pid   Process            Port  Proto Path
772                 ->   135   TCP
4     System        ->   139   TCP
4     System        ->   445   TCP
1240  vmsrvc        ->   1025  TCP   C:₩Program Files₩Virtual PC Integration Com
ponents₩vmsrvc.exe
224                 ->   1026  TCP
836   svchost       ->   1066  TCP   C:₩WINDOWS₩System32₩svchost.exe
836   svchost       ->   1103  TCP   C:₩WINDOWS₩System32₩svchost.exe
1968  iexplore      ->   1290  TCP   C:₩Program Files₩Internet Explorer₩iexplore
.exe
724   svchost       ->   3389  TCP   C:₩WINDOWS₩system32₩svchost.exe

4     System        ->   123   UDP
1240  vmsrvc        ->   123   UDP   C:₩Program Files₩Virtual PC Integration Com
ponents₩vmsrvc.exe
836   svchost       ->   137   UDP   C:₩WINDOWS₩System32₩svchost.exe
836   svchost       ->   138   UDP   C:₩WINDOWS₩System32₩svchost.exe
772                 ->   445   UDP
4     System        ->   500   UDP
224                 ->   1030  UDP
1968  iexplore      ->   1900  UDP   C:₩Program Files₩Internet Explorer₩iexplor
```

그림 8-7 Fport 명령을 이용하여 열린 포트 및 연결된 프로세스 확인

필요한 기능과 최소한의 서비스로 제한해야 한다.

8.3.2 표적 접근 단계 방어 대책

공격자는 여러 경로를 통해 수집된 정보를 바탕으로 공격하려는 시스템에 접근을 시도하고 접근 권한을 획득하려고 노력한다. 이러한 공격자의 접근을 통제하기 위하여 시스템 관리자는 보안 수준을 향상시키기 위해 인증, 접근통제 등 다양한 보안 방안을 구축해야 한다. 이를 통해 시스템에 접근하려는 대상이 사전에 허가된 대상인지를 확인하여 공격자로부터 네트워크와 정보를 보호할 수 있다. 또한 방화벽 설치를 통하여 1차적으로 외부로부터의 사이버 위협을 방어하고 선택된 프로토콜만이 통과할 수 있도록 하여 내부 시스템이 외부 위협으로부터 노출을 줄이고 외부 공격자의 서비스 파괴를 방지할 수 있다.

그러나 방화벽이 모든 공격을 방어할 수 있는 장비는 아니며 더욱이 내부자에 의한 악의적인 공격은 차단할 수 없다는 단점이 있다. 이를 보완하기 위하여 추가로 침입 탐지 시스템과 침입 방지 시스템, 네트워크 접근제어(NAC : Network Access Control)와

같은 방어 도구들을 설치하여 공격자의 불법 행위에 대한 공격을 실시간으로 감시 및

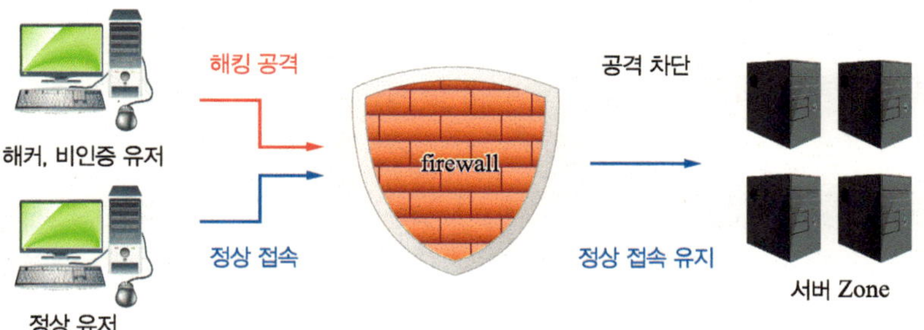

그림 8-8 방화벽 구성의 예

대응해야 한다. 최근에는 방화벽, 침입 탐지/방지 시스템, 가상사설망(VPN : Virtual Private Network) 등의 보안 기능을 유기적으로 결합하여 다양한 레벨의 공격에 대응할 수 있는 통합 위협 관리 시스템(UTM : Unified Threat Management)이 등장하였다.

원격 제어 환경에서 통신을 하는 경우에는 스니퍼 등을 통한 해킹을 제한하기 위하여 보안셸(secure shell)을 이용하여 통신한다. 보안쉘은 강력한 보안 인증 방식과 RSA 공개키 방식의 암호 방식을 사용하여 전송되는 데이터를 안전하게 통신할 수 있도록 해준다. 따라서 네트워크 상에서 다른 시스템에 접속할 때 속임수 공격이나 데이터 변경 등에 대한 보호를 제공한다.

추가로 서버든 라우터와 같은 네트워크 장비든 종류에 상관없이 주기적으로 로그를 사용할 수 있도록 설정해야 하며 이는 매우 중요한 작업이다. 시스템에서 제공하는 로그를 통해 관리자는 다양한 현상이나 장애 등을 인지할 수 있으며 access-list와 같은 특정한 룰에 매칭되었을 경우 로그를 남길 수 있도록 함으로써 모니터링의 목적으로도 중요한 역할을 수행하기 때문이다.[1)]

8.3.3 위협 행위 실시 단계 방어 대책

목표 시스템 접근에 성공한 공격자는 트로이 목마와 같은 악성코드를 설치함으로써 위협 행위를 실시한다. 악성코드에 대한 방어의 가장 기본적인 방어 방법은 보안 소프트웨어를 최신 버전으로 유지하는 것이다. 보안 소프트웨어의 최신 버전을 유지하지 않는다면 구 버전의 취약점을 이용해 악성코드에 감염될 가능성이 높아지기 때문이다. 또

1) 웹 서버 구축 보안점검 안내서(KISA, 2010)

한 악성코드는 빠른 속도로 진화를 거듭하고 있다. 따라서 다양한 악성코드에 감염되지 않기 위해서는 최신 백신 프로그램을 설치해야 하며 항상 최신 버전으로 업데이트해야 한다. 그리고 출처가 불명확한 이메일의 경우 확인해서는 안 되며 불법 소프트웨어 및 자료 역시 악성코드에 노출될 가능성이 높으므로 시스템에 다운받아서는 안 된다.

유닉스와 리눅스 운영체제를 사용하는 시스템의 경우 관리자(root) 계정은 모든 일을 할 수 있는 계정으로 시스템을 향상시키거나 올바르게 할 수도 있지만 잘못된 명령어로 시스템을 완전히 망가트릴 수도 있는 매우 중요한 계정이다. 그렇기 때문에 시스템 관리자라도 별도로 개인 아이디를 사용하고 시스템에 특정한 일을 할 때만 사용자 변경 명령어를 사용해 관리자 권한을 획득한 후 처리하도록 하는 것이 바람직하다. 이때 임의의 사용자가 관리자 계정으로 변경되는 것을 막기 위해 특정 사용자나 사용자 그룹만이 관리자 권한 변경 명령어를 사용할 수 있도록 제한함으로써 해커가 일반 사용자 계정을 취득 후 시스템 관리자의 권한을 행사하는 것을 방지할 수 있다.

공격자의 불법 행위로 인해 주요 데이터가 삭제되거나 소실될 수 있으며 시스템 운용이 불가하게 될 경우 최근 시점 상태로 신속히 복구하기 위하여 시스템 관리자는 백업(backup)을 주기적으로 실시해야 한다. 백업은 데이터의 무결성과 장비의 가용성을 유지하기 위하여 백업 대상, 주기 및 방법 등이 명시된 백업 계획을 수립하고 관련 지침, 정책 등을 유지 발전시켜야 한다. 또한 효율적인 백업을 위해 복구 목표시간, 시점을 설정하고 중요도에 따라 백업 및 복구시간 테이블을 만들어 관리하는 것이 필요하다.

백업은 대상에 따라 운영체제 백업과 데이터 백업으로 구분하며[2] 운영체제 백업은 공격자의 침해 행위로 인해 문제가 발생할 경우 현재 운영 중인 모든 응용 프로그램 및 중요 데이터를 사용할 수 없게 되므로 안전한 운영체제 복구를 위해 필요하다. 데이터 백업은 응용프로그램 및 생성된 데이터 등 운영체제를 제외한 모든 파일 백업을 의미한다. Windows 운영체제의 경우 자체에서 제공되는 백업 도구들을 사용할 수도 있고, Norton Ghost와 같은 백업 서비스를 이용할 수도 있다. Unix 및 Linux 운영체제의 경우에도 Mksysb, Ignite-UX와 같은 백업 도구를 사용하여 정기적으로 백업을 수행할 수 있다.

또한, 백업과 더불어 공격자로부터 중요 자료들을 보호하기 위해 데이터를 암호화해야 한다. 최근 사이버 위협은 목표를 달성할 때까지 지속적으로 끊임없이 이루어지는 경향이 있기 때문에 모든 공격을 완벽하게 방어하는 것은 사실상 불가능하다. 따라서

---

2) 정보보호 안내소(KISA, 2010)

중요 데이터가 유출되더라도 추가적인 피해를 예방하고 공격자가 볼 수 없도록 하기 위하여 데이터 자체에 대한 암호화를 해야 한다.

8.3.4 흔적 지우기 단계 방어 대책

컴퓨터 시스템을 불법적으로 침입한 공격자들은 시스템 여기저기에 침입에 대한 단서를 남긴다. 즉, 시스템에 대한 스캔 행위, 익스플로잇(exploit) 도구를 이용한 공격, 특정 사용자 계정으로 접속, 관리자(root) 권한 획득, 트로이 목마 설치, 자료 유출 및 삭제 등의 공격에 대한 행위는 모두 시스템에 의해 감시되고 로그(log)파일 형태로 남는다. 공격자는 자신의 침입흔적을 최대한 지우려고 노력하겠지만 완전히 지우는 것은 불가능하다. 따라서 이러한 시스템 로그에 대한 분석을 통해 침입 흔적을 분석할 수 있다. 또한, 시스템 자체의 로그 기록 외에도 침입 탐지 시스템, 침입 방지 시스템 등의 네트워크 보안장비를 활용하는 경우에도 로그를 남기기 때문에 시스템 로그와 네트워트 보안장비 로그를 종합적으로 분석할 필요가 있다.

최근에는 사이버 위협의 경로와 배후를 추적하기 위하여 디지털 포렌식(Digital forensics)의 기술을 활용한 밀리터리 포렌식(Military forensic) 방법이 등장하고 있다. 밀리터리 포렌식이란 차세대 전술정보통신 체계를 비롯한 국가 기간망에 대한 사이버 위협시, 관련 정보기기 장치에 내장된 디지털 자료를 근거로 삼아 그 장치를 매개체로 발생한 어떠한 행위의 사실 관계(공격 방법, 공격자 위치, 공격자 등)를 규명하고 증명하는 기술을 말한다. 특히 밀리터리 포렌식 기술을 통해 공격 근원지에 대한 대응 공격의 국제적 명분 확보가 가능해야 한다. 이는 최근 사이버 위협을 자국에 대한 물리적 공격과 동일시 여기는 국제적인 사이버전 개념 추세에 따라 매우 중요한 목적 중 하나일 것이다. 이를 위해서는 다양한 군 환경에 적합한 디지털 증거를 수집하는 기술, 공격자의 근원지 역추적 기술, 코드 역분석 방지 기술 등이 필요하다.[3)]

시스템에 변조 및 이식된 백도어를 탐지하기 위해서는 우선 현재 시스템에 작동하고 있는 프로세스가 어떤 포트를 통해 외부에 서비스하고 있는가를 확인하는 것이 중요하다. 그 이유는 일부 백도어들은 프로그램에서 이름을 숨기고 시스템에서 작동하도록 고안되었기 때문이다. 따라서 관리자는 사전에 프로세스들이 사용하는 포트를 목록화하여 비정상적으로 사용되는 포트를 구별하는 작업을 진행함으로써 백도어를 탐지할 수 있다.

---

3) 서동일, 조현숙, 「사이버전을 위한 보안기술 현황과 전망」, 정보보호학회 제21호, 2012

8.4 사이버전 기술 발전 동향

사이버 공간을 구현하는 핵심 기술인 정보통신 기술과 네트워크 기술의 발전은 사이버전 기술 발전에 막대한 영향을 미쳤다. 악성코드와 같은 사이버 공간에 대한 공격 수단이 하나의 무기체계로 자리 매김하였으며 계속해서 방어하기 까다롭고 강력한 형태로 발전하고 있는 상황이다. 이에 따라 사이버 공격의 대상과 목적이 점차 확대되고 있다. 사이버 공격의 동향을 기술적인 측면에서 바라보면, 초기에는 단순한 기술을 단발적으로 활용하였던 것에 비해 최근에는 제로데이(zero-day) 공격이나 좀비 PC를 활용한 공격과 같이 정교하고 효과가 뛰어난 기술들이 다양하게 사용되고 있는 추세를 확인할 수 있다.

8.4.1 사이버 공격의 범위와 목적 다양화

사이버 공격의 변화를 살펴보면 사이버 공격의 목표가 개인에서 조직 및 국가로 확대되고 있음을 알 수 있다. 또한 과거 공격의 범위가 단일 시스템이었던 것에 반해 그 범위가 광범위한 대상으로 확대되고 있다. 2000년대에 들어 사이버 테러(cyber terror) 그룹의 등장에 주목할 필요가 있는데, 이들은 정치적 이유로 기업, 정부, 개인에게 해킹을 시도하는 조직화된 해커 그룹이다. 대표적으로 어나니머스(Anonymous)와 룰즈섹(Lulzsec)이 있다.[그림 8-9]

그림 8-9 어나니머스와 룰즈섹의 로고

출처 : http://www.itpro.co.uk

정치적 목적을 위한 해킹 사건이 지속적으로 일어남에 따라 핵티비즘(hactivism)이 대두되고 있다. 핵티비즘은 해커(hacker)와 정치행동주의를 뜻하는 액티비즘(activism)의 합성어로 정치·사회적 목적을 이루기 위해 해킹을 이용하는 운동을 지칭한다. 기술적으로는 일반적인 해킹과 다르지 않지만 그 목적에서 차이점을 보인다. 역사 왜곡 또는 조직 간 문제 발생 시 해킹 사고가 증가하는데, 최근 국내에서도 서로 다른 정치적, 경제적 신념에 따른 조직 간 해킹 사고가 발생했다. 2011년 10월에 일어난 중앙선거관리위원회 홈페이지 해킹이 대표적인 사건이다.

그 예로 서울 시장 선거방해를 목적으로 선관위 홈페이지를 해킹한 사건을 들 수 있다. 사회 기반시설에 대한 공격도 증가하고 있는데 해킹은 홈페이지 시스템의 변조 또는 마비뿐만 아니라 실생활에 위협을 줄 수도 있다. 예를 들어 미국 일리노이(Illinois)의 상수도 시스템이 해킹되어 SCADA(Supervisory Control and Data Acquisition) 소프트웨어 회사의 계정, 패스워드가 노출되었고 이로 인하여 상수도 시스템의 펌프시설 장애가 발생하였다.

사이버 공격의 변화 중 사이버전으로의 진화는 가장 중요한 공격 변화 중에 하나이다. 해킹으로 인한 피해의 위협을 국가가 인지하고 이를 대응하기 위한 국가 사이버 전력이 양성되기 시작했는데 미국, 중국, 이스라엘 등 주요 국가가 사이버전을 대비한 인력을 양성, 보유하고 있다. 이들은 방어형이 아닌 공격형 전력으로 실전에 사용할 수 있으며 최첨단 해킹기법을 개발, 보유하고 있다. 미 펜타곤은 사이버 공격도 전쟁으로 간주하고 대응하기로 검토하였다.

8.4.2 공격 기술의 지능화 및 고도화

최근의 사이버 공격 기술은 [그림 8-10]에서 보듯 웜 및 바이러스에 자동스캔, 자체 메일 발송 엔진, 감염 PC 원격제어 등 다양한 해킹 기술이 접목되어 능동적으로 확산대상을 탐색하고, 감염시킨 대상을 이용해 특정 사이트를 공격하는 중간 경유지(좀비 PC 혹은 드론)로 사용하는 등 매우 고도화되어 있다. 공격을 받은 피해자가 자신의 컴퓨터가 공격을 받았다는 사실조차 모르는 상태에서 피해자의 컴퓨터가 다른 피해자를 공격하는데 사용될 정도로 지능화된 공격이 주를 이루고 있다. 또한 전통적인 해킹은 하나의 시스템으로 단일의 공격대상 시스템이나 대규모의 광범위한 네트워크를 대상으로 공격을 시도해 왔다. 최근의 해킹은 보안 시스템을 우회하기 위하여 다수의 시스템을 이

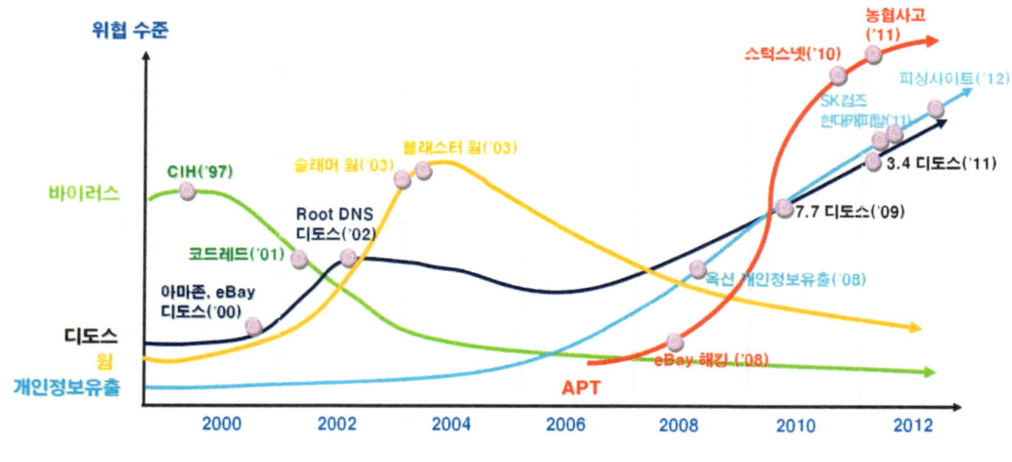

그림 8-10 사이버 보안 위협의 진화

출처 : 사이버 보안 동향 및 향후 과제, KISA, 2013. 4. 5

용해 단일 시스템 또는 다수의 시스템을 공격하는 분산화 방법을 사용한다. 분산화 방법은 공격자의 위치를 감출 수 있으며, 보다 빠르게 공격대상 시스템에 대한 정보를 수집할 수 있다는 장점이 있다.

8.4.3 표적형 공격의 증가

과거의 사이버 공격은 공격자가 불특정 다수를 노리고 진행한 반면, 최근의 사이버 공격은 특정인 또는 특정 조직을 대상으로 하는 지능형 지속 위협(APT: Advanced Persistent Threat)의 형태를 띄고 있다. APT는 특정한 사이버 공격 기술을 의미하는 것이 아닌 공격 형태에 초점을 맞춘 용어로, 공격 목적이 달성될 때 까지 지속적으로 위협 행위를 가하는 공격 형태를 의미한다. APT의 공격 단계는 침투, 검색, 수집, 유출의 네 단계로 이루어진다.[그림 8-11] 먼저 표적이 된 시스템과 목적을 설정한 뒤, 표적에 대한 정보를 수집하고 침투를 시도한다. 침투에 성공한 공격자는 시스템 내에 저장된 데이터를 검색하여 수집한 뒤 시스템의 제어권을 장악하여 데이터의 유출 및 파괴를 시도한다. APT는 특정 목적을 달성하기 위한 맞춤형 공격 기술을 통해 이루어지기 때문에 공격 대상은 공격 여부를 파악하기 힘들고, 예방하기 어렵다는 특징이 있다.

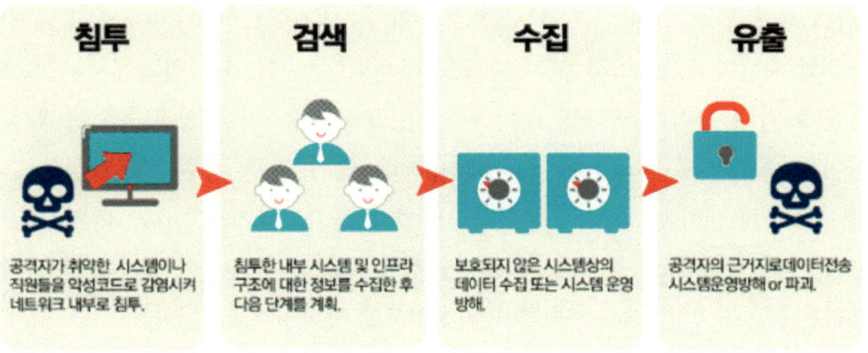

그림 8-11 APT 공격 과정

출처 : 데이터 에듀

8.4.4 전파 경로의 다양화

과거에는 웜이나 바이러스의 확산 경로가 PC통신, 파일 다운로드, 디스켓 복제 등 반드시 사용자의 행위가 개입되어야 하는 것들이 주를 이루었다. 하지만 최근에는 소프트웨어에 내재된 취약점을 악용하여 이메일 첨부 파일로 전송, 공유 폴더 혹은 P2P 등과 같이 일반적인 네트워크 서비스를 통해 감염을 시도함으로써 사용자의 직접적인 개입 없이도 확산이 가능하다[그림 8-12]. 특히 이메일의 제목이나 본문에 수신자가 읽어 볼 수 있도록 현혹하는 사회공학적(social engineering)[4] 기법을 가미하는 경우, 브라우저

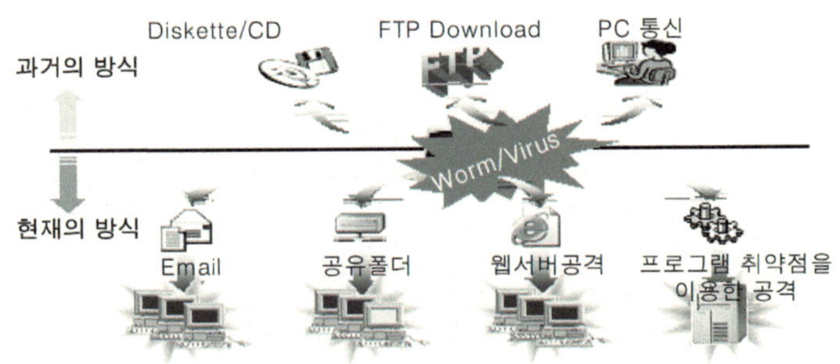

그림 8-12 악성코드 전파 경로의 다양화

출처 : 인터넷 위협의 새로운 변화와 대응

4) 사회공학(social engineering) : 보안학적 측면에서 기술적인 방법이 아닌 사람들 간의 기본적인 신뢰를 기반으로 사람을 속여 비밀 정보를 획득하는 기법을 일컫는다.

플러그인의 취약점을 이용하는 경우, 혹은 P2P와 인스턴트 메시지(instant message)와 같이 다수의 사용자가 별 의심 없이 파일을 다운로드할 수 있는 환경에서는 그 확산 속도가 과거에 비해 급격히 빨라질 수밖에 없다. 또한, 웹사이트 방문만을 통해서 전파되는 드라이브 바이 다운로드(drive by download) 방식 같은 경우에는 악성코드나 해킹 여부만을 집중 관제하는 방식으로는 탐지자체가 불가능하기도 하다. 이외에도 해커가 파일 공유 사이트(웹하드) 등에서 사용하는 정상 프로그램을 고의적으로 변조하거나 신뢰된 보안솔루션의 서비스를 악용하여 악성코드를 전파하기도 한다.

8.4.5 공격의 확산 속도 및 개발 속도 증가

최근 개인들이 사용하는 PC는 과거 특별한 목적으로만 사용하던 고성능 워크스테이션이나 서버 컴퓨터의 성능을 능가하고 있으며, 초고속 인터넷의 속도 또한 급속히 증가하고 있다. 이런 고성능 개인 PC의 보급과 높은 광대역 네트워크 가입률은 사이버 공격의 확산 속도를 급속히 증가시키는 역할을 하고 있다. 예를 들어 2003년 1·25 인터넷 대란을 초래했던 SQL 슬래머 웜[5]의 경우 십분 내에 전 세계 7만 5천대에 이르는 컴퓨터를 감염시켰으며 전 세계 라우터에 과도한 트래픽을 초래함으로써 인터넷을 마비시켰다[그림 8-13].

이뿐만 아니라 소프트웨어가 포함하고 있는 보안 취약점에 대한 공격추이를 살펴보면 보안 취약점이 발견되고 이에 대한 공격이 이루어지는 기간이 점점 빨라지고 있다. SQL 슬래머 웜의 경우 MS SQL의 취약점이 발견되고 웜이 개발되기까지 약 8개월 정

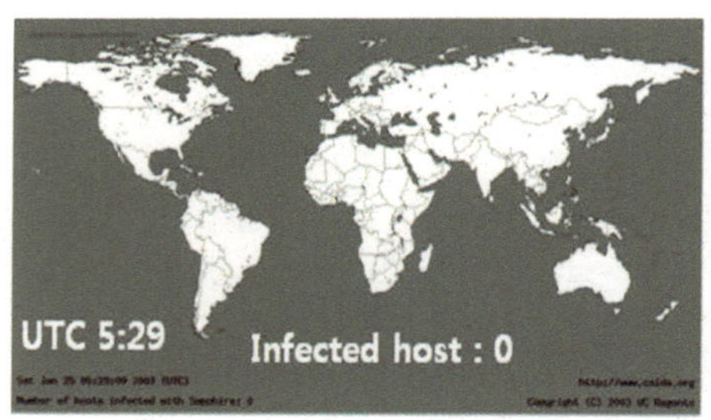

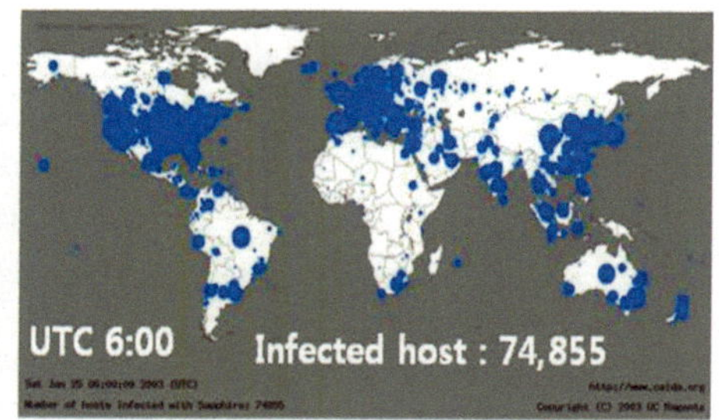

그림 8-13 SQL 슬래머 웜 확산 속도

출처 : CAIDA 보고서

---

5) SQL 슬래머(Slammer) : 컴퓨터 웜의 일종으로 1·25 인터넷 대란을 일으킨 것으로 알려졌다. 2003년 1월 25일 05 : 30 UTC부터 시작하여 불과 십분 내에 7만 5천 대의 서버 컴퓨터를 감염시켰다.

도가 소요되었던 것에 비해 W32.Witty 웜의 경우 취약점이 발표되고 공격 도구가 개발되기까지 단 2일이 걸렸음을 알 수 있다. 이러한 제로데이(zero-day) 공격[6]은 최근 사이버 공격의 추세라 볼 수 있다 [그림 8-14].

구 분	취 약 점	취약점 발표	공격발생	보안취약점 위험기간
Slammer	MS-SQL	2002.7.22	2003.1.25	8개월
MS Blast	MS RPC	2003.7.11	2003.8.12	1개월
W32.Witty	ISS제품 ICQ	2004.3.18	2004.3.20	2일

그림 8-14 보안취약점 위험기간 변화

출처 : 민간부문 네트워크 안전태세 확보, 배성준

8.4.6 모바일 기기 대상의 공격 증가

스마트폰의 보급으로 많은 사람들이 스마트폰을 이용하여 다양한 작업들을 하고 있다. 이에 따라 중요한 개인정보들이 스마트폰에 저장되어 있는데, 이러한 점을 노리는 사이버 공격 사례가 증가하고 있다. 특히 스마트폰 악성코드 피해가 지속적으로 증가하고 있다 [그림 8-15]. 이런 악성코드는 일반 애플리케이션으로 위장하여 사용자가 인지

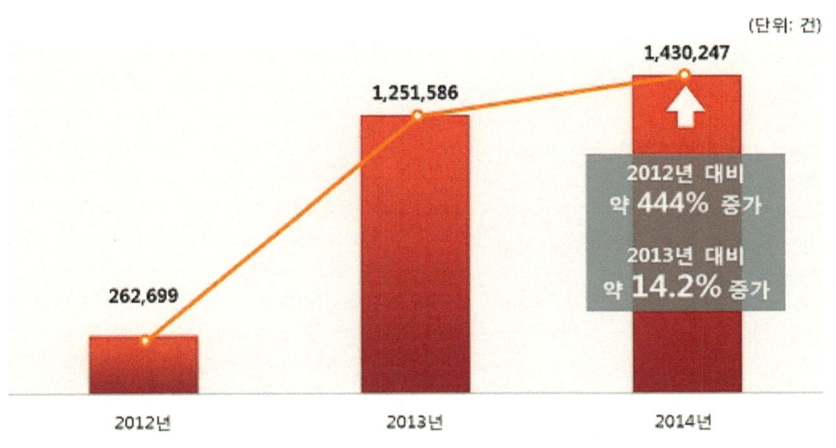

그림 8-15 스마트폰 악성코드 증가 추이 통계(2012~2014)

출처 : 안랩

6) 제로데이 공격 : 소프트웨어의 취약점이 알려진 후부터 패치가 나오기 전까지 해당 취약점을 악용하는 공격

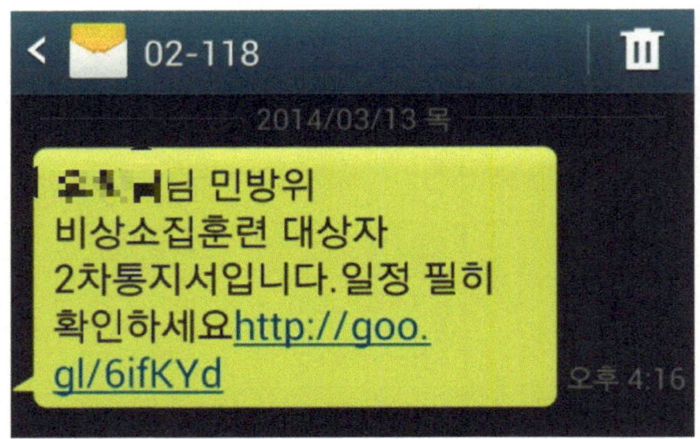

그림 8-16 스미싱 문자

못한 상태에서 마켓에서 직접 다운로드 받거나 스미싱[7]의 형태로 유입된다[그림 8-16]. 모바일 기기가 악성코드에 감염되면 그 안에 저장되어 있는 개인정보의 유출이나 휴대폰 소액결제 등의 피해로 이어진다. 모바일 피해가 증가하고 있는 이유는 모바일 기기의 운영체제가 일반 PC의 운영체제에 비해 보안 강도가 낮고, 사용자의 보안 의식이 아직 미흡하기 때문이다. 이스트소프트에서 2015년에 실시한 보안 의식 설문조사 결과에 따르면 PC 사용자의 96.5%가 백신 프로그램을 사용하고 있지만 모바일 백신은 82.7%의 사용자만이 사용하고 있다고 한다.

7) 스미싱(smishing) : 문자 메시지(SMS)와 피싱(phishing)의 합성어로, 문자메시지를 이용한 피싱이다. 문자메시지에 악성코드가 설치되는 링크와 함께 링크에 들어가도록 유도하는 문구를 적어 보내 스마트폰에 악성코드를 설치한다.

연습문제

〈객관식〉

1. 사이버 위협 4단계 중 정보수집 단계에서 수집된 정보를 바탕으로, 공격 시스템에 접근할 수 있는 수단/방법을 찾아 접근 권한을 획득하는 단계는 무엇인가?

① 표적 접근 ② 권한 변경
③ 정보 수집 ④ 위협 행위 실시
⑤ 흔적 지우기

2. 사이버 위협에 대한 방어 도구로 적당하지 않은 것은?

① 방화벽(firewall)
② 침입 방지 시스템(IPS)
③ 네트워크 접근제어(NAC)
④ 침입 탐지 시스템(IDS)
⑤ 스니퍼(sniffer)

3. 다음 중 최근 사이버 공격 기술의 동향과 관련이 없는 것은 무엇인가?

① 공격 기술의 지능화 및 고도화
② 불특정 다수 대상의 공격 증가
③ 전파 경로의 다양화
④ 사이버 공격의 확산속도 증가
⑤ 모바일 기기 대상의 공격 증가

〈단답형〉

1. 사이버 위협 4단계 중 ( )은 위협 절차 중 가장 먼저 시행되는 단계로서, 공격 대상의 물리적·논리적 위치, 네트워크 구조, 운영체제의 종류 및 버전, 제공되는 서비스, 취약점 등을 수집하는 단계를 말한다.

2. ( )은 개인 해커에 의한 공격이 아니라, 정부 또는 특정 회사의 중요 정보 획득, 정치적 목적, 사이버 테러 등을 목적으로 하는 범죄 그룹에 의해 사이트, 기업, 개인을 상대로 지속적으로 해킹 공격을 하는 것을 말한다.

〈서술형〉

1. 군이나 기관에서는 인터넷과는 분리된 내부망(인트라넷)을 사용하고 있다. 내부망을 사용하는 장점을 사이버 위협에 대한 방어의 관점에서 서술하시오.

2. 최근 모바일 기기를 대상으로 하는 사이버 공격사례가 증가하고 있다 그 이유가 무엇인지 설명하고 피해를 줄이기 위한 대책을 제시하시오.

Chapter

09 사이버 위협 기술

앞에서 살펴보았듯이 사이버전 위협을 '적 시스템의 사용 불능화, 정보 탈취, 위조/변조 정보의 삽입 등의 목표를 달성하기 위한 행위'로 보았을 때, 그 대상은 적 시스템이라고 할 수 있을 것이다. 소프트웨어와 하드웨어 자원으로 구성된 시스템은, 네트워크 자원과 결합하여 [그림 9-1]과 같이 사이버공간을 구성한다. 본 교재에서는 이러한 구성요소를 기준으로 사이버전 관련 기술에 대하여 설명한다.

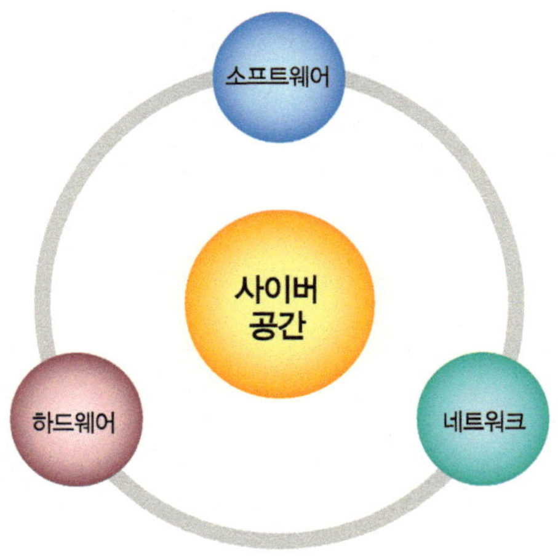

그림 9-1 시스템의 구성

9.1 시스템 위협

본 절에서는 위협 대상으로서의 시스템을 하드웨어와 소프트웨어의 집합체로 한정한다. 네트워크에 대한 위협은 9.2에서 별도 설명할 것이다. 하드웨어는 입력, 출력, 저장장치 등의 물리적 구성체를 의미하고, 소프트웨어는 하드웨어를 운영하여 특정 목표를 달성하기 위한 전자적이고 논리적인 자원으로 운영체제, 데이터베이스, 워드 프로세서 등이 있으며 문서나 화상, 개인정보 등의 데이터도 여기에 포함된다고 할 수 있다.

사이버전 위협의 정의에서 보았을 때 시스템에 대한 사이버 위협 형태는 [그림 9-2]처럼 두 가지로 분류할 수 있다. 위협 대상의 시스템에 침입하여 ① 정보를 탈취하거나 위조/변조된 정보를 삽입하거나 ② 시스템 파괴, 마비 활동을 통해 서비스 사용을 불가능하게 하는 것이다.

첫 번째 위협 형태에서 가장 중요한 것은 위협 대상 시스템에 대한 접근 권한을 얻는 것이다. 원하는 정보를 얻거나 삽입하기 위해서는 해당 정보에 접근이 가능한 계정의 권한을 얻어야 하는데, 시스템에 존재하는 여러 권한 중 관리자 권한은 해당 시스템의 모든 권한을 갖고 있기 때문에 최우선 목표 대상이 된다.

계정의 권한을 획득하기 위해 패스워드를 획득하거나 버퍼 오버플로우 취약점을 이용하는 기법이 널리 알려져 있다. 패스워드 획득의 기법에는 시스템에 존재하는 계정의 패스워드를 알아내기 위해 패스워드 파일을 크래킹하거나 패스워드를 무차별 대입해보는 방법이 있다. 버퍼 오버플로우 취약점을 이용한 기법은 프로그램의 보안 허점을 이용, 프로그램의 정상적 흐름에 간섭을 일으켜 권한 밖의 프로그램을 실행시키거나 다른 사용자 계정의 권한을 획득하는 방법이다.

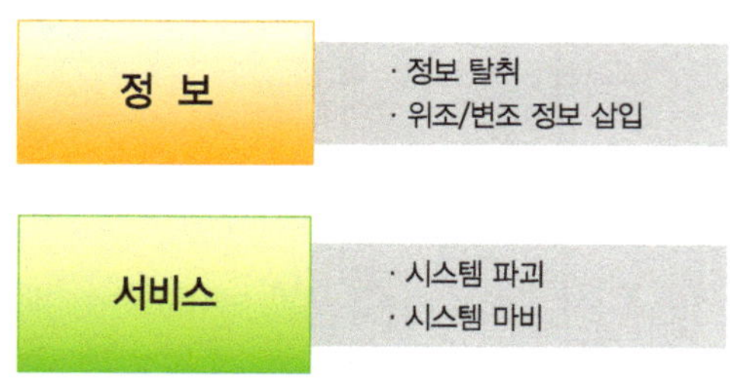

그림 9-2 사이버전 위협의 목표와 유형

시스템 사용 불능을 유발하는 기법으로 레이스 컨디션(race condition)이라는 특성을 이용하는 기법과 악성코드를 이용하는 방법이 있다. 레이스 컨디션을 이용한 기법은 멀티태스킹 환경을 지원하는 운영체제의 특성을 이용한 기법으로 시스템 파일에 손상을 입힐 수 있다. 그리고 악성코드를 이용하는 방법은 바이러스나 웜 등의 악성코드를 불특정 다수 또는 특정 시스템에 전파하여 시스템을 마비시키거나 파괴하는 동작을 수행하도록 한다. 최근에는 위 두 가지 기법이 결합되어 사용되는 경향이 관찰되고 있다.

9.1.1 패스워드 획득

일반적으로 여러 사용자/계정이 존재하는 시스템에서 이를 구분하기 위해 가장 대중적으로 쓰는 방법은, ID(IDentification)와 패스워드를 사용하는 것이다. 이는 ID와 패스워드를 알고 있다면 누구나 해당 ID의 사용자와 똑같은 권한을 취득하고 행동할 수 있다는 것을 의미한다. 상대적으로 노출이 쉬운 ID에 비해 패스워드는 해당 사용자밖에 모르는 것이 기본이기 때문에, 이를 알아내기 위해 갖가지 수단을 동원한다.

여기서는 패스워드의 중요성을 인식하기 위해 권한과 계정의 의미를 이해하고, 일부 운영체제의 예를 통해 패스워드를 어떻게 보호하는지 살펴본 뒤, 패스워드 획득 기법을 설명한다.

(1) 권한과 계정

모든 시스템은 운영체제를 가지고 있다. 운영체제는 시스템의 모든 자원을 통제하고 관리하여, 응용 프로그램을 포함한 사용자들이 이를 쉽고 효율적으로 사용할 수 있도록 도와준다. 통제와 관리 측면에서 대부분의 운영체제는 보안(security) 개념을 도입하여, 운영체제 자신과 사용자 각각을 구분하여 운영한다. 여러 가지 보안 시스템이 존재하나, 이들은 모두 궁극적으로 운영체제가 시스템을 사용하는 각 사용자를 식별할 수 있다는 것에 기반하고 있으며, 이는 사용자 인증(user authentication)이라는 단어로 정의된다.

사용자 인증을 위해 보안 키나 카드 같은 소유물, 지문이나 홍채 같은 사용자 고유의 속성을 사용할 수도 있지만 가장 일반적으로 사용하는 방법은 사용자에게 ID를 할당하고 여기에 사용자만이 알고 있는 패스워드(password)를 결합하는 것이다. [그림 9-3]처럼 시스템을 사용하기 위해 사용자가 자신의 ID를 알리면, 운영체제는 ID에 해당하는 패스워드를 요구하고, 사용자는 올바른 패스워드를 제시함으로써 합법적이고 정식적인

그림 9-3 Windows 7의 로그인 화면

사용자임을 인증한다.

이렇게 사용자를 구분하고 인증할 수 있다면, 시스템의 올바른 운용과 자원 보호를 위해 보안 시스템을 사용할 수 있다. 이를 위해 사용하는 것이 계정(account)과 권한(permission)이다. 시스템 사용자는 각자 고유의 계정을 가지며, 각 계정에는 사용자의 역할과 등급에 맞는 권한이 설정되어 있어, 운영체제를 보호하고 각 사용자를 다른 사용자로부터 보호할 수 있다. 권한에 없는 데이터에 접근할 때 운영체제는 사용자의 계정과 그 계정에 부속된 권한을 기준으로 이를 판별하여 접근을 차단할 수 있다.

관리와 운영의 효율을 높이기 위해서 대부분의 운영체제에는 [그림 9-4]처럼 일반 사용자 외에 관리자(administrator/root) 계정이 존재하며, 관리자 계정은 해당 시스템과

그림 9-4 Windows 7의 계정 유형

운영체제의 데이터 접근 및 수정에 에 관한 모든 권한을 갖는다. 관리자 계정에 접근하여 해당 권한을 갖고 있다면, 시스템에서 동작하고 있는 웹 서버를 중지시킬 수도 있고, 데이터베이스 서버에 접근하여 데이터를 조작 또는 추출할 수도 있다. 다시 말해 운영체제의 관리자 권한을 갖는 것은, 시스템에 존재하는 모든 응용 프로그램에 대해 접근 가능한 권한을 갖는 것과 같다. 따라서 최우선순위 목표는 바로 관리자 계정에 접근하거나, 동등한 접근 권한을 얻는 것이라 할 수 있다.

(2) 계정 관리

관리자는 일종의 특수한 권한 그룹이라 할 수도 있다. 흔히 슈퍼 유저(super user)라 하는 총괄 관리자 외에 디스크를 전담 관리하는 관리자, 네트워크를 전담 관리하는 관리자가 존재할 수 있다. 이렇게 세부적으로 권한을 제어하기 위해 대부분의 운영체제에서는 각각의 자원에 권한을 가지고 있는 권한 그룹(group)을 설정하고, 해당 작업을 수행해야 하는 사용자의 계정을 알맞은 권한 그룹의 일원으로 지정하는 방식으로 계정을 관리한다.

Linux, Unix, Windows 관리자 계정의 ID는 기본적으로 널리 알려진 이름을 갖고 있으며, 운영체제 설치 시 기본적으로 설정된다. 보호와 보안 개념이 강화된 최근 운영체제에서는 관리자 계정의 직접적인 사용을 비활성화하여, 프로그램 설치나 시스템 설정 등 운영체제에 직접적으로 권한이 필요할 때만 임시적으로 관리자 권한을 얻는 방식을 채택하고 있다.

Windows에서 관리자 그룹에 속하고 해당 권한을 가진 계정의 기본 ID는 administrator이다. 일반 계정이 관리자 그룹에 속하면 운영체제 사용에 어떠한 제한도 없어지나, 보안 측면에서 매우 취약해지기 때문에 Vista 이상 버전부터는 UAC(User Account Control)이라는 개념을 도입하여, [그림 9-5]처럼 관리자 권한이 필요한 작업을 수행할 경우 화면 암전 및 확인 창을 띄워 사용자의 최종 확인을 받는 방식을 채택하고 있다. 이전 버전의 경우 이러한 과정이 존재하지 않았기 때문에, 관리자 그룹에 속한 계정 사용자 모르게 운영체제나 데이터를 조작 또는 손상시킬 수 있는 작업이 백그라운드에서 수행될 수 있었다. 현재 시스템에서 관리자 그룹에 속한 사용자를 알기 위해서는 [그림 9-6]과 같이 명령 프롬프트 창에서 net localgroup administrators 명령을 사용하면 된다.

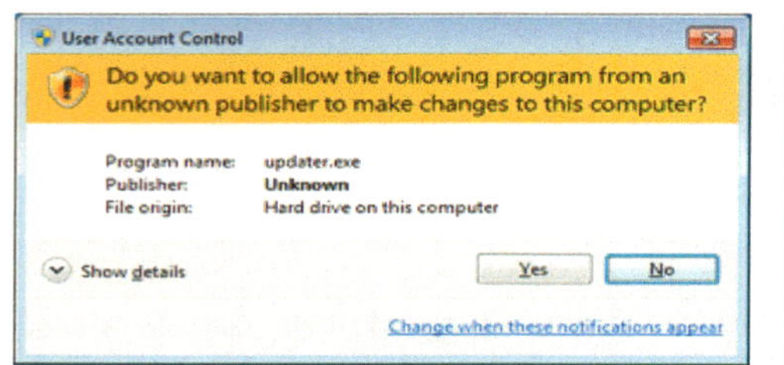

그림 9-5 Windows Vista의 UAC

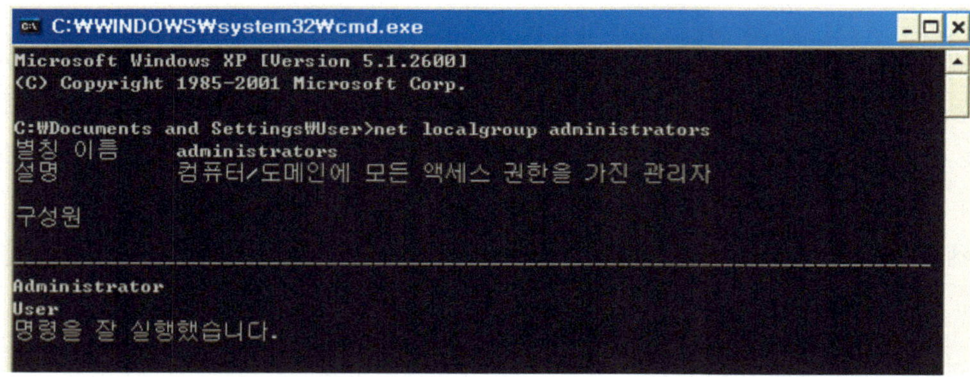

그림 9-6 Windows XP에서 administrators 그룹의 구성원 조회

Unix, Linux에서 관리자 권한을 가진 계정의 기본 ID는 root라고 하며 /etc/passwd 파일에서 계정 목록을 확인할 수 있다. Unix, Linux는 사용자의 구분을 ID대신 숫자로 구성된 사용자 식별자(UID : User IDentifier)와 그룹 식별자(GID : Group IDentifier)를 사용하는데 관리자는 특수하기 때문에 UID와 GID가 항상 0이다. 여러 명의 동시 사용자의 존재를 전제로 갖고 있는 Unix, Linux에서는 관리자 권한의 작업을 수행하기 위해 관리자 그룹으로 직접 조작하는 것보다는 sudo 명령어와 같이 일시적으로 다른 유저(일반적으로 관리자)의 권한을 빌려올 수 있는 방식을 주로 사용한다. 어떤 명령에 관리자 권한이 필요하다면 [그림 9-7]처럼 해당 명령 앞에 sudo를 붙여서 실행하고, 패스워드를 입력하여 사용자가 의도적으로 해당 명령을 수행함을 확인시킨다.

계정의 관리와 인증을 위해 운영체제는 내부에 데이터베이스를 구성하여 ID와 암호화한 패스워드를 저장한다. 운영체제에 따라 보관 방법은 다르지만, 관리자가 아닌 일반 사용자가 접근할 수 없는 영역 또는 파일에 해당 데이터를 보관한다.

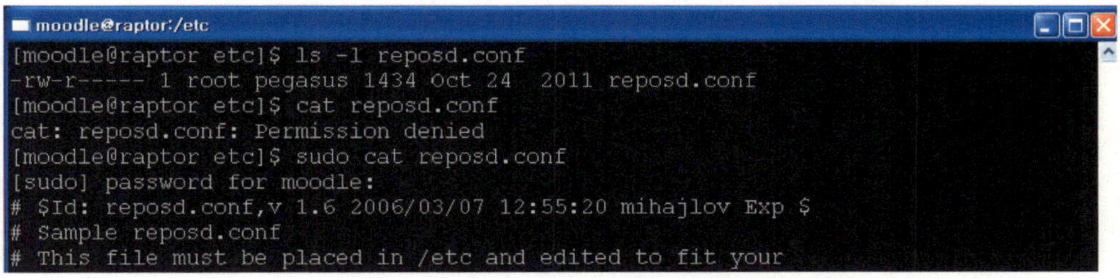

```
[moodle@raptor etc]$ ls -l reposd.conf
-rw-r----- 1 root pegasus 1434 Oct 24  2011 reposd.conf
[moodle@raptor etc]$ cat reposd.conf
cat: reposd.conf: Permission denied
[moodle@raptor etc]$ sudo cat reposd.conf
[sudo] password for moodle:
# $Id: reposd.conf,v 1.6 2006/03/07 12:55:20 mihajlov Exp $
# Sample reposd.conf
# This file must be placed in /etc and edited to fit your
```

그림 9-7 Linux에서 권한 상승을 통한 관리자 권한 실행

Windows XP와 그 이후의 버전에서는 WINDOWS\system32\config\SAM(Security Accounts Manager) 파일에 패스워드를 저장한다. 해당 파일에 대한 온라인 접근을 막기 위해 운영체제 동작 중에는 파일에 대한 접근이나 복사가 금지되며, 오프라인 접근 대비책으로 SYSKEY라는 특수한 유틸리티를 사용하여 패스워드를 암호화하여 저장한다.

Unix, Linux에서는 /etc/passwd 파일에 텍스트 형식으로 ID, UID, GID 등 사용자 계정에 대한 정보를 기록한다. 과거에는 passwd 파일에 암호화된 패스워드를 같이 기록하였으나, passwd 파일 자체는 관리자 외 누구나 접근이 가능한 파일이기 때문에 보안상 취약한 점이 있었다. 따라서 최근에는 [그림 9-8]처럼 과거 패스워드가 들어가 있던 두 번째 필드를 비우고, 실제 패스워드는 shadow 파일이라는 곳에 암호화 한 뒤 저장한다. [그림 9-9]에서 알 수 있듯이 shadow 파일은 passwd 파일과 달리 관리자 계정만이 접근할 수 있도록 권한이 설정되어 있다. ls 명령어를 통해 passwd 파일과 shadow 파일의 정보를 조회하면 권한 설정이 다른 것을 알 수 있다.

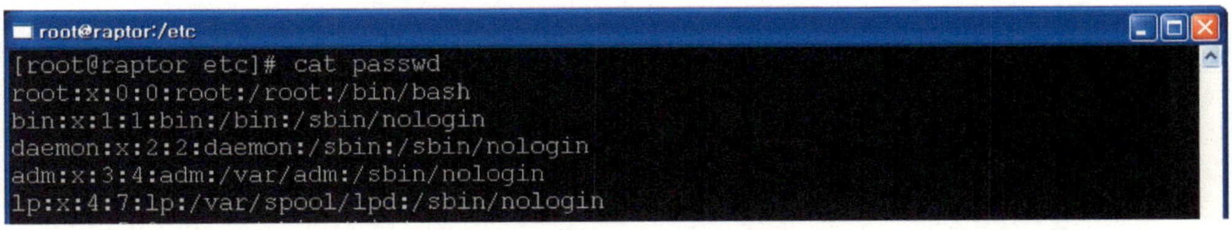

```
[root@raptor etc]# cat passwd
root:x:0:0:root:/root:/bin/bash
bin:x:1:1:bin:/bin:/sbin/nologin
daemon:x:2:2:daemon:/sbin:/sbin/nologin
adm:x:3:4:adm:/var/adm:/sbin/nologin
lp:x:4:7:lp:/var/spool/lpd:/sbin/nologin
```

그림 9-8 /etc/passwd 파일 내용

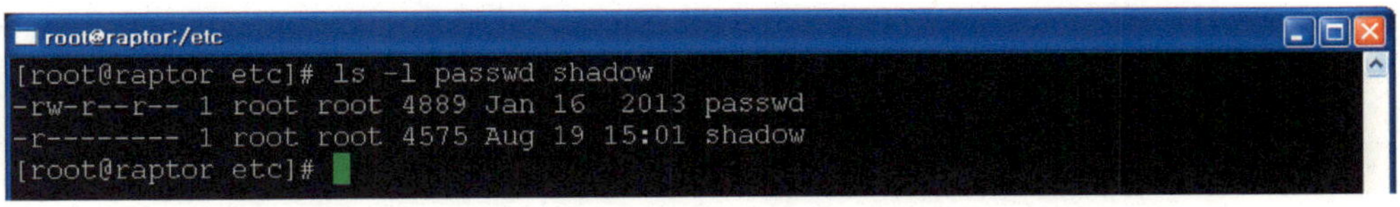

```
[root@raptor etc]# ls -l passwd shadow
-rw-r--r-- 1 root root 4889 Jan 16  2013 passwd
-r-------- 1 root root 4575 Aug 19 15:01 shadow
[root@raptor etc]#
```

그림 9-9 /etc/passwd, /etc/shadow 파일의 권한 정보

※ 참고 : 운영체제 별 파일 권한 확인법

Unix, Linux에서는 [그림 9-9]처럼 *ls* -l 명령을 통하여 파일의 권한 정보를 확인할 수 있는데, 'rwxrw-r--'의 형태의 권한과 파일의 소유자(owner), 그룹의 이름(group), 크기, 수정 날짜, 파일 이름을 알 수 있다. 권한 정보 첫 3자리가 소유자의 권한을 나타내며 뒤의 3자리씩 각각 그룹, 제3자의 권한(other)을 나타내고 r은 읽기, w는 쓰기, x는 실행 권한이다. /etc/passwd 파일에 대한 정보를 살펴보면 권한 필드 -rw-r−r--와 소유자 root/root를 통해 other에 해당하는 일반 사용자에게는 /etc/passwd 파일에 대한 읽기 권한을 부여한 것을 알 수 있다. 따라서 일반 사용자도 [그림 9-8]과 같이 *cat* 명령어를 이용하여 /etc/passwd 파일의 내용을 살펴보면, 현 시스템의 사용자와 데몬의 계정 정보를 알 수 있다. 기본적으로 shadow 파일을 사용하기 때문에 ID 다음에 위치한 패스워드 필드는 '알려지지 않음'을 나타내는 x로 채워져 있음을 알 수 있다.

Windows에서는 파일의 속성에서 보안 탭을 클릭하면, [그림 9-10]처럼 해당 파일에 대한 권한을 볼 수 있다.

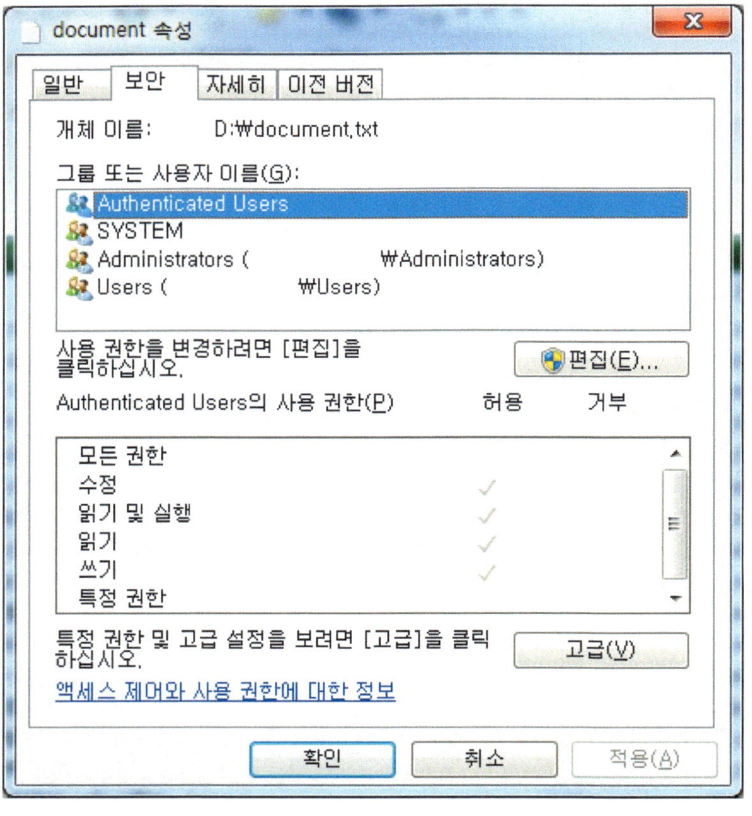

그림 9-10 Windows 7의 파일 권한 정보

(3) 패스워드 획득 기법

앞에서 살펴본 것처럼 운영체제는 시스템의 보안을 유지하기 위해서 계정과 권한을 설정하여 관리하고 있으며, 계정에 대한 가장 일반적인 인증 방법으로 ID와 패스워드를 사용하고 있다. 대표적인 운영체제인 Windows, Linux, Unix의 예에서도 알 수 있듯이 계정을 나타내는 ID는 노출되기 쉽기 때문에, 패스워드는 해당 ID의 정당한 사용자임을 나타낼 수 있는 마지막 수단으로 철저하게 보호되어야 한다. 다시 말해 특정 ID에 해당하는 패스워드가 노출된다면 인가되지 않은 사용자도 해당 ID로 인가된 사용자처럼 시스템에 접속할 수 있다. 이에 따라 패스워드를 알아내기 위한 여러 가지 기법이 등장하였다.

(가) 사회공학적 기법

사회공학(social engineering)은 보안적 측면에서 기술적 방법이 아닌 인간의 기본적인 신뢰를 바탕으로 사람을 속여 정보를 획득하는 방법이라고 정의할 수 있다. 이를 이용하여 패스워드를 알아내는 방법에는 전화 또는 훔쳐보기 등 인간 기반의 수단을 이용하는 방법과, 가짜 인증 창을 만들어 ID, 패스워드 등을 입력하게 하는 컴퓨터 기반 수단으로 나눌 수 있다.

① **인간 기반** : 패스워드를 알아내기 위해 시스템 관리자에게 전화를 하는 경우가 대표적이다. 얼굴을 마주 하지 않기 때문에 관리자가 본인 확인을 하기 어렵고, 전화상으로 하는 본인 확인 절차는 그 사람의 개인정보 몇 가지만 알아도 수월하게 통과할 수 있는 경우가 대부분이다. 제대로 패스워드 시스템을 운영하고 있다면 패스워드를 알려주는 것이 아니라 초기화해줄 것이지만, 이것도 공통 초기화 패스워드를 알려준다거나 주민등록번호 뒷자리 같은 개인정보 일부로 초기화하는 경우가 많다.

대부분의 업무 수행과 커뮤니케이션이 사이버 상에서 이루어지다보니 ID와 패스워드를 사용한 인증체계가 매우 많아졌고, 많은 사람들이 이것을 기억하지 못해 어딘가에 적어두는 경우가 많다. 그런데 이 장소로 개인 일기장 같은 사적이고 비밀스러운 공간이 아니라, 컴퓨터 주변의 메모지를 활용하는 경우가 많기 때문에 이를 훔쳐보는 것만으로도 쉽게 ID와 패스워드를 취득할 수 있다.

② **컴퓨터 기반** : 컴퓨터 기반 사회공학적 기법 중 대표적인 것은 피싱(phishing)과 파밍(pharming)이다. 피싱은 낚시(fishing)에서 유래한 용어로 접근 대상에게 그럴듯한

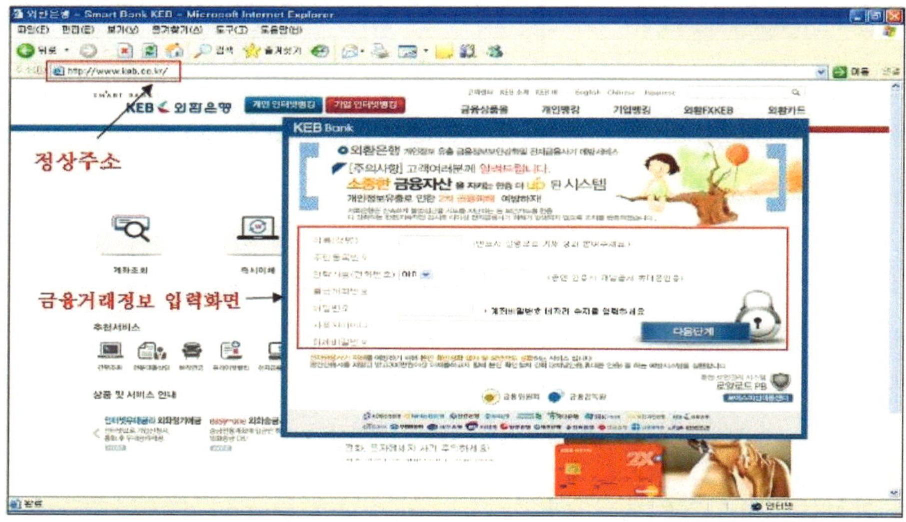

그림 9-11 정상 사이트와 유사한 피싱 사이트

출처 : 안전행정부 블로그(mospablog.net)

이메일을 보내어 가짜로 만든 사이트에 접속하게 한 후, ID와 비밀번호 등을 입력하게 하여 정보를 탈취하는 것이다. [그림 9-11]처럼 은행이나 포탈 같은 웹 사이트의 겉모양을 똑같게 만드는 것은 매우 쉬운일이기 때문에 큰 기술력이 필요하지 않으며, 안티 바이러스 프로그램으로 검출할 수도 없다. 링크 주소와 실제 연결되는 주소가 다르다거나, 도메인 대신 IP주소를 쓰거나, 정상적인 웹 사이트의 URL과 비슷한 알파벳으로 구성하는 등 사람의 착각을 일으키는 방식이므로 주의를 기울인다면 피해를 방지할 수도 있다.

파밍은 피싱을 위한 고급 기법이라 할 수 있는데 정상적인 소유자의 도메인을 탈취하거나 DNS(DNS : Domain Name Service) 서버 해킹, 또는 [그림 9-12]의 Windows의 hosts 파일과 같이 목표 대상자의 DNS 관련 정보를 변조하여 사용자가 정상적인 URL을 입력하더라도, 미리 설정해놓은 사이트로 접속되는 기법이다. 겉모양도 정상 웹사이트와 똑같을뿐더러 주소 표시줄에 있는 주소도 정상이기 때문에 목표 대상자는 피해 여부를 알기가 어렵다.

변조된 웹사이트에 들어가서 ID와 패스워드를 입력하더라도 당연히 접속이 안되지만, 경고 메시지를 하나 띄워주고 정상적인 웹 사이트로 이동시켜주는 방식을 사용하기 때문에, 사용자는 ID나 패스워드를 잘못 입력했다고 생각하여 피해 여부를 인지하지 못하게 된다.

```
#
# For example:
#
#      102.54.94.97     rhino.acme.com          # source server
#       38.25.63.10     x.acme.com              # x client host

127.0.0.1       localhost
```

그림 9-12 Windows XP의 hosts 파일

최근에는 이런 방식에 대처하기 위해 개인정보가 중요한 웹 사이트에서는 인증기관을 통한 인증 방식을 도입하였다. [그림 9-13]처럼 정상 웹사이트의 경우 https와 같은 보안 http 프로토콜을 사용하면서 공인 기관에서 인증을 받아 변조된 웹 사이트가 아님을 나타내고, 웹 브라우저에서도 주소 표시줄에 별도의 표시를 사용하여 사용자가 정상적인 사이트에 접속했음을 쉽게 알리는 방식을 적용하고 있다.

그림 9-13

(나) 키 스트로크 로깅 기법

키 스트로크 로깅(keystroke logging, keylogging)은 사용자가 키보드를 이용하여 입력하는 내용을 기록하는 방법으로, 원래 사용자와 컴퓨터간의 상호작용을 연구하는 HCI (Human-Computer Interaction) 분야에서 활발하게 사용되어 왔다. 그러나 이를 악의적인 목적으로 무단 저장 및 전송하는 경우 쉽게 ID나 패스워드 등의 정보를 얻을 수 있다. 웹사이트나 시스템에 로그인 할 때에 여러 가지 암호화 방식을 사용하지만, 정작 사용자가 키보드를 입력하는 순간에는 암호화를 할 수 없으므로 쉽게 패스워드를 알 수 있기 때문이다.

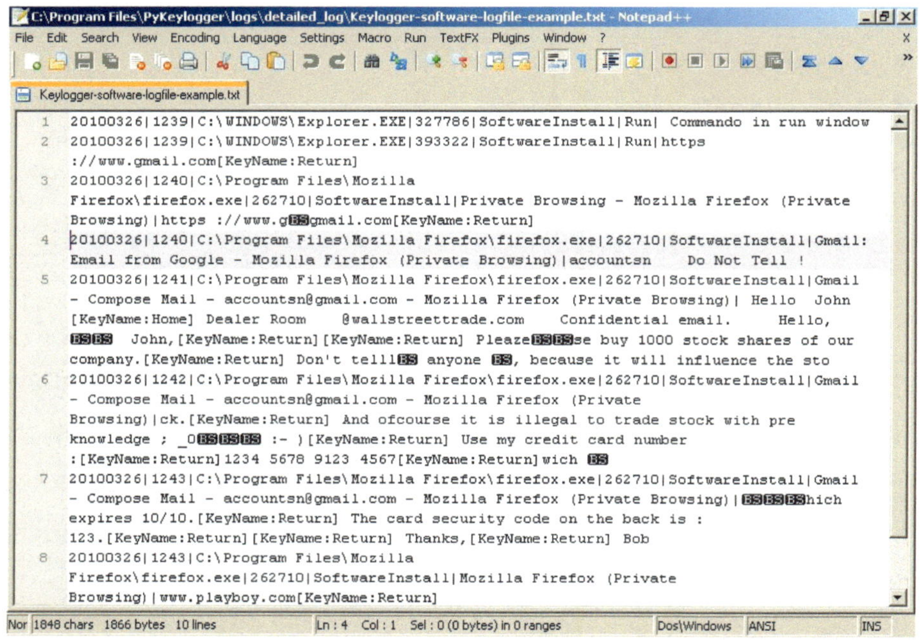

그림 9-14 키 스트로크 로깅 프로그램을 이용한 키 로그 파일

출처 : 위키피디아

[그림 9-14]에서 볼 수 있듯이 키 스트로그 로깅은 운영체제 해킹, 악성 코드 또는 백 도어 프로그램을 설치하여 소프트웨어 적으로 정보를 유출하는 방식이 가장 흔하지만, [그림 9-15]처럼 사회공학 기법을 활용하여 장비가 설치된 공간에 침투한 뒤 키보드를 연결하는 단자에 메모리가 내장된 키 로거 하드웨어를 설치하여 직접 살펴보지 않는 한 자신이 입력하는 내용이 무단으로 기록되는지 알 수 없게 만드는 방법도 동원된다.

그림 9-15 하드웨어 키 스트로크 로깅 장치

(다) 무차별 대입 기법

무차별 대입 기법(bute force attack)은 원하는 암호를 풀기 위해 가능한 모든 값을 대입하는 것을 의미한다. 일반적으로 패스워드로 입력 가능한 키는 특수키까지 고려하여 영문인 경우 대문자(26)+소문자(26)+숫자(10)+특수문자(32)=총 94개이고, 8자의 패스워드일 경우 경우의 수는 94^8개가 나온다. 단순히 생각해보았을 때, 어떤 ID의 패스워드를 알아내기 위하여 로그인 화면에서 성공할 때까지 계속 패스워드를 다르게 입력하면 언젠가 정확한 패스워드를 얻어낼 수 있다. 그러나 대부분의 시스템에서는 일정 횟수 이상 시도에서 성공하지 못하였을 경우, 일정시간 접속을 제한하거나 [그림 9-16]처럼 CAPCHA(Completely Automated Public Turing test to tell Computers and Humans Apart) 등을 사용하여 프로그램을 이용한 자동 로그인 시도를 방지한다.

따라서 무차별 대입 기법을 수행하기 위해서는 패스워드가 저장된 파일의 입수가 필요하다. Unix, Linux 시스템에서 패스워드를 대부분 /etc/shadow 파일에 저장하고 있지만, 관리 소홀로 shadow 파일의 백업본을 누구나 접근가능한 권한으로 공개하거나 관리자 권한 탈취 등으로 shadow 파일을 얻는 경우가 발생할 수 있다.

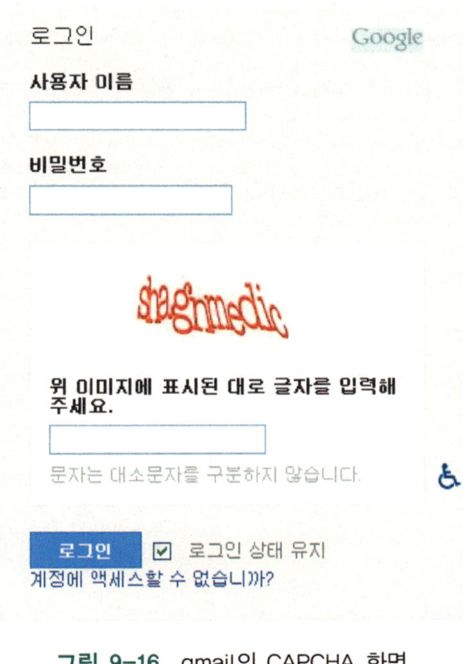

그림 9-16 gmail의 CAPCHA 화면

```
root@raptor:/etc
:$1$VjYkZtAI$qEwBeuQgEifyDSjr16bQ3.:15205:0:99999:7:::
:$1$ot5ZSJSd$vpMWuwdjmdewome7rtYr9.:15205:0:99999:7:::
:$1$VdNn62jC$ZS9CLCTSzmoIU7Y3OVk6v.:15205:0:99999:7:::
:$1$hJsy9R15$NXXwkFmiGgOVUBIYI3aEL.:15205:0:99999:7:::
:$1$rZYBxXbr$OHntS37CLysjU9ZPT.2yx/:15205:0:99999:7:::
:$1$rKmZ48Ej$gbpdzg116g/4KoXJSNb240:15205:0:99999:7:::
```

그림 9-17 /etc/shadow 파일의 패스워드 정보

[그림 9-17]처럼 shadow 파일의 패스워드 내용은 복호화가 불가능한 단방향 해쉬 함수를 사용하여 저장한다. 또한, 패스워드 외에 임의의 난수인 salt라는 값을 추가로 받아 암호화하는데 사용한다. 표준 DES 기반 암호화에서는 salt를 2글자의 영문자, 숫자, 일부 특수 문자로 구성하는데, 여기에 12비트를 사용하므로 2^{12}인 4096가지를 얻을 수 있다. salt값은 매번 임의로 생성되기 때문에 결과값은 매번 달라진다. 물론 패스워드의 비교를 위해 salt값은 암호화된 값에 내장되어 있다.

무차별 대입 기법의 알고리즘을 간단히 설명하면 암호화 함수에 salt로 암호화된 패스워드를 넘겨주어 salt 값을 추출하여 사용하게 하고, 암호화 대상 문자열 인자에 가능한 모든 경우의 수를 넣어가며 암호화된 패스워드와 일치하는지 비교하는 것이다. 일반적으로 패스워드로 입력 가능한 키는 특수키까지 고려하여 총 94개이고, 패스워드의 길이가 길어질수록 경우의 수가 엄청나게 늘어나기 때문에 효율적인 기법이라고 볼 수는 없다. 그러나 CPU와 GPU의 병렬 연산 등 연산 속도를 향상시키는 메커니즘과 컴퓨터의 성능이 점점 발전하고 있기 때문에 시간이 충분하게 주어진다면 정확한 패스워드를 알아낼 수 있는 방법이다.

많은 사용자는 기억하기 쉬운 패스워드를 선호하기 때문에, 자주 사용하는 언어나 의미 있는 어휘로 구성하는 경우가 많다. 따라서 이런 어휘들을 수집하여 사전을 만든 뒤 이를 우선적으로 사용하여 패스워드를 찾아내는 기법을 사전 공격(dictionary attack)이라고 한다.

9.1.2 악성 코드

악성 코드(malicious code 혹은 malware)란 시스템의 오동작 또는 마비를 유발하여 정상적인 서비스를 제공하지 못하게 하는 모든 소프트웨어를 말하며, 컴퓨터 바이러스, 웜 등이 대표적인 예이며 스파이웨어, 악질적인 애드웨어 등도 포함할 수 있다. 대부분의 운영체제가 사용자의 의사에 의해 소프트웨어를 자유롭고 쉽게 설치할 수 있고, 인터넷 등의 네트워크 보급 및 발달로 소프트웨어 유입 경로가 다양해짐에 따라, 악성코드의 전파가능성과 위험성이 증대되어 현 시점에서는 사회적인 문제로도 발전하고 있다.

사이버 위협에서 악성 코드는 기본적으로 불특정 다수를 대상으로 활용할 수 있으며, 평소에는 잠복해 있다가 특정 상황 또는 일시에 동작시켜 혼란을 초래하는 방식으로 운용될 수도 있다.

악성코드는 기술과 지식만 있다면 누구나 다양한 프로그램 언어나 스크립트로 손쉽게 작성할 수 있다. 사용자와 관계없이 특정 디스크를 포맷하거나, 파일을 삭제하도록 하는 10줄 이하의 스크립트 파일도 훌륭한 악성코드라고 할 수 있다. 즉, 악성코드는 무수한 형태로 존재할 수 있다.

여기서는 동작 형식과 특성을 중심으로 대표적인 악성코드를 살펴보도록 하겠다.

(1) 컴퓨터 바이러스

컴퓨터 바이러스는 생물학적 바이러스처럼 자기복제, 잠복, 발병 등의 특성을 갖는 악성코드이며 가장 기본적인 형태라고 할 수 있다. 일반 파일이나 소프트웨어, 시스템 자체에 드러나지 않게 기생하면서 네트워크나 이동식 매체를 통해 자기 자신을 복제 및 전파하며, 기생되어 있는 파일, 소프트웨어, 시스템이 동작할 때 자신의 코드를 실행시킨다. 그 동작 내용에는 데이터 또는 시스템 파괴 등 악의적이고 피해가 큰 것부터, 기술력 과시 또는 경고 메시지 출력 등 단순한 형태까지 다양하다.

(가) 감염 대상과 전략

바이러스는 다양한 형태로 시스템에 감염된다. 가장 일반적인 것은 Windows의 exe 파일과 같은 실행 파일의 일부에 감염되는 것이고, 하드디스크의 부트 섹터와 같이 시스템 시작 시 반드시 거쳐야 하는 장소에 감염되어 전파 확률을 높이고 발견 가능성을 낮추는 형태도 존재하며, 최근에는 일반적인 엑셀이나 워드 등의 데이터 파일에도 내부적으로 프로그램 가능한 코드를 담을 수 있다는 점을 이용한 매크로 형태의 바이러스가 유행하고 있다.

① **파일 바이러스** : 파일 바이러스는 파일 확장자가 com, exe인 실행 파일, dll 등의 라이브러리 파일을 주 감염대상으로 한다. 전파 전략에 따라 상주형(resident)과 비상주형(non-resident)로 나눌 수 있는데, 여기서 상주의 대상은 프로그램이 활동할 수 있는

공간인 메모리를 말한다. 상주형 파일 바이러스는 실행되면 운영체제의 일부처럼 존재하여, 해당 시스템에서 실행되어 메모리에 적재되는 프로그램이나 파일을 감염시킨다. 반면, 비상주형 파일 바이러스는 메모리에 적재되는 것을 기다리는 대신, 감염된 파일이 실행되면 함께 실행되어 자신이 존재하는 스토리지를 검색하여 파일을 감염시키는 전략을 사용한다.

② **부트 섹터(boot sector) 바이러스** : 부트 섹터 바이러스는 디스크의 가장 첫 번째 섹터인 MBR(Master Boot Record)에 감염되는 바이러스이다. MBR에는 메모리에 적재될 운영체제가 저장된 파티션의 부트 섹터 레코드를 읽을 수 있는 프로그램이, 부트 섹터 레코드에는 운영체제의 나머지 부분을 메모리에 적재시키는 프로그램이 들어있다.

컴퓨터의 전원을 켜면 BIOS(Basic Input/Output System)라는 내장 프로그램에 의하여 ㉠ 하드웨어를 점검하고(POST : Power on Self Test) ㉡ 기본 장치에 대한 설정을 읽은 뒤 ㉢ MBR을 통해 운영체제의 위치 정보를 식별하여 메모리에 적재시킨다. 따라서 이 장소에 바이러스가 침투하면 매번 부팅할 때마다 바이러스가 실행되어 정상적인 부팅이 방해받는다.

부트 바이러스는 초기 DOS 운영체제처럼 플로피 디스크 부팅을 사용했을 시기에 많이 제작되었으며, 이동을 거의 하지 않는 하드 디스크를 사용하는 요즈음에는 확산력이 적기 때문에 영향력이 크지 않다.

③ **매크로(macro) 바이러스** : [그림 9-18]처럼 엑셀, 워드 등 많은 응용프로그램은 문서나 이메일 안에 다양한 일을 처리할 수 있는 매크로를 내장하는 것을 허용한다. 매크로는 단순 작업 반복부터 다른 파일을 열어 내용을 참조하거나 쓰는 등 다양한 기능을 수행할 수 있으며, 보통 해당 문서를 열 때 자동으로 실행된다.

매크로 바이러스는 이러한 기능을 이용하여 작성된 바이러스로, 감염된 파일을 열기만 해도 매크로로 작성된 코드가 동작하여 시스템을 감염시킨다. 기존의 바이러스들은 독립적인 프로그램으로 제작되어 특정 운영체제 또는 컴퓨터에서만 동작하나, 매크로 바이러스는 특정 응용프로그램 환경 하에서 동작하기 때문에 해당 응용프로그램이 동작하는 모든 컴퓨터에서 활동 가능하다.

매크로 바이러스는 해당 응용프로그램이 이해할 수 있는 매크로 언어에 기반을 두고 있기 때문에 상대적으로 제작하기가 쉬우며, 손쉽게 변형 가능하다. 그리고 실행 파일에 비해 사용자들이 경계심이 낮기 때문에 감염 가능성이 큰 편이다.

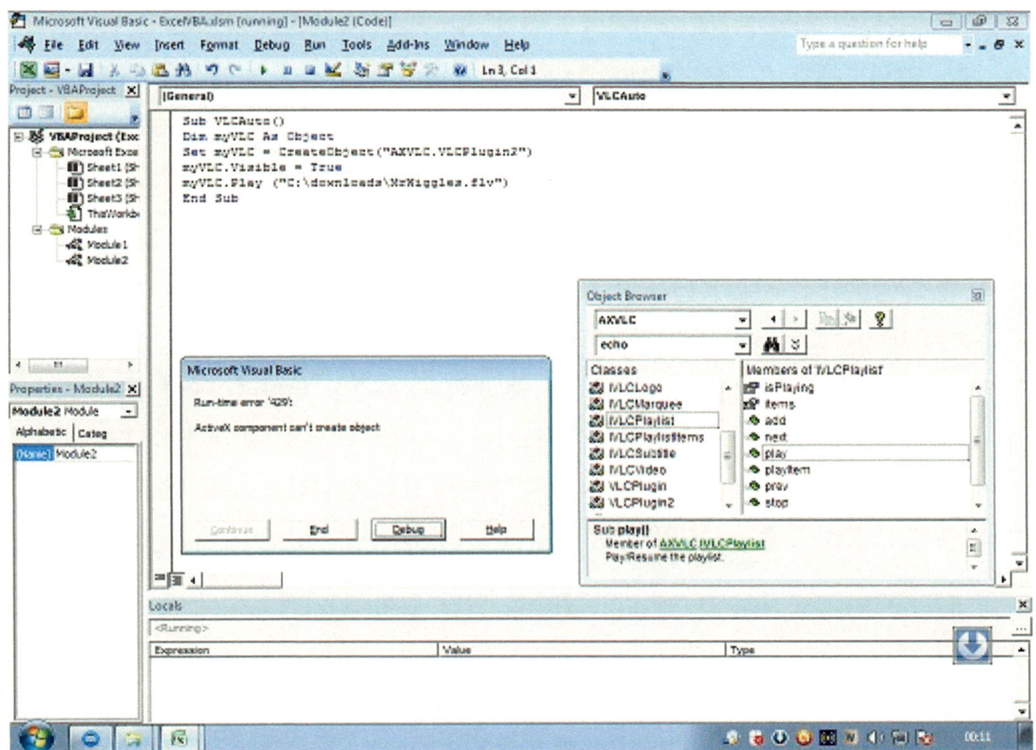

그림 9-18 엑셀의 Visual Basic Editor

출처 : msdn.microsoft.com

(나) 잠복 형태

바이러스는 사용자와 안티 바이러스(anti-virus) 프로그램에 의해 검출되는 것을 막기 위해 다양한 형태의 잠복 기법을 사용한다.

① **날짜 변조** : 가장 단순한 형태는 감염된 파일의 수정 날짜를 변조하여 검색에 의한 검출을 방지하는 것이다. 그러나 파일의 크기가 증가하여 다른 측면에서의 검색에 쉽게 노출된다는 단점이 있다.

② **크기 숨김** : 감염 파일에서 사용되지 않는 빈 공간을 찾아 그 공간에 바이러스 코드를 담는 형태가 있다. 이 경우 파일의 크기가 증가하지 않기 때문에 일반 사용자는 쉽게 검출할 수 없다. 그러나 안티 바이러스 프로그램들은 바이러스 코드 형태를 이용한 바이러스 서명(virus signature)을 데이터베이스화하여 검출에 이용하기 때문에, 이를 이용하면 어렵지 않게 검출할 수 있다.

③ **읽기 간섭** : 운영체제를 감염시켜서 안티 바이러스의 감염 파일 검사 등 파일을 읽을 때는 감염되지 않은 파일을 보여주는 형태가 있다. 일반적인 운영체제 하에서는 모든 파일의 읽기 작업을 직접 수행하는 것이 아니라 운영체제에게 요청하고 그 결과를 받는 형태를 취한다는 것을 이용한 것이다. 이러한 상황에서 바이러스 검출을 하기 위해서는, 감염되지 않은 운영체제로 부팅하여 검사해야 한다.

④ **변조/암호화** : 위에서 언급한 것처럼 안티 바이러스 프로그램은 바이러스 서명을 이용하여 바이러스 검출을 하는데, 사실 이 서명은 DNA처럼 바이러스의 고유 특성을 나타낸 것이 아니라 기계어 코드의 나열에 불과하다. 따라서 바이러스 코드를 암호화하여 동작할 때만 복호화하거나, 자신을 변조시킬 수 있는 모듈을 같이 포함시켜 활동할 때마다 코드 내용 자체를 바꾸는 형태로 잠복하면 안티 바이러스 프로그램의 데이터베이스 패턴 매칭을 우회할 수 있다.

⑤ 안티 바이러스 프로그램에 의한 검출을 막기 위해, 주기적으로 실행 프로세스 목록을 검사하여 해당 프로그램을 강제 종료시키거나 삭제하는 바이러스도 존재한다. 유명 안티 바이러스 프로그램의 경우, 실행 파일 이름과 그 형태가 널리 알려져 있기 때문에 많은 바이러스에서 시도하고 있는 방법이다.

(2) 웜

웜(worm)은 벌레라는 뜻이며 쉽게 잘 번식하는 벌레의 특징처럼, 웜 역시 시스템 상에서 쉽게 복제되고 확산되는 특징이 있다. 이를 위해 웜은 파괴, 오동작, 마비보다는 다른 시스템으로 자신을 복제하는데 중점을 두고 제작된다. 바이러스는 다른 실행 프로그램이나 파일의 일부로 기생하지만 웜은 독자적인 독립 파일의 형태를 가지고 스스로 복제할 수 있다.

바이러스의 주 목적이 파일을 감염시키고 변조시키는 것이라면, 웜의 최우선 목적은 자신의 복제이기 때문에 시스템의 파일 및 네트워크 전송 기능을 독점 혹은 잠식하는 행동 양상을 보인다. 따라서 웜에 감염된 시스템이 속해 있는 네트워크는 자신을 복제하려는 웜에게 대역폭을 잠식당해 전송 속도가 떨어지게 된다.

최근의 웜은 자기복제 및 전파 뿐 아니라 시스템이나 네트워크를 위협하는 형태를 보이기도 한다. 시스템의 보안 취약점을 이용하여 내부 정보를 파괴하거나, 시스템을 다운시키고, 외부에서 시스템 내부에 접속할 수 있도록 백도어를 설치하는 경우도 있다. 네트워크 위협형의 경우 9.2 네트워크 위협에서 다룰 Syn Flooding, Smurf와 같은 DoS 기법을 수행하기 때문에, 매우 빠른 시간내에 네트워크의 속도 저하 및 마비를 가져오고 네트워크 장비의 비정상적 동작을 유발하기도 한다.

대표적인 웜 바이러스인 스턱스넷(Stuxnet)은 발전소, 공장, 산업체, 공항 등의 산업시설이나 국가 기간시설을 제어 및 통제하는 컴퓨터 프로그램을 공격할 목적으로 개발되었다. 2010년에 컴퓨터 보안회사 VirusBlokAda에 의해 처음으로 발견되었으며, 바이러스 코드 내에 Stuxnet 키워드가 자주 등장하는 특징 때문에 '스턱스넷'이라고 명명되었다. 스턱스넷은 주로 USB 등의 이동매체를 통해서 초기 감염이 이루어지며, 초기 감염 이후에 감염된 컴퓨터와 네트워크로 연결된 모든 컴퓨터가 감염될 수 있다. 산업·관련 시스템을 공격하는 스턱스넷의 특성에 따라 감염 시 공항이나 발전소가 멈추거나 파괴되는 치명적인 피해가 있을 수 있기 때문에, '사이버 미사일'이라고 불리기도 한다.

(3) 트로이 목마

트로이 목마(Trojan Horse)는 자신의 실체를 드러내지 않으면서 정상적인 프로그램인 것처럼 가장하여 활동하는 프로그램이다. 어디까지나 정상적인 프로그램을 가장하고 필요한 경우에만 작성자의 의도대로 동작하는 것이 주목적이기 때문에 다른 파일을 감염시키거나 변경시키지 않는 것이 대부분이고, 이것은 바이러스나 웜 대비 가장 두드러진 특징이라고 할 수 있다. 이러한 특징은 전파 방법에도 영향을 미치는데, 정상적 프로그램을 가장하기 때문에 자체적으로 자신을 전파하는 것이 아니라 사용자에 의한 자발적인 다운로드 및 설치에 의존하므로 유용하거나 유명한 프로그램의 최신 버전인 것처럼 속이는 경우가 많다.

최근에는 웜이나 바이러스 같은 다른 악성 코드들과 함께 전파되기도 하는 경우도 있고, 다른 파일을 감염시키지 않는 대신 감염 컴퓨터를 DoS 기법의 한 단말로 이용하거나 정보 유출, 시스템 파일 삭제 등의 파괴적인 기능을 수행하는 다양한 트로이 목마가 발견되고 있다.

(4) 스파이웨어

스파이웨어(Spyware)는 트로이 목마와 비슷한 종류로, 일반적으로 사용자 동의없이 설치되어 자신이 설치된 시스템의 정보를 원격지의 특정한 서버에 주기적으로 보내는 악성코드이다. 초기에는 광고 목적으로 사용자가 주로 방문하는 사이트, 검색어 등 취향을 파악하기 위한 것도 있었으나, 패스워드나 금융정보 등과 같은 중요 정보를 원격지에 보내는 것으로 발전하였다.

바이러스가 파일을 손상시키거나 시스템을 마비시키는 등의 행동을 하는 것에 비해, 스파이웨어의 주 목적은 사용자 모르게 정보를 수집하는 것이기 때문에 눈에 띄는 형태로 동작하거나 시스템에 악영향을 주는 경우는 드물다. 그러나 설계상의 결함 등으로 인해 정보 수집 동작 중에서 시스템이 느려지거나 하는 형태로 나타날 수도 있다.

9.1.3 백도어

백도어(backdoor)는 '정상적인 단계를 거치지 않고 내부에 잠입 가능한 입구'를 뜻하며, 컴퓨터 보안에서는 ID와 패스워드를 사용하지 않고 특정 권한(주로 관리자)을 얻을 수 있도록 만들어진 방법, 통로 등을 말한다.

백도어에는 설계나 개발 단계에서 작업 편의를 위해 작성된 것부터, 보안 취약점을 이용하여 몰래 숨겨둔 프로그램까지 다양한 종류가 있다. 여기에는 단순하게 트로이 목마처럼 정상적으로 보이지만 사용자가 의도하지 않은 기능이 들어가 있는 위장 프로그램도 포함되며, 설계 또는 기능상의 결함을 이용하여 정상적이라면 허용되지 않은 작업이나 통신을 가능하게 하는 보안 취약점 자체도 백도어라고 할 수 있다.

(1) 로컬 백도어

로컬 백도어(local backdoor)는 외부에서 접속에 성공한 뒤, 관리자의 권한으로 명령을 수행할 때 사용된다.

로컬 백도어를 포함한 백도어 프로그램들은 시스템 관리자에게 들키지 않기 위해 은닉을 해야 하는데, 시스템에서 잘 사용되지 않는 프로그램을 삭제하여 대신 그 이름을 차지하거나 셸을 변조하여 백도어 프로그램을 조회되지 않게 하는 방법을 흔히 사용한다. 또는 인자를 검사하여 평소에는 정상적인 프로그램처럼 동작하다가, 특정 인자가 들어오면 백도어의 역할을 수행하도록 위장하는 형식도 사용되고 있다.

신문 기사에 자주 등장하는 루트킷(Rootkit)은 루트 권한을 쉽게 얻게 해주도록 운영체제 커널 또는 하드웨어에 기생하면서 로그 파일과 레지스트리에서 자신의 기록을 삭제하기 때문에 일종의 백도어 프로그램이라고 할 수 있다.

(2) 원격 백도어

원격 백도어(remote backdoor)는 단어 뜻 그대로 원격에서 시스템의 기능을 정상적인 인증 절차 없이 임의로 사용하는 통로를 말한다. 계정 인증에 필요한 ID와 패스워드 입력 없이 시스템에 접속할 수 있도록 하기 위해 별도의 프로그램을 설치하고 포트를 열어 놓는 경우가 많다. [그림 9-19]처럼 흔히 사용하는 원격 접속 프로그램도 원격 백도어라고 할 수 있다.

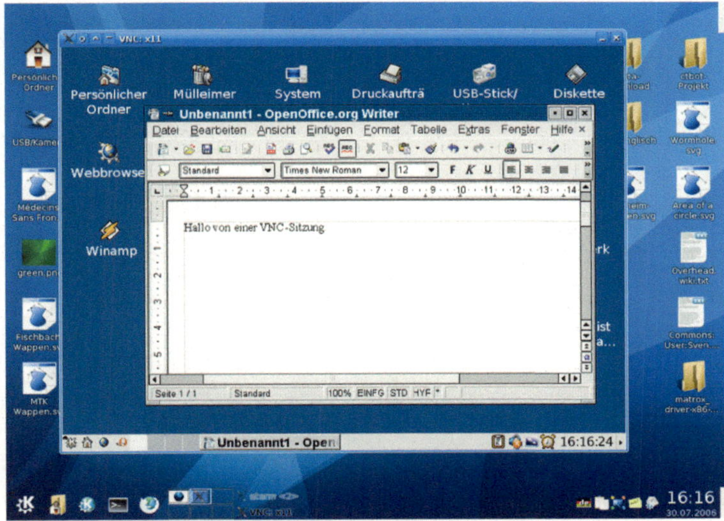

그림 9-19 원격접속 프로그램 Teamviewer(위)와 VNC(아래)

9.2 네트워크 위협

인터넷의 사용이 보편화되고, 모든 컴퓨터가 네트워크로 연결됨에 따라 네트워크를 통한 컴퓨터의 위협이 늘어나고 있다. 이런 종류의 위협에는 네트워크를 통해 전송되는 데이터를 도청하는 수동적인 위협에서부터 네트워크나 네트워크에 연결된 컴퓨터를 공격해서 개인 정보를 탈취하거나 시스템을 사용 불가능 상태로 만드는 위협들이 있다. 이 절에서는 대표적인 네트워크 위협 방법들에 대해서 살펴본다.

9.2.1 스니핑 공격

스니핑은 네트워크를 통해 전송되는 데이터를 엿듣는 일종의 도청 행위이다. 스니핑(sniffing)의 뜻은 '코를 킁킁거리다', '냄새를 맡다'의 뜻으로 네트워크에서 전송되고 있는 패킷을 염탐한다는 것을 의미한다. 스니퍼(snifer)는 스니핑을 하기 위해 사용하는 도구를 의미한다. 스니핑 공격은 보안의 기본 요소 중 기밀성을 해치는 공격 방법으로서, 목표 컴퓨터나 네트워크를 직접 공격하지 않고 단지 도청만 하기 때문에 수동적공격방법으로 분류된다. [그림 9-20]은 이더넷에서 스니퍼에 의해서 네트워크가 도청되는 개념을 보여 주고 있다.

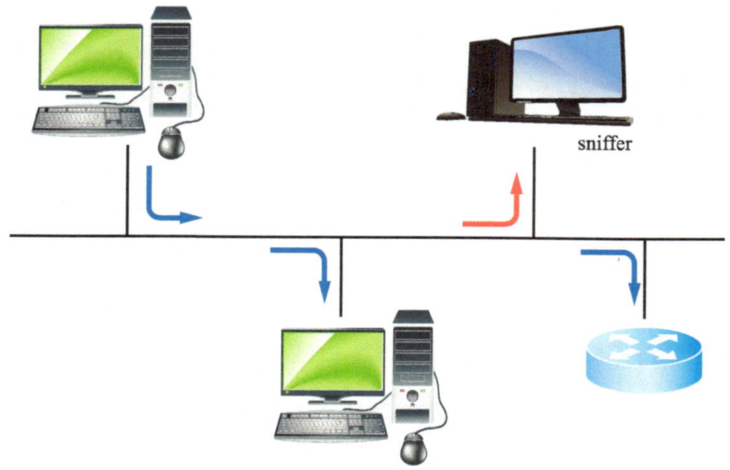

그림 9-20 이더넷에서 스니퍼에 의한 도청

(1) 이더넷 인터페이스(LAN 카드) 스니핑

스니핑은 근거리 통신망(LAN)에서 사용되는 다양한 네트워크 장비에서 수행될 수 있다. [그림 9-21]는 근거리 통신망에서 많이 사용되는 버스형 방식인 이더넷(Ethernet) 인터페이스 카드를 보여주고 있다. 이더넷 통신망에서는 하나의 네트워크에 여러 컴퓨터들이 연결되어 있는 형태로 구성되어 있으며, 개별 컴퓨터를 구별하기 위하여 MAC(Media Access Control) 주소를 사용한다. 즉, 모든 이더넷 네트워크 카드는 자신의 고유한 MAC 주소를 가지고 있으며, 이 주소에 의하여 이더넷에 연결되어 있는 컴퓨터들이 구별된다. 이더넷에서는 하나의 네트워크를 모든 컴퓨터들이 공유하여 사용하기 때문에, 네트워크를 지나가는 데이터는 모든 컴퓨터들에게 동시에 전달이 된다. 하지만, 컴퓨터 입장에서는 자신에게 필요없는 데이터를 수신하게 되면 이에 따른 처리에 시간과 자원이 소모된다. 따라서, 이더넷 인터페이스 카드는 자신의 MAC 주소를 갖지 않은 패킷은 수신하지 않도록 하는 필터링 기능을 가지고 있다. 하지만, 이더넷 인터페이스가 모든 데이터를 수신할 수 있도록 기능을 설정할 수 있는데, 이것을 "promiscuous mode"라고 한다. 스니퍼는 이더넷 인터페이스를 이러한 promiscuous mode로 설정하여 로컬 네트워크를 지나는 모든 트래픽을 도청할 수 있게 된다.

그림 9-21 이더넷 인터페이스(LAN 카드)

(2) 허브 스니핑

허브는 근거리 통신망(LAN)에서 사용되는 네트워크의 장비로서, 여러 개의 포트를 가진 리피터[8] 장비이다. [그림 9-22]은 허브를 보여주고 있다. 허브는 하나의 포트에서

8) 네트워크에서 리피터는 전송매체를 통해서 전달되는 신호를 수신하고 재생성하여 전송하는 장치이다. 데이터 신호는 전송거리 및 전송매체에 따라 신호가 약해지기 때문에 리피터는 이런 감쇠현상을 극복할

그림 9-22 허브

들어온 패킷을 연결된 모든 포트로 전송한다. 따라서, 포트를 통해서 로컬 네트워크(주로 이더넷) 안으로 들어온 패킷은 네트워크에 연결된 모든 컴퓨터에게 전달되나, 이더넷 인터페이스에 의해 자신의 MAC 주소가 아닌 패킷은 버려진다. 하지만, 이더넷 인터페이스를 promiscuous mode로 설정하면, 허브를 통해서 들어오는 모든 데이터를 수신할 수 있게 된다. 따라서, 스니핑 도구를 이용하면, 필요한 패킷을 저장하고 분석할 수 있게 된다.

(3) 스위치 스니핑

스위치는 허브보다 더 많은 수의 포트와 더 빠른 속도를 제공하는 네트워크 장비이다. 스위치는 데이터 패킷에 표시된 MAC 주소정보를 검색하여 목적지 컴퓨터가 연결된 포트에만 데이터를 전송한다. 따라서, 허브에서와는 달리 이더넷 인터페이스를 promiscuous

그림 9-23 스위치

수 있도록 도와준다.

mode로 설정을 하여도 모든 패킷들을 수신할 수 없고 단지 자신의 컴퓨터가 연결되어 있는 포트의 데이터만 수신할 수 있다. 하지만, 스위치의 모든 데이터를 수신할 수 있는 공격기법들이 존재한다. 예를 들면, 스위치의 MAC 주소 테이블을 공격하는 것이 하나의 방법이다. 스위치는 자기에게 연결되어 있는 컴퓨터의 MAC 주소를 저장하고 있는데, 이것을 MAC 주소 테이블이라고 한다. 공격자는 엉뚱한 MAC 주소를 가진 패킷을 스위치에게 보내면 스위치는 이 주소를 MAC 주소 테이블에 임시적으로 기록하게 된다. 하지만, 이 주소 테이블의 용량한계가 초과하면 스위치는 자신에게 들어오는 패킷을 모든 포트로 전송하게 된다. 따라서, 공격자는 스위치의 MAC 주소 테이블을 가득 차게 만들어서 스위치의 모든 패킷을 수신할 수 있다.

9.2.2 스푸핑 공격

스푸핑(spoofing)은 '속이다'라는 의미를 가지고 있는 단어로서, 공격자가 자신을 다른 사람으로 위장해서 공격하는 방법이다. 일반적으로 스푸핑은 공격자를 정당한 사용자인 것처럼 보이게 하거나 승인받은 사용자인 것처럼 위장하는 방법으로, IP 주소, 호스트 이름, MAC 주소 등 여러 가지를 위장할 수 있다. 인터넷이나 로컬 네트워크 등 모든 연결에서 스푸핑이 가능하며, 정보를 탈취하는 것뿐만 아니라 시스템을 마비시키는 공격도 가능하다. 스푸핑 공격의 종류는 크게 4가지로 구분할 수 있다.

(1) IP 스푸핑 공격

IP 스푸핑은 TCP/IP 프로토콜의 보안 취약성을 악용한 것으로 공격자가 자신의 IP주소를 공격대상자와 신뢰관계가 있는 IP로 속여서 접속하는 공격이다. 이 공격을 이해하기 위해서는 먼저 TCP/IP 프로토콜에서 두 개의 컴퓨터간에 통신을 설정하는 절차를 이해할 필요가 있다. [표 9-1]은 TCP/IP 프로토콜에서 컴퓨터간 연결설정 절차인 three-way handshaking에 대해서 설명하고 있다.

IP 스푸핑 공격은 TCP/IP의 three-way handshaking을 이용하여 공격하는 방법이다.

공격방법은 [그림 9-25]와 같다. 서버 컴퓨터 A와 클라이언트 컴퓨터 B는 서로 신뢰적 관계이다. 즉, 컴퓨터 B는 서버 A 컴퓨터에 비밀번호 등을 입력하지 않고도 접속할 수 있는 관계이다. 가장 먼저 공격자 C는 컴퓨터 B를 DoS 공격이나 버퍼 오버플로우 공격 등을 사용하여, 무용지물로 만든다(①). 그리고, 공격자 C는 서버 A 컴퓨터에 정상

표 9-1 TCP/IP 프로토콜에서 컴퓨터간 연결설정 절차

[그림 9-24]에서 보는 것처럼 2대의 컴퓨터가 통신을 하려고 할 때, 통신 설정을 시작하는 컴퓨터(송신자)는 통신 대상 컴퓨터(수신자)에게 "SYN" 메시지를 보내게 된다. 이 메시지에는 송신자의 IP 주소와 함께 시퀀스 넘버(sequence number)라는 임의로 생성된 숫자가 포함되어 있다. 수신자는 송신자로부터 "SYN" 메시지를 받으면, 이 메시지의 시퀀스 넘버에 1을 더한 숫자와 자신의 IP 주소를 사용하여 "ACK"이라는 메시지를 만든다. 그리고, 자신도 하나의 숫자를 임의로 생성하여 "SYN" 메시지를 만든 다음, 이 "ACK" 메시지와 "SYN" 메시지를 함께 송신자에게 보낸다. 송신자는 수신한 "ACK" 메시지의 시퀀스 넘버가 자신이 보낸 시퀀스 넘버에서 1 더한 값이 맞는지 확인한다. 이것을 통하여 송신자는 수신자가 자신이 원하는 통신 대상자인지를 확인할 수가 있다. 송신자는 수신자에서 받은 "SYN" 메시지의 시퀀스 넘버에 1을 더해서 "ACK" 메시지를 만든 후에 수신자에게 다시 보낸다. 수신자는 이 메시지의 시퀀스 넘버가 자신이 보낸 숫자에 1 더한 값인지 확인한다. 이로서, 수신자도 송신자가 자신이 원하는 통신 대상자인지 확인할 수가 있다. 통신 설정을 위한 이 세 번의 메시지 송수신을 three-way handshaking이라 하는데, 이것을 통하여 통신을 수행하는 두 개체는 상대방이 누구인지 확인할 수 있다.

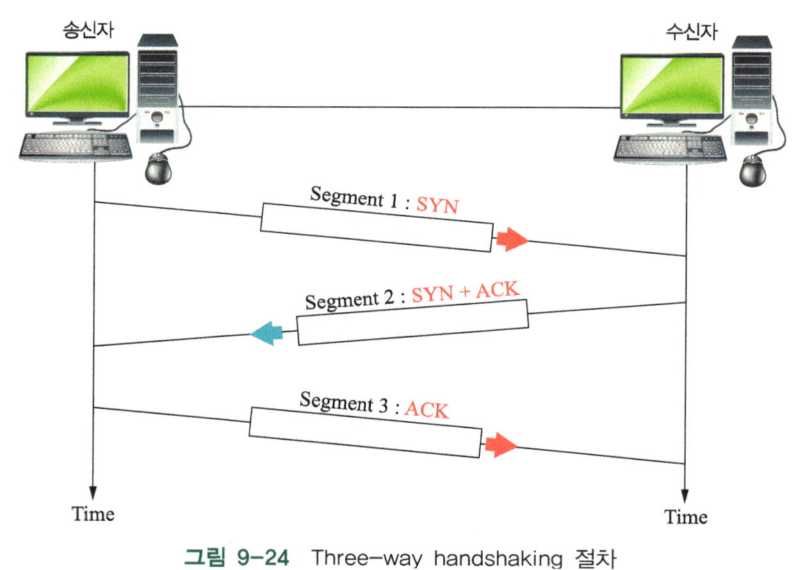

그림 9-24 Three-way handshaking 절차

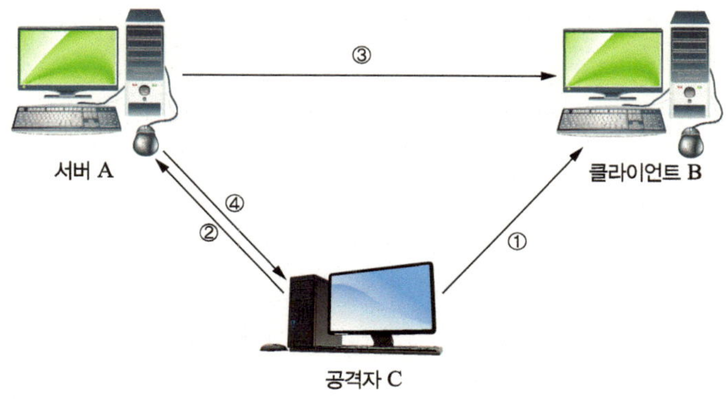

그림 9-25 IP 스푸핑 공격

접속을 시도한다. 이때 A와 C 사이에 three-way handshaking이 수행되는데, A에서 오는 패킷을 분석해서 A의 시퀀스 넘버의 변화를 분석한다. 시퀀스 넘버는 보통 일정 패턴으로 증가하기 때문에 A가 다음에 만들 시퀀스 넘버를 쉽게 짐작할 수 있다. 이렇게 해서 A의 시퀀스 넘버를 추측할 수 있으면, 공격자 C는 자신의 IP 주소를 B로 가장한 후에 A 컴퓨터에 접속요청(SYN)을 보낸다(②). 그러면, A 컴퓨터는 B에게 ACK와 SYN 메시지를 보내게 되는데(③), 이미 B 컴퓨터는 사용불능으로 되어 있기 때문에, 이에 대한 답을 할 수가 없다. 이때, 공격자 C는 다시 자신의 주소를 B로 위장하고, A 컴퓨터에게 추측된 시퀀스 넘버를 사용하여 ACK 메시지를 보낸다(②). 이렇게 되면, A 컴퓨터는 B 컴퓨터와 정상적으로 통신연결이 설정되었다고 생각하게 되지만, 사실은 공격자인 C 컴퓨터와 연결이 된 것이다(④). 이후 공격자 C는 A 컴퓨터에서 불법적인 행위를 수행할 수가 있다. IP 스푸핑 공격은 그리 어려운 기술을 필요로 하지 않고 수행할 수 있는 반면에, 자신의 IP를 다른 컴퓨터로 가장하기 때문에 나중에 공격자를 추적하기가 상당히 힘든 공격기법이다.

(2) ARP 스푸핑 공격

ARP(Address Resolution Protocol)란 컴퓨터의 IP주소를 컴퓨터의 네트워크 카드 주소인 MAC 주소로 변환하는 프로토콜로서 주로 근거리 통신망(LAN)에서 사용된다. ARP 스푸핑 공격은 통신하는 두 컴퓨터의 MAC주소를 공격자 자신의 MAC주소로 바꾸어 중간에서 패킷을 가로채는 공격이다. 예를 들면, A와 B의 통신 내용이 궁금한 공격자 C는 A에게 자신의 MAC 주소를 B의 주소라고 거짓으로 알려주고, B에게도 동일하게 자신의 MAC 주소를 A의 주소라고 알려준다. 이렇게 되면, A와 B는 공격자 C를 서로 통신하는 대상으로 인식하여 C에게 통신정보를 전송하게 되며, A와 B의 통신내용을 C가 모두 볼 수 있게 된다.

이 공격을 자세히 이해하기 위해서는 ARP 프로토콜의 동작원리를 이해할 필요가 있다. 인터넷에서는 IP 주소를 사용하여 컴퓨터들을 구분 하지만, LAN에서는 MAC 주소를 사용하여 컴퓨터들을 구분한다. 하나의 패킷이 인터넷이라는 바다를 항해할 때는 IP 주소를 사용해서 목적지의 LAN까지 찾아가지만, LAN 안에서 최종 목적지 컴퓨터로 갈 때는 MAC 주소를 사용한다. 따라서, IP 주소를 MAC 주소로 변환시킬 필요가 있는데, 이것을 위하여 스위치 장비는 라우터 테이블(route table)을 사용하고, LAN의 컴퓨터는 ARP 캐시 테이블(cache table)을 사용한다. [그림 9-26]은 스위치의 라우터 테이블과 LAN 컴퓨터들의 ARP 캐시 테이블을 보여주고 있다. 스위치의 라우터 테이블에는 스위치의 포트(port)에 연결되어 있는 모든 컴퓨터의 MAC 주소가 포트 번호와 함께 저장되어 있고, ARP 캐시 테이블에는 LAN 안에 있는 다른 컴퓨터들의 IP 주소와 그 주소에 해당되는 MAC 주소가 저장되어 있다.

컴퓨터 A가 LAN에 처음으로 접속을 한다고 가정하자. 이때 컴퓨터 A의 ARP 캐시

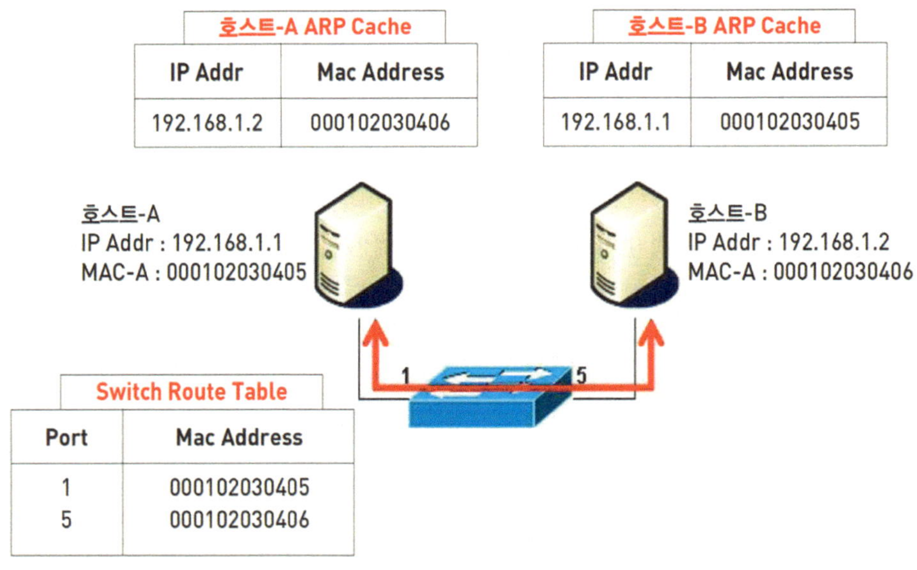

그림 9-26 라우터 스위치 테이블과 ARP 캐시 테이블

출처 : 인터넷침해사고 동향 및 분석월보(2007년 6월판)

테이블은 초기에는 비워져 있을 것이다. LAN에 접속되어 있는 다른 컴퓨터들의 IP 주소와 MAC 주소를 얻기 위하여, 컴퓨터 A는 브로드캐스팅(방송)을 이용해서 LAN에 있는 각 컴퓨터의 IP 주소와 MAC 주소를 물어본다. 이후 LAN에 연결되어있는 모든 컴퓨터는 자신의 IP 주소와 MAC 주소를 A에게 알려주게 되고, A는 MAC 주소와 IP 주소들을 ARP 캐시 테이블에 저장한다. LAN에 연결되어 있는 컴퓨터의 수는 시간이 지나면서 변화하기 때문에, 각 컴퓨터들은 주기적으로 컴퓨터 A가 한 것처럼 브로드캐스팅을 이용해서 LAN에 연결되어 있는 컴퓨터들의 IP 주소와 MAC 주소를 최신화한다. 이때, 공격자가 잘못된 MAC 주소를 가르쳐 줄 수가 있다. [그림 9-27]에서처럼, 공격자는 컴퓨터 A에게 자신의 MAC 주소를 컴퓨터 B의 MAC 주소라고 알려주고, 컴퓨터 B에게는 자신의 MAC 주소를 컴퓨터 A의 MAC 주소라고 알려 주는 것이다. 이렇게 되면, 컴퓨터 A와 B의 통신 내용들은 모두 공격자를 통해서 전달되기 때문에, 공격자는 A와 B의 통신내용을 모두 볼 수 있게 된다. 이렇게 ARP 프로토콜의 취약점을 이용해서 공격하는 방식을 ARP 스푸핑 공격이라고 한다.

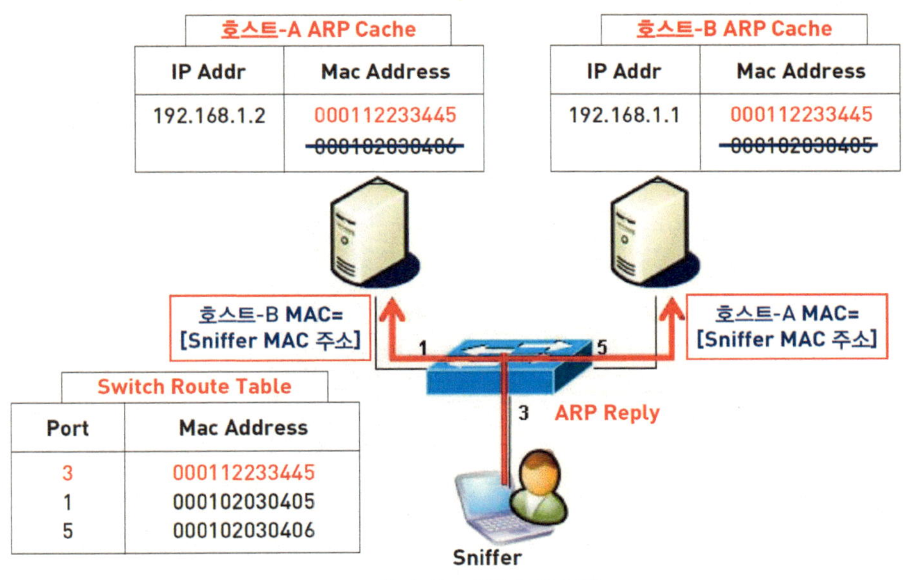

그림 9-27 ARP 스푸핑

출처 : 인터넷침해사고 동향 및 분석월보(2007년 6월판)

(3) DNS 스푸핑 공격

DNS(Domain Name Service) 프로토콜은 인터넷에 접속할 때 도메인 주소(예, www.google.com)를 IP 주소(예, 74.125.224.17)로 변환시켜 주는 프로토콜이다. 사용자가 인터넷의 특정 웹사이트에 접속하기 위해서는 접속하고자 하는 사이트의 IP주소를 DNS 서버에서 받아와야 한다. [그림 9-28]는 사용자 컴퓨터가 DNS 서버로부터 특정 도메인의 IP 주소를 받아오는 절차를 보여주고 있다. 먼저 사용자 컴퓨터가 DNS 서버에게 특정 도메인의 IP 주소를 요청하는 데 이것을 DNS 질의(query)라고 한다(①). 그러면, DNS 서버는 사용자에게 IP 주소를 알려주는 데 이것을 DNS 응답(reply)이라고 한다(②). 사용자는 DNS 서버로부터 받은 IP 주소를 사용하여 해당 웹사이트에 접속할 수 있다(③).

DNS 스푸핑은 사용자와 DNS 서버 사이의 트래픽을 스니핑하여, 공격자가 설정한 임의의 IP주소를 사용자에게 보내어 공격자가 원하는 사이트로 사용자가 접속하게 하는 공격을 의미한다. DNS 스푸핑 절차는 다음과 같다. 공격대상 컴퓨터를 A, 그리고 공격자를 B라고 하자. 먼저, 공격자 B는 공격 대상 컴퓨터 A와 동일한 LAN에 위치하고 있어야 한다. 공격자 B는 A가 DNS 서버로 DNS 질의 패킷을 보내는 것을 확인한다. LAN이 스위치 장비를 사용하고 있으면, A의 DNS 질의가 DNS 서버에게만 전달되기

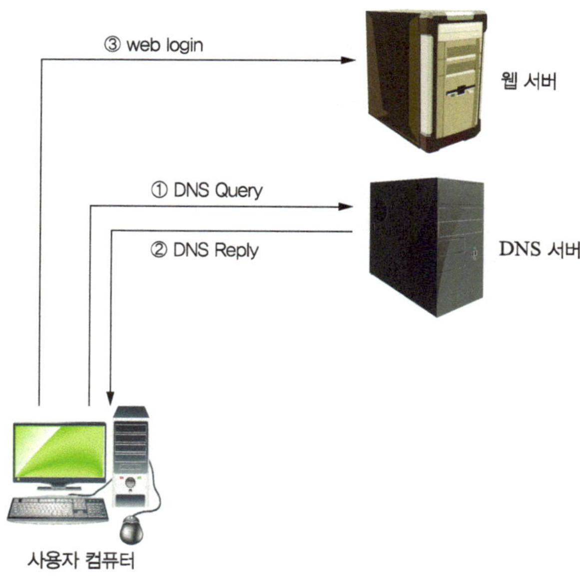

그림 9-28 DNS 서비스 절차

때문에, 공격자 B가 이 질의를 수신하기 위해서는 ARP 스푸핑과 같은 선행작업이 필요하다. LAN이 허브 장비를 사용하고 있다면, 이런 선행작업이 필요없게 된다. 왜냐하면, 허브 장비는 자신에게 오는 모든 패킷을 LAN 전체에 브로드캐스팅하는 특성을 가지고 있기 때문이다. 공격자 B는 A의 DNS 질의를 확인하고, DNS 서버가 DNS 응답을 보내주기 전에 자신이 위조한 DNS 응답을 A에게 보내준다. 공격자 B는 앞에서 설명한 대로, LAN에 위치하고 있기 때문에, DNS 서버보다 더 빨리 A에게 패킷을 보낼 수 있다. A는 공격자 B가 보낸 DNS 응답을 올바른 패킷으로 인식하고 그 안에 있는 IP 주소를 사용하여 웹에 접속하게 된다. 늦게 도착한 DNS서버의 응답 패킷은 버려지게 된다.

(4) 세션 하이재킹 공격

네트워크에서 세션(session)은 '컴퓨터간의 통신이 활성화된 상태'를 의미한다. 예를들면, 컴퓨터로 인터넷 뱅킹을 할 때, 은행 웹사이트에 접속하여 로그인하면 사용자 컴퓨터와 은행 컴퓨터간에 하나의 세션이 형성된 것이다. 이 세션이 형성되어 있는 동안에는 사용자는 은행에서 제공하는 모든 서비스를 이용할 수 있다. 하지만, 몇 분 동안 컴퓨터를 사용하지 않고 있으면, 사용자 컴퓨터와 은행 컴퓨터간의 세션은 자동 해제된다. 사용자가 계속 은행 업무를 하고 싶으면, 은행 웹사이트에 다시 접속하여 새로운 세션을 형성하여야 한다.

세션 하이재킹 공격이란 이미 인증을 받아 세션을 유지하고 있는 연결을 가로채는 공격이다. 예를 들면, 사용자 컴퓨터와 은행 컴퓨터간에 세션이 형성되어 사용자가 은행 업무를 보고 있는 동안에, 공격자가 두 컴퓨터간의 세션을 가로채어 공격자가 은행 컴퓨터와 세션을 유지하는 것이다. 사용자는 이미 은행에 로그인을 한 상황이기 때문에,

그림 9-29 세션 하이재킹 개념도

출처 : cris.joongbu.ac.kr

세션을 가로챈 공격자는 사용자의 은행계정에서 모든 불법 행위(예금 인출 등)를 수행할 수 있다.

세션 하이재킹의 공격 방식은 앞에서 설명한 IP 스푸핑 공격 방식과 거의 동일하다. 차이점은 IP 스푸핑이 두 개의 컴퓨터가 세션을 형성하기 위하여 3-way handshaking을 할 때 공격하는 반면에 세션 하이재킹은 두 개의 컴퓨터가 세션을 유지하고 있는 도중에 공격한다는 것이다. 세션 하이제킹 공격을 위해서는 다음의 3가지 조건이 성립되어야 가능하다. 첫째, 세션간의 통신이 암호화되어 있지 않아야 한다. 세션간의 통신이 암호화 되어 있으면, 세션에서 교환되고 있는 패킷의 시퀀스 넘버를 공격자가 짐작할 수가 없기 때문에 공격이 불가능해진다. 둘째, 공격자는 세션의 시퀀스 넘버 변화 패턴을 분석하여, 다음에 교환될 패킷의 시퀀스 넘버를 정확하게 추측할 수 있어야 한다. 셋째, 공격자는 공격 대상자의 IP 주소나 MAC 주소를 스푸핑 할 수 있어야 한다. 이 세가지 조건을 모두 충족하면, 공격자는 IP 스푸핑 공격과 동일한 방식으로 세션 하이재킹 공격을 수행할 수 있다.

9.2.3 서비스 거부(DoS : Denial of Service) 공격

DoS 공격은 앞에서 설명한 스니핑이나 스푸핑과는 공격 목적이 다르다. 스니핑은 네트워크를 지나가는 다른 사용자의 데이터를 엿보는 공격이고, 스푸핑은 공격자가 다른 사용자로 위장하는 공격임에 비하여, DoS 공격은 네트워크에 연결된 다른 시스템을 공격하여 정상적인 서비스를 못하도록 하는 것이다. DoS 공격은 공격대상 시스템의 가용성에 대한 공격으로, 공격대상에 따라 시스템을 파괴하는 공격과, 시스템의 자원을 고갈시키는 공격, 그리고 네트워크 자원을 고갈시키는 공격으로 구분할 수 있다. DoS 공격에는 다양한 방법들이 존재하는데, 이것들에 대해서 자세히 살펴보자.

(1) Ping of death

이 공격은 “죽음의 핑 날리기”라고도 하는데, 공격대상 시스템의 CPU 자원을 고갈시키거나 버퍼 오버플로우를 발생시키는 공격방법이다. 이 공격은 초기 운영체제(윈도우 95/98, 리눅스의 Redhat 6.0 이하의 버전)에서 유효하고 그 이후에 출시된 운영체제에서는 방어방법이 기본적으로 제공되고 있다.

Ping은 자신의 컴퓨터와 다른 컴퓨터간에 네트워크 연결 상태를 확인하기 위해서 사용하는 명령어이다. 작동방식은 특정 크기의 패킷을 목적지 컴퓨터에 보내고 이것을 수신한 컴퓨터는 패킷을 수신했다는 응답을 패킷 송신 컴퓨터에게 보내는 것이다. 패킷의 송신과 수신을 통해서 두 컴퓨터 사이에 네트워크가 연결되어 있는 것을 확인할 수 있다.

Ping of Death 공격을 이해하기 위해서는 먼저 인터넷에서 사용되는 패킷의 크기를 알아볼 필요가 있다. 인터넷에서 전송되는 패킷 하나의 크기는 최대 65,535 바이트로 제한되어 있다. 그러나, 이 크기는 최대 크기를 명시한 것이지 실제 LAN에서 전송할 수 있는 패킷의 최대 크기는 1,500 바이트 정도에 불과하다. 따라서, 1,500 바이트보다 더 큰 패킷은 1,500 바이트보다 더 작은 크기의 여러 조각들로 분리하여 보내게 된다. 그리고, 이 조각들은 수신 컴퓨터에서 다시 조립되어 원래의 패킷이 된다.

Ping of Death 공격은 ping 명령어를 사용하여 정상적인 크기보다 훨씬 큰 패킷을 공격대상 컴퓨터에게 보내는 것이다. 공격자가 ping 명령어를 사용하여 65,535보다 더 큰 패킷을 만들어서 공격대상 컴퓨터에게 보내면, [그림 9-30]에서 보는 것처럼 이 패킷은 1,500 바이트보다 작은 여러 패킷으로 분해되어 공격대상 컴퓨터에 도달한다. 공격대상 컴퓨터는 이 조각 패킷을 조립하게 되는데, 조립 완료된 패킷의 크기가 인터넷 표준인 65,535 바이트보다 클 경우에 이것을 처리하지 못하고 시스템이 다운될 수 있다. 설령 시스템이 다운되지 않더라도, 패킷을 조립하기 위해서 많은 부하가 걸리게 되어, 이런 패킷이 지속적으로 올 경우 시스템의 CPU 자원이 고갈되어 다른 서비스를 할 수 없게 된다.

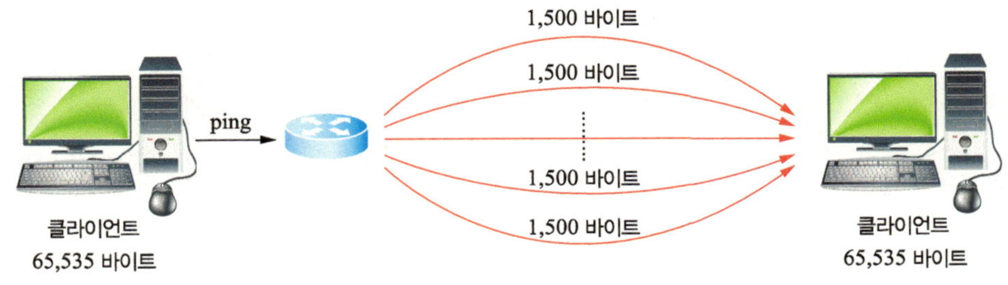

그림 9-30 Ping of Death 개념도

(2) Smurf 공격

Smurf 공격은 ping 메시지를 사용해서 공격 대상 컴퓨터의 CPU 자원을 고갈시키는

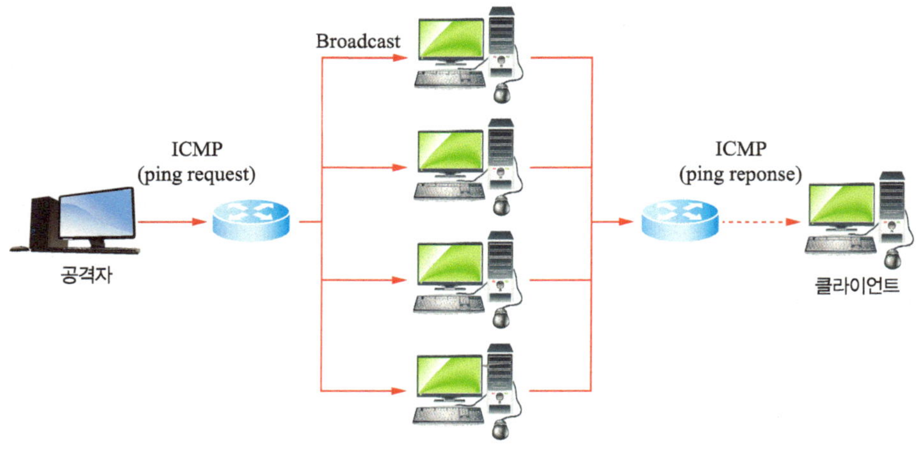

그림 9-31 Smurf 공격

공격이다. 인터넷에서는 패킷을 목적지 네트워크의 특정 컴퓨터에게 보낼 수도 있고, 네트워크의 모든 컴퓨터에게 동시에 보낼 수도 있다. 후자의 경우를 브로드캐스팅이라고 하는데, Smurf 공격은 이 브로드캐스팅 기능을 이용하는 것이다. [그림 9-31]은 Smurf 공격의 개념을 보여주고 있다. 공격의 수행순서는 다음과 같다. 공격자는 우선 공격에 사용할 수 있는 네트워크(컴퓨터가 아님)를 선정한다. 그리고, 공격자는 하나의 ping 메시지를 만들어서, 이 메시지를 선정한 네트워크로 브로드캐스팅 모드로 보낸다. 이때, ping 메시지의 발신 IP 주소를 자신의 것이 아니라, 공격 대상자의 IP 주소를 사용해서 마치 이 ping 메시지가 공격 대상자가 보낸 것처럼 위장한다. 이 메시지를 받은 네트워크의 모든 컴퓨터는 공격 대상 컴퓨터로 ping 메시지에 대한 응답을 하게 된다. 이렇게 되면, 공격 대상 컴퓨터는 자신이 보내지도 않은 ping 메시지에 대한 응답 메시지로 폭주하게 되고, CPU의 부하가 증가되어 정상적인 서비스를 할 수 없게 된다.

(3) SYN flood 공격

SYN flood 공격은 TCP 프로토콜의 세션 설정 절차인 three-way handshaking을 이용하는 공격방법이다. 두 개의 컴퓨터가 세션을 설정하기 위해서는 3개의 패킷(SYN, SYN+ACK, ACK)을 주고 받아야 한다. SYN 패킷을 받은 컴퓨터는 handshaking 과정을 효율적으로 처리하기 위하여 연결시도 정보(SYN를 보낸 컴퓨터의 IP 주소 등)를 버퍼라 불리는 제한된 크기의 공간에 임시로 저장해 놓는다. 버퍼에 저장된 연결시도 정보는 세션설정이 완료되면 버퍼에서 삭제된다. 따라서 연결시도 정보는 SYN 패킷을 받은 컴퓨터가 SYN+ACK을 보낸 후 다시 ACK이 돌아올 때까지만 버퍼에 저장된다. SYN flood 공격은 세션 설정을 위해 사용할 수 있는 버퍼의 용량이 적다는 것을 악용한다. 일반적으로 버퍼의 크기는 꽤 작아 10개 혹은 20개 정도의 연결시도 정보만 저장할 수 있다. [그림 9-32]는 SYN flood 공격방법을 보여주고 있다. 공격자는 많은 양의 SYN 패킷을 보내고 ACK을 보내지 않는다. 그러면, 공격 대상 컴퓨터의 버퍼는 연결시도 정보로 가득 차게 되고, 시스템이 다운되거나 다른 서비스를 할 수 없게 된다.

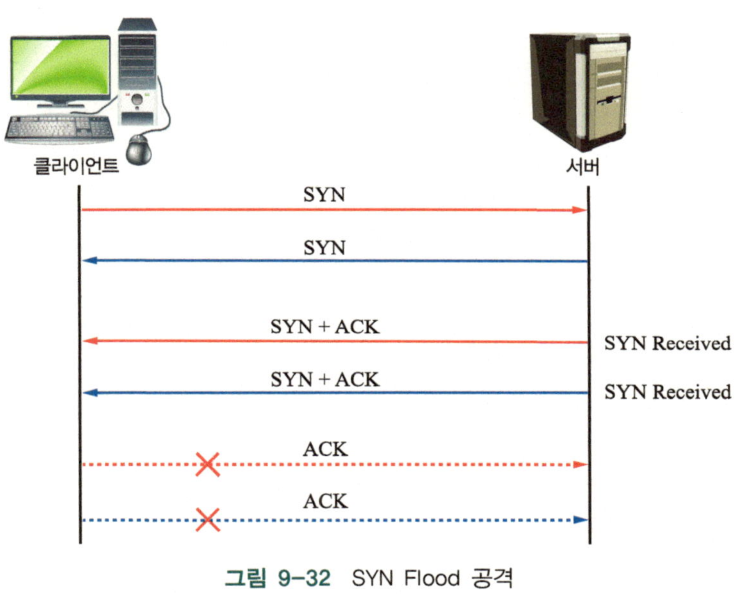

그림 9-32 SYN Flood 공격

(4) 분산 서비스 거부 공격

분산 서비스 거부 공격(DDoS attack : Distributed Denial of Service attack)은 다수의 컴퓨터가 공격대상 컴퓨터에 동시에 접속을 시도하여 공격대상 컴퓨터나 네트워크의 트래픽을 폭주시켜 정상적인 서비스를 방해하는 공격방법이다. 공격을 위해서 다른 컴퓨터들의 도움을 필요로 한다는 점에서 앞에서 설명한 Smurf 공격과 유사하다. 하지만, Smurf 공격에서는 다른 컴퓨터들을 단지 메시지 중계자로 이용하는 반면에, 분산 서비스 공격에서는 공격에 이용하는 컴퓨터들을 악성코드로 감염시켜 좀비 PC로 만든다. 그리고, 좀비 PC들을 조정하여, 동시에 공격대상 컴퓨터에게 접속을 시도한다. 공격대상 컴퓨터는 접속요청이 폭주하게 되고, 이로인해 시스템이 다운되거나 정상적인 서비스가

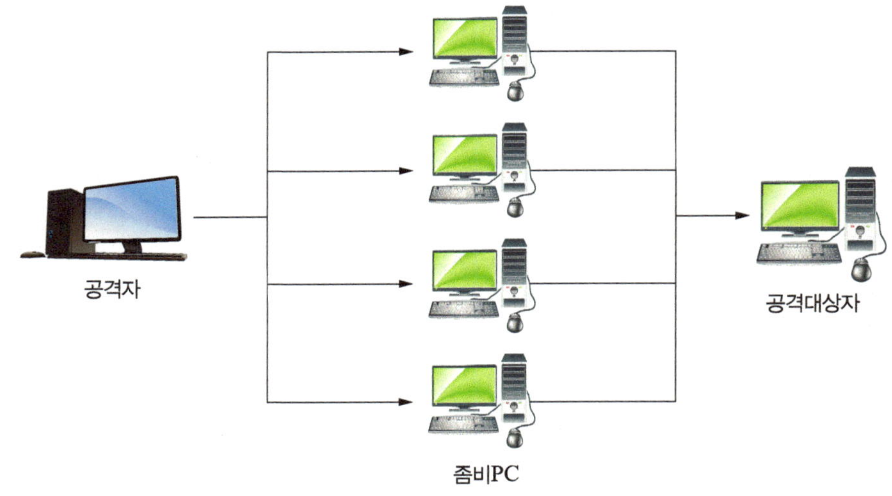

그림 9-33 DDoS 공격

불가능해진다. 공격을 수행한 후에는 공격자의 위치를 노출시키지 않기 위하여, 좀비PC로 사용한 컴퓨터들의 디스크를 삭제하기도 한다. [그림 9-33]은 분산 서비스 공격 방식을 보여주고 있다.

9.2.4 기타 네트워크 위협

(1) 피싱 공격

피싱(phishing)은 private data(개인정보)와 fishing(낚시)을 합쳐서 만든 단어로서, 온라인상에서 가짜 미끼를 걸어, 고객의 개인정보를 빼내는 공격을 의미한다. 피싱에 주로 사용되는 공격 방법은 수신자에게 이메일을 보내거나 사용자 컴퓨터에 광고 팝업 창을 띄워 사용자가 공격자들이 운영하는 웹사이트로 접속하게 한다. 그 웹사이트들은 합법적인 전자 상거래 사이트처럼 위조되어 있어, 사용자에게 주민등록번호나 은행계좌, 신용카드 번호 등을 입력하게 하고, 그 정보들을 빼내어서 불법행위를 하는데 사용한다. 피싱을 위해 사용되는 방법들은 다음과 같다.

표 9-2 피싱 방법

방 법	설 명
유사한 이메일 사용	공격자의 메일발송 주소를 실제 도메인 주소와 유사하게 생성 실제 : service@daum.net 위조 : service@daum.com
유사한 도메인 사용	위조 사이트의 도메인을 실제 사이트와 유사하게 생성 실제 : www.daum.net 위조 : www.daum.com
하이퍼링크 위조	하이퍼링크에 연결된 도메인 주소를 위조하여 위조된 사이트로 접속하게 유도
팝업창 사용	피싱메일이나 위조 사이트에서 팝업창을 띄워 개인정보 입력을 유도

(2) 파밍 공격

파밍(pharming)은 피싱보다 발전된 공격 기법으로, 사용자 컴퓨터에 트로이목마 등의 악성 프로그램을 몰래 설치하여, 사용자가 주소 입력 창에 정확한 도메인 주소를 직접 입력하더라도 해커가 만든 위장 사이트로 이동하게 만드는 공격이다. 이 공격은 사용자의 실수를 이용하여 공격하는 것이 아니기 때문에, 사용자가 공격받고 있다는 것을 간파하기가 어렵다. 파밍 공격을 위해 사용하는 방법들은 다음과 같다.

표 9-3 파밍 방법

방 법	설 명
DNS 변조	DNS 서버를 해킹하여 특정 도메인에 대한 IP 주소를 수정하여 사용자가 DNS에 요청을 했을 때 위조 사이트에 대한 IP 정보를 제공하여 공격자가 만들어 놓은 위조 사이트에 접근하게 되는 방법
호스트 파일 변조	호스트 파일은 일종의 주소록으로서 어떤 웹 사이트를 방문할 때 시스템은 DNS를 이용하기 전에 호스트 파일을 먼저 참조하여 해당 웹 사이트의 IP 주소를 얻는데, 이 주소록이 공격자에 의해 수정되었을 경우 위조 사이트로 접속됨
브라우저 변조	브라우저 프로그램을 변조시켜 사용자가 정상 URL을 입력해도 피싱 사이트로 접속하게 하는 수법

연습문제

〈객관식〉

1. 다음은 어떤 악성 코드에 대한 설명인가?

사용자 동의 또는 동의없이 설치되어 자신이 설치된 시스템의 정보를 원격지의 특정한 서버에 주기적으로 보내는 악성코드로, 주 목적은 사용자 모르게 정보를 수집하는 것이기 때문에 눈에 띄는 형태로 동작하거나 시스템에 악영향을 주는 경우는 드물다.

① 바이러스　　② 웜

③ 트로이목마　　④ 스파이웨어

2. 다음 중 파밍 공격에 사용하는 방식이 아닌 것은 무엇인가?

① DNS 변조　　② 호스트 파일 변조

③ 하이퍼링크 변조　　④ 브라우저 변조

〈단답형〉

1. 패스워드 획득 기법 중 무차별 대입 기법(brute force attack)은 원하는 암호를 풀기 위해 가능한 모든 값을 대입하는데, 대부분의 시스템에서는 계속되는 대입을 막기 위해 일정 횟수 이상 시도 실패할 경우 일정 시간동안 접속을 제한하거나 (　　　　) 등을 사용하여 자동 로그인 시도를 방지한다.

2. (　　　　　　　　)은 산업시설이나 국가 기간시설을 제어 및 통제하는 프로그램을 공격할 목적으로 개발되었다.

3. DoS 공격은 보안의 기본요소 중 (　　　　　　)을 해치는 공격 방법이다.

4. 컴퓨터의 IP주소를 컴퓨터의 네트워크 카드 주소인 MAC 주소로 변환하는 프로토콜을 (　　　　　　)이라고 한다.

〈서술형〉

1. 사전 기법(dictionary attack)에 대하여 간략히 설명하시오.

2. 트로이 목마(Trojan Horse)에 대하여 간략히 설명하시오.

3. 세션 하이재킹 공격을 성공하기 위해서 필요한 선결조건에 대해서 설명하시오.

Chapter

10 사이버 방어 기술

사이버 위협의 대상은 시스템이다. 여기서 말하는 시스템은 PC나 대규모의 웹서비스를 제공하는 서버, 중요한 정보를 저장하고 있는 데이터베이스 시스템, 더 나아가 라우터나 게이트웨이 등의 네트워크 장비를 포함한다. 사이버 위협에 적절히 대응하기 위해서는 우선 각 시스템의 보안이 완벽히 갖추어져 있어야 한다. 그리고 공격자가 시스템에 침입 후 원하는 데이터를 손에 넣었더라도 그 내용을 확인할 수 없도록 중요한 데이터는 암호화하여 저장하고 있어야 한다. 또한 데이터를 주고받는 도중 공격자가 데이터를 가로채는 상황에 대비하여 네트워크를 통해 데이터를 전송할 때도 암호화 하여야 한다. 각각의 시스템이 사이버 위협에 대응하여 보안을 강화하는 것과 함께 이런 시스템을 보호하기 위한 시스템, 즉 보안 시스템을 운용할 수도 있다. 사이버 위협이 발생하였을 때 공격 근원지에 대한 대응의 국제적 명분을 확보하거나 법적 증거자료를 수집하기 위한 디지털 포렌식스도 중요하다.

10.1 암호

중요 데이터를 탈취하기 위한 사이버 위협으로부터 데이터를 보호하는 가장 기본적인 방법은 데이터를 확인할 수 없도록 암호화 하는 것이다. 암호화되기 전의 데이터인 평문(plaintext)은 누구나 알아볼 수 있지만 암호화(encrpytion)를 거쳐 만들어진 암호문(ciphertext)은 알아볼 수 없다. 암호문을 알아볼 수 있도록 복호화(decryption)과정을 거치면 암호문을 평문으로 만들 수 있다. 평문과 암호문이 변환되는 암·복호화 과정에는 키(key)라는 값이 필요한데, 키의 값에 따라 동일한 평문이 동일한 암호화 과정을 거치더라도 다른 암호문이 생성된다. 따라서 암호화 방법이 알려지더라도 키를 비밀로 유지하면 적에게 정보가 노출되지 않는다. 이런 이유로 키를 비밀키(seceret key)라고 부르기도 한다. 일련의 암·복호화 과정과 사용되는 키를 묶어 암호체계(cryptosystem)라고 통칭한다[그림 10-1]. 본 절에서는 암호체계의 발전과정을 간단하게 살펴본 뒤, 구체적인 암호 기법들을 세부적으로 살펴보기로 한다.

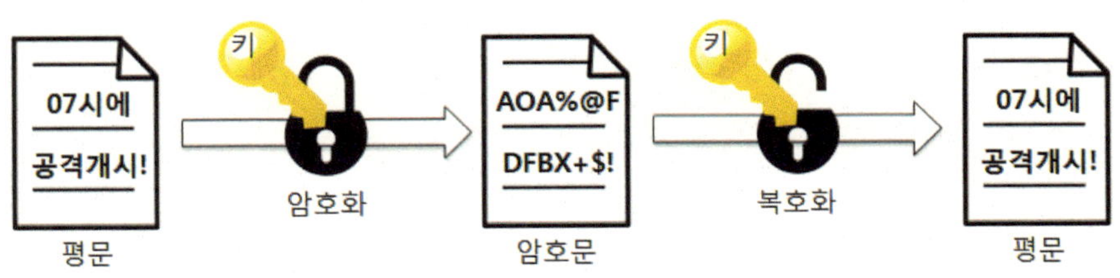

그림 10-1 암호체계의 구성요소

10.1.1 고전 암호

초기의 암호체계는 암호화 방법에 따라 전치 암호(transposition cipher)와 치환 암호(substitution cipher)로 나눌 수 있다. 전치 암호는 평문에 나타난 글자나 기호의 형태는 바꾸지 않고 동일한 몇 개의 블록으로 나눈 후 블록 안에서 일정한 규칙에 따라 문자 또는 기호를 재배열하여 암호문을 생성한다. 대표적인 전치 암호로는 스키테일 암호가 있다. 치환 암호는 평문에 나타난 문자 또는 기호의 순서는 바꾸지 않고 다른 문자 또는 기호로 치환하는 방식이다.

치환 암호는 치환 방식에 따라 단일문자 치환 암호(monoalphabetic substitution cipher)와 다중문자 치환 암호(polyalphabetic substitution cipher)로 나뉜다. 단일문자 치환 암호는 평문의 알파벳과 암호문의 알파벳이 1:1로 대응되어 치환되는 특징이 있다. 이러한 특징 때문에 단일문자 치환 암호체계로 암호화한 암호문의 알파벳 빈도수 통계가 평문의 알파벳 빈도수 통계와 유사성을 보인다는 약점이 있다. 즉, 어떤 암호문에서 특정 알파벳이 많이 나왔다면, 그 알파벳은 평문에서 많이 쓰이는 s나 모음 알파벳이 치환되었을 것이라고 추정할 수 있는 것이다. 이에 반해 다중문자 치환 암호는 평문에서 같은 알파벳이라도 서로 다른 알파벳으로 치환될 수 있기 때문에 빈도수 통계 분석으로 해독이 어렵다. 대표적인 치환 암호로는 카이사르 암호와 비제네르 암호가 있다.

(1) 스키테일 암호(Scytale cipher)

가장 오래되었다고 알려져 있는 스키테일 암호는 기원전 450년 경 그리스의 스파르타에서 전쟁 시에 사용된 것으로 알려져 있다. 사용자는 동일한 굵기의 원통형 막대기(스키테일)를 나눠 갖는다. 비밀리에 보내야 할 메시지가 있을 경우 이 막대기에 가느다란 양피지 리본을 위에서 아래로 감은 다음 옆으로 메시지를 적는다. 리본을 풀어내면 문자의 위치가 바뀌기 때문에 같은 굵기의 원통 막대기에 감기 전에는 메시지의 내용을 알 수 없다. 따라서 스키테일 암호는 전치 암호이며 키는 원통의 굵기라는 것을 알 수 있다. [그림 10-2]는 스키테일 암호의 모습을 보여준다.

그림 10-2 스키테일 암호

(2) 카이사르 암호(Ceasar's cipher)

로마의 카이사르는 비밀리에 편지를 보내고자 할 때 다른 사람들이 알아보지 못하도록 각 알파벳을 알파벳 순서로 세 글자 뒤에 있는 알파벳으로 치환하는 방법으로 글을 썼다. 즉 A는 D로 B는 E로 바꿔 읽는 방식으로 단일문자 치환 암호이다. 예를 들어 평문 "Be Careful for Assassinator"(암살자를 조심하라)을 카이사르 암호로 암호화하면 "EH FDUHIXO IRU DVVDVVLQDWRU"라는 암호문이 된다. 복호화를 할 때는 반대로 각 알파벳을 세 글자만큼 앞으로 당겨 치환하면 된다. 카이사르 암호는 이 방법을 일반화 하여 미리 주고받은 키의 값 만큼 밀고 당기는 것으로 암·복호화를 수행하는 암호를 말한다. 카이사르 암호는 치환되는 알파벳이 1:1로 대응하기 때문에 단일문자 치환 암호라는 것을 알 수 있다.

(3) 비제네르(Vigenere) 암호

비제네르 암호는 비제네르가 1586년에 제안한 다중문자 치환 암호로, 암호화 방법은 다음과 같다. 먼저 키를 선택하고 평문의 알파벳을 숫자(0~25)로 바꾼 후, 암호키 단어의 각 문자에 대응하는 숫자를 평문에 반복적으로 더한다. 즉, 평문의 알파벳이 서로 다른 키와 더해질 수 있기 때문에 평문에서 동일한 알파벳이 서로 다른 알파벳으로 치환될 수 있다. 즉, 평문에서의 a가 키에 따라 r이나 u, o등으로 치환 될 수 있다.

THIS IS CIPHER라는 평문과 APPLE이라는 키를 이용하여 비제네르 암호로 암호화 해보자. 먼저 평문의 알파벳 A부터 Z까지를 0부터 25까지의 숫자로 바꾸면, THIS는 19 7 8 18로, IS는 8 18로, CIPHER는 2 8 15 7 4 17로 바뀐다. 키도 마찬가지로 숫자로 바꾼 후에, 대응하는 평문과 키의 숫자를 더한다. 이 때 키가 암호문보다 짧은 경우에는 키를 반복적으로 적용하여 더하면 된다. 더한 숫자가 26 이상일 경우에는 26으로 나눈 나머지 값으로 치환해 주면 된다. 이렇게 암호화 된 문장을 알파벳으로 다시 바꾸면면 최종적으로 TWXD MS RXALEG라는 암호문이 완성된다. 된다. 만일 이 문장을 원 문장으로 되돌리고 싶다면 암호키 값에 해당하는 값을 빼 주면 된다. [그림 10-3]에서 비제네르 암호의 암호화 방법을 확인할 수 있다.

```
THIS IS CIPHER ➔ 19 7 8 18   8 18   2 8 15 7 4 17
APPL EA PPLEAP ➔  0 15 15 11  4 0   0 15 15 11 0 15
                 ------------------------------------ +
                 19 22 23 29  12 18  17 23 26 11 4 32
               ➔  T  W  X  D   M  S   R  X  A  L E  G
```

그림 10-3 비제네르 암호의 암호화 예시

10.1.2 근대 암호

20세기 들어서는 기계식 계산기의 발전과 유무선 통신 기술의 발달에 힘입어 다양한 암호 기술이 개발되었다. 또한 1, 2차 세계대전을 거치면서 암호 설계 및 해독에 대한 필요성이 높아지게 되면서 암호학은 큰 발전을 거듭하게 되었다. 전쟁사를 잘 살펴보면 결국 연합군에게 승리를 가져다 준 핵심 요인 중 한 가지가 바로 독일과 일본의 암호를 해독하였다는 것이다. 근대암호의 특징은 문장을 암호화 할 때 복잡한 기계들을 사용하여 해독에 엄청난 계산 시간이 필요하게 만들었다는 것이다. 이러한 방식은 컴퓨터가 출현하기 전까지 막강한 위력을 발휘하였다.

(1) 에니그마(Enigma)

에니그마는 독일어로 수수께끼란 뜻으로, 독일군에 의해 사용한 기계식 암호 조립 및 해독 기계이다. 이 기계는 암호와 해독을 동시에 수행할 수 있는 기계로서 키보드, 플러그보드, 3개의 회전판, 라이트보드로 구성되며 외관상으로 타자기의 형태하고 있다[그림 10-4(좌)] 암호문을 만들기 위해 키를 설정하고 키보드로 글자를 입력하게 되면 전기신호가 플러그보드로 전해지고 이후 회전판으로 이동한다. 이 회전판은 단일문자 치환을 수행하는 장치로, 알파벳을 입력하면 대응하는 다른 알파벳이 출력되는 구조이다. 3개로 구성된 회전판과 반사판을 모두 통과하면 입력한 알파벳과는 다른 알파벳이 출력되고, 가장 앞의 회전판이 한 칸 회전하게 된다. 앞의 회전판이 한 바퀴를 완전히 돌면, 다음 회전판이 한 칸 움직이면서 치환 규칙이 지속적으로 바뀌게 되는 특징이 있다. 에니그마는 초기에 입력한 키 값과 회전판의 최초 위치, 회전판의 종류에 따라 무수한 조합이 가능하기 때문에 기존의 암호 해독방법으로는 해독이 불가능하였다. 연합군은 에니그마의 해독을 위해 GC&CS라는 암호 학교를 설립하여 봄베(Bombe)라는 전자기계식 해독 기계를 제작하였고, 에니그마의 해독에 성공하였다.

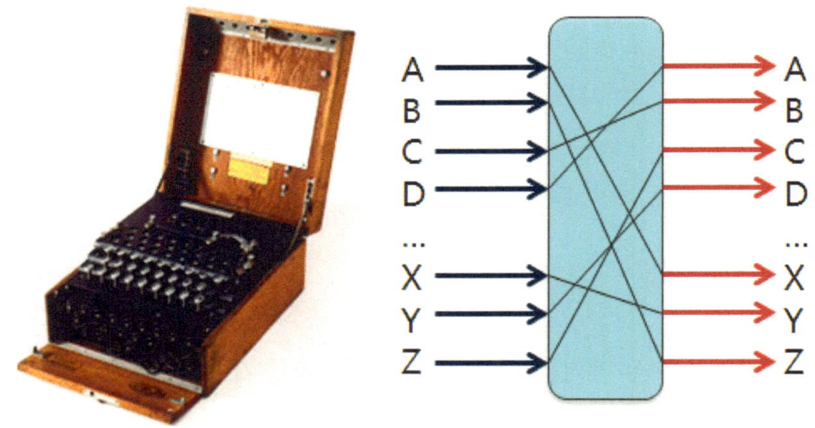

그림 10-4 에니그마 기계(좌)와 회전판 도식(우)

10.1.3 현대 암호

컴퓨터의 등장은 기존의 암호체계를 사용 불능으로 만들었다. 공격자가 모든 키의 조합을 대입하여 암호를 해독하는 무작위 대입법(brute force)은 키가 길고 암호화 과정이 복잡할수록 시간이 오래 걸려 사실상 해독이 불가능 하였지만, 컴퓨터의 강력한 계산 능력을 이용하면 쉽게 해독이 가능하기 때문이다. 따라서 점점 복잡한 계산을 필요로 하는 암호체계의 도입이 필요해졌다. 이를 위해 도입한 것이 DES(Data Encryption Standard)를 비롯한 컴퓨터 알고리즘 기반의 암호체계이다.

또한, 기존의 암호체계는 암·복호화 과정과 그것에 사용되는 키로 구성되어 있어 키의 기밀성 유지가 중요하였다. 하지만 암호화 통신의 비중이 커짐에 따라 키의 분배와 관리에 어려움이 생겼다. 키의 전달은 필연적으로 암호화할 수 없기 때문에 언제나 노출의 위험이 있으며, 통신 상대 마다 서로 다른 키를 사용해야 하기 때문에 키의 개수가 점점 많아져 키의 관리가 어려워진 것이다. 이를 극복하기 위해 등장한 것이 공개키 암호(public key cryptography)이다. 기존의 암호는 암·복호화에 하나의 비밀키(secret key)를 사용하는 반면, 공개키 암호는 공개키(public key)와 개인키(private key)라는 두 종류의 키를 사용한다[그림 10-5]. 이 때문에 기존의 암호는 대칭키 암호(symmetric key cryptography), 공개키 암호는 비대칭키 암호(asymmetric key cryptography)라 부르기도 한다. 대표적인 공개키 암호로는 RSA가 있다.

그렇다면, 대칭키 암호를 버리고 공개키 암호만 사용하는 것이 좋을까? 그렇지는 않다. 대칭키 기법은 공개키 기법에 비해 현저하게 속도가 빠르다. 따라서 대량의 데이터를 암호화할 때는 데이터의 암호화는 대칭키 암호를 사용하고, 이때 암호화에 사용되는 비밀키 자체는 공개키 암호로 암호화시켜 암호화된 메시지와 키를 함께 전송하는 하이브리드(hybrid) 암호가 널리 사용된다.

그림 10-5 공개키 암호 개념

(1) DES(Data Encryption Standard) 암호

컴퓨터 기반의 암호는 크게 스트림 암호와 블록 암호로 나누어진다. 스트림 암호는 상대적으로 작은 키를 사용하되 비트열로 늘려진 키를 일회성 암호와 같은 방법으로 사용한다. 평문을 일련의 비트열로 취급하여 한 번에 1 비트씩 혹은 1 바이트씩 암호화하여 전체 평문을 암호화시킨다. 구현 여건이 제약되는 이동통신 환경에서도 구현이 용이하여 이동통신 등의 무선데이터 보호에 많이 사용되고 있다. 블록 암호는 먼저 평문을 n개의 문자나 비트단위의 블록으로 분리한 후 동일한 암호 알고리즘과 키를 각각의 블록에 적용해서 암호문을 얻는다. 암호문을 만들기 위해 암호 키와 알고리즘이 데이터 블록 단위로 적용되기 때문에 블록 암호라고 부른다.

대표적인 블록 암호인 DES(Data Encryption Standard) DES는 1970년대 초에 IBM이 미 정부에 제안한 것으로, 미국 국가안전보장국(NSA)이 수정 후에 FIPS PUB 46-2로 표준화하였다. DES는 기본적으로 64비트의 블록을 64비트의 키로 암호화하는 시스템이다. 64비트의 키 중 8비트는 패리티 비트로 사용되므로 실제는 56비트만이 키로 사용된다. 따라서, 사용 가능한 전체 키의 갯수는 2^{56}개이다. DES 알고리즘은 본질적으로 치환과 대치로 변형된 수열로 구성되는데 암호화되는 블록은 먼저 초기 연산Initial permutation)이 행해진 다음 주어진 키에서 얻는 부속키에 의존하는 16 라운드의 연산 과정을 거친 뒤 마지막으로 역치환을 통해 암호화된다. 그러나 이 암호체계는 1997년에 RSA Data Security사가 Distributed.net라는 분산컴퓨팅 프로젝트를 통해 56시간 만에 해독에 성공함으로써 보다 강력한 암호체계의 필요성이 제기되었고 3중-DES(3DES)와 AES(Advanced Encryption Standard)로 발전되었다. DES의 특징적 요소는 다음과 같이 요약할 수 있다.

- 16개 라운드로 구성되어 있다.
- 64비트의 블록 길이를 가진다.
- 56비트의 키를 사용한다.
- 각 라운드는 48비트의 보조키를 사용하고, 각 보조키는 56비트의 키 중에서 48비트를 사용해서 구성한다.

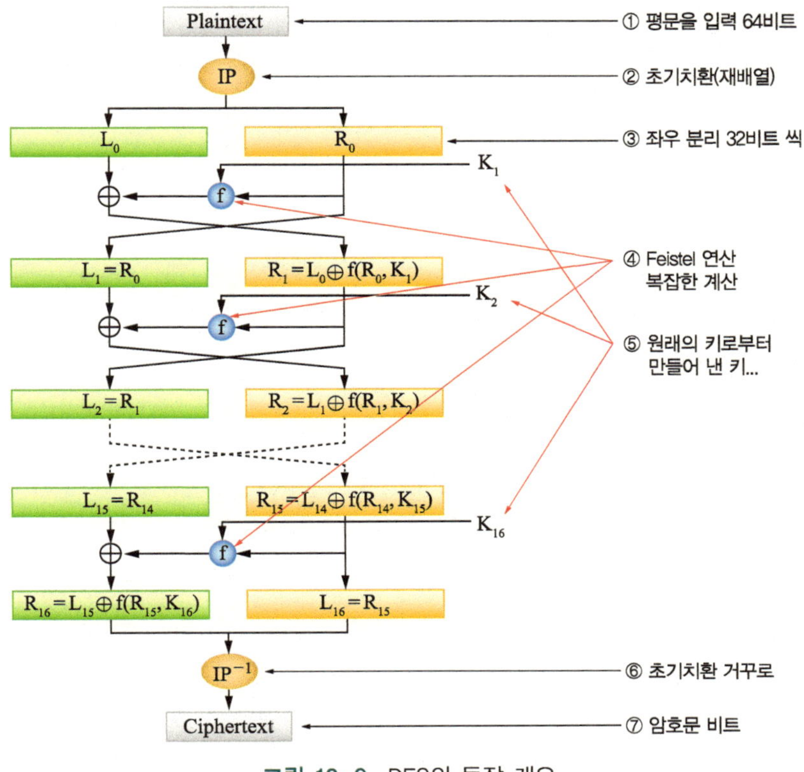

그림 10-6 DES의 동작 개요

(2) RSA(Rivest Shamir Adleman) 암호

RSA 암호는 기존의 암호와는 달리 두 종류의 키를 이용하는 공개키 암호로, RSA에 대해 알아보기에 앞서 공개키 암호의 개념에 대해 자세히 알아보도록 하자.

기존에 사용하던 대칭키 암호는 송신자와 수신자가 동일한 키를 메시지 전송 이전에 공유하고 있어야 한다. 이 키를 사전에 배포하는 과정에서 키가 노출되면, 이 암호는 무용지물이 되고 만다. 이처럼 키를 사전에 비밀리에 분배하는 과정이 키가 노출될 수 있는 가장 큰 취약점이었고 완전한 해결은 불가능하였다. 특히, 통신에 참여하는 참여자의 숫자가 증가할수록, 그리고 키값의 변경이 빈번하게 일어날수록 안전한 키 분배는 급속도로 어려워지게 되어 키 관리가 불가능하게 된다. 메시지의 안전성을 보장하려면, 각 사용자들은 메시지를 주고받는 대상에 따라 서로 다른 독립적인 키를 사용해야하기 때문이다.

공개키 암호는 이 같은 키분배 문제를 해결하여, 키분배를 더욱 쉽고 안전하도록 만드는 개념이다. 단일의 비밀키를 사용하는 것이 아니라, 수학적으로 연관된 한 쌍의 키를 사용한다. 이 키 쌍의 특징은 하나의 키로 암호화시키면 상대키로 복호화할 수 있도록 만들어졌다는 점이다. 그러면서도, 하나의 키를 보고 쌍을 이루는 상대 키를 수학적으로 유추해 낼 방법이 없게 고안되어야 한다.

공개키 암호의 한 쌍의 키 중에서 하나는 대중에게 공개하여 누구나 암호화할 때 사용할 수 있게 하기 때문에 공개키(public key)라고 부른다. 이에 대응하는 키는 개인이 비밀리에 유지하여 복호화할 때 사용할 수 있으므로 개인키(private key)라고 부른다. 기본적으로는 공개키는 암호화할 때, 그리고 개인키는 복호화할 때 사용지만, 그 반대의 경우도 가능하다. 즉, 개인키로 암호화시킨 메시지는 공개키로 복호화할 수 있다. 공개키는 인터넷 등을 이용하여 공개적으로 배포해도 암호의 안정성에 영향이 없기 때문에, 키 분배의 문제가 사라진다. 개인키만 비밀로 유지하면 되는 것이다.

공개키 암호를 사용해서 어떻게 메시지를 주고 받는지 예를 들어 보자. 앨리스(Alice)와 밥(Bob)이 공개키 암호를 이용하여 메시지를 주고 받기 위해 먼저, 앨리스와 밥은 각자의 공개키와 개인키 쌍을 만든 뒤 자신의 공개키를 서로에게 전송한다. 이 공개키는 다른 사람이 도청해서 알려지게 되도 무관하다. 실제로 메시지를 전달하기 위해 앨리스가 사전에 전송받은 밥의 공개키로 메시지를 암호화 하여 전송하면 중간에 누군가 메시지를 가로챈다 하더라고 밥의 개인키를 모르기 때문에 메시지를 복호화할 수 없다. 오직 밥만이 자신의 개인키로 복호화를 할 수 있다.

공개키 암호화 알고리즘의 효율성은 단방향 함수로 불리는 수학적 난이도에 의존적이다. 즉, 암호화키 생성은 비교적 쉽지만, 거꾸로 복호화키를 역산하는 것은 거의 불가능하도록 함수가 만들어져야 한다는 것이다. 전형적인 예는 큰 소수들의 곱의 문제다. 두 개의 큰 소수를 곱하는 것은 비교적 간단한 계산이지만, 이 수를 역으로 소인수분해하는 것은 시간이 매우 많이 걸린다. 이것이 실제로 적용되려면, 매우 긴 자릿수의 소수를 사용해야 한다. 이런 이유로 해서, 공개키(비대칭키) 알고리즘은 대칭키 알고리즘에 비해 수행 시간이 훨씬 오래 걸린다.

대표적인 공개키 암호인 RSA 암호를 통해 공개키 암호를 자세히 알아보자. RSA는 MIT의 수학자 론 라이베스트(Ron Rivest), 아디 샤미르(Adi Shamir), 레너드 애들만(Leonard Adleman)에 의해 1977년에 발표되었고. 이 사람들의 이름을 따서 RSA라 이름 붙여졌다.

RSA의 암호화는 다음과 같은 식으로 표현할 수 있다.

$$암호문 = 평문^E \bmod N$$

RSA의 암호화는, 평문을 E제곱해서 mod N을 취하는 것이므로, E와 N이라는 한 쌍의 수를 알면 누구라도 암호화를 행할 수 있다는 의미가 된다. 따라서, E와 N이 RSA에서 사용하는 암호화 키가 된다. 즉, (E, N) 이 공개키인 것이다. 단, E와 N은 어떤 수라도 되는 것은 아니다. 이들은 면밀한 계산에 의해 만들어진다.

RSA에 의한 복호화는 암호화와 마찬가지로 간단하다. RSA의 복호화는 다음 식으로 나타낼 수 있다.

$$평문 = 암호문^D \bmod N$$

암호문을 나타내는 수를 D제곱해서 mod N을 취하면 평문을 얻을 수 있다.

바꿔 말하면 암호문을 D회 곱해서 그 결과를 N으로 나눈 나머지를 구하면 그것이 평문이다. 여기서 사용되고 있는 수 N은 암호화 때에 사용한 수 N과 같은 수이다. 수 D와 수 N을 합친 것이 RSA의 복호화 키가 된다. 따라서, D와 N의 쌍인 (D, N)이 개인키에 해당된다. 궁극적으로 D와 N 모두를 알고 있는 사람만이 이 암호문을 복호화할 수 있다. 복호화의 키인 수 D는 암호화할 때 사용한 수 E와 깊은 수학적 연관이 있다.

이제, 키 생성으로부터 시작되는 공개키 암호의 동작과정을 세부적으로 살펴보기로 하자.

- 밥은 공개키/개인키로 이루어진 한 쌍의 키를 만든다.
- 밥은 자신의 공개키를 앨리스에게 보낸다.
- 앨리스는 밥의 공개키를 써서 메시지를 암호화한다.
- 앨리스는 암호문을 밥에게 보낸다.
- 밥은 자신의 개인키를 써서 암호문을 복호화한다.

첫 번째 단계인 키 생성이 전체 과정의 핵심이다. (E, N)이 공개키, (D, N)이 개인키이므로 E, D, N 3개의 수를 구하는 것을 의미한다. 먼저, N은 큰 소수 p와 q의 곱을 통해 구한다.

$$N = p \times q \quad (p,\ q는\ 큰\ 소수)$$

그 다음에는 키 쌍을 만드는 동안 보조적으로 사용할 수인 L을 구한다. L은 p-1과 q-1의 최소공배수(lcm : least common multiple)이다. 즉,

$$L = \mathrm{lcm}(p-1,\ q-1)$$

이제 공개키인 E를 구한다. E는 1보다 크고, L보다는 작은 수로서, E와 L의 최대공약수가 1이라는 조건을 만족해야 한다.

$$1 < E < L$$
$$\gcd(E,\ L) = 1$$

이제 D를 구한다. D는 E로부터 계산해서 구한다. D와 E와 L은 다음과 같은 관계를 갖는다.

$$1 < D < L$$
$$E \times D \bmod L = 1$$

이렇게 해서, N, E, D의 키 생성이 완료된다. 여기서 E와 D는 mod N에서 역수관계를 가진다.

실제 예를 들어보기로 하자. 큰 소수를 사용하면 계산이 어려우므로 간단한 계산을 위해서 작은 소수, p=11, q=3으로 시작해 보겠다. 위의 키값 생성 과정에 의해,

$$N = p \times q = 11 \times 3 = 33$$
$$L = \mathrm{lcm}(p-1,\ q-1) = \mathrm{lcm}(10,\ 2) = 20$$
$$1 < E < L,\ \gcd(E,\ L) = 1$$

위의 식을 만족하는 E의 후보는 3, 7, 11, 13, 17, 19이다. 그 중에서 3을 선택하면,

$$E = 3$$
$$1 < D < L$$
$$E \times D \bmod L = 1$$

을 만족하는 D의 후보는 7밖에 없다. 3×7 mod 20 = 21 mod 20 = 1이기 때문이다. 이렇게 해서 공개키 (N, E) = (33, 3), 개인키 (N, D) = (33, 7)을 모두 구하게 되었다.

그러면, 공개키를 사용한 평문의 암호화 과정과 개인키를 사용한 암호문의 복호화 과정을 살펴보자. 평문이 15라고 가정하자. 앞에서 살펴본 식에 의해 다음과 같이 암호문을 계산한다.

$$\text{암호문} = \text{평문}^{E} \bmod N = 15^{3} \bmod 33 = 3375 \bmod 33 = 9$$

그러면, 암호문 9로부터 평문을 어떻게 복호화할까?

$$
\begin{aligned}
\text{평문} &= \text{암호문}^{D} \text{ mod N} \\
&= 9^{7} \text{ mod } 33 \\
&= (9^{2})^{3} \times 9 \text{ mod } 33 \\
&= (81 \text{ mod } 33)^{3} \times 9 \text{ mod } 33 \\
&= 15^{3} \times 9 \text{ mod } 33 \\
&= (15 \times 15 \text{ mod } 33) \times (15 \times 9 \text{ mod } 33) \\
&= 27 \times 3 \text{ mod } 33 \\
&= 81 \text{ mod } 33 \\
&= 15
\end{aligned}
$$

위의 계산식에서 주목할 것은 거듭제곱이나 곱의 mod 연산에 관한 것이다. 9^7을 그냥 계산하면 82969라는 큰 수가 나온다. 그러나 위에서처럼 mod 연산에서는 거듭제곱이나 곱을 나누어서 개별적으로 mod 연산을 한 후에, 결과로 나온 작은 숫자를 가지고 mod 연산을 할 수 있다는 점이다.

RSA 암호화에서는 공격으로부터 안전하기 위해서는 N이 적어도 1024비트 이상이 되도록 요구한다. N의 크기가 늘어날수록 공격으로부터의 안전성도 증가한다.

10.1.4 해시(Hash)

해시는 간단한 알고리즘을 사용해서 정보를 신속하게 암호화하기 위한 용도로 흔히 사용되는 기법이다. 보통은 알고리즘을 텍스트의 문자열에 적용하여 결과 문자열을 얻는데, 이 결과물을 '해시값(hash value)'라고 부른다. 이 해시값이 해당 메시지에 대한 '디지털 지문(digital fingerprint)'의 역할을 하게 된다. 즉, 이 메시지가 도중에 변경이 되게 되면, 그 변경된 메시지의 해시값이 달라지게 되어 변조여부를 알게 되는 것이다. 해시값을 다른 말로는 '메시지 요약(message digest)', 혹은 '체크섬(checksum)'이라고 부르기도 한다.

해시는 메시지가 전송도중에 변조되었는지의 여부를 결정하는데 아주 유용하다. 송신자가 메시지를 보내기 전에 미리 계산한 해시값과 수신자가 메시지를 수신한 후에 계산한 해시값이 서로 다르면, 도중에 메시지가 변조된 것으로 판단하는 것이다.

일반적으로 해시함수는 메시지의 길이와 관계없이 고정된 길이의 해시값을 출력한다. 한 가지 주목할 점은 해시는 암호화와 동일한 것은 아니라는 점이다. 즉, 해시는 주어진 메시지를 입력하면 결과값인 해시값을 계산하기는 하지만, 역으로 해시값으로부터 메시지를 계산해 낼 수 없는 단방향 함수이다. 반면, 암호화는 메시지의 암호화와 복호화가 쌍방향으로 가능한 양방향 함수이다.

해시는 컴퓨터 시스템의 패스워드 관리에 사용된다. 유닉스(UNIX) 운영체제에서는 시스템의 사용자가 패스워드를 생성해서 입력하면, 그것을 그대로 저장하지 않고, 그 패스워드의 해시값을 저장한다. 사용자가 로그인을 위해 패스워드를 입력하면 현재 입력한 값에 해시 함수를 적용하여, 결과 값이 저장되어 있는 패스워드의 해시 값과 일치하는 지를 검사한다. 이를 통해 시스템에 저장되어 있는 패스워드 파일이 노출되더라도 패스워드 자체를 알 수는 없게 된다. 패스워드의 해시 값만 저장되어 있기 때문이다. 앞에서 이야기했듯이 해시는 단방향 함수이기 때문에 해시 값을 가지고 원래의 패스워드를 유추하기는 어렵다. 인터넷 포털 사이트 등의 계정과 패스워드 관리를 위해서 해시를 활용하는 경우가 많이 있다.

10.1.5 디지털 서명(Digital signature)

디지털 서명은 다른 말로는 전자 서명(electronic signature)으로 불리기도 하는데, 서명의 의도를 가지고 있는 모든 전자적인 데이터를 가리키는 말이다.

안전이 보장되지 않는 통신채널을 통해서 메시지를 송신을 경우, 디지털 서명은 수신자에게 이 메시지가 원래 송신자가 보낸 것이 맞다는 것을 증명해 줄 수 있어야 한다. 디지털 서명은 여러 가지 측면에서 전통적인 '수기 서명(handwritten signature)'과 동일한 성격을 가진다. 디지털 서명은 부인봉쇄(non-repudiation)의 기능도 한다. 즉, 송신자가 디지털 서명된 메시지를 보낸 후, 그것이 자기가 보낸 것이 아니라고 주장할 수 없어야 한다는 것이다. 부인봉쇄를 강화하기 위해 일부 디지털 서명 기법에서는, 타임스탬프를 삽입함으로써, 개인키가 노출된 경우에라도 서명의 유효성을 입증한다.

일반적으로 디지털 서명은 공개키 암호체계를 활용하여 구현한다. 디지털 서명 기법은 크게 다음의 3가지 알고리즘으로 구성된다.

- 키 생성 알고리즘 : 개인키와 짝을 이루는 공개키를 생성한다.
- 서명 알고리즘 : 메시지와 개인키를 이용해서 서명을 생산한다.

• 서명 검증 알고리즘 : 메시지, 공개키, 서명을 이용해서 신원을 인증한다.

디지털 서명 체계가 올바르게 동작하기 위해서는 정해진 메시지와 정해진 개인키로 생성된 서명은 짝을 이루는 공개키에 의해 반드시 인증 가능해야 하며 개인키를 모르는 제3자가 유효한 서명을 생성하는 것은 수학적으로 거의 불가능해야 한다.

디지털 서명을 생산하기 위해서, 송신자는 자신의 개인키를 이용하여 메시지를 암호화한다. 이 메시지는 송신자의 공개키로만 복호화 가능하기 때문에 이 메시지를 수신한 수신자는 송신자의 공개키로 복호화 하고 전송 받은 메시지와 비교함으로써 송신자의 진위 여부를 확인할 수 있다. 송신자의 공개키로 복호화 할 수 있는 암호문은 송신자의 개인키로만 암호화 할 수 있기 때문이다. 디지털 서명을 효율적으로 하기 위해 해시 함수를 사용할 수 있다. 메시지 M에 해시함수를 적용하여 해시 값을 먼저 얻은 후, 이 해시 값에 RSA 알고리즘을 적용하는 것이다. 메시지에 비해 해시 값의 크기가 작기 때문에 계산 속도가 빨라지는 장점이 있다[그림 10-7].

디지털 서명은 크게 인증, 무결성 검증, 부인봉쇄 의 기능을 한다. 인증은 메시지를 받은 수신자 밥이 이 메시지의 송신자가 자신이 기대하고 있는 엘리스가 맞는지를 확인할 수 있는 기능을 말한다. 앞에서 설명한 방식대로 공개키 기법을 사용할 경우 전자 서명은 개인키를 가지고 있는 엘리스만 할 수 있다. 엘리스의 공개키는 밥을 포함한 사람들

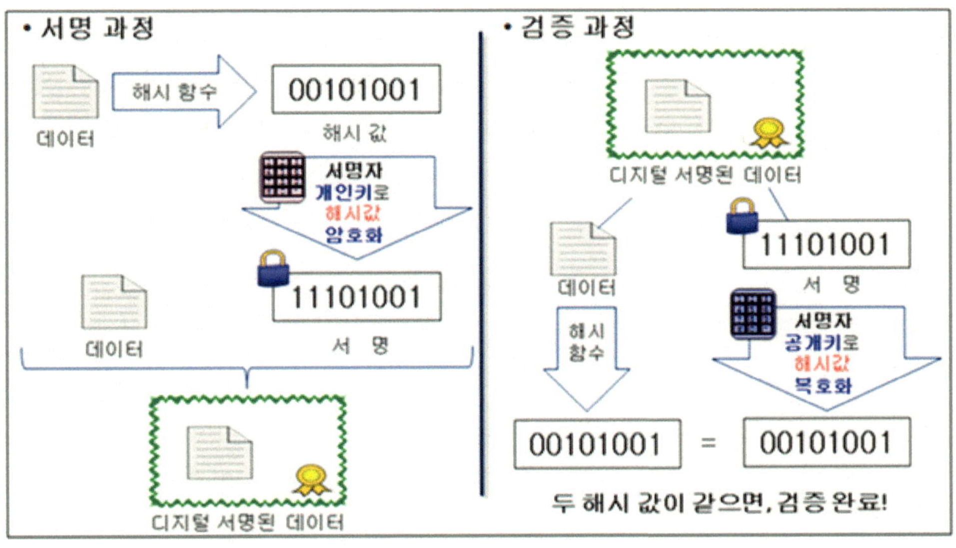

그림 10-7 해시를 이용한 디지털 서명 과정

에게 이미 공개되어 있다. 엘리스의 전자 서명을 받은 사람들은 자신이 가지고 있는 엘리스의 공개키로 전자 서명이 해독되는지를 확인하기만 하면 된다. 엘리스가 자신의 개인키를 분실하지 않고 관리하기만 하고 있다면, 제3자가 엘리스의 공개키로 해독가능한 전자 서명을 위조하는 것은 거의 불가능하다.

무결성 검증은 메시지가 전송되는 과정에서 변조되지 않았다는 것을 입증하는 것을 말한다. 메시지를 단순히 암호화하는 것만으로는 무결성이 보장되지 않는다. 암호화된 메시지는 읽을 수는 없을지라도 중간에 가로채서 내용 자체를 변경시킬 수는 있기 때문이다. 이때, 암호화된 메시지에 디지털 서명을 사용할 경우, 중간에 메시지의 변조가 발생하면, 디지털 서명이 무효화하게 된다. 수신자는 디지털 서명만 확인하면, 메시지 내용의 변조여부를 알 수 있게 되는 것이다.

부인봉쇄는 송신자가 디지털 서명을 한 메시지를 자신이 송신하지 않았다고 부인하지 못하게 하는 특성을 말한다.

10.2 시스템 보안

사이버 위협으로부터 시스템을 보호하는 가장 안전한 방법은 시스템을 네트워크로부터 분리하는 것이다. 하지만 이 방법은 모든 것이 네트워크로 연결된 현대사회에서 특별한 경우를 제외하고는 적용하는데 한계가 있다. 따라서 시스템을 보호하기 위해서는 공격자가 불법적으로 접근하지 못하도록 막고, 권한을 가진 사용자만 시스템을 이용할 수 있도록 하며, 시스템의 취약점이 노출되지 않도록 관리하여야 한다.

사용자가 시스템을 이용하기 위해서는 인증(authentication)과 인가(authorization)를 거쳐야 한다. 인증이란 사용자가 특정한 네트워크나 시스템 자원에 접근하려고 할 때 이를 허용할 것인지 거부할 것인지를 결정하는 과정이다. 반면, 인가는 인증된 사용자의 활동에 대한 제약을 규정하는 접근 제어(access control)이다. 인증은 사용자의 신원이나 메시지의 근원지를 확인하는 것으로써, 인터넷이나 네트워크에서 인증은 로그온 과정에서 암호 입력 등을 통해 이루어진다. 또한 권한부여라고도 하는 인가는 그 사람에게 알맞은 권한을 부여하는 것이다.

시스템 보안은 부대에서 비밀자료를 보관하는 방식과 유사하다. 예를 들어, [그림

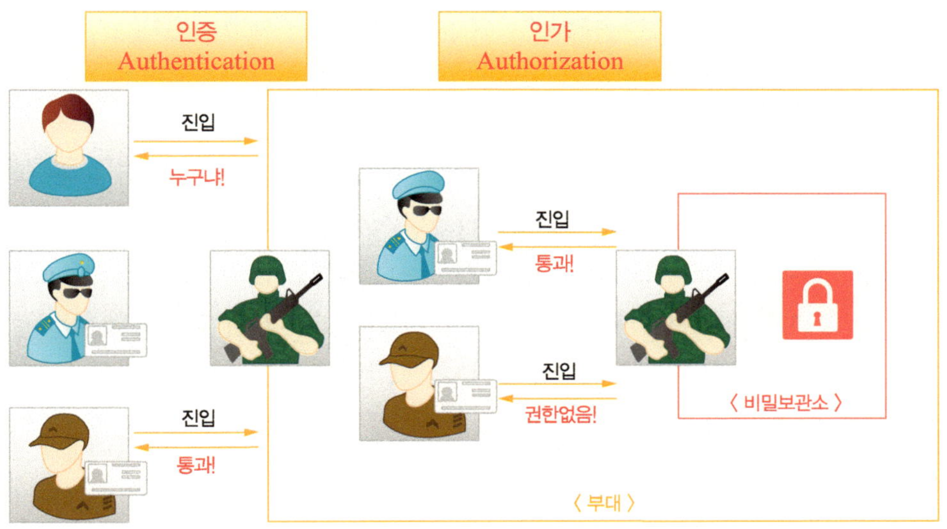

그림 10-8 부대에서의 인증과 인가의 예시

10-8]과 같이 부대 내에 비밀보관소가 있고 그 안에 2급 비밀이 보관되어 있다고 가정해 보자. 사용자가 비밀을 열람하는 절차는 다음과 같다.

1. 사용자는 우선 출입문을 통해 부대 안으로 진입해야 한다. 부대 안으로 진입하기 위해서 출입문에서 신분증을 제시하여 본인의 신분을 확인해야 한다. 이 단계가 인증이다. 이때, 적절한 신분증을 제시하지 못할 경우 부대 안으로 출입하는 것을 거부당하게 된다.
2. 부대 안으로 진입한 사용자가 비밀을 열람하기 위해서는 비밀보관소를 들어가야 한다. 이때, 출입을 원하는 사용자는 비밀보관소 입구에서 2급 이상의 비밀취급인가증을 소지하고 있는가를 확인받는다. 이 단계가 인가 과정이다. 비밀을 열람할 수 있는 권한이 있는 사용자에 한해 출입이 허용되며, 권한이 없으면 비밀을 열람할 수 없게 된다.

이번 절에서는 시스템에 대한 다양한 보안 기법에 대해 알아본다.

10.2.1 사용자 인증

사용자 인증이란 시스템에 접속을 시도하려는 사용자가 등록된 사용자인지를 확인하는 행위이다. 사용자가 인증을 받기 위해서는 자신이 누구인지를 식별(identification)하기 위한 아이디와 인증을 받기 위한 적절한 인증 수단을 제시해야 한다.

(1) 사용자 인증 수단

사용자를 인증하는 수단은 개인 식별을 가능하게 하는 3가지 요소 중 하나 이상의 인증 요소를 사용한다. 3가지 인증 요소는 패스워드와 같이 사용자가 알고 있는 정보(something the user knows), 보안카드와 같이 사용자가 가지고 있는 정보(something the user has), 지문과 같이 사용자가 고유하게 지니고 있는 물리적 특징(something the user is) 등이다. 최소 2개 이상의 인증 요소를 결합한 사용자 인증을 다중 요소 인증(multi-factor authentication)이라고 한다. 인증 요소를 정리하면 [표 10-1]과 같다.

표 10-1 인증 요소 분류

구분	특징	예
지식 요소 (knowledge factor)	사용자가 알고 있는 지식을 이용하여 당사자임을 인증	패스워드
소유 요소 (ownership factor)	소지한 별도 매체의 고유정보를 직접 제시하거나 혹은 고유정보를 바탕으로 별도의 정보를 생성하여 매체 소지자가 당사자임을 인증	IC카드, 보안카드 등
유전 요소 (inheritance factor)	인증자의 신체적 특성이나 행동학적 특성을 이용하여 당사자임을 인증	지문, 홍채, DNA 등

(2) 사용자 인증 방식

사용자 인증 방식은 몇 개의 인증 요소를 사용하느냐에 따라 단일 요소 인증과 다중 요소 인증으로 구분된다. 단일 요소 인증은 사용자 인증을 할 때 한 가지의 인증 수단을 사용하는 인증 방식이다. 예를 들면, 패스워드(password)를 사용하는 사용자 인증이 여기에 해당된다. 다중 요소 인증은 사용자와 인증서버 간에 패스워드만으로 이루어지는 단일 요소 인증과 달리 일회용비밀번호(OTP) 토큰, 카드, 지문인식 등 두 가지 이상의 인증 요소를 조합하여 안전성을 향상시키는 인증 방식이다. 인터넷 뱅킹과 같이 보안이 중요한 분야에서는 다중 요소 인증을 보편적으로 사용하고 있다.

통합 인증(SSO : Single-Sign On)은 한 번의 인증 과정으로 여러 컴퓨터상의 자원을 이용 가능하게 하는 인증 기능이다. 예를 들어 어느 컴퓨터에 로그인한 후 그룹웨어 등의 응용프로그램이나 다른 서버 상의 응용프로그램을 사용할 때 반복적인 인증과정 없이 사용할 수 있도록 하는 것이다. 통합 인증을 도입하면 여러 응용프로그램의 로그인 처리가 간소화되어 편리성을 도모할 수 있는 반면, 통합 인증이 시작점이 되는, 즉 최초의 로그인 대상이 되는 응용프로그램 혹은 운영체제에 대한 접근 보안이 중요하게 된다. 따라서 보안위험이 적은 환경에서는 사용자의 편의를 위해 적용할 수 있을 것이다. 그러나 철저한 보안이 요구되는 환경에서는 1회용 비밀번호를 추가적으로 이용하는 등 다중 요소 인증으로 보안을 강화할 필요가 있다.

10.2.2 접근 제어

시스템 보안에서의 접근 제어(access control)는 사람이나 프로세스가 시스템이나 파일에 읽기, 쓰기, 실행 등의 접근 여부를 허가하거나 거부하는 기능을 말한다. 시스템 보안에 있어서 가장 기본이 되는 수단이라고 볼 수 있다. 접근 제어 방식으로는 임의적 접근 제어(DAC : Discretionary Access Control), 강제적 접근 제어(MAC : Mandatory Access Control), 그리고 역할 기반 접근 제어(RBAC : Role-based Access Control) 등이 있다.

(1) 임의적 접근 제어(DAC : Discretionary Access Control)

DAC는 가장 널리 사용되는 모델로써 정보(파일, 디렉터리 등)의 소유자가 사용자나 사용자의 그룹에 따라 임의적으로 접근을 제어하는 방식이다. 오늘날 대부분의 운영체제에서 이 방식을 채택하고 있다. 사용자나 사용자의 그룹에 따라 접근을 제어하는 기준은 접근 제어 목록(ACL : Access Control List)에 따른다.

DAC의 장점은 유연성으로 어떤 사용자가 정보에 접근할 수 있고, 어떠한 권한(읽기, 쓰기, 삭제, 변경, 실행 등)을 가질 수 있는지를 정보의 소유자가 직접 결정할 수 있다. 그러나 DAC의 장점이 단점으로 작용할 수 있다. 예를 들어, 정보의 소유자가 사용자의 정보에 대한 접근 권한을 잘못 설정하거나 고의로 권한을 설정할 수 있기 때문이다.

(2) 강제적 접근 제어(MAC : Mandatory Access Control)

MAC는 DAC와 달리, 사용자들은 자신의 정보에 대한 어떠한 접근 권한도 설정할 수 없다. 오직 관리자만이 객체와 자원들에 대한 권한을 할당할 수 있다. MAC 기반 시스템은 자원 사용을 통제하는데 계층적인 접근법을 사용한다. MAC는 데이터의 분류 레벨(classification level)[9]과 사용자의 보안 취급 레벨을 사용하여, 시스템 관리자에 의해 설정된 보안 정책에 따라 사용자에게 접근 권한이 주어진다. 정보시스템 내에서 사용자가 데이터에 접근하려 할 때 데이터 분류 레벨과 사용자의 보안 취급 레벨 정보에 기초하여 높은 보안을 요구하는 정보가 낮은 보안 취급 레벨의 사용자에게 노출되지 않도록 접근을 제한하는 접근통제 방법이다.

MAC의 장점은 DAC에 비해 안전하기 때문에 높은 보안이 요구되는 시스템에서 효율적으로 사용할 수 있다. 단점은 일반적인 환경에서 사용하기에는 개발, 구현이 어려울뿐더러 높은 운용비용이 요구된다. MAC를 효과적으로 구현하기 위해서는 치밀한 계획이 요구되며, 구현이 되었다하더라도 새로운 정보와 사용자들 또는 기존의 사용자들의 정보를 지속적으로 갱신해 주어야 하기 때문에 시스템 관리에 대한 오버헤드가 발생하게 된다.

(3) 역할 기반 접근 제어(RBAC : Role-based Access Control)

RBAC는 Non Discretionary Access Control이라고도 하며, 접근 제어 관리 작업을 단순화하고 기능 기반 접근 제어를 직접 제공하기 위해 DAC와 MAC의 대안으로써 제안되었다. RBAC 환경에서 접근 권한은 시스템이 속해 있는 조직 내에서 사용자의 역할적 기능에 근거를 둔다. 사용자들에게는 개개인의 역할이 부여되고 특정 역할마다 접근 권한이 주어지는 것이다. 이것은 접근 권한의 관리를 상당히 간단하게 한다.

역할은 조직에서 다양한 작업 기능들을 바탕으로 정의되며, 사용자들은 직무에 따른 책임과 자질을 바탕으로 역할을 부여받는다. 역할이 기존 접근 제어의 그룹 개념과 다른 가장 큰 차이점은 그룹은 사용자들의 집합이지만 권한의 집합은 아니라는 것이다. 반면 역할은 사용자들의 집합이면서 권한들의 집합이라는 것이다. 따라서 RBAC에서의 역할은 사용자 집합과 권한 집합의 매개체 역할을 하며, 사람이 아닌 역할에 권한을 부여하여 관리한다.

10.2.3 백신 프로그램(Antimalware software)

백신 프로그램은 컴퓨터에 설치된 악성코드를 찾아내서 기능을 정지시키거나 제거하

---

9) 데이터는 중요도에 따라 public, confidential, secret, top secret 등으로 분류된다.

는 프로그램을 일컫는다. 국내에서는 백신으로 많이 불리고 있는데, 이는 안철수 박사가 처음 'V1(Vaccine 1)'을 개발한 것에서 유래되었다. 백신 프로그램은 악성코드의 개발과 그 맥을 같이 하고 있다. 특정 악성코드가 발견되면 이를 막기 위한 백신 프로그램이 개발되는 형태로 발전되어 왔다. 악성코드의 발생과 이를 퇴치하기 위한 백신 프로그램의 개발이 컴퓨터 보안 기술의 발전을 이끌고 있는 셈이다.

초기의 백신 프로그램은 컴퓨터 바이러스를 찾아내고 치료하였지만, 현대에는 바이러스 뿐만 아니라, 트로이 목마, 웜, 스파이웨어, 애드웨어 등 다양한 악성코드를 미리 예방하거나 찾아내 제거하는 형태로 발전되고 있다. 그리고 설정한 시간에 자동으로 검사하고 치료하는 예약검사 기능, 실시간으로 감시하고 치료하는 실시간 감시 기능 등도 갖추고 있다.

백신 프로그램은 데이터베이스에 등록된 바이러스만 치료하고 예방할 수 있는데, 새로운 바이러스는 지금도 계속해서 생겨나고 있기 때문에 사용자는 백신 프로그램의 엔진을 주기적으로 업데이트해야 효과적으로 대응할 수 있다. 대부분의 백신 프로그램은 아래 두 가지 방법으로 악성코드를 식별한다.

(1) 시그너처 기반 식별 방법(Signature-based detection)

시그너처 기반 식별 방법은 악성코드를 식별하는 가장 일반적인 방법이다. 백신 프로그램은 컴퓨터 내의 파일 내용을 사전에 등록된 악성코드 데이터베이스와 비교해서 시그너처[10)]가 일치하면 치료하는 방식이다. 악성코드 데이터베이스는 지금까지 알려진 바이러스가 등록되어 있으며, 백신 프로그램을 제조한 개발자 또는 개발사에 따라 다를 수 있다. 백신 프로그램이 악성코드에 감염된 파일을 발견하면 감염 파일을 고치거나, 차단 또는 삭제하는 등의 치료법을 수행한다. 시그너처 기반 식별 방법은 새롭게 제작된 악성코드에는 빠르게 대처하기 어려운 단점이 있다.

(2) 발견적 식별 방법(Heuristic-based detection)

발견적 식별 방법은 백신 프로그램이 기존 악성코드의 패턴을 기억해 특정 파일이 바이러스로 의심되는 동작을 실행할 경우, 이를 감지하고 사용자에게 알려주는 방식이다. 이 방법은 사전에 등록되지 않은 새로운 악성코드로부터 컴퓨터를 보호할 수 있지만, 백

---

10) 바이러스의 고유한 비트열이나 패턴을 뜻한다. 특정 바이러스를 찾아내기 위해 사용되는 것으로 마치 사람의 지문과 같은 것이다.

신 프로그램에 따라 정상적인 프로그램 실행도 악성코드로 오진하는 단점을 가지고 있다. 전 세계적으로 수많은 백신 프로그램이 개발·배포 되고 있으며, 이들 백신 프로그램이 지원하는 기능과 성능은 매우 다양하다. 국제 안티바이러스 평가 기관인 '바이러스 블러틴[11)]'은 다양한 백신 프로그램의 테스트 결과를 공개하고 있으며 [그림 10-9][12)]은 최근 테스트 결과를 보여준다. [그림 10-9]의 결과에 따르면 국내에서 주로 사용하고 있는 V3[13)], 알약[14)]의 탐지율은 사후 탐지율이 88~93%, 사전 탐지율이 77~82%의 성능을 보임을 알 수 있다.

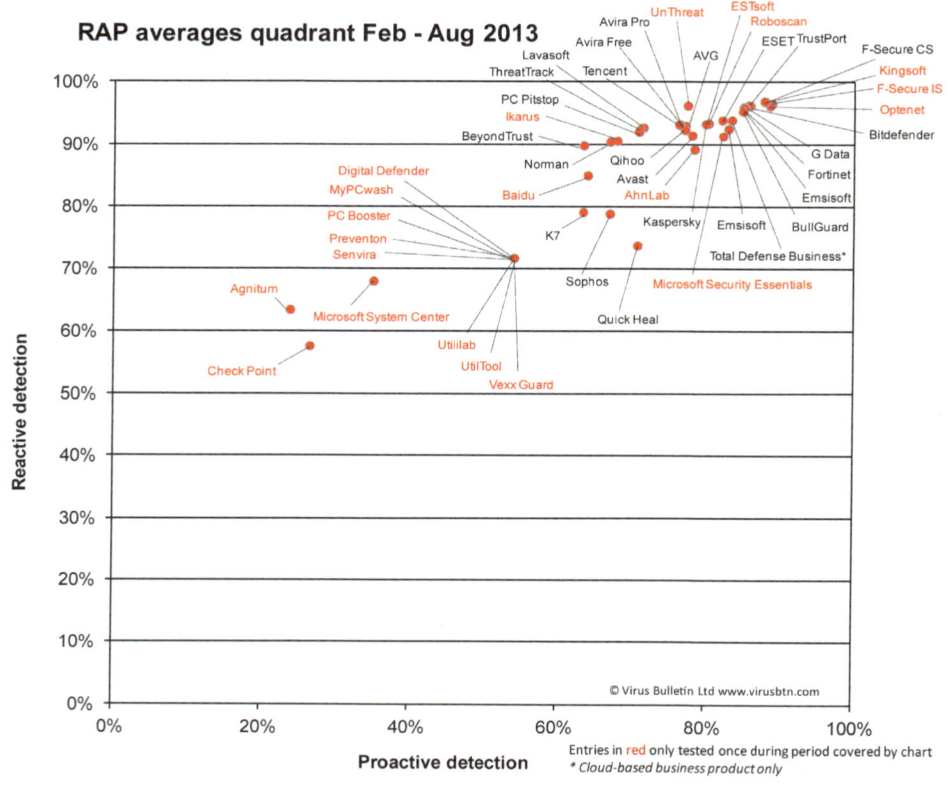

그림 10-9 악성코드 탐지율

출처 : http://www.virusbtn.com/vb100/rap-index.xml

---

11) http://www.virusbtn.com

12) 그림에서 V3는 'AhnLab', 알약은 'ESTsoft'로 표시된다. 'Reactive detecdtion(Y-축)'은 이미 알려진 바이러스의 사후 탐지율이고, 'Proactive detection(X-축)'은 알려지지 않은 악성코드의 사전 탐지율을 나타낸다.

13) http://www.ahnlab.com

14) http://alyac.altools.co.kr

10.3 네트워크 보안

앞 절에서 설명한 것처럼, 각 시스템이 취약점을 가지지 않도록 관리하는 것만으로는 사이버 위협을 막을 수 없다. 시스템이 접속한 네트워크가 네트워크 위협 기술에 의해 공격을 당하면 시스템에 저장된 정보나 시스템 자체에 피해를 입을 수 있기 때문이다. 이러한 네트워크 위협으로부터 보호하기 위한 기술을 네트워크 보안이라 한다. 본 절에서는 대표적인 네트워크 보안 기술에 대해 알아보도록 한다.

10.3.1 방화벽(Firewall)

방화벽이란 서로 다른 네트워크를 지나는 데이터를 허용하거나 거부하거나 검열, 수정하는 하드웨어 또는 소프트웨어 장치를 말한다. 방화벽의 기본 역할은 LAN과 같은 내부 네트워크와 인터넷과 같은 외부 네트워크의 연결점에서 설치되는 시스템으로서 외부 네트워크의 침입으로부터 내부 네트워크를 보호하고, 내부 네트워크에서 허가되지 않은 외부 사이트로 접속하는 것을 차단하는 기능을 수행한다. 즉, 방화벽은 내부 네트워크와외부 네트워크의 연결점에 위치하여 모든 통신을 감시·통제하는 기능을 수행한다. 방화벽은 형태에 따라 [그림 10-10]과 같은 소프트웨어 형태의 방화벽과 [그림

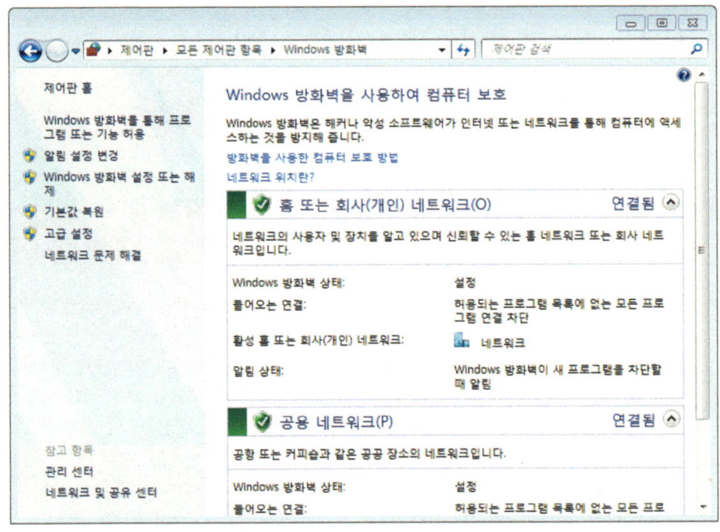

그림 10-10 소프트웨어 형태의 방화벽

그림 10-11　하드웨어 형태의 방화벽

출처 : http://download.ahnlab.com/kr/site/brochure/TG10000P_Brochure.pdf

10-11]과 같은 하드웨어 형태의 방화벽으로 분류할 수 있다. 소프트웨어라면 PC나 서버 등에 설치되는 프로그램의 일종으로 취급되며, 하드웨어의 경우 일반적인 PC용 CPU나 네트워크 처리 전용 NPU(Network Processing Unit)가 장착된 네트워크 장비의 형태로 공급된다.

방화벽은 다음과 같이 용도 및 기능을 기준으로 세대를 분류할 수 있다.

(1) 1세대 방화벽 : 패킷 필터

패킷 자체만을 보고 미리 설정된 정책에 따라 허용 또는 거부를 결정하는 초창기 방화벽을 1세대 방화벽이라고 한다. 방화벽 내부에서 상태(세션)을 관리하지 않는 기본 형태의 방화벽이다. 이 방화벽은 특정한 IP를 허용 또는 거부하거나 특정한 프로토콜을 허용 또는 거부하는 용도로 사용된다.

(2) 2세대 방화벽 : 상태기반 감시(Stateful inspection)

패킷 필터 방화벽은 매우 효율적이긴 하지만 다음과 같은 몇 가지 문제가 있다.

- 모든 패킷이 모든 정책에 해당되는지 검사하므로 정책이 많아질수록 처리 속도가 느려진다.
- 돌아오는 패킷을 허용하는 정책으로 인해 보안이 취약해질 수 있다.
- FTP(File Transfer Protocol)와 같이 파생 세션을 만드는 일부 프로토콜을 지원하기 위해 모든 포트를 다 열어야 될 수도 있다.

이러한 문제를 해결하기 위해서 고안된 것이 패킷 단위의 검사가 아닌 세션 단위의 검사를 하는 상태기반 감시이다. 기본적인 상태기반 감시는 다양한 파생 세션을 모두 처리하지 못하는 경우가 있는데, FTP의 능동적/수동적 데이터 세션 등 복잡한 파생 세션을 별도의 정책 추가없이 모두 처리할 수 있는 확장된 상태기반 감시를 하는 방화벽도 있다.

(3) 3세대 방화벽 : 애플리케이션 방화벽

초창기에 네트워크를 기반으로 하던 공격 패턴이 점차 발달하여 일상적인 트래픽과 같은 특성을 가지면서 시스템을 공격하는 형태로 발전하게 되었다. 패킷 필터 기반의 방화벽으로는 이러한 공격을 방어하기 어려워지면서 패킷의 내용을 검사하고 더 나아가서는 애플리케이션에 어떠한 영향을 미칠지 분석하는 방화벽이 출현하기 시작한다. 침입 방지 시스템(IPS : Intrusion Prevention System), 웹방화벽(WAF : Web Application Firewall), 통합위협관리(UTM : Unified Threat Management) 등으로 불리는 네트워크 장비들이 애플리케이션 방화벽이라고 할 수 있다. 다른 발전 방향으로는 IP 주소나 MAC 주소같이 사용자가 기억하거나 이해하기 어려운 대상을 이용해 방화벽 정책을 수립하던 과거의 방화벽과는 달리 새로운 방화벽들은 사용자들에게 보다 친숙한 사람의 이름이나 도메인 주소를 이용해서 정책을 수립할 수 있게 하는 방화벽들도 속속 등장하고 있다.

10.3.2 IDS(Intrusion Detection System)

IDS는 외부 침입자가 시스템의 자원을 정당한 권한 없이 불법적으로 사용하려는 시도나 내부 사용자가 자신의 권한을 오·남용하려는 시도를 탐지하여 침입을 방지하는 것을 목적으로 하는 소프트웨어나 하드웨어를 의미한다. IDS와 전통적인 방화벽 모두 네트워크 보안과 연관되어 있으나, 방화벽은 외부 인터넷으로부터 보안 위협에 대해 방어할 수 있으나 내부자에 의한 침입에 대해서는 방어할 수 없으며, 보안 사고에 대한 즉각적인 보고, 이벤트의 연동, 법적 증거분석을 위한 보안 감사, 그리고 자동화된 대응체계가 미비한 상태이다. 이에 반해 IDS는 네트워크 트래픽 또는 시스템에 대한 의심스러운 행위를 감시 추적하며 감지된 행동에 따라 경고를 발생하거나 위협적인 행위를 차단할 수 있다.

(1) IDS의 종류

IDS는 침입을 탐지할 대상에 따라 HIDS과 NIDS으로 분류할 수 있다. 또한 침입을 탐지하는 기술적인 방법에 따라 오용(misuse) 탐지 방식과 비정상행위(anomaly) 탐지 방식으로 구분할 수 있다.

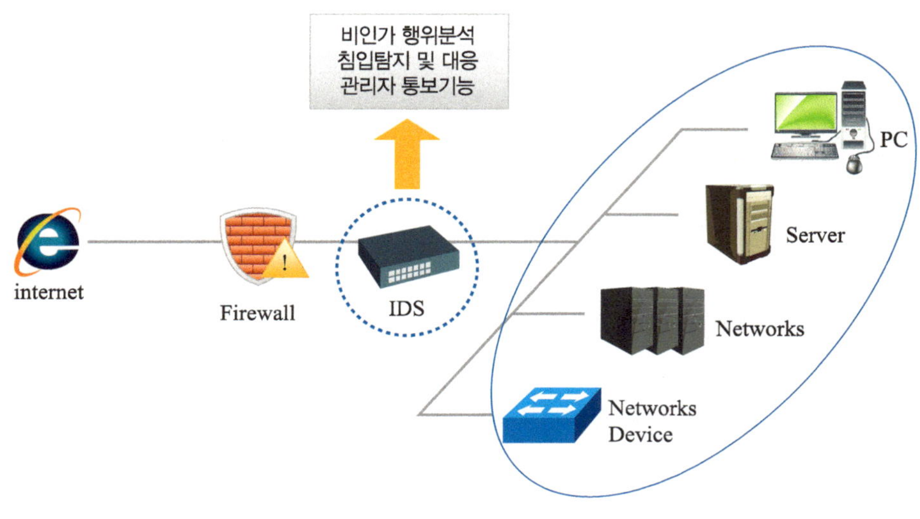

그림 10-12 IDS 개요

(가) 탐지 대상에 따른 구분

HIDS(Host-based Intrusion Detection System)는 단일 호스트에 설치되어 해당 시스템의 감시 데이터를 사용해 침입을 탐지하는 시스템이다. HIDS가 침입을 탐지하기 위해 주로 사용하는 대상에는 시스템 호출(system call), 시스템 로그(log), 그리고 설정이나 파일의 무결성(integrity) 등이 있다. HIDS은 해당 호스트에 설치되므로 시스템별로 호환성의 문제를 갖고 있으며 시스템 자원에 부하를 줄 수 있는 단점이 있다. 대신 특정 운영체제 하나에서만 동작하기 때문에 상대적으로 정확한 탐지가 가능하다.

NDS(Network-based Intrusion Detection System)는 통상 전체 네트워크 세그먼트를 감시하는 전용의 시스템이다. 대부분의 경우 방화벽 외부 네트워크 세그먼트나 내부의 주요 네트워크 세그먼트에 설치된다. NIDS는 네트워크상에 흘러 다니는 모든 패킷들을 검사하여 알려진 공격들이나 의심스러운 행동에 대하여 분석하게 된다. HIDS와 달리 네트워크 세그먼트를 감시하므로 효과적인 침입 탐지 환경을 갖출 수 있고, 보호하려는 네트워크 서버들의 호환성을 고려할 필요가 없고 기존 서비스의 중단 및 영향 없이 시스템을 보호할 수 있게 한다. 다만 네트워크상의 흘러 다니는 모든 트래픽을 검사하므로 네트워크 트래픽 용량에 영향을 많이 받는 단점이 있다.

(나) 침입 탐지 방식에 의한 구분

오용 탐지 방식은 다른 말로 시그니처(signature) 기반 탐지 방식이라고도 한다. 이는 알려진 시스템의 취약점을 이용하는 침입 방법의 패턴이나 특정 수단에 대한 시그니처를 데이터베이스에 저장해 두고 새로운 사용자의 행동패턴이 기존의 침입패턴과 일치하거나 유사한 경우에 침입이라고 판단하는 방식이다. 오용 탐지 방식은 비정상해위 탐지와 비교하여 구현 비용이 비교적 저렴하나 최신 공격 기법이 발견된 경우 규칙을 추가해야 하는 부담이 있다.

비정상행위 탐지 방식은 프로파일(profile) 기반 탐지 방식이라고도 한다. 이 방식은 네트워크상의 사용자의 행동을 수집하고 분석하여 통계적 분석에 의해 프로파일 범위를 벗어나는 행위를 탐지하는 방식이다. 여기서 프로파일은 감시대상에 대해서 일정 시간 정상적인 행위를 한 데이터를 기준으로 작성한다. 비정상행위 탐지는 새로운 공격 기법의 탐지가 가능하지만 정상적인 행위에 대한 프로파일 구축 과정에서 많은 데이터를 분석해야 하는 부담이 있으므로 구현 비용이 크고 구현이 어려운 단점이 있다.

(2) IDS의 기능

IDS는 침입을 탐지한 후에 경보, 세션 차단, 셔닝 등의 기능을 이용하여 후속 조치를 수행한다.

(가) 경보 기능

공격자에 의한 네트워크나 시스템의 침입 또는 직접적인 공격에 대한 경보, 이메일 발송, SNMP(Simple Network Management Protocol) trap[15] 발송 또는 기타 다른 방법들을 이용하여 관리자에게 통보한다. 이러한 사전 통보를 통하여 네트워크 관리자 및 시스템 관리자는 능동적으로 전산 자원의 손실을 사전에 방어할 수 있게 된다.

(나) 세션 차단 기능

IDS는 의심스러운 행위를 감지하면 해당 세션을 차단하는 기능을 제공한다. 이는 다른 서비스에 영향을 주지 않고 효과적으로 해당 공격 시도를 선별적으로 막아주는 기능이다. 이 기능은 공격 대상 호스트로 접근 중인 네트워크 세션을 감지한 후 IDS 그 공격 대상 시스템을 가장하여 공격자에게 네트워크 세션을 종료하게끔 한다. 일반적으로 Telnet, FTP와 같은 TCP 세션에 대해서는 TCP FIN 또는 RST(reset) 패킷을 공격자에

15) agent에서 통보해야될 어떤 정보가 발생했을 때(예를 들면, 임계치를 넘는 네트워크 자원 사용 등) 관리자에 해당 상황을 알리기 위해 사용한다. trap은 비동기적 사건을 알리기 위해 사용된다.

게 전달하여 세션이 끊어지게 하며, SNMP 또는 DNS 같은 UDP 프로토콜을 사용하는 서비스는 ICMP의 "port unreachable" 메시지를 전달하여 더 이상의 진행을 차단하게 된다.

(다) 셔닝(Shunning) 기능

이 기능은 IDS 자체로 의심스러운 탐지나 공격을 차단하는 것이 아니라 라우터나 방화벽에게 공격자나 의심스러운 자의 근원지 IP 주소와 서비스 포트에 대해 해당 패킷을 막도록 지시하는 기능이다. 그렇게 함으로써 그 다음부터 오는 동일 패킷들은 폐기된다. 이러한 연동 기능은 일반적으로 발생할 수 있는 프로토콜의 오류에 대해서도 민감하게 동작하기 때문에 그 효용성에 대해 조심스럽게 검토하여야 하며 충분하게 네트워크 트래픽에 대한 검토 후 적용되어야 한다. 또한 라우터에 ACL(Access Control List)를 적용하게 되는 경우 라우터의 성능을 저하시켜 높은 트래픽을 가지고 있는 환경에서는 서비스에 지장을 초래할 수도 있다.

(라) 사용자 프로그램의 실행

일부 IDS의 경우 지정된 이벤트에 따라 특정한 사용자 프로그램을 실행할 수 있도록 한다. 공격자 침입이나 공격에 대하여 적절한 대응 방안에 대해 사용자 환경에 맞게 적용할 수 있으므로 유용한 기능이며, 필요하다면 해킹 발생에 대하여 시스템의 순차적인 정지를 가능하게 할 수 있다.

10.3.3 IPS(Intrusion Prevention System)

IPS는 외부 네트워크로부터 내부 네트워크로 침입하는 네트워크 패킷을 찾아 제어하는 기능을 가진 소프트웨어 또는 하드웨어로 능동적 보안이라는 측면에서 방화벽이나 IDS와 차별된다. 일반적으로 내부 네트워크로 들어오는 모든 패킷이 지나가는 경로에 설치되며, 호스트의 IP주소, TCP/UDP의 포트번호, 사용자 인증 등에 기반을 두고 외부 침입을 차단하는 역할을 한다. 또한 허용되지 않는 사용자나 서비스에 대해 사용을 거부하여 내부 자원을 보호한다.

IPS는 악의적인 행위를 탐지하기 위하여 네트워크 트래픽이나 시스템의 행위를 감시하기 때문에 IDS의 확장이라고 볼 수 있다. IPS와 IDS의 가장 큰 차이는 IPS는 네트워크 라인 상에 위치하여 발견된 침입을 능동적으로 차단하거나 방지할 수 있다는 것이다.

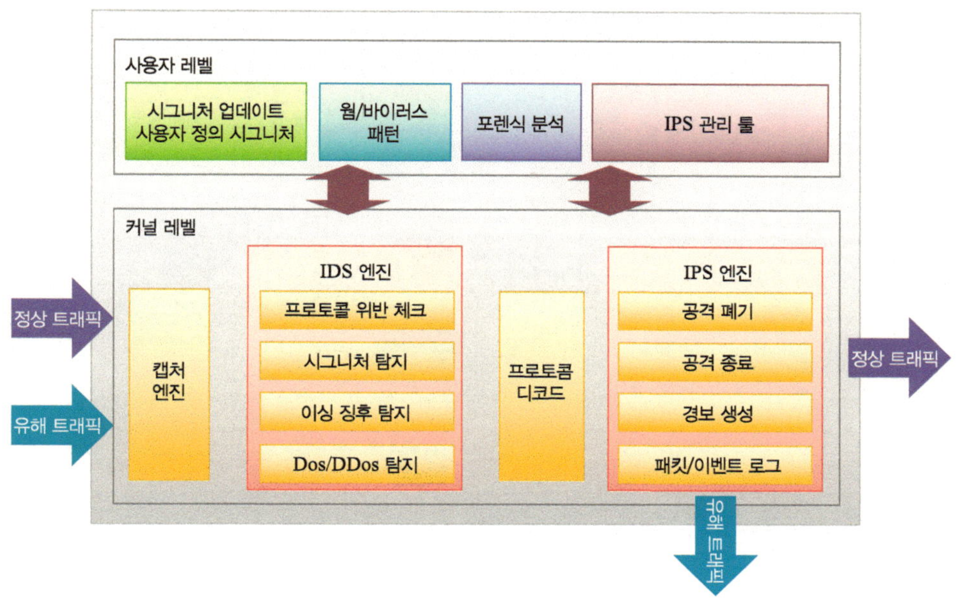

그림 10-13 일반적인 IPS 아키텍처

보다 구체적으로 설명하자면, IPS는 경고를 보내고, 악의적인 패킷을 폐기하고, 공격자의 IP 주소로 부터의 연결을 초기화 하거나 트래픽을 차단할 수 있다.

[그림 10-13]은 일반적인 IPS 아키텍처를 나타내고 있는데, 커널 레벨(kernerl level)은 네트워크 트래픽 수집을 위한 캡쳐(capture) 엔진과 수집된 트래픽 분석을 위한 IDS 엔진, 그리고 차단과 대응 기능을 제공하는 IPS 엔진으로 구성되며, 사용자 레벨(user level)은 전체 관리 기능과 시그너처 및 웜/바이러스 패턴 관리, 그리고 분석(forensic) 기능 등으로 구성된다.

IPS는 적용 및 운영대상에 따라 네트워크 기반 IPS(NIPS : Network-based Intrusion Prevention System)와 호스트 기반 IPS(HIPS : Host-based Intrusion Prevention System)으로 구분할 수 있으며, NIPS는 네트워크의 물리적 혹은 논리적 경계지점에 인라인(in-line) 방식으로 설치되어 네트워크 접속 및 트래픽 분석을 통해 공격시도와 유해트래픽 차단 기능을 수행하는데 오늘날 IPS라고 하면 일반적으로 NIPS를 의미한다.

HIPS는 각 호스트에 설치된 IPS 모듈이 시스템의 오남용이나 해킹 시도 및 이상 징후를 탐지/차단하는 방식으로 동작하는데, 시스템 레벨에서의 위협 및 공격 차단에 신뢰성이 높다는 장점이 있으나, 각 호스트별로 별도의 에이전트가 설치 및 관리되어야하므로 대규모 네트워크 환경에서는 운영 및 관리 편의성이 떨어진다는 단점이 있다. HIPS는 오늘날

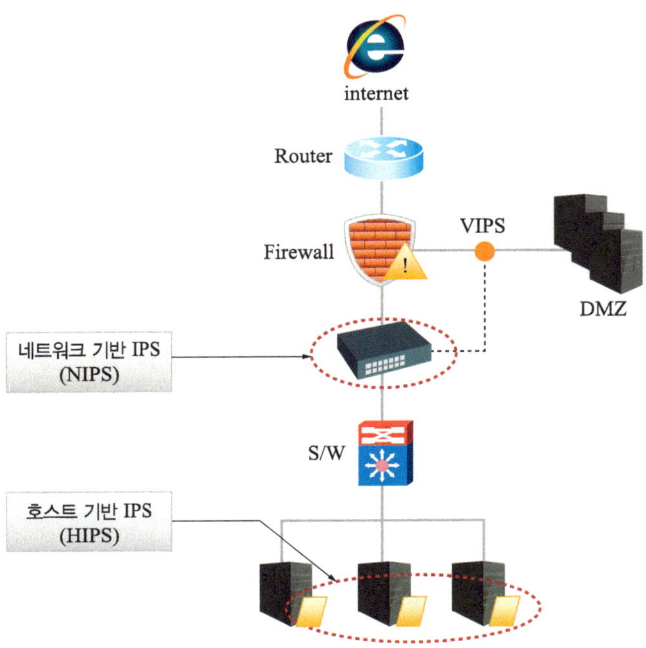

그림 10-14 IPS 분류에 따른 적용 위치

대표적인 서버 보안솔루션인 시큐어OS(SecureOS)와 유사한 점이 많은데 시큐어OS가 운영체제 커널 레벨에서 동작하는데 비해 HIPS는 별도의 애플리케이션 형태로 운영되면서 운영체제와 애플리케이션 영역에 대한 보호 기능을 수행한다는 점에서 차이가 있다.

10.3.4 VPN(Virtual Private Network)

VPN은 공중 통신망 기반 시설을 터널링 프로토콜과 보안 절차 등을 사용하여 개별 기업의 목적에 맞게 구성한 데이터 네트워크이다. VPN은 오직 한 회사에 의해서만 사용될 수 있는 자체 망이나 전용회선과 대비되는 개념이다. VPN은 모든 회사들이 저마다 개별적으로 회선을 임차하는 것보다, 공중망을 공유함으로써 비용은 낮추면서도 전용회선과 거의 동등한 서비스를 제공하려는 아이디어에서 출발하였다. VPN은 접속 형태에 따라 인트라넷 VPN(Intranet VPN), 익스트라넷 VPN(Extranet VPN), 원격접속 VPN(Remote Access VPN) 및 SSL VPN 등으로 구분되는데, 실제 업무 환경에서는 각 방식들이 혼재하고 있는 경우가 많다. [그림 10-15]는 VPN의 기본적인 모습을 나타낸 것이다.

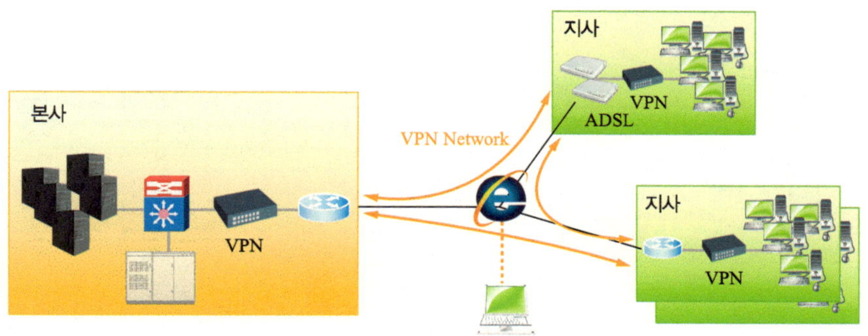

그림 10-15 VPN 개요

(1) 인트라넷 VPN(Intranet VPN)

인트라넷 VPN은 본사와 지사 및 지점과 지점 네트워크 연결에 VPN을 적용한 것으로, 원격지 접속(site-to-site) VPN 형태이며, 전사적으로 일관된 보안 정책 적용이 가능하다는 장점이 있다.

그림 10-16 인트라넷 VPN

(2) 익스트라넷 VPN(Extranet VPN)

익스트라넷 VPN은 본사와 사업 파트너 혹은 고객간의 네트워크 연결에 VPN을 적용한 것으로, 비즈니스 영역 확대나 기업간 인수/합병(M&A) 등으로 인해 최근 많이 도입되고 있는 VPN 구성 방식이다. 익스트라넷 VPN은 서로 다른 조직 간의 신뢰를 기반으로 이루어지므로 보안정책 및 설정상 오류로 인한 위협 등에 주의를 요하며, 이기종 솔루션간 VPN을 구성하는 경우가 많으므로 실제 도입에 앞서 장비간 호환성 및 운영상 이슈에 대해 사전 검증이 필요하다.

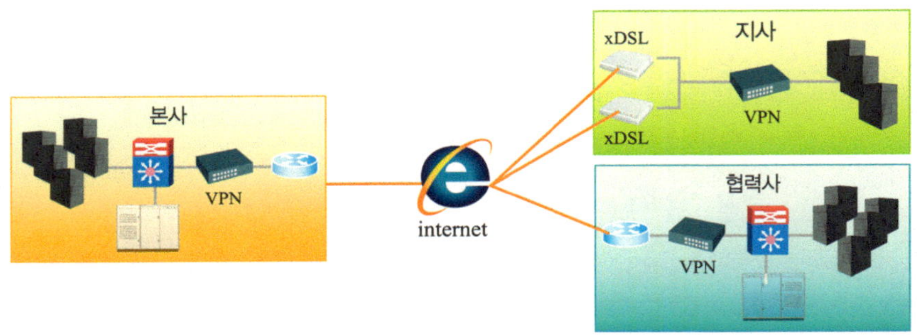

그림 10-17 익스트라넷 VPN

(3) 원격접속 VPN(Remote Access VPN)

원격접속 VPN은 본사와 원격지 사용자간의 네트워크 연결에 VPN을 적용한 것으로 사용자들은 주로 암호화 처리 기능을 가진 전용 VPN 소프트웨어를 이용하여 본사 네트워크에 접속한다. 원격접속 VPN 구성에서는 보안 뿐 아니라 사용자 편의성도 중요시된다. 관리적 측면에서 사용자 정보 및 접속관리, 그리고 효율적인 소프트웨어 배포 및 교육 방안도 주요 검토 사항이 되는데, 최근에는 이러한 원격접속 VPN의 번거로움을 대체할 수 있는 솔루션으로 SSL(Secure Socket Layer) 기술을 응용한 SSL VPN이 주목받고 있다.

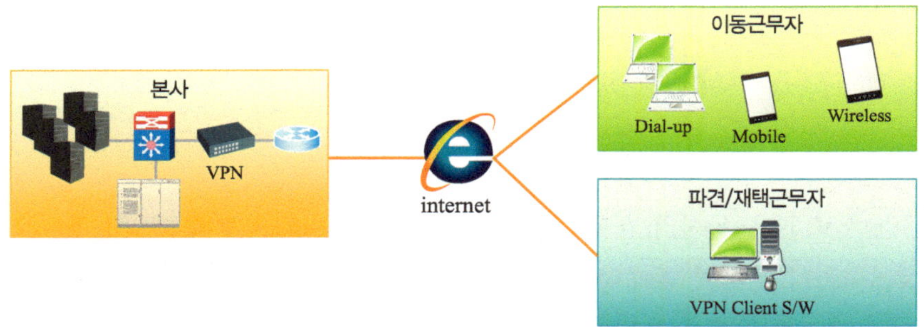

그림 10-18 원격접속 VPN

(4) SSL VPN

SSL(Secure Socket Layer)는 웹 서버와 웹 브라우저간의 신뢰성 있는 통신을 보장하기 위해 1993년 넷스케이프에 의해 제안된 보안 프로토콜로 인터넷 프로토콜의 TCP

계층과 애플리케이션 계층 사이에서 동작하며 현재 모든 웹 브라우저에서 기본적으로 지원된다. SSL VPN은 이러한 SSL의 암호화/복호화 프로세스를 응용하여 VPN에 적용한 것으로 별도의 복잡한 절차 없이 웹 브라우저만으로 VPN을 구현할 수 있어 뛰어난 사용자 편의성 및 관리 편의성을 보장할 수 있는 'Clientless VPN' 솔루션이라고 볼 수 있다.

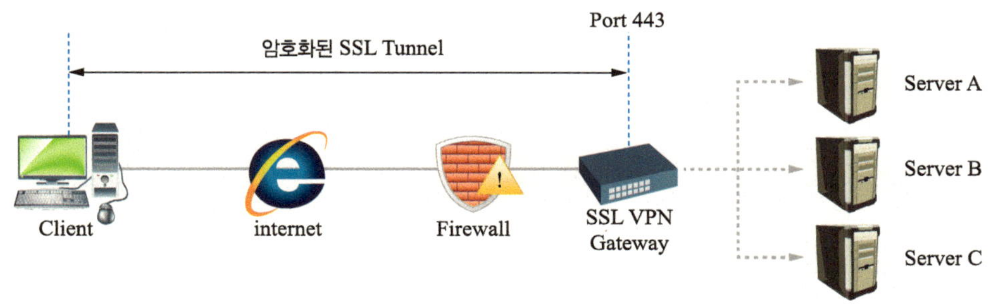

그림 10-19 SSL VPN

10.3.5 통합위협관리(UTM : Unified Threat Management)

통합위협관리(UTM : Unified Threat Management)는 방화벽, 가상 전용 네트워크, 침입 차단 시스템, 웹 컨텐츠 필터링, 안티스팸 소프트웨어 등을 포함하는 여러 개의 보안 도구를 단일 기기 형태로 통합하여 관리의 복잡성을 최소화하고, 복합적인 위협요소를 효율적으로 방어하기 위한 관리 시스템을 말한다.

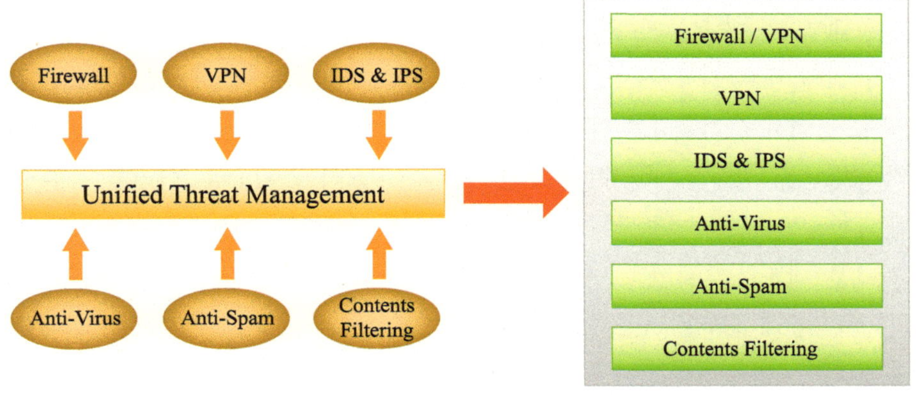

그림 10-20 UTM 개요

과거에는 네트워크 트래픽의 유형이 웹이나 FTP, 전자메일 및 업무용 애플리케이션 등으로 정형화되어 있었고, 트래픽 또한 그리 많지 않아 방화벽이나 IDS/IPS 같은 단일 보안솔루션만으로도 일정수준 이상의 보안성 유지와 외부로부터의 위협에 적절한 대응이 가능하였다. 그러나 최근에는 온라인 게임이나 인터넷 뱅킹 뿐 아니라, VOD 등과 같은 멀티미디어 트래픽의 증가와 인터넷 방송, P2P 등으로 인한 새로운 애플리케이션 서비스의 출현이 증가하고 있으며, 이러한 흐름은 향후 더욱 가속화 될 것으로 전망되기 때문에 단일 장비에서 다중 보안기능 제공이 가능한 UTM 장비에 대한 관심이 증대되고 있다.

10.3.6 네트워크 접근제어(NAC : Network Access Control)

네트워크 접근제어(NAC : Network Access Control)란 비정상 트래픽을 발생시키는 사용자, 악성코드, 웜에 감염된 PC 및 모바일 단말기가 네트워크에 접속하는 것을 차단하여 전체 네트워크가 교란되는 일을 미연에 방지하는 보안 시스템이다. 기존의 네트워크 보안은 외부 네트워크로부터 내부 네트워크를 보호하거나, 내부 사용자들의 접근 제한 방식에 한정하여 구축되었다. 하지만 근래에는 원격지에서의 VPN 접속, 모바일 단말기의 사용 증가, 무선 네트워크 사용자의 자유로운 이동성 등에 의해 전체 네트워크 보안 및 사용자의 네트워크 접근을 관리하기가 매우 어려워졌다. 또한 오늘날 많은 조직이 외부 방문자들을 허용한다는 사실은 과거의 네트워크 보안 정책으로부터의 근본적인 변화를 요구하고 있다.

외부 공격을 차단하는 형태의 경계 보안(perimeter security) 역할을 하는 방화벽, IDS만으로는 내부 사용자로부터 유입, 전파되는 악성코드를 차단할 수 없다. 이러한 한계를 극복하기 위해 내부 사용자들이 네트워크에 접속하는 순간부터 사용자 인증 및 접근제어 정책을 강력하게 적용하여 악성코드의 전파를 적극적으로 차단하는 기술, 즉 예방과 차단을 병행하는 선행적, 적극적인 보안 구조가 필요하게 되었다. 이러한 복합적 보안 기술에 대한 요구사항에 대응하기 위해 가트너 그룹에서는 2004년 '네트워크 접근제어'라는 새로운 네트워크 보안 모델을 정의하였다. NAC는 크게 사전 허가(pre-admission)과 사후 허가(post-admission) 기능을 수행한다.

(1) 사용자 인증 및 단말 인증(Pre-admission)

NAC 시스템은 항시 네트워크를 감시하고 있다. 이 과정에서 무언가 새로운 단말이 네트워크로 진입하게 되면 이를 감지하고 우선적으로 사용을 차단하게 된다. 그리고 접근하려는 사용자에게 인증을 요청한다. 인증을 수행하는 방법은 주로 내부에 존재하는 인증 DB(DataBase)와 연동하여 인증을 수행하게 된다. 가령 인사 DB와 연동했다고 하면 사용자는 인사 DB에 있는 아이디와 해당 비밀번호를 입력해야 한다.

다음으로 NAC는 단말에 대한 인증을 수행하게 된다. 상태점검(health check)이라는 과정을 통하여 단말의 상태를 점검하게 되는데, 어디까지 검사할 것인지는 네트워크 관리자가 정하게 된다. 주로 확인하는 항목은 단말의 운영체제가 최신 패치인지, 단말에 백신프로그램(anti-virus program)이 실행되고 있으며 최신 업데이트인지, 단말에 방화벽이 설치되어 있는지 등이다. 앞에서 언급한 주로 확인하는 항목 외에 준수해야 하는 보안정책들이 늘어나면서 진입과정에서 점검해야 하는 단말 점검 목록들은 늘어나고 있다. Windows 화면 보호기가 구동되고 있는지, PC명이 회사의 규칙에 따라 설정되어 있는지, 비밀번호를 단말이 사용하고 있는지, 회사에서 설치를 요구하는 필수 소프트웨어들이 설치되어 있는지, 불필요한 소프트웨어가 설치되어 있는지 등도 점검하게 된다.

이런 단말의 상태점검을 위해서는 단말에 특별한 소프트웨어인 에이전트(agent)를 설치해야 하는데, 이 에이전트의 설치유무에 따라 NAC 제품은 Agent-less와 Agent-base로 구분할 수 있다. 에이전트는 상태점검 외에 여러 가지 부가기능들을 수행하게 되는데, 제품의 종류에 따라 IP 관리 기능, 매체제어 기능(USB 사용금지, CD-ROM 사용금지) 등을 수행할 수 있다.

(2) 네트워크 사용 모니터링(Post-admission)

사용자 및 단말 인증을 거쳐 네트워크에 접속한 단말은 이제 네트워크를 이용할 수 있다. 하지만 자신에게 허용된 범위 내에서만 사용이 가능하다. 사용할 수 있는 범위는 사용자 인증 과정에서 미리 정해질 수도 있으며, 진입한 후에 정해질 수도 있다. 가령 사용자가 네트워크 진입과정에서 외부 협력업체 직원으로 인증을 받았다고 하면, 그 사용자는 내부 네트워크는 사용할 수 없고 인터넷만 사용이 가능하게 사용범위가 제한될 수 있다.

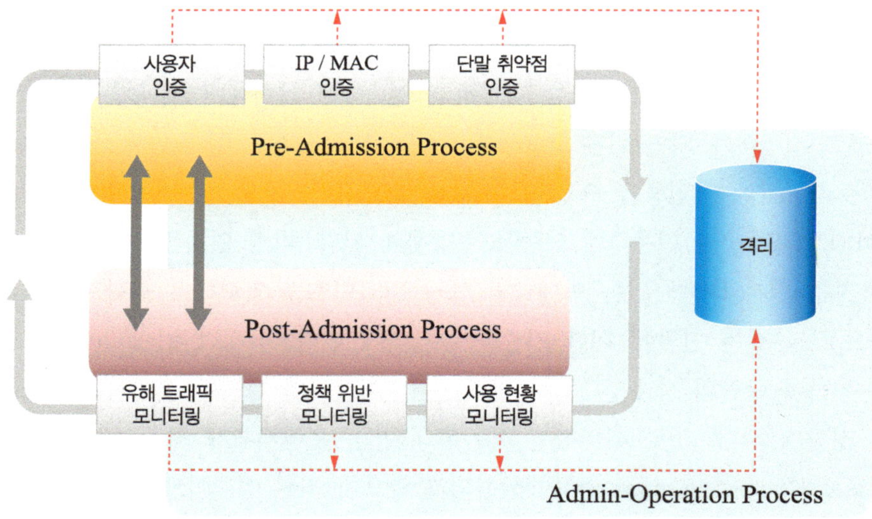

그림 10-21 NAC 기능 맵

전체 네트워크를 사용할 수 있는 사용자라고 하더라도 정책에 위반되는 통신 또는 유해 트래픽을 발생시킬 경우 NAC는 그 단말을 검출하여 네트워크로부터 격리시키는 작업을 수행하게 된다. 이를 위하여 NAC는 내부 네트워크에서 통신되는 모든 트래픽을 감시하는 기능을 가지고 있다. 제품의 종류에 따라 간단한 정책위반을 검사할 수도 있고, 어떤 제품은 단말에 백도어(backdoor)가 설치되어 내부의 데이터를 외부로 유출하려는 시도까지도 검출이 가능하다. [그림 10-21]에서 보는 것처럼 NAC는 단말 및 사용자가 네트워크에 진입하는 순간부터 사용을 종료하는 모든 과정에 관여하여 허가된 사용자와 단말만 진입을 허용하고, 허가된 트래픽만 사용하도록 하는 과정을 반복하게 된다.

10.4 디지털 포렌식스

원래 포렌식(forensics)이란 말은 범죄를 조사하거나 범죄 관련 사실을 입증하는데 사용되는 과학적 기법을 통칭하는 말이다. 사이버전에서 포렌식이란 말을 사용할 때는 디지털 포렌식(digital forensics)을 의미한다. 디지털 포렌식의 목적은 컴퓨터 시스템, 저장매체 혹은 전자문서 등에서 발생하는 디지털 장애의 현재 상태를 설명하는 데 있다. 이 분야는 대개 컴퓨터, 임베디드 시스템, 그리고 USB 등의 정적 메모리(static memory)를 다룬다. 2007년 미국 검찰은 연쇄살인범으로 기소된 조셉 이 던컨(Joseph E. Duncan III)의 컴퓨터에서 스프레드시트 문서를 복구해 낸 뒤, 살인모의를 입증하고 사형판결을 받아내었다. 2006년에는 샤론 로파트카(Sharon Lopatka)의 살인범은 그녀의 컴퓨터에서 발견된 이메일을 통해 협의자로 식별되었다.

10.4.1 포렌식의 개념

그렇다면 디지털 포렌식은 무엇일까? 그것은 디지털 장비, 특히 컴퓨터나 네트워크와 관련된 범죄에서 흔적을 발견하거나 복구하는 등의 기법을 포괄하는 용어이다. 초기에는 디지털 포렌식과 컴퓨터 포렌식은 동의어로 사용되었고, 점차 디지털 데이터를 저장하거나 전송하는 모든 종류의 장치를 포함하는 개념으로 확대되었다. 국가적인 정책차원의 중요성을 가지게 된 것은 2000년대에 들어서 부터이다. 포렌식이 응용되는 주요 분야는 법정에서의 증거로 활용되거나, 기업체나 공공기관에서의 네트워크 침입에 대한 조사 등에서 활용된다.

디지털 포렌식은 컴퓨터 포렌식, 네트워크 포렌식, 모바일 기기 포렌식 등이 분야로 나뉘어진다. 범죄의 물리적이고 직접적인 증거에 더하여, 최근에는 포렌식을 통하여 용의자의 알리바이나 진술을 입증하거나 의도를 분석하고, 저작권 위반의 과정을 입증하거나, 문서의 위조여부 등을 입증하고 있다.

10.4.2 포렌식의 절차

포렌식은 보통 4단계의 과정으로 수행된다. 전형적인 포렌식의 단계는 증거 수집(seizure), 이미지화(imaging 또는 acquistion), 디지털 미디어 분석(analysis), 보고서 생성(reporting)으로 나뉜다.

(1) 증거 수집

실제적인 조사를 하기 전에 증거로서의 디지털 매체가 먼저 수집되어야 한다. 범죄가 발생한 경우, 증거를 보전하기 위해 사법기관의 훈련된 요원에 의해 이 과정이 수행된다. 일반 기업의 경우, 기업의 담당자에 의해 수행되는데 종종 훈련의 부족으로 증거보전에 실패하는 경우도 있다. 범죄 사건의 경우, 수색영장을 기반으로 수행되며, 사기업에서 영장없이 자체 조사를 진행하려면 직원의 프라이버시와 인권이 보장되어야 한다.

(2) 이미지화

일단 증거가 수집되면, 매체의 섹터수준에서 정확한 복사본(포렌식 복사본)을 만들게 되는데, 이 과정을 이미지화(imaging) 혹은 획득(acquisition) 이라고 부른다. 일반적으로 원본에 손상이 가지 않도록 하기 위해 원본-쓰기방지(write blocking)가 된 장비를 활용한다. 초기에는 복사본을 만들 때 이처럼 하드디스크 드라이브를 물리적으로 직접 복사하는 하드웨어장비를 사용하였다. [그림 10-22]와 [그림 10-23]은 이미지화 장비의 예를 보여주고 있다.

그림 10-22 포렌식 태블로우(tableau)

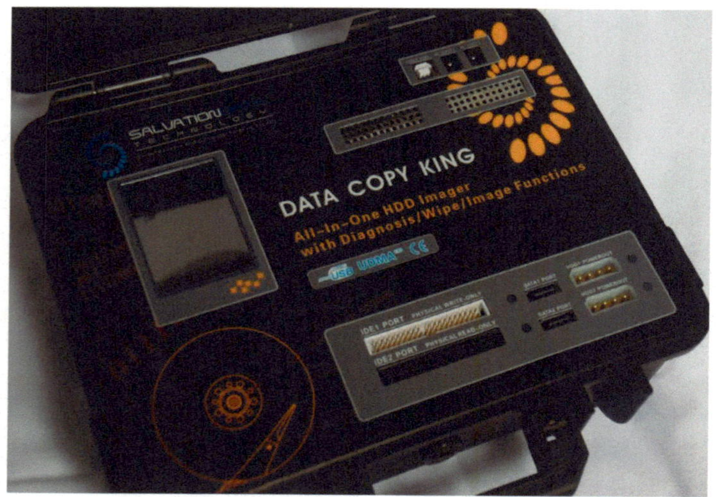

그림 10-23 휴대용 디스크 이미지화 장비

그러나, 저장매체의 용량의 증가나 클라우드 컴퓨팅의 발전 등으로 인해서 물리적 저장장치의 완전한 이미지를 복사하는 것의 실효성이 감소하게 되었다. 그래서, 최근에는 데이터의 필요한 부분만을 논리적으로 획득하는 소프트웨어적인 기법이 더 많이 활용되고 있다. DCFLdd, IXimager, Guymager, TrueBack, EnCase, FTK Imager, FDAS와 같은 장비들이 소프트웨어 이미지화 도구로 사용된다. 획득한 이미지와 원본 이미지는 SHA-1 or MD5 등의 해시함수를 이용하여 검증을 하는데 두 이미지에 해시함수를 적용하여 도출되는 값이 일치하면 획득한 이미지가 정확한 것으로 간주한다. 이후, 분석이 이뤄지는 전체 과정동안 증거물이 원래의 상태를 유지하고 있는지 검증하기 위해 반복적으로 해시 함수를 활용한다. 이미지화가 끝나면 원본 드라이브는 변경을 방지하기 위해 안전한 저장소에 보관한다.

(3) 디지털 미디어 분석

컨텐츠 이미지화가 완료되면, 수사 기법상의 추론을 지지하거나 혹은 추론과 모순되는 증거를 식별하고 데이터 변조의 증거를 찾기 위해 이미지 파일을 분석한다. 분석은 명백한 증거를 식별하는 직관적 절차를 먼저 수행하고, 이 증거들 사이의 빈 틈을 메우기 위한 완전탐색(exhaustive search)을 수행하게 된다.

분석과정에서 조사자는 보통 삭제된 부분의 복구를 비롯해 다양한 방법론과 도구를 사용해서 증거자료를 찾아 나간다. 데이터 조회와 복구를 위해 EnCase, FTK 등의 전문가 도구들을 활용한다. 조사의 목적에 따라 복구하는 데이터의 종류가 결정되는데, 일반적으로 이메일, 채팅로그, 그림파일, 인터넷 방문기록이나 문서 등이 기본적으로 포함된다. 데이터는 접근가능한 디스크 공간, 삭제된 공간 혹은 운영체제 캐시파일 등으로부터 복구할 수 있다.

증거 복구에는 다양한 타입의 기법이 사용되는데 획득한 이미지 파일내에서 키워드 검색은 기본적으로 수행한다. 키워드 검색을 통해서 관련어구와 일치하는 내용을 식별하거나 알려진 파일타입을 구분해 낼 수 있다. 예를 들어, 그래픽 이미지 파일의 경우, 파일의 시작과 끝을 표시하는 특별한 어구(바이트 집합)를 가진다. 일단 식별이 되면, 지워진 파일은 재구축이 가능하다.

다수의 포렌식 도구들은 해시 서명을 사용하여 알려진 파일종류를 식별하거나 배제한다. 즉, 이미지 파일에 해시함수를 적용하여 얻은 값과 RDS(Reference Data Set)[16] 처

---

16) National Software Reference Library(http://http://www.nsrl.nist.gov/)에서 작성

럼 사전에 수집되어 목록화된 데이터값들과 비교하는 방식으로 진행한다.

표준 하드디스크를 포함한 대부분의 매체의 경우, 데이터가 완전삭제(secure deletion)[17]되고 나면, 복구가 불가능하다. SSD(Solid State Drive)의 경우는 포렌식 관점에서는 매우 흥미로운데, 완전삭제를 수행한 이후에도 데이터 일부가 드라이브에 그대로 남는 경우가 있기 때문이다. 일단 증거가 복구되고 나면 정보들을 분석하여 사건, 행위를 재구성하여 결론에 도달하게 된다. 범죄 수사의 경우에는 특히, 결론 도출을 철저히 데이터와 전문지식에 기반하여야 한다.

(4) 보고서 생성

조사가 끝나면 비전문가들이 이해할 수 있는 문서의 형태로 보고서를 생성한다. 보고서에는 감사(audit) 정보와 기타 메타문서들이 포함된다. 보고서가 조사를 위탁한 기관(사법기관 혹은 민간기업)에 제출되면, 법정에서의 증거자료로 활용할지의 여부는 위탁기관에서 결정한다. 일반적으로 형사사건의 법정증거물로 제출하기 위해서는 증거들에 대한 전문가의 서면 결론과 증거물 자체(디지털 미디어에 기록됨)를 패키지로 구성해야 한다.

10.4.3 포렌식 기술

디지털 포렌식스에 활용되는 기술들에는 다음과 같은 것들이 있다.

(1) 크로스-드라이브 분석(Cross-drive analysis)

다수의 하드디스크 드라이브에서 발견된 정보들을 상호연관시키는 기법이다. 이 기법은 소셜네트워크를 식별하고 특이점을 발견하는 목적에 활용된다.

(2) 라이브 분석(Live analysis)

전용 포렌식 도구나 기존의 시스템관리자 도구를 사용하여 운영체제 내부에서부터 증거를 수집해 내는 기법이다. 이 기법은 암호화 파일 시스템을 다룰 때 유용하다. 예를

17) 일반적인 방법으로 파일을 삭제하면 사용자에게 파일이 없어진 것으로만 표시하며, 다른 데이터가 그 파일을 덮어쓸 수 있도록 빈 공간으로 표시한 것에 불과하다. 실제 다른 데이터가 덮어쓰기 전까지 내용이 그대로 남는다. 완전삭제는 파일 삭제 시에 파일의 데이터를 실제로 무의미한 데이터로 덮어쓰기 함으로써 복구불능하게 만드는 것이다.

들어, 암호화 키를 수집해 놓았을 경우, 컴퓨터가 꺼지기 전, 특정 순간에 논리적 하드 드라이브 볼륨의 이미지를 획득할 수 있다.

(3) 삭제된 파일 복구

삭제된 파일을 복구하는 것은 컴퓨터 포렌식에 사용되는 통상적인 기법이다. 최근의 포렌식 소프트웨어들은 삭제된 파일을 복구하거나, 부분적으로라도 복구가능한 파일의 내용을 잘라가며 복구시키는 파일 카빙(carving) 기능을 가지고 있다. 대부분의 운영체제는 사용자가 파일을 삭제하더라도 실제로 물리적인 데이터를 지우지 않는다. 따라서, 포렌식 조사자들은 물리적인 디스크 섹터로부터 파일 데이터를 재구축한다. 파일 카빙의 경우 대부분 알려진 파일 헤더(header)와 푸터(footer)를 이미지에서 찾아낸 뒤 그 사이의 지워진 부분을 복구해 낸다.

(4) 스테가노그래피

스테가노그래피는 데이터를 숨기기 위한 기법중 하나이다. 일반적으로 그림파일이나 디지털이미지속에 데이터를 숨기는 알고리즘을 가지고 있다. 사람의 눈으로는 겉으로 드러난 이미지에서 이상한 점을 발견할 수 없다. 디지털 포렌식 전문가는 이미지 파일의 해시값을 구한 뒤, 이 이미지의 원본의 해시값과 비교하여 스테가노그래픽 기법이 적용되었는지 여부를 확인한다.

연습문제

〈객관식〉

1. 다음 중 사이버 보안 기술로 적절하지 않은 것은 무엇인가?

① 암호 ② 디지털 서명
③ 패스워드 크래킹 ④ IDS
⑤ 백신 프로그램

2. 공개키 암호를 이용하여 메시지를 전송할 때, 수신자의 공개키로 암호화한 메시지를 복호화 할 수 있는 키는 무엇인가?

① 송신자의 개인키 ② 송신자의 공개키
③ 수신자의 개인키 ④ 수신자의 공개키
⑤ 복호화 할 수 없음

3. 다음 중 네트워크 보안 기술이 아닌 것은 무엇인가

① 백신 프로그램 ② VPN
③ HIDS ④ IPS
⑤ UTM

4. 다음 중 IDS의 기능이 아닌 것은?

① 경보 기능 ② 세션 차단 기능
③ 셔닝(shunning) 기능 ④ 사용자 프로그램 실행
⑤ 자동 복구 기능

〈단답형〉

1. 고전 암호는 암호화 방법에 따라 평문의 문자의 위치를 바꾸는 (   )와 평문의 문자를 다른 문자로 바꾸는 (   )로 분류된다.

2. 공개키 암호를 이용해 디지털 서명을 하기 위해 송신자는 송신할 메시지의 해시 값을 (   )로 암호화하여 서명을 생성하며, 서명을 전달받은 수신자는 (   )로 복호화 함으로써 송신자의 신원을 확인할 수 있다.

3. (   )은 서로 다른 네트워크를 지나는 데이터를 허용하거나 거부하거나 검열, 수정하는 하드웨어 또는 소프트웨어 장치를 일컫는다. (   )의 기본 역할은 LAN과 같은 내부 네트워크와 인터넷과 같은 외부 네트워크의 연결점에서 설치되는 시스템으로서 외부 네트워크의 침입으로부터 내부 네트워크를 보호하고, 내부 네트워크에 허가되지 않은 외부 사이트로 접속하는 것을 차단하는 기능을 수행한다.

4. (   )은 공중 통신망 기반 시설을 터널링 프로토콜과 보안 절차 등을 사용하여 개별 기업의 목적에 맞게 구성한 데이터 네트워크이다.

5. (   )는 비정상 트래픽을 발생시키는 사용자, 악성코드, 웜 바이러스에 감염된 PC 및 모바일 단말기가 네트워크에 접속하는 것을 차단하여 전체 네트워크가 교란되는 일을 미연에 방지하는 보안 시스템이다.

〈서술형〉

1. 해시(hash)는 암호체계로 활용할 수 있는가? 없다면 그 이유를 서술하시오.

2. 사이버전에서 디지털 포렌식스가 필요한 이유를 서술하시오.

PART
4

소프트웨어로 배우는 사이버전 기술

Chapter

11 암호 실습

암호란 통신 당사자 즉, 송신자와 수신자만 알고 있는 비밀을 의미한다. 송신자의 평문(plain text) 정보를 암호장치의 암호화(encryption) 과정을 통해 암호문(encrypted text)으로 바꾸어 통신이 이루어질 경우 정보를 외부의 공격으로부터 효과적으로 보호할 수 있다. 이렇게 전달된 암호문은 다시 암호장치의 복호화(decryption) 과정을 통해 평문으로 변환된 뒤 수신자에게 전달된다. 본 장에서는 대칭키와 공개키에 대한 실습을 통해 이론으로 배운 암호를 실제로 활용해보도록 한다.

11.1 대칭키 암호 및 복호

대칭키 암호 방식이란 앞에서도 살펴보았듯이 암호화와 복호화에 동일한 키(key)를 사용하는 암호 방식으로 인류가 수천 년 전부터 사용해 오고 있는 고전적인 방식이다. 암호화 키(encryption key)와 복호화 키(decryption key)가 같으므로 공통키 암호 방식이라고 부르기도 하고, 암호화와 복호화 과정이 대칭적이므로 대칭키 암호(symmetrical key cryptography) 방식이라고 부르기도 한다. 대칭키 암호 방식은 보통 평문의 문자를 다른 문자로 바꾸는 치환 과정과 문자의 위치를 바꾸는 전치 과정으로 구성되어 있으며, 그 과정에 따라 스트림 암호와 블록 암호로 나눌 수 있다.

개인 정보에 대한 공격, 그리고 그에 따른 정보 유출 피해가 막심한 현대 통신 환경에서는 효과적인 암호화 기술의 필요성이 대두되고 있다. 본 교재에서는 PC 환경에서 정보보호에 유용한 파일 암호화 프로그램을 소개하는데 특히, 1절에서는 대칭키 암호 방식을 이용하고 있는 AxCrypt라는 소프트웨어에 대해서 알아보도록 하겠다.

11.1.1 AxCrypt 소개

AxCrypt는 Windows 환경에서 널리 사용되는 공개 파일 암호화 소프트웨어(file encryption software)로 파일들의 암호화, 복호화 그리고 저장 및 전송이 가능하도록 통합 서비스를 제공한다. 200만명이 넘는 사용자를 자랑하니 프로그램의 안정성은 어느 정도 검증되었다고 할 수 있겠다.

(1) AxCrypt 다운로드

AxCrypt는 공식 홈페이지[1)]에서 무료로 다운로드 받을 수 있다. 홈페이지 메인 화면 좌측 상단에 보면 [그림 11-1]에서 보는 바와 같이 [Axantum Software AB] 메뉴에 [Download] 메뉴가 있는데, 이를 클릭하면 [그림 11-2]와 같이 Windows OS type별로 다운로드가 가능하다. 32비트와 64비트 모두에서 사용 가능한 AxCrypt2Go.exe와 AxDecrypt.exe는 인스톨 없이 사용 가능하지만 기능적으로 제한되므로, 자신의 OS type에 맞춰 AxCrypt-1.7.3156.0-Setup.exe를 설치하길 권장한다.

설치 파일인 AxCrypt-Setup.exe를 선택하면 [그림 11-3]과 같이 파일 다운로드 링크로 연결되어 대화창이 활성화되고, [저장] 버튼을 누르면 [그림 11-4]와 같이 저장위치를 선택할 수 있으며, 저장위치 선택 후 [저장] 버튼을 선택하면 [그림 11-5]와 같이 다

그림 11-1 AxCrypt 공식 홈페이지

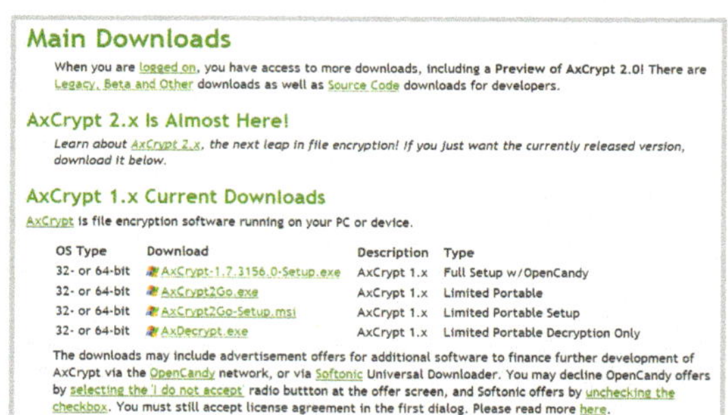

그림 11-2 OS type별 선택

---

1) http : //www.axantum.com/

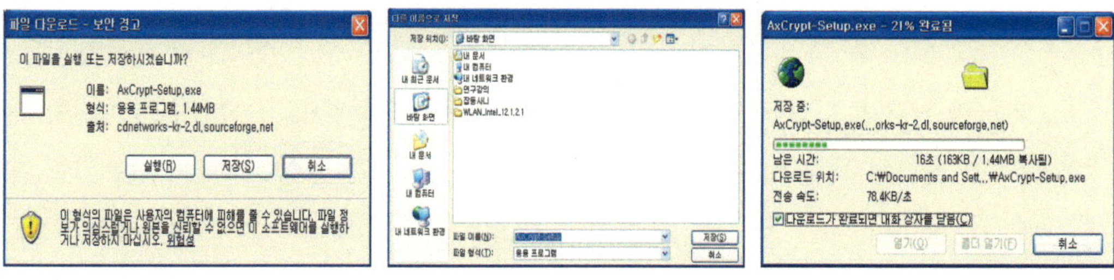

그림 11-3 파일 다운로드　　그림 11-4 위치 선택　　그림 11-5 진행 창

운로드가 진행된다. 다운로드 진행이 완료되면 [그림 11-3]에서 선택한 위치에 AxCrypt 설치파일인 [AxCrypt-Setup]이 보일 것이다. AxCrypt를 설치하기 위해서는 설치파일인 [AxCrypt-Setup]을 더블클릭하면 되는데, 이때 설치 순서는 [그림 11-6]에서 보는 바와 같다.

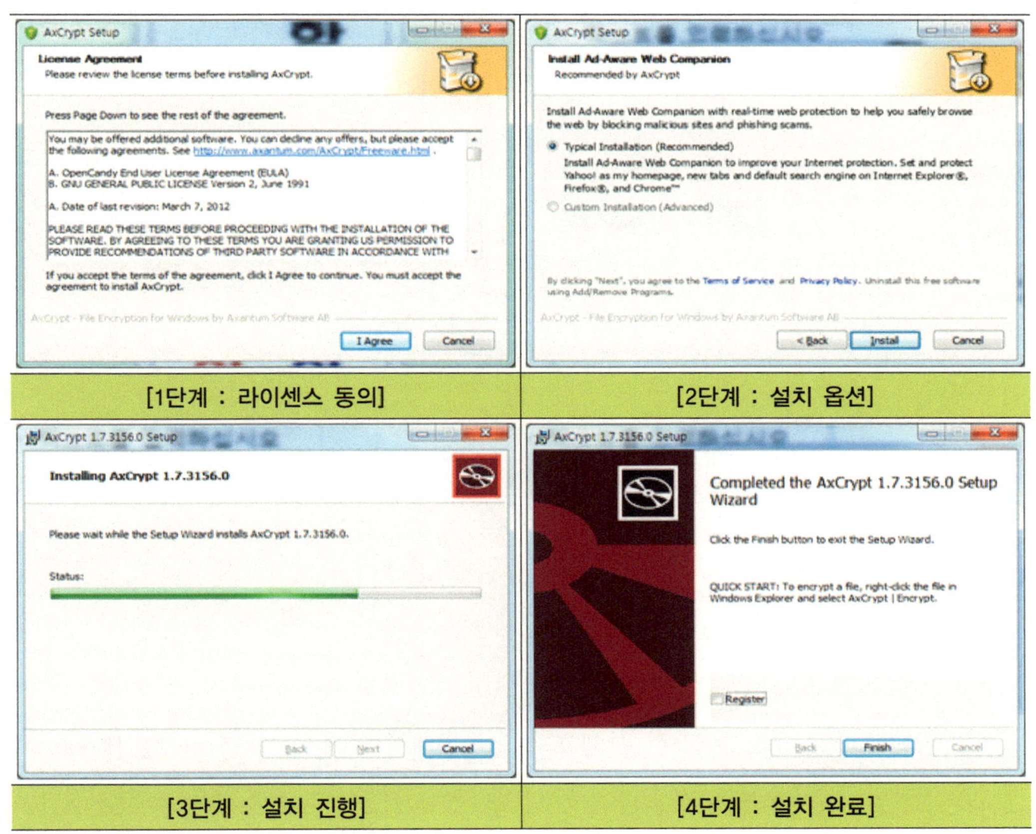

그림 11-6 AxCrypt 설치 과정

11.1.2 AxCrypt 사용법

AxCrypt의 사용법은 홈페이지에 있는 How To Use 웹문서[2]를 참고할 수 있는데, 설명에 축약된 부분이 많으므로, 본 교재에서는 좀 더 구체적으로 AxCrypt의 사용법을 소개하고자 한다.

(1) AxCrypt 실행하기

AxCrypt는 하나의 독립된 프로그램에 의해 작동되지 않고, 탐색기(Windows Explorer)와 통합된 형태로 실행된다. 기본적으로 탐색기에서 파일이나 폴더를 우클릭함으로써 [그림 11-7]과 같이 AxCrypt의 [Context Menu]를 불러올 수 있는데, 여기서 [Context Menu]란 각각의 상황에 맞게 선택할 수 있는 가변성 메뉴를 의미한다. 예를 들어 암호화 되어있지 않은 파일을 우클릭해서 [Context Menu]를 선택할 경우 복호화 옵션을 볼 수 없는데, 이는 암호화 되지 않은 파일을 복호화하는 것은 순서상 맞지 않기 때문이다.

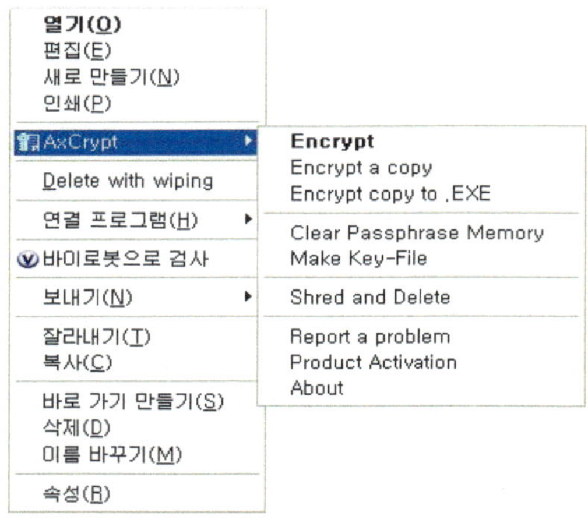

그림 11-7 Context Menu

(2) 암호화하기

기본적으로 AxCrypt를 이용하여 암호화하기 위해서는 Context Menu 중 [Encrypt] 메뉴를 이용하면 된다. [Encrypt]를 실행시키면 [그림 11-8]과 같은 암호와 창이 열리고

2) http : //www.axantum.com/AxCrypt/HowToUse.html

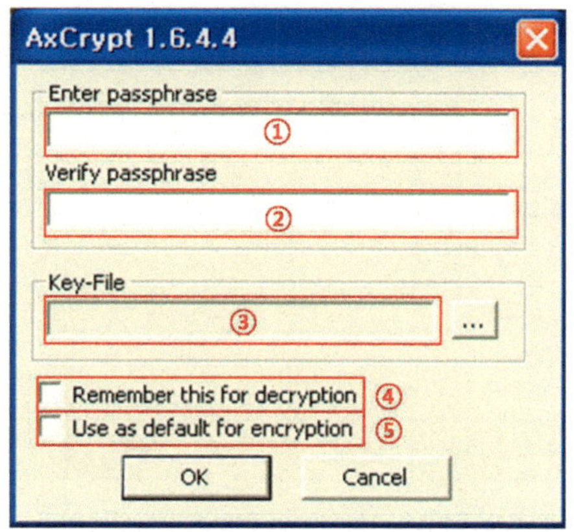

그림 11-8 암호화 창

개인이 정한 암호를 입력하여 파일을 암호화할 수 있다.

개인이 정할 수 있는 암호는 크게 두 가지 종류가 있는데 하나는 'passphrase'이고 다른 하나는 'Key-File'이다. 먼저 사용자가 직접 입력한 숫자 및 문자의 조합으로 이루어진 'passphrase'는 우리가 일반적으로 사용하는 패스워드의 개념과 동일하다. 'passphrase'는 암호화를 위해 필요한 가장 기본적인 암호이며, 그 조합이 길고 복잡할수록 강력한 암호가 된다. ①에서 자신이 정한 'passphrase'를 입력하고, ②에서 확인을 위해 이를 한 번 더 입력하게 되면 파일 암호화를 위한 기본 조건이 충족되고, [OK] 버튼을 누르면 대상 파일은 [그림 11-9]와 같이 암호화(AxCrypt Security Wrapped) 된 파일로 변하게 된다.

그림 11-9 암호화를 통한 파일의 변화

③은 선택적인 단계로, 'Key-File'이란 추가적 암호를 이용하여 대상 파일을 더욱 강력하게 암호화하는데 이용된다. 'Key-File'은 아래 [그림 11-10]에서 보는 바와 같이 임의의 폴더를 우클릭함으로써 Context Menu를 불러와 [Make Key-File]을 실행시켜 생성할 수 있다. Key-File은 랜덤하게 생성된 데이터로 이루어진 텍스트 문서로, 암호화에 이용할 경우 대상 파일을 AES[3]-128의 강도로 보호하게 되며 이것은 현재 풀 수 없는

3) AES는 Advanced Encryption Standard의 약자로 FIPS(Federal Information Processing Standard)에서 정의하는 미국 암호화 표준이다. 자세한 내용은 http : //www.axantum.com/AxCrypt/etc/About-AES.pdf를 참고하기 바란다.

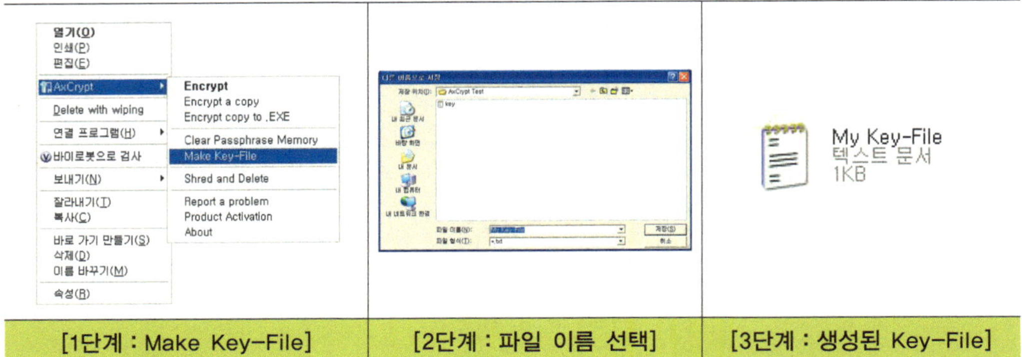

그림 11-10 Key-File 생성 과정

강도로 받아들여지고 있으므로 매우 강력한 암호라 할 수 있다.

④와 ⑤ 역시 선택적인 단계로, ④에서는 ①, ② 그리고 ③에서 지정한 passphrase와 Key-File을 복호화하기 위해 기억해두는 옵션을 지원하고, ⑤에서는 이것들을 다음 암호화 시에도 기본(default) 암호로 사용할 수 있는 옵션을 지원한다. 만약, ④와 ⑤의 기능을 중단하고 싶다면 Context Menu의 [Clear Passphrase Memory]를 실행시키면 된다.

[Encrypt] 외에 다른 암호화 메뉴로 [Encrypt a copy]와 [Encrypt copy to .EXE]가 있다. 이들은 기본적으로 [Encrypt]와 같은 기능을 수행하지만 각각 한 가지씩 차이점이 있다. [Encrypt a copy]는 [그림 11-11]에서 보는 바와 같이 원본 파일을 유지한 채 추가적으로 암호화 된 파일을 생성하는 기능을 수행하고, [Encrypt copy to .EXE]는 AxCrypt가 인스톨 되어있지 않은 사용자도 복호화가 가능하도록(AxDecrypt라는 install-free, decrypt-only 프로그램을 추가적으로 지원하며, 이 지원된 프로그램을 이용하여 복호화할 수 있는) AxCrypt Self-Decrypter 파일을 생성하게 된다[그림 11-12].

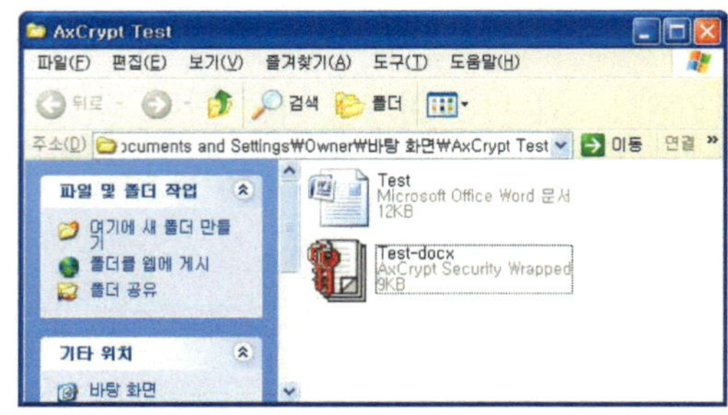

그림 11-11 Encrypt a copy

그림 11-12 AxCrypt Self-Decrypter

암호화 과정 중 주의해야 할 사항은 'passphrase'나 'Key-File' 둘 중 하나라도 잊어버리거나 분실했을 경우, 암호화 된 파일을 복호화할 수 없다는 점이다. 또한, 암호화가 파일의 손상을 막아 주지는 못하므로 예기치 못한 상황을 대비해 별도로 백업파일을 생성해 둘 필요가 있다.

(3) 암호화 된 파일(encrypted file) 열기

암호화 된 파일은 .axx 확장자를 가지며 [그림 11-9]에서 봤던 바와 같이 AxCrypt 아이콘으로 표시된다. 암호화 된 파일을 더블클릭하면 [그림 11-13]과 같은 창이 실행되는데, 이때 암호화 과정에서 이용한 'passphrase'와 'Key-File'을 입력하면 파일을 열어볼 수 있다. 그러나 이 과정은 해당 파일을 영구적으로 복호화하는 방법이 아닌 단기적으로 파일을 여는 방법이다. 사용자들은 파일을 영구적으로 복호화할 필요 없이, 단기적으로 실행시킨 파일을 직접 수정/저장할 수 있으므로 문서 작업 시 유용한 기능이라 할 수 있겠다.

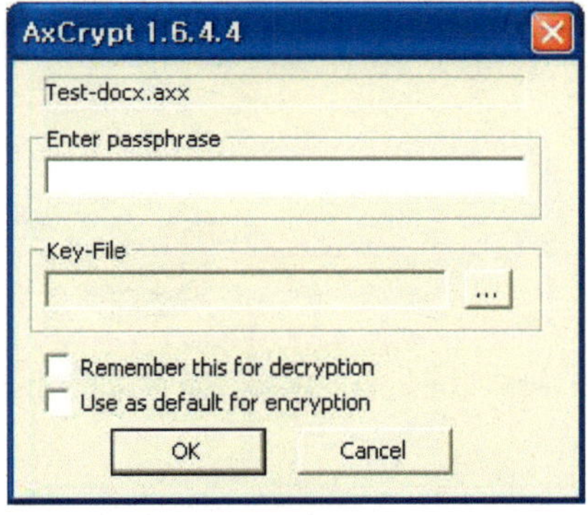

그림 11-13

(4) 복호화(decrypt)하기

AxCrypt를 이용하여 복호화하기 위해서는 Context Menu 중 [Decrypt] 메뉴를 이용하면 된다. 암호화 된 파일을 우클릭하여 [Decrypt]를 실행시킬 경우, 더블클릭 시와 마찬가지로 [그림 11-13]과 같은 창이 실행되고, 암호화 과정에서 이용한 passphrase와 Key-File을 입력하면 원래 파일이 영구적으로 복원된다.

(5) Shred and Delete

영구적으로 삭제된 파일도 인터넷에서 손쉽게 구할 수 있는 삭제 파일 복구 프로그램을 이용하면 간단하게 복구할 수 있는데, AxCrypt의 Shredding 기능을 이용하면 해당 파일을 복구 불가능하게 삭제할 수 있다. 삭제하고자 하는 파일을 우클릭하여 Context Menu의 [Shred and Delete]를 실행시키면 되는데, 이 동작은 되돌릴 수 없기 때문에 항상 [그림 11-14]와 같이 확인 메시지를 동반하게 된다.

만약 [예(Y)]를 선택하게 되면 선택 파일은 랜덤 데이터들로 겹쳐 써진 후, 삭제되며 원본 파일은 복구 불가능하게 된다.

그림 11-14 Shred and Delete 확인 창

(6) Rename 기능

그림 11-15 Rename 기능을 이용한 파일명의 변화

때로는 파일명 자체에 숨기고자 하는 내용의 일부가 포함되어 있는 경우가 있는데, 이럴 때에는 AxCrypt의 Rename 기능을 이용하여 정보의 유출을 방지할 수 있다. 암호화된 파일을 우클릭하여 Context Menu를 불러오면 [Rename] 옵션이 있는데 이를 실행시키면 위의 [그림 11-15]에서 보는 바와 같이 완벽히 랜덤(random)한, 익명의 파일명으로 바뀌게 된다. 물론, 그 파일을 열거나 복호화하면 원래의 파일명이 그대로 복원된다.

11.1.3 AxCrypt 실습과제

지금까지 우리는 AxCrypt의 설치부터 사용법을 알아보았다. 이를 바탕으로 다음 실습을 통해 AxCrypt를 이용 시 주의할 점 몇 가지를 함께 고민해보고자 한다.

실습과제 11-1

- 암호화할 파일들을 준비한다.(원본 파일들은 실습 전 따로 backup하여 보관)
- 새로운 폴더 하나를 만들고(폴더 명을 keys라고 하자), 그 폴더를 우클릭해서 준비된 파일의 개수만큼 Key-File을 생성한다.

1. 하나의 Key-File을 자기 자신을 Key-File로 하여 [Encrypt] 했을 경우 어떤 일이 발생하는지 설명하라.
2. 하나의 Key-File을 자기 자신을 Key-File로 하여 [Encrypt a copy]를 실행시켰을 경우는 1번과 어떻게 달라지는지 설명하라.
3. 각각의 파일을 [Encrypt a copy]를 이용하여 암호화 된 사본 파일을 만들고 이들을 하나의 폴더(폴더 명을 Test라고 하자)에 따로 저장한 뒤, 그 폴더 전체에 [Rename]을 실행 시키자. 폴더를 열어 암호화 된 파일들이 어떻게 변하였는지 설명하라.
4. 3번 문제에서 각각의 파일마다 암호화 passphrase나 Key-File이 다를 경우, 파일들을 어떻게 구분해 낼 수 있는지 설명하라.
5. keys 폴더를 우클릭하여 [Encrypt]를 실행시키자. 어떤 일이 발생하는가?
6. keys 폴더를 zip 파일로 압축한 뒤 [Encrypt]를 실행시키자. 어떤 일이 발생하는가? 5번 문제와 비교하여 설명하라.
7. 우리는 Key-File을 생성해서 파일을 암호화할 경우 AES-128의 강도로 암호화할 수 있다는 것을 알았다. 하지만 파일들을 암호화할 때 항상 같은 Key-File을 사용하는 것이 아니라면 위 실습과 같이 여러 개의 Key-File이 생성되게 되고, 이것들을 관리하는 것 또한 보안 유지를 위해 중요한 일일 것이다. 5번과 6번 문제를 종합하여 Key-File의 효율적 관리에 대해 토의하라.

11.2 공개키 암호 및 복호

공개키 암호(public key cryptography) 방식에서는 대칭키 암호 방식과는 달리 서로 다른 두 개의 키인 공개키(public key)와 비밀키(private key)가 사용된다. 즉, 특정 평문을 암호문으로 변경할 때 공개키가 필요하며, 암호문을 다시 평문으로 복호할 때 비밀키가 활용된다. 이러한 암호화가 이루어지기 위해서는 송신자, 수신자, 그리고 공개키 라이브러리가 필요한데, 먼저 공개키 암호의 암호화와 복호화 과정을 송신자인 철수와 수신자인 영희를 통해 단계별로 알아보면 다음과 같다.

- 1단계 : 철수와 영희는 공개키와 비밀키를 생성한 후, 본인의 공개키를 공개키 라이브러리에 등록한다.
- 2단계 : 영희에게 암호문을 보내고자 하는 철수는 공개키 라이브러리에 접속하여 영희의 공개키를 검색한다. 여기서 공개키 라이브러리란 누구나 접근해서 해당 키의 내용을 볼 수 있는 일종의 웹 사이트를 말한다.
- 3단계 : 철수는 공개키 라이브러리에서 찾은 영희의 공개키를 이용하여 자신이 보내고자 하는 평문을 암호화한 후 영희에게 암호문을 전송한다. 여기에서 해당 암호문은 암호화에 사용된 공개키와 짝을 이루는 비밀키를 이용해야만 복호화 될 수 있다.
- 4단계 : 암호문을 수신한 영희는 자신의 비밀키를 이용하여 복호화 작업을 진행한 후 평문을 얻어낸다.

만약 영희가 철수에게 암호문을 보내고자 할 경우에도 위의 단계에 따라 암호화 방식을 진행하면 된다.

[그림 11-16]은 앞서 설명한 암호화 단계에 따라, 철수가 영희에게 메시지 m을 암호화하여 전송하는 과정을 보여주고 있다. 철수는 영희의 공개키 $K^{+}_{영희}$를 공개키 라이브러리로부터 검색한 후, 검색된 영희의 공개키를 이용하여 m을 암호화한 암호문 $K^{+}_{영희}\mathrm{(m)}$을 영희에게 전달한다. 영희가 암호문을 받게 되면, 자신만 알고 있는 비밀키 $K^{-}_{영희}$로 암호문을 복호화하여, $K^{-}_{영희}(K^{+}_{영희}\mathrm{(m)}) = \mathrm{m}$과 같이 메시지 m을 복원해 낼 수 있다. 이 장에서는 이러한 공개키 암호화 방식을 이용하여 이메일의 암호화와 복호화를 도와주는 공개 소프트웨어인 GPG4Win에 대하여 알아보고 공개키 암호화 방식을 이용하여 특정 평문을 암호화하는 실습과제를 부여하고자 한다.

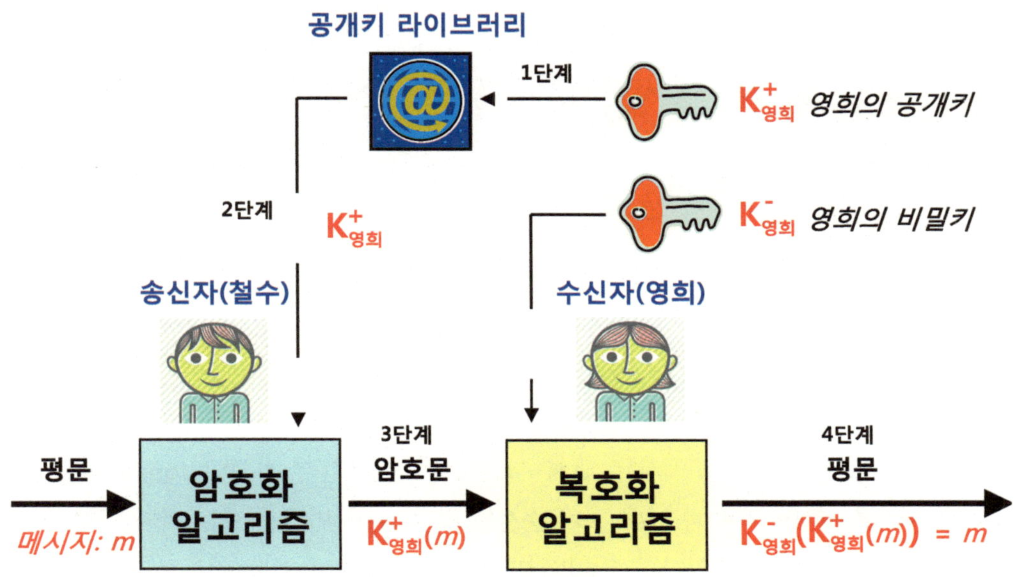

그림 11-16 공개키 암호의 암호화와 복호화

11.2.1 GPG4Win 소개

GnuPG(GNU Privacy Guard)[4]는 GNU 재단에서 개발한 이메일 및 파일 내용의 암호화와 복호화 기능을 제공하는 대표적인 프로그램이다. 여기에서 GNU란 무료 소프트웨어 재단(FSF)에서 개발하여 배포되는 무료 프로그램들을 총칭하며, 주로 유닉스 운영 체계에서 복사, 수정 및 재배포가 가능하다. 본 장에서 소개할 GPG4Win은 GnuPG의 윈도우즈 버전이라 할 수 있다. 본 절에서는 GPG4Win을 활용하여 사용자가 작성한 평문을 암호화한 후, 암호화된 글을 다시 평문으로 복호화하는 과정에 대해 설명하고자 한다.

(1) GPG4Win 다운로드

GPG4Win은 공식 홈페이지[5]에서 무료로 다운로드할 수 있다. 홈페이지 메인 화면에 보면 [그림 11-17]과 같이 [Download Gpg4win] 아이콘이 보이는데 해당 아이콘을 클릭하면 다운로드 화면으로 이동한다. 다운로드 화면에서 [그림 11-18]과 같이 GPG4Win의 실행 파일(gpg4win-2.3.0.exe)을 다운로드 하며 실행 파일을 다운로드할 위치는 사용자가 임의로 결정하면 된다.

---

4) http : //www.gnupg.org/

5) http : //www.gpg4win.org/

그림 11-17 GPG4Win 공식 홈페이지

Download

Gpg4win 2.3.0 (Released: 2015-11-25)

You can download the full version (including the Gpg4win compendium) of Gpg4win 2.3.0 here

OpenPGP signature (for gpg4win-2.3.0.exe)

SHA1 checksum (for gpg4win-2.3.0.exe): 88d90ee9a1ea3e66b198ea866063140b882444d5

Changelog

그림 11-18 파일 다운로드

(2) GPG4Win 설치

GPG4Win을 설치하기 위해서는 앞서 다운로드 받은 실행 파일인 [gpg4win-2.3.0.exe]를 더블클릭하면 되는데, 이때 설치 순서는 [그림 11-19]에서 보는 바와 같다. 다른 응용프로그램의 설치와 마찬가지로 GPG4Win을 설치하는 순서도 기본적인 설정을 따르면 된다. 단, [4단계] 구성요소 선택에서는 Claws-Mail을 제외한 나머지 부분의 체크박스는 모두 선택하도록 한다. 만약 [8단계]와 같이 설치 시 주의 사항이 팝업 창으로 나타날 경우 관련 내용을 확인한 후, 확인 버튼을 선택하여 나머지 설치를 완료한다.

11.2.2 GPG4Win 사용법

GPG4Win의 자세한 사용법은 홈페이지에서 제공하고 있는 사용자 가이드6)를 PDF 버전으로 다운받아 참조할 수 있다. 이 문서에는 설치에서부터 활용에 이르기까지 GPG4Win의 다양한 기능들을 설명하고 있는데, 본 교재에서는 가장 기본적인 수준에서 GPG4Win의 사용법을 소개하고자 한다.

(1) GPA를 이용하여 비밀키와 공개키 생성하기

GPG4Win을 실행하기 위해서는 GPG4Win의 그래픽 사용자 인터페이스(GUI) 프로그램인 GPA(GNU Privacy Assistant)를 실행시켜야 한다. [그림 11-20]과 같이 실행 방법은 [시작] - [프로그램] - [Gpg4win] - [GPA]를 선택하면 된다.

GPG4Win을 설치한 후, 공개키 암호화에 사용될 키들을 생성하지 않았을 경우 [그림 11-21]과 같이 자동으로 키를 생성할 것인지를 묻는 팝업 창이 나타난다. 아래 그림과

---

6) http : //www.gpg4win.org/documentation.html

그림 11-19 GPG4Win 설치 과정

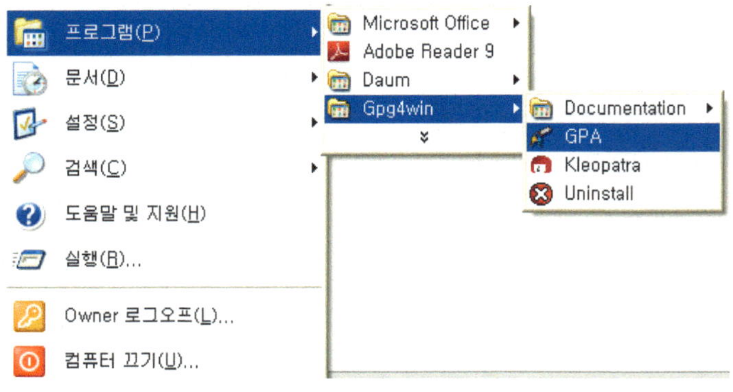

그림 11-20 GPA 실행

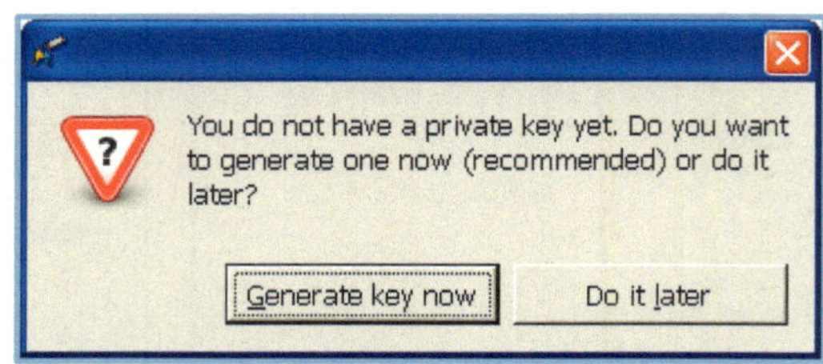

그림 11-21 비밀키 자동 생성에 관한 팝업 창

같이 [Generate key now] 버튼을 눌러서 키를 생성한다. GPG4Win에서는 비밀키(private key)를 생성하면 자동으로 공개키가(public key)가 생성된다. 따라서 지금부터는 비밀키를 생성하는 과정을 설명하고자 한다.

비밀키의 생성 과정은 [그림 11-22]와 같다. GPA에서는 비밀키의 값을 사용자의 이름과 이메일 주소의 조합을 이용하여 자동 생성한다. 따라서 [1단계]와 [2단계]에서 보는 바와 같이, 자신의 이름과 이메일을 입력하여 고유한 비밀키 값을 생성한다. [3단계]에서는 자신의 키의 백업 여부를 선택할 수 있다. [Create backup copy] 부분을 선택한 후, [4단계]에서 비밀키의 비밀번호를 지정한 후 [OK] 버튼을 선택한다. 그 후 입력한 비밀번호를 한 번 더 입력하면, [5단계]와 같이 비밀키를 백업할 위치를 선정해서 비밀키를 저장할 수 있다. [6단계]에서 GPA의 Key Manager에 비밀키(노란색 이모티콘 키)와 공개키(은색 이모티콘 키)가 최종적으로 생성된 것을 확인할 수 있다. 앞서 언급한 바와 같이, 비밀키를 생성하면 자동으로 해당 비밀키에 대한 공개키가 생성된다. [6단계]에서 생성된 키를 마우스로 선택하면, [그림 11-23]과 같이 두 개의 키가 존재한다는 문구를 Key Manager의 하단에서 확인할 수 있다.

그림 11-22 비밀키 생성 과정

(2) 공개키 추출 및 공유하기

앞서 언급한 바와 같이, 공개키 암호의 암호화와 복호화를 진행하기 위해서는 우선 사용자들의 공개키가 서로 공유되어야 한다. Key Manager에서 개인의 공개키를 추출하는 방법은 다음과 같다. [그림 11-23]과 같이 비밀키와 공개키를 선택한 다음 Key

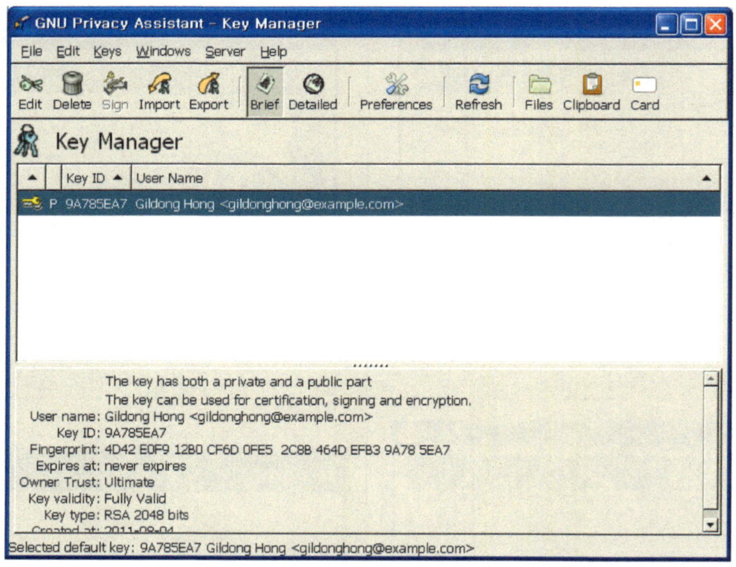

그림 11-23 Key Manager 화면

그림 11-24 공개키의 파일명 설정

manager의 상단에 있는 [Export] 아이콘을 선택한다. 사용자는 추출할 공개키의 이름을 자유롭게 입력할 수 있는데 본 예에서는 [그림 11-24]와 같이 'hong_public_key.asc'로 공개키의 이름을 입력하였다. 입력한 공개키의 이름 아래 부분에서 저장 위치를 선택한 후 [Save] 버튼을 입력하면 '키가 성공적으로 추출되었다'라는 의미의 영문 메시지가 나타나고, 자신의 공개키가 선택한 위치에 추출되어 저장되어 있는 것을 확인할 수 있다.

메모장을 이용하여 방금 추출한 공개키인 hong_pub_key.asc 파일을 열어 보면 [그림 11-25]와 같은 문자열을 확인할 수 있을 것이다. 자세한 구성을 보면 먼저 공개키의 상단에는 공개키가 시작되는 부분이라는 문구가 있고, 공개키의 하단에는 공개키의 끝이라는 문구가 표시되어 있으며, 가운데 부분에는 문자와 숫자로 이루어진 공개키의 값들을 확인할 수 있다. 이러한 키 값들 속에는 해당 공개키가 누구의 것인가를 구분해 주는

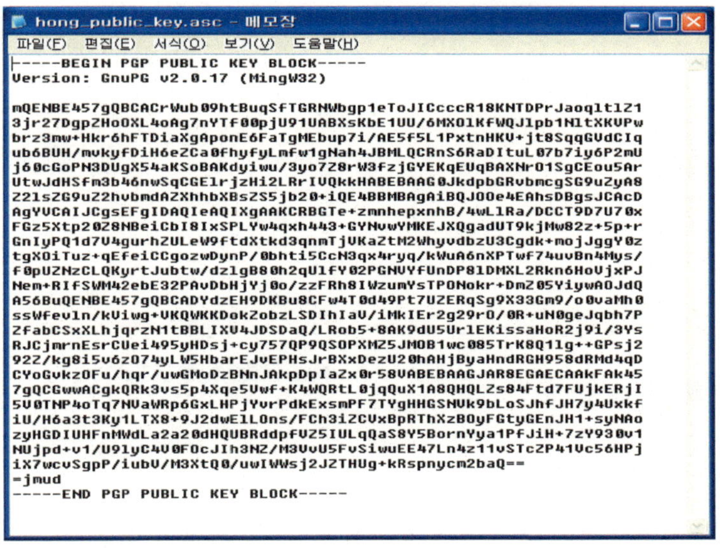

-----BEGIN PGP PUBLIC KEY BLOCK-----
Version: GnuPG v2.0.17 (MingW32)

mQENBE457gQBCACrWub09htBuqSfTGRNWbgp1eToJICcccR18KNTDPrJaoqltlZ1
3jr27DgpZHoOXL4oAg7nYTf00pjU91UABXsKbE1UU/6MXOlKfWQJlpb1NltXKVPw
brz3mw+Hkr6hFTDiaXgAponE6FaTgMEbup7i/AE5f5L1PxtnHKV+jt8SqqGVdCIq
ub6BUH/mvkyfDiH6eZCa0fhyfyLmfw1gNah4JBMLQCRnS6RaDItuL07b7iy6P2mU
j60cGoPN3DUgX54aKSoBAKdyiwu/3yo7Z8rW3fzjGYEKqEUqBAXNrO1SgCEou5Ar
UtwJdHSfm3b46nwSqCGElrjzHi2LRrIVQkkHABEBAAG0JkdpbGRvbmcgSG9uZyA8
Z21sZG9uZ2hvbmdAZXhhbXBsZS5jb20+iQE4BBMBAgAiBQJO0e4EAhsDBgsJCAcD
AgYVCAIJCgsEFgIDAQIeAQIXgAAKCRBGTe+zmnhepxnhB/4wLlRa/DCCT9D7U70x
FGz5Xtp20Z8NBeiCbI8IxSPLYw4qxh443+GYNvwYMKEJXQgadUT9kjMw82z+5p+r
GnIyPQ1d7V4gurhZULeW9ftdXtkd3qnmTjVKaZtM2WhyvdbzU3Cgdk+mojJggY0z
tgXOiTuz+qEfeiCCgozwDynP/0bhti5CcN3qx4ryq/kWuA6nXPTwf74uvBn4Mys/
f0pUZNzCLQKyrtJubtw/dzlgB80h2qUlfY02PGNVYfUnDP8lDMXL2Rkn6HoVjxPJ
Nem+RIfSWM42ebE32PAvDbHjYj0o/zzFRh8IWzumYsTPONokr+DmZ05YiywAOJdQ
A56BuQENBE457gQBCADYdzEH9DKBu8CFw4T0d49Pt7UZERqSg9X33Gm9/o0vaMh0
ssWfevln/kViwg+VKQWKKDokZobzLSDIhIaV/iMkIEr2g29rO/0R+uN0geJqbh7P
ZfabCSxXLhjqrzN1tBBLIXV4JDSDaQ/LRob5+8AK9dU5UrlEKissaHoR2j9i/3Ys
RJCjmrnEsrCUei495yHDsj+cy757QP9QSOPXMZ5JMOB1wc085TrK8Q1lg++GPsj2
92Z/kg8i5v6zO74yLW5HbarEJvEPHsJrBXxDezU20hAHjByaHndRGH958dRMd4qD
CYoGvkzOFu/hqr/uwGMoDzBNnJAkpDpIaZx0r58VABEBAAGJAR8EGAECAAkFAk45
7gQCGwwACgkQRk3vs5p4Xqe5Vwf+K4WQRtL0jqQuX1A8QHQLZs84Ftd7FUjkERjI
5V0TNP4oTq7NVaWRp6GxLHPjYvrPdkExsmPF7TYgHHGSNVk9bLoSJhfJH7y4Uxkf
iU/H6a3t3Ky1LTX8+9J2dwElLOns/FCh3iZCVxBpRThXzBOyFGtyGEnJH1+syNAo
zyHGDIUHFnMWdLa2a20dHQUBRddpfVZ5IULqQaS8Y5BornYya1PfJiH+7zY930v1
NUjpd+v1/U91yC4V0FOcJIh3NZ/M3VvU5FvSiwuEE47Ln4z11vSTcZP41Vc56HPj
iX7wcvSgpP/iubV/M3XtQ0/uwIWWsj2JZTHUg+kRspnycm2baQ==
=jmud
-----END PGP PUBLIC KEY BLOCK-----

그림 11-25 공개키의 값

'Key ID'와 'User Name'이 포함되어 있다.

(3) 상대의 공개키 등록 및 암호문 작성

그림 2-2-1에서 언급한 바와 같이, 공개키는 공개키 라이브러리에 등록되어 공유되어야 한다. 본 예제에서는 공개키 라이브러리를 활용하는 것 대신에 사용자들이 직접 자신의 공개키를 이메일이나 메신저를 통하여 공유하는 방식을 설명하고자 한다. 공개키 라이브러리를 활용하는 방법에 대해서는 본 장의 마지막 부분에서 설명하겠다.

GPG4Win에서 전달 받은 상대의 공개키를 활용하여 암호문을 작성하기 위해서는 우선 Key Manager에 상대의 공개키를 등록해야 한다. 본 예제에서는 장보고 학생이 홍길동 학생에게 암호문을 이메일로 전달하는 상황이다. 이메일을 통해 전달받은 홍길동의 공개키(hong_pub_key.asc)를 장보고의 Key Manager에 등록하는 과정은 [그림 11-26]과 같은데, [1단계]에서 장보고 학생은 Key Manager에서 홍길동의 공개키를 등록하기 위해서 화면 상단에 있는 [import] 아이콘을 선택한다. [2단계]는 등록할 공개키를 선택하는 단계인데, 그림과 같이 전달 받은 홍길동의 공개키를 선택한다. [3단계]와 같이 등록 완료가 공지된 후 [close] 버튼을 선택하면, 홍길동의 공개키가 [4단계]와 같이 등록된 것을 확인할 수 있다. 만약 여러 사람들로부터 공개키를 전송 받을 때 파일명이 같은

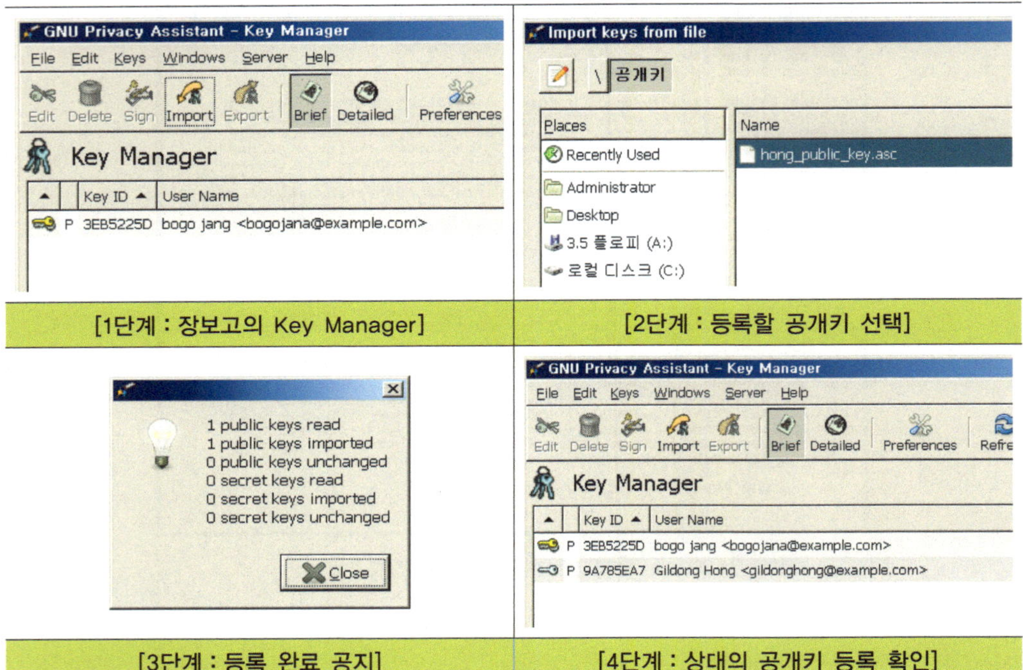

그림 11-26 상대의 공개키 등록

공개키를 전송받을 경우, 나중에 전송받은 공개키가 처음 전송받은 공개키를 '덮어 쓰기'할 수 있으므로 이점을 유의해서 등록해야 한다.

이제 장보고가 홍길동에게 평문을 작성한 후 그 평문을 홍길동의 공개키로 암호화하는 과정을 알아보자. Key Manager의 상단에 있는 [Clipboard] 아이콘을 선택하면 [그림 11-27]의 [1단계]와 같은 클립보드 화면이 나타난다. 클립보드 화면에 홍길동에게 전달할 평문을 작성하고 작성한 평문을 암호문으로 변경하기 위해 클립보드 화면의 상단에 있는 [Encrypt] 아이콘을 선택하면 [2단계]와 같이 암호화할 공개키를 선택하는 창이 나타난다. 현재 장보고 학생이 보유한 3개의 키(자신의 비밀키, 자신의 공개키, 홍길동의 공개키) 중, 홍길동에게 암호문을 보내는 것이기 때문에 홍길동의 공개키를 선택한다. [3단계]와 같이 한 번 더 선택한 공개키를 확인하는 과정을 거친 후 최종적으로 [4단계]에서는 [1단계]에서 입력한 평문이 암호문으로 변경된다. 여기에서 암호문의 내용을 살펴보면 암호문의 시작과 끝을 나타내는 문구가 있는 것을 확인할 수 있다.

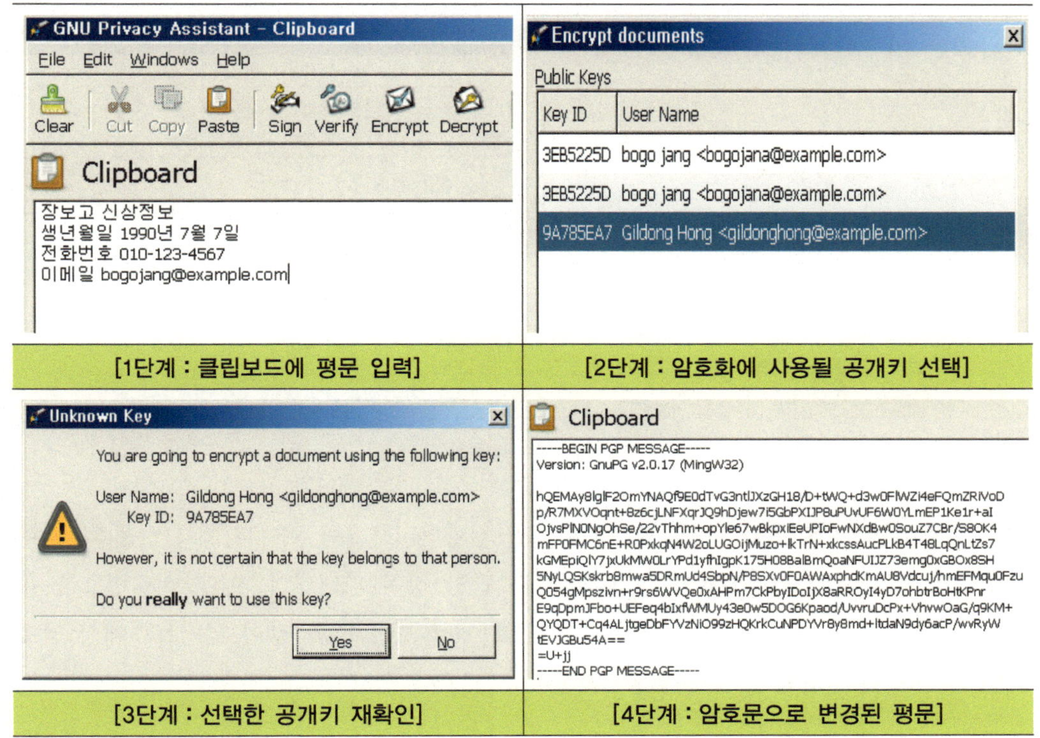

그림 11-27 상대의 공개키를 활용한 암호문 작성

(4) 암호문 전달 및 복호화 과정

장보고는 [그림 11-27]의 [4단계]에 있는 암호문을 복사한 후, 복사한 암호문을 이메일을 이용하여 홍길동에게 전송한다. 이때 이메일로 암호문을 전달하는 방법은 ① 이메일 본문 내용에 암호문을 붙여 넣기 하여 전달하는 방법과 ② 복사한 암호문을 텍스트 파일로 저장한 다음, 이메일에 첨부하여 전달하는 방법이 있다. 둘 중 하나의 방법을 사용하여 홍길동에게 암호문을 전달한다. 홍길동이 장보고로부터 전달 받은 암호문을 해독하기 위해서는 자신의 비밀키를 활용하여 암호문을 평문으로 복호화 해야 하는데, 그 과정을 요약하면 다음과 같다. 홍길동은 자신의 Key Manager를 실행시킨 후, 화면 상단에 있는 [Clipboard] 아이콘을 선택한 후, 클립보드에 장보고의 암호문을 복사하여 붙여넣기 한다. 다음으로 홍길동 자신의 비밀키를 이용하여 암호문을 복호한다. 앞서 언급한 바와 같이 장보고가 홍길동의 공개키를 이용하여 평문을 암호문으로 변경하였기 때문에 홍길동의 비밀키로 암호문을 평문으로 복호할 수 있다. 따라서 클립보드 상단에

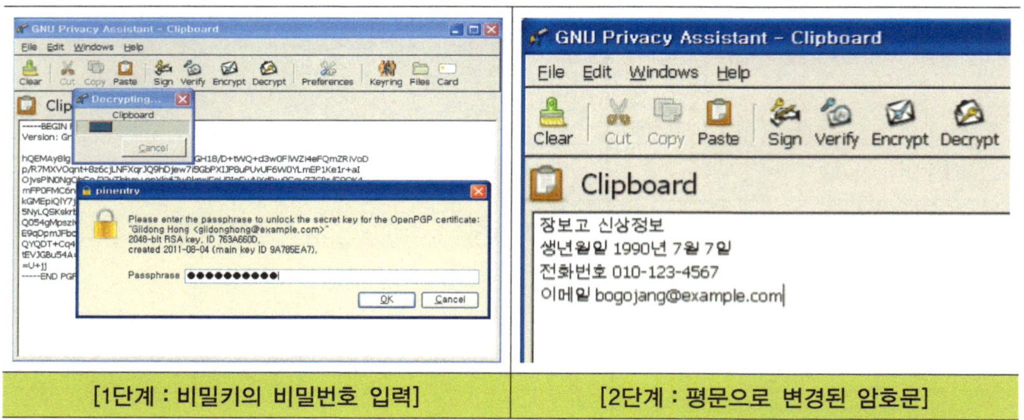

그림 11-28 복호화 단계

있는 [Decrypt] 아이콘을 선택하여 복호화를 진행하면 [그림 11-28]의 [1단계]와 같이 비밀키의 비밀번호(passphrase)를 입력하라는 팝업 창이 나타난다. 이때 비밀번호를 올바르게 입력한 뒤 [OK]버튼을 클릭하면 [2단계]에서 보는 바와 같이 클립보드에서 암호문이 평문으로 변경된 것을 확인할 수 있다.

(5) 전자 서명

일상 생활 속에서 신원을 확인하기 위해 주민등록증을 사용하듯이, 인터넷과 같은 사이버 상에서 자신의 신원을 증명하기 위한 수단으로 전자 서명(digital signature)이 사용된다. 전자 서명은 위조 불가(비밀키를 소유하지 않는 자는 전자 서명을 할 수 없음), 서명자 인증(전자 서명자의 신원을 확인), 부인방지(비밀키의 소유자가 전자 서명을 한 후 그 행위에 대한 부인 불가) 등의 기능을 제공한다. [그림 11-29]에서는 송신자 철수가 평문에 전자 서명을 한 후 수신자 영희에게 전달하고, 전달 받은 정보를 영희가 검증

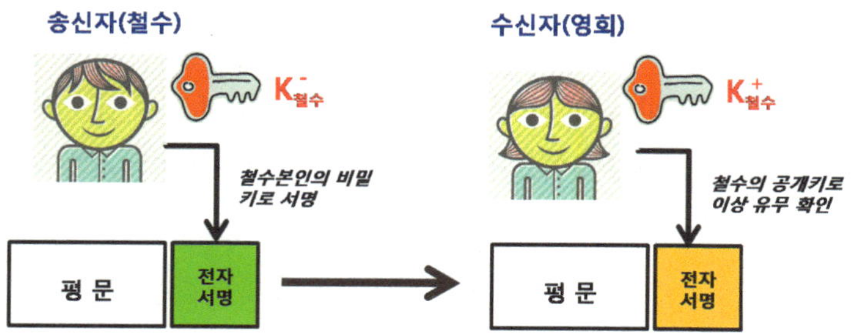

그림 11-29 전자 서명 및 서명 확인

하는 과정을 보여주고 있다.

철수가 전자 서명을 할 때 발생되는 과정을 요약하면 다음과 같다.

- 평문을 작성한다.
- 작성한 평문을 해쉬 함수(hash function)를 이용하여 특정 크기의 축약 메시지(message digest)로 변환한다.
- 축약 메시지를 철수의 비밀키로 암호화하여 전자 서명을 한다.
- 암호화된 데이터(전자 서명)를 평문에 붙여서 영희에게 전송한다.

영희가 철수로부터 받은 문서를 검증할 때 발생되는 과정을 요약하면 다음과 같다.

- 전송된 문서를 수신한다.
- 평문과 전자 서명이 있는 데이터를 분리한다.
- 영희가 가지고 있는 철수의 공개키를 이용하여 전자 서명을 복호화하여 요약된 메시지를 얻는다.
- 영희가 분리한 평문을 해쉬 함수를 이용하여 요약된 메시지로 변환한다.
- 영희가 변환한 요약된 메시지와 전자 서명을 복호화하여 얻은 요약된 메시지를 비교한다.
- 두 요약 정보가 같다면 무결성이 보장된 것이고 그렇지 않다면 도중에 내용이 변경된 것이다.

지금부터 GPG4Win을 통해 전자 서명을 진행하는 과정을 살펴보자. 먼저 [그림 11-30]의 [1단계]와 같이 Key Manager에서 [Clipboard] 버튼을 선택하여 클립보드를 실행한 후, 평문을 작성한다. 전자 서명을 하기 위해 클립보드의 상단에 있는 [Sign] 아이콘을 선택하면 [2단계]와 같은 Sign documents 창이 나타난다. 이때 자신의 비밀키를 선택한 후 [OK] 버튼을 누르면 [3단계]와 같이 비밀키의 비밀번호(passphrase)를 입력하는 창이 나타난다. 비밀키의 비밀번호가 정확히 입력되면, [4단계]와 같이 처음 작성한 평문에 전자 서명된 정보가 첨부되어 있는 것을 확인할 수 있다. 이와 같이 전자 서명된 평문을 수신자에게 전달한다.

송신자로부터 전자 서명된 평문을 전달 받은 수신자는 전달 받은 내용이 전달 도중에 누군가에 의해 손상되었는지 또는 누군가에 의해 고의로 변경되었는지를 검증할 수 있다. [그림 11-31]의 [1단계]와 같이 송신자의 클립보드에 전달 받은 내용을 복사해서 붙

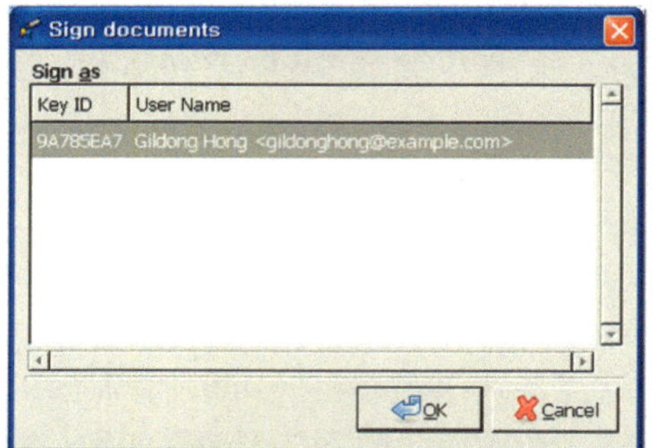

[1단계 : 클립보드에 평문 입력] [2단계 : 비밀키 선택]

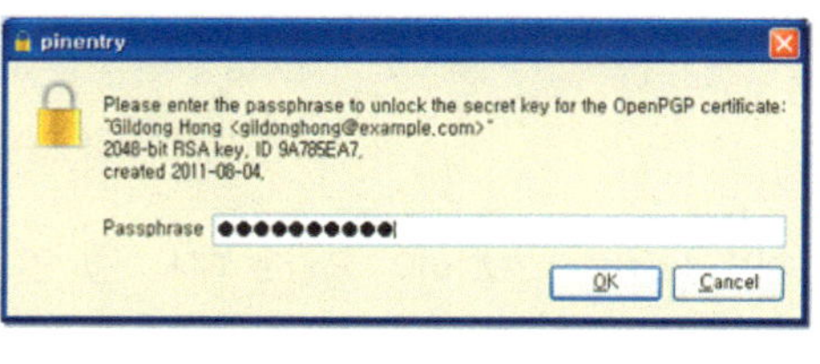

GNU Privacy Assistant - Clipboard
File Edit Windows Help
Clear Cut Copy Paste Sign Verify Encrypt Decrypt Preferences
Clipboard
-----BEGIN PGP SIGNED MESSAGE-----
Hash: SHA1
안녕하세요. 홍길동 입니다.
전자서명 예제 입니다.
-----BEGIN PGP SIGNATURE-----
Version: GnuPG v2.0.17 (MingW32)
-----END PGP SIGNATURE-----

[3단계 : 비밀키의 비밀 번호 입력] [4단계 : 평문에 전자 서명 정보가 첨부됨]

그림 11-30 전자 서명 과정

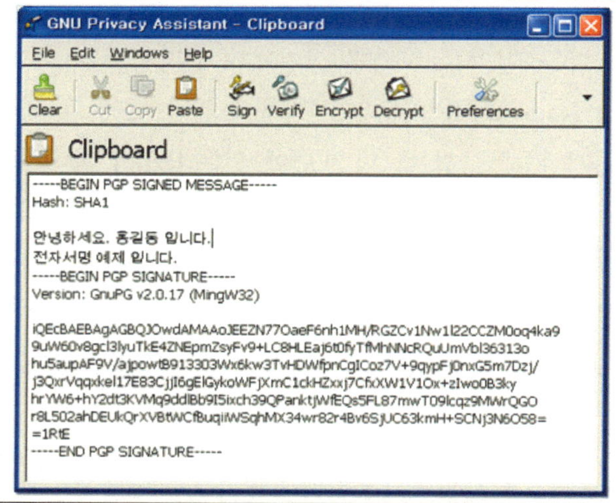

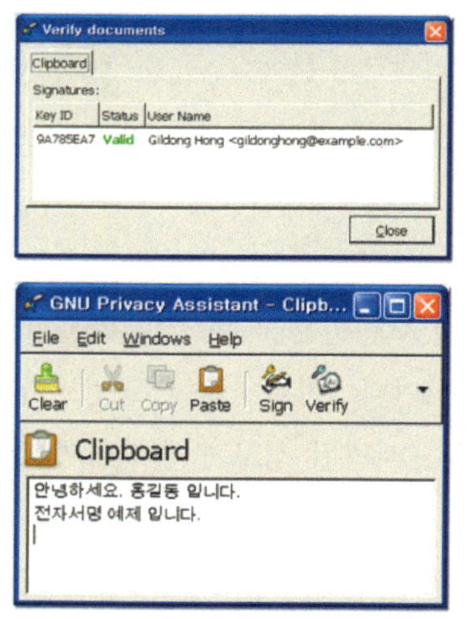

[1단계 : 전자 서명된 평문을 클립보드에 입력] [2단계 : 검증 결과]

그림 11-31 전자 서명 검증

여 넣기 한다. 전달 받은 내용을 검증하기 위해 클립보드 상단에 있는 [Verify] 버튼을 선택한다. 이때 송신자의 Key Manager에는 수신자의 공개키가 미리 등록되어 있어야 한다. 만약 전달 도중 평문의 내용이 변경되지 않았다면 [2단계]와 같이 Verify documents 창의 Status 값이 'Valid'로 표시되고, 수신자가 작성한 평문이 클립보드에 나타난다. 여기에서 수신자로부터 전달 받은 내용의 일부를 변경한 후, 앞서 언급한 전자 서명에 대한 검증 과정을 다시 진행해 보자. 본 예에서는 [그림 11-32]의 [1단계]에서 보는 바와 같이, 홍길동이란 정보를 이순신으로 변경하였다. 이때 [Verify] 버튼을 선택하여 검증을 진행하면 [2단계]와 같이 Verify documents 창의 Status 값이 'Bad'인 것을 확인할 수 있다. 이와 같이 이메일 상에서 정보를 교환할 때 정보 변경의 유무를 확인하는 방법으로 GPG4Win의 전자 서명 기능을 활용할 수 있다.

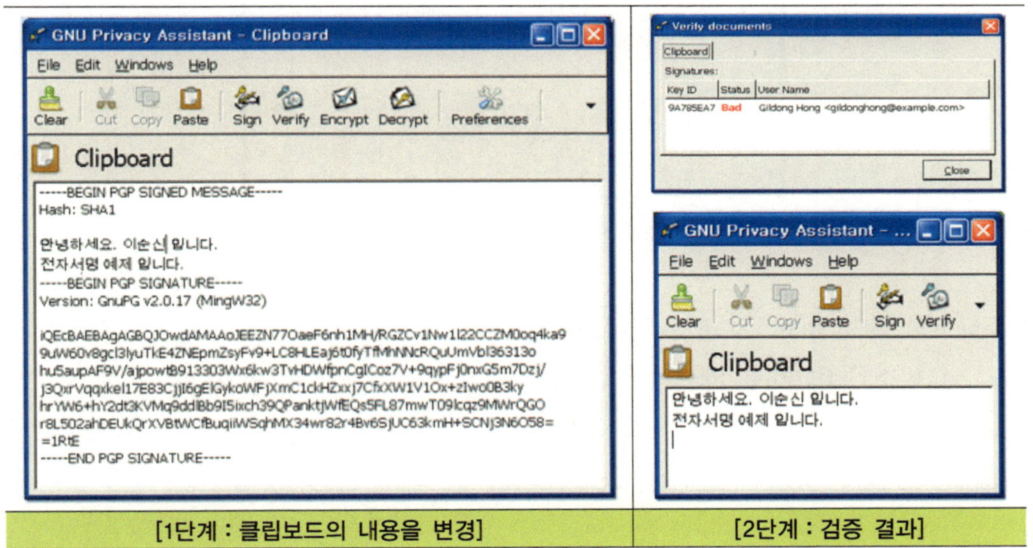

그림 11-32 변경된 내용에 대한 전자 서명 검증

(6) 암호화 및 전자 서명을 동시에 하기

지금까지 평문을 암호화하는 방법과 평문을 전달할 때 전자 서명 정보를 추가하는 방법에 대해 살펴보았다. 본 절에서는 암호화와 전자 서명을 동시에 진행하는 방법에 대해 소개하고자 한다. 과정의 시작은 평문을 암호화하는 과정과 동일하다. 먼저 클립보드에서 평문을 작성한 후 [Encrypt] 버튼을 클릭한다. 이때 [그림 11-33]과 같이 Encrypt

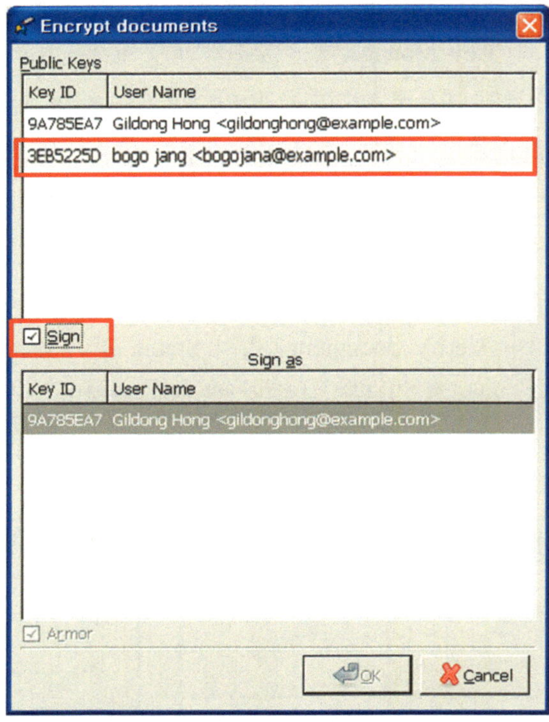

그림 11-33 암호화 및 전자 서명 동시에 하기

documents 창의 Public Keys 부분에서 암호문을 전달 받을 수신자의 공개키를 선택하고, 체크박스인 [Sign]을 체크한다. 그리고 [OK] 버튼을 누르면 암호화와 전자 서명이 동시에 진행된다. 이후, 이렇게 전자 서명된 암호문을 복호하거나 검증하는 방식은 앞서 언급한 방식들과 동일하다.

(7) 공개키를 교환하는 방식

앞의 예들에서는 이메일 또는 메신저를 통해 사용자의 공개키를 교환하였다. 본 절에서는 GPG4Win에서 제공하는 Key Server를 통해 공개키를 등록하고 검색하는 방법에 대해 설명하고자 한다. 먼저 자신의 Key Manager에 있는 공개키를 Key Server에 등록하는 방법을 살펴보자. [그림 11-34]와 같이, Key Manager의 [Server] – [Send Keys]를 선택한다. 선택이 완료 되면, 자신의 공개키가 자동으로 Key Server에 등록된다.

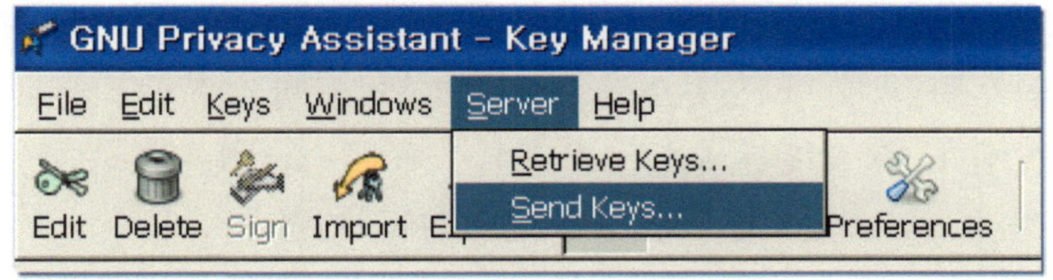

그림 11-34 Key Server에 공개키 등록

다음으로 등록된 키를 검색하기 위해서 Key Manager의 [Server] – [Retrieve Keys ...]를 선택한다. 이때 Key Server에 등록된 다른 사용자의 공개키를 검색하기 위해서는 검색할 공개키의 ID 값을 사전에 알고 있어야 한다. [그림 11–35]와 같이 gpa.exe 창에 찾고자 할 Key ID 값을 입력한 후 [OK] 버튼을 선택한다. 그 결과 Key Server로부터 해당 ID 값을 가진 공개키가 검색되고 검색된 공개키는 자동으로 Key Manager에 등록된다.

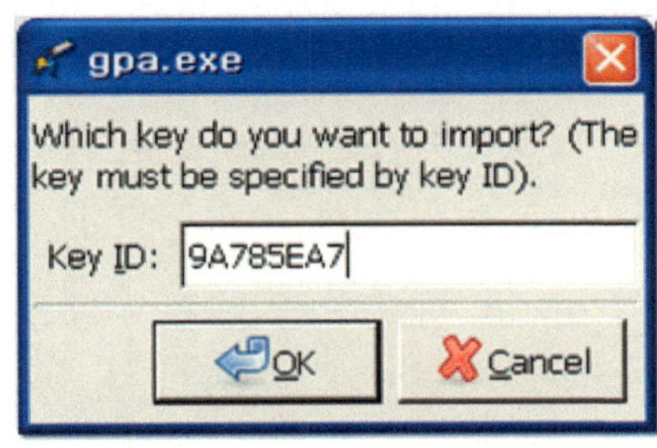

그림 11-35 Key ID 입력

지금까지 공개키 암호 방식을 이용하는 GPG4Win의 대표적 기능으로 ① 암호문 작성과 작성된 암호문을 평문으로 복호하는 방법 ② 전자 서명을 통한 부인방지 기능을 살펴보았다. 이외에도, 첨부 파일의 암호화 기능 등과 같은 추가적인 기능들을 사용할 수 있는데 여기에 관한 내용들은 앞서 언급하였던 홈페이지에서 제공하는 사용자 가이드를 활용하기 바란다.

11.2.3 GPG4Win 실습과제

이번 실습에서는 조를 구성하여 조원들끼리 특정 정보를 릴레이 형식으로 교환하는 실습을 하고자 한다. 조원의 수는 수업에 참여하는 총 인원에 따라 유동적이나, 본 실습에서는 5명을 기준으로 한다. 우선 원활한 조별 실습을 위해 조장을 선정한다. 그 후 조장은 조원들의 공개키를 이메일을 통해 전송 받고, 전송 받은 공개키 전체를 조원들에게 다시 전달한다. 즉, 조원들 모두는 서로의 공개키를 사전에 공유하고 있어야 한다. 이와 같은 사전 작업이 완료된 조는 다음 실습과제를 진행해 보자.

실습과제 11-2

- 주제 : 릴레이를 통한 메시지 전달
  (메시지 내용 : 주소록, 기억에 남는 책 등 자유 내용)
- 팀장은 조원들의 릴레이 순서를 정하고, 각 조원들은 자신의 순서를 숙지한다.
  (예 : 팀장 → 조원1 → 조원 2 → 조원 3 → 조원 4 → 팀장)
- 팀장이 특정 주제에 따른 내용을 작성한 후, 작성된 내용을 전달할 조원의 공개키를 이용하여 암호문으로 변경한 후 전송한다.
- 암호문을 전송받은 조원은 암호문을 복호한 후, 복호한 내용에 추가적인 내용을 기입하고 다시 암호문으로 변경한다. 다음 조원에게 전달한다.
- 나머지 조원들도 이전 단계와 동일한 방법으로 메시지를 전달한다.
- 팀장은 마지막 조원에게 전달 받은 내용을 복호화한 후 그 내용을 모두에게 공개한다.

1. 암호문에 임의의 문자나 숫자를 삽입하여 암호문 내용을 변경할 경우, 변경된 암호문을 복호할 수 있는가?
2. 위의 암호화 및 복호화를 통한 암호문 전달 과제에 전자 서명(sign) 기능을 추가하여 과제를 진행하시오.

Chapter

12

시스템 보안 실습

시스템은 하드웨어와 소프트웨어의 집합체이다. 10장을 통해 사이버전 위협으로서 시스템 파괴 및 마비 등을 통해 하드웨어의 오작동을 유발시킬 수 있으며, 정보 탈취, 그리고 위조 및 변조된 정보의 삽입 등을 통해 소프트웨어를 공격할 수 있다고 살펴보았다. 본 장에서는 시스템 레벨에서의 사이버전 위협과 방어에 대해 실습하고자 한다. 먼저 관리자 및 사용자의 비밀번호를 탈취하는 패스워드 크래킹에 대해 살펴보고 실습을 실시한다.

12.1 패스워드 크래킹

패스워드 크래킹(password cracking)은 컴퓨터 시스템 상에 저장된 데이터 혹은 네트워크 상에서 전송되는 데이터를 이용하여 암호(password)를 복원하는 기술이다. 패스워드 크래킹의 목적은 크게 세 가지로 구분한다 : ① 암호를 잊어버린 사용자를 위해 암호를 복구하는 것, ② 시스템에 허가되지 않은(unauthorized) 접속을 하는 것, ③ 관리자가 자신이 설정한 암호가 풀기 쉬운지를 체크하는 것.

암호를 푸는데 걸리는 시간은 암호 강도(password strength)[7]와 관련이 있다. 대부분

7) 암호 강도(password strength)란 'brute-force attack' 혹은 'guessing'에 얼마나 효과적으로 방어가 되는지의 척도이다. 일반적으로 암호를 모르는 공격자가 암호를 푸는데 걸리는 평균 시간을 이용한다.

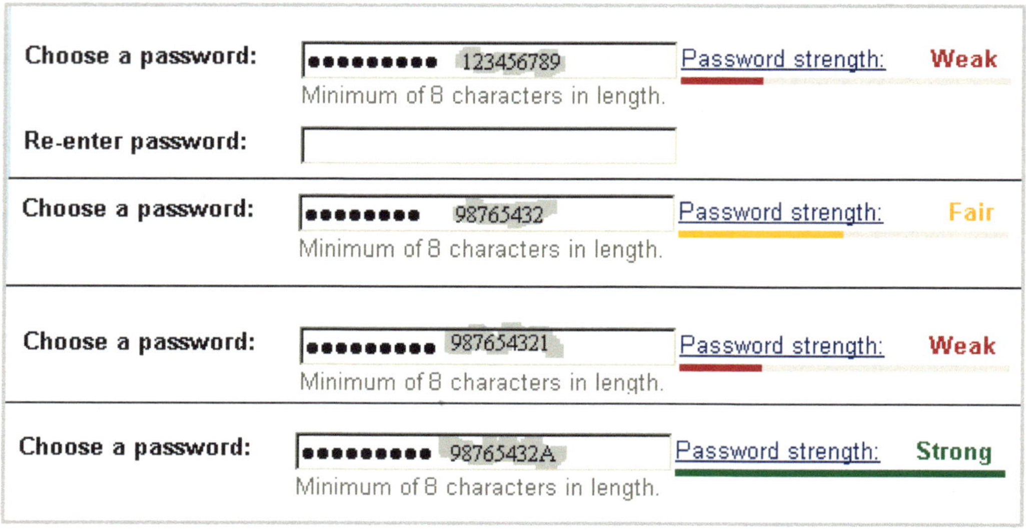

Choose a password: ●●●●●●●●● 123456789 Password strength: Weak
Minimum of 8 characters in length.
Re-enter password:

Choose a password: ●●●●●●●● 98765432 Password strength: Fair
Minimum of 8 characters in length.

Choose a password: ●●●●●●●●● 987654321 Password strength: Weak
Minimum of 8 characters in length.

Choose a password: ●●●●●●●●● 98765432A Password strength: Strong
Minimum of 8 characters in length.

그림 12-1 패스워드 크래킹을 이용한 암호 강도 측정

의 패스워드 크래킹 기법은 다수의 후보 암호를 생성하여 이를 크래킹해 보는데, 이중 brute-force attack은 가장 기본적인 방법으로 모든 가능한 후보 암호들(candidate passwords)을 생성하여 성공할 때까지 시도하는 방법이다. 이러한 시도를 좀 더 줄이기 위해 dictionary attacks, pattern checking, word list substitution 등과 같은 방법을 사용한다. 프로그램이 1초에 체크할 수 있는 가능한 암호의 수가 패스워드 크래킹 프로그램의 능력 척도로 활용이 되며 높을수록 우수한 프로그램으로 간주한다.

많은 패스워드 크래킹 프로그램 중 PPA, Cain and Abel, John the Ripper, Hydra, ElcomSoft 그리고 Lastbit가 널리 사용되는데 이들 대부분이 앞서 소개한 크래킹 기법들을 혼용한다. 이 장에서는 PPA의 사용법에 대해 알아보도록 하자.

12.1.1 PPA(Proactive Password Auditor) 소개

PPA(Proactive password auditor)는 네트워크 관리자가 본인의 시스템이 안전한지 스스로 확인 할 수 있게 만든 프로그램이다. PPA를 이용하면, Brute-force cracking, dictionary attacks와 같은 패스워드 크래킹 기법들을 실습해 볼 수 있다.

12.1.2 PPA 설치

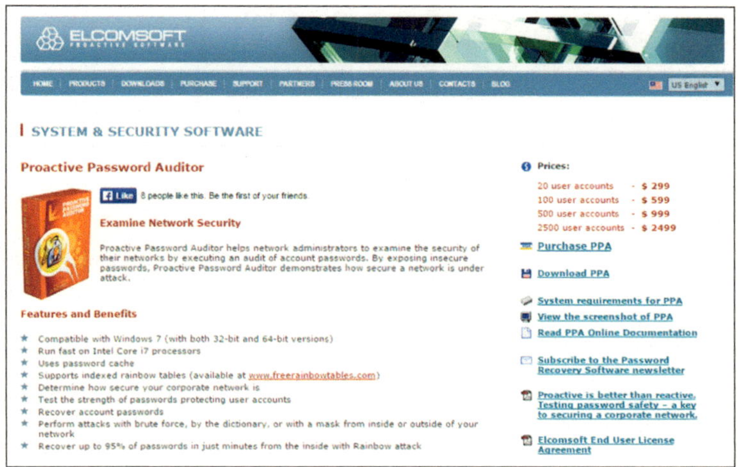

그림 12-2 PPA 다운로드 화면

PPA는 Elcomsoft 라는 회사에서 제작한 소프트웨어로 Elcomsoft 회사 홈페이지에서 쉽게 다운로드 받을 수 있다. 여기서는 패스워드크래킹을 실습하는 것이 목적임으로, 평가판을 사용해도 실습을 진행하는 데, 큰 문제가 없을 것이다. 소프트웨어를 다운받은 후 [그림 12-3]과 같이 설치를 진행하면 PPA를 사용할 수 있게 된다.

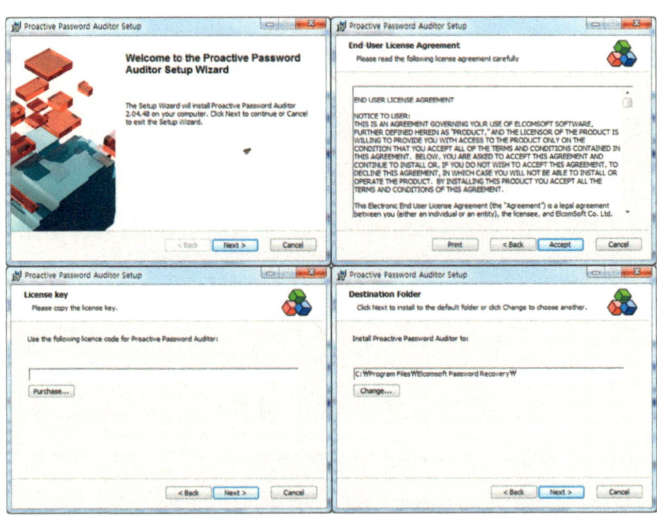

그림 12-3 PPA 설치 화면

12.1.3 PPA 사용법

(가) 사용자 계정 생성

PPA를 통해 Windows 비밀번호 크래킹 실습을 진행해 보자. 그러기 위해서는 우선 Windows 계정을 생성해야 한다. 계정은 제어판 → 사용자 계정 → 다른 계정 관리 → 새 계정 만들기 메뉴를 통해서 생성할 수 있다.

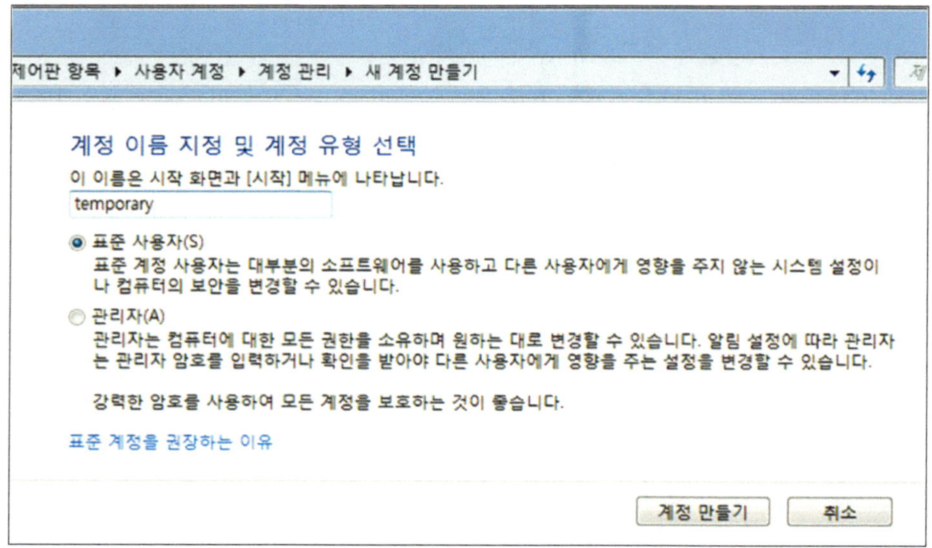

그림 12-4 새 계정 만들기

임의의 영어이름을 사용하여 새로운 계정을 만들면 된다. 생성이 완료된 후에는 사용자 계정변경 → 암호만들기 메뉴를 통해 해당 계정의 암호를 생성할 수 있다. PPA는 Brute force attack 방법으로 패스워드 크래킹을 진행하기 때문에, 실습 목적상 비밀번호를 5자리 정도로 간단하게 만든다면, 비밀번호 크래킹을 쉽게 할 수 있을 것이다.

(나) 패스워드 크래킹 실습

계정까지 생성한 후에는 이제 PPA를 통해서 비밀번호 크래킹을 실습하면 된다. 사용자가 컴퓨터에서 비밀번호를 입력하고, 사용하면, 그 값은 해시함수를 통해 해시값으로 메모리에 저장된다. PPA는 기본적으로 메모리에 있는 데이터를 추출하여, Brute force attack, Dictionary attack 등과 같은 방법으로 비밀번호를 알아낸다. 비밀번호 크래킹을

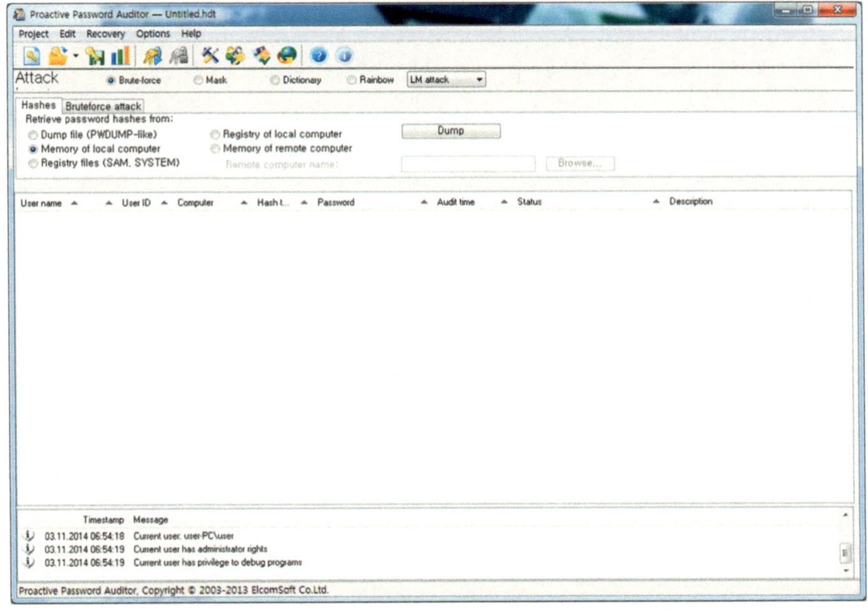

그림 12-5 메모리 덤프

위해서 먼저 [그림 12-5]와 같이 메모리에 있는 값을 추출해 내야 한다.

PPA를 실행하면 [그림 12-5]와 같은 화면이 나타나게 된다. 메모리에 있는 데이터를 추출하기 위해서, 먼저 Memory of local computer 옵션을 선택해 주고, Dump 버튼을 클릭하면 된다.

위 옵션 중에 LM attack과 NTLM attack 중 고르는 옵션이 있는데, Windows 7을 기준으로는 NTLM을 선택해 주면 된다. LM은 Lan Manager의 약자로, 마이크로소프트에

*** 덤프(dump)**

덤프란 메모리와 같은 장치에서 저장되어 있는 원자료(raw data)를 특별한 가공 및 수정 없이 그대로 복사하는 것을 의미한다. 윈도우 비밀번호 크래킹을 진행하기 위해서는 관련 데이터를 획득해야 하는데, 비밀번호와 관련된 데이터는 메모리, 레지스트리 파일과 같은 곳에 있기 때문에, 덤프 과정이 선행되어야 한다. PPA에서는 다양한 데이터에 대해서 Dump를 실시할 수 있다. 14장 윈도우 포렌식스 단원에서 좀 더 구체적으로 다루겠지만, PPA에서는 본인 PC의 레지스트리, 메모리 덤프를 실시할 수 있고, 원격으로 타인 PC의 메모리 덤프를 실시할 수 있는 기능도 제공한다.

서 사용하는 보안 프로토콜이다. LM은 Windows NT 버전 이전에 사용하던 방식이고, NTLM은 Windows NT 버전 이후에 사용하는 방식이다.

메모리 덤프를 마쳤으면, Brute force attack이라는 탭을 클릭하면, Brute force attack을 실시 할 수 있는 화면이 나타나게 된다. 각자의 Windows 계정정보가 나타나게 되고, 각각의 계정에 대한 비밀번호 크래킹을 실시할 수 있다.

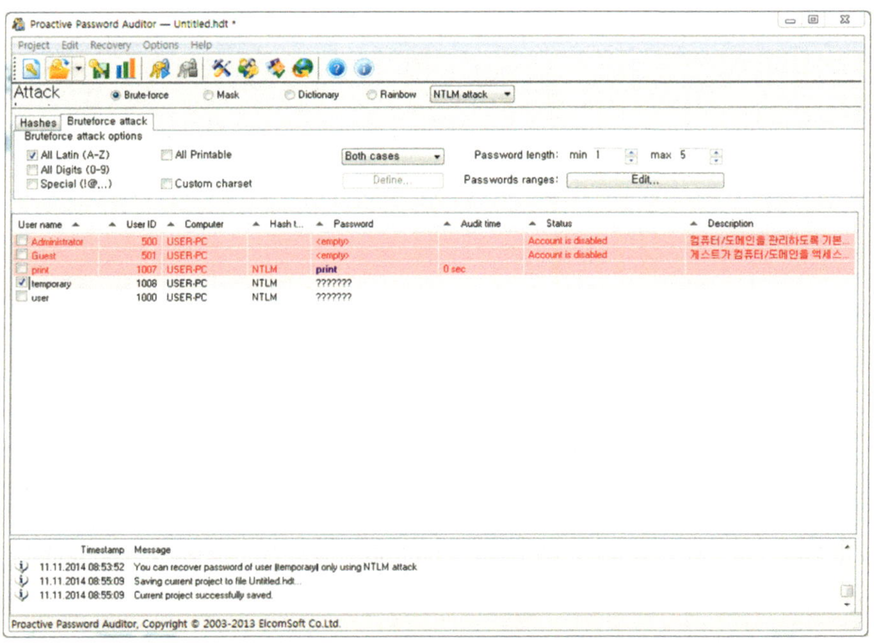

그림 12-6 비밀번호 크래킹

위의 메뉴에는 알파벳만 시도해 볼 것인지, 숫자도 포함할 것인지, 자리수는 몇자리로 정할 것인지 등의 옵션 메뉴가 있다. 해당 옵션들을 정한 후에 Recovery → Start recovery 메뉴를 선택해 주면, PPA가 알아서 Brute force attack을 진행하게 된다. 컴퓨터는 이제부터 모든 경우의 수에 대해서 하나하나 입력하면서, 비밀번호를 찾게 될 것이다. 이 때, 상당한 시간 동안 Brute force attack을 진행했는데도 패스워드 크래킹이 이루어지지 않는다면, 사용자의 비밀번호가 상당히 안전하다고 판단할 수 있을 것이다.

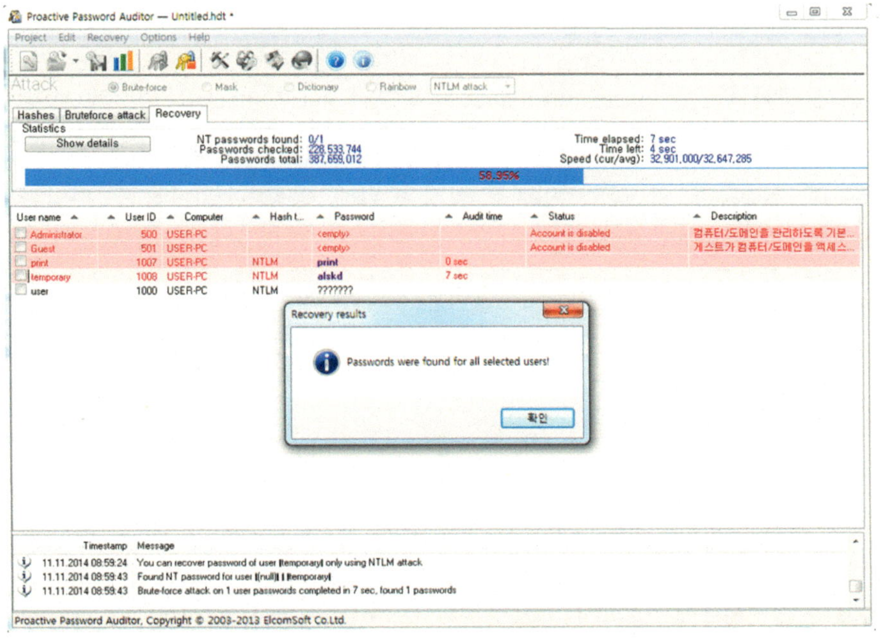

그림 12-7 패스워드 크래킹 성공 화면

혹시 과도한 연산으로 Brute force attack을 시행하기에 어렵다면, 확률이 높은 단어만 모아 놓은 Dictionary attack을 선택할 수도 있다. Dictionary attack은 말그대로 사전을 사용하여서, 비밀번호를 크래킹 하는 방법을 말한다. 즉, 대부분의 사용자들이 비밀번호를 설정할 때, 자주 사용되는 단어를 사용하는 경향이 있다. Splash Data라는 회사의 조사에 따르면 미국에서 사용한 비밀번호 중 12345, password, qwerty, baseball, dragon, football 등과 같은 단어가 비밀번호로 가장 많이 사용 되었다고 한다. Brute force attack을 통해 모든 가능성을 하나하나 확인하는 방법 보다는, 사람들이 비밀번호로 사용할 가능성이 높은 단어들만 모아서, 먼저 확인을 해보면 보다 효율적으로 패스워드를 크래킹 할 수 있을 것이다.

Dictionary attack을 위해서는 해당 옵션을 클릭하고, Dictionary list 버튼을 통해 PPA에서 기본적으로 제공하는 영어 사전을 추가할 수 있고, 혹은 본인이 원하는 사전을 추가할 수 있다.

12.1.4 안전한 비밀번호 정책

PPA를 통해서 우리는 Brute force attack 및 Dictionary attack을 실습해 보았다. 실습을 통해 어떤 비밀번호가 안전하고 어떤 비밀번호가 안전하지 않은지, 쉽게 판단 할 수 있을 것이라 생각된다. 안전한 비밀번호 설정을 위해, 공공기관, 기업 등 다양한 조직에서 비밀번호 관리 정책을 유지하고 있다. 아래 정책은 대표적인 예시가 될 것이다.

1. 비밀번호는 반드시 8자리 이상
2. 영문 대소문자, 숫자, 특수문자 포함
3. 월 1회 변경

인터넷 홈페이지 회원가입을 할 때에도 위와 유사한 정책을 경험해 본 적이 있을 것이다. 시스템 관리자는 사용자가 복잡한 비밀번호를 사용할 수 있게 유도함으로써, Brute force attack 등과 같은 공격으로부터 계정을 안전하게 보호하고자 한다. 비밀번호의 복잡성이 증가할수록, 해커의 공격으로부터는 안전해진다. 하지만, 최근에 해킹의 수법은 점점 더 고도화되고 지능화 되고 있는 추세이다. 다양한 사회 공학적 기법들이 도입되고 있고, 내부자에 의한 유출도 점점 더 증가하고 있다. 이러한 추세 속에서 역설적

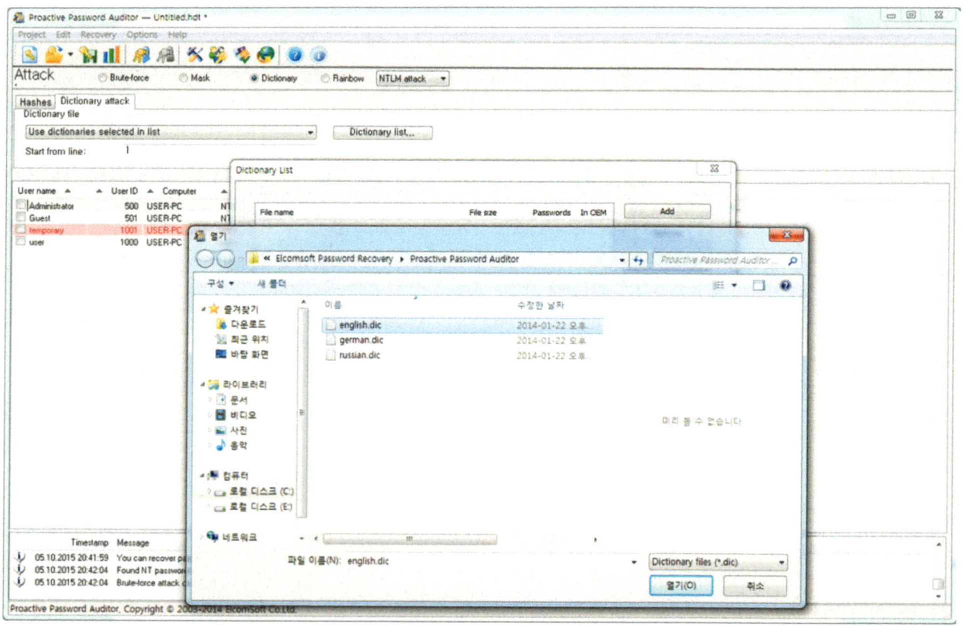

그림 12-8 Dictionary attack (사전공격)

이게도 비밀번호의 복잡도를 증가시키고, 자주 바꿔주는 것이 보안에 위협이 되기도 한다. 비밀번호를 너무 복잡하게 설정해 놓고, 자주 바꿔주게 되면, 사용자들은 이를 기억하기 어렵게 되고, 메모지, 컴퓨터 내부 등에 본인의 비밀번호를 적어놓고 사용하게 되는 경우가 발생한다. 결국 복잡성을 증가시키다 보니 비밀번호를 더 노출시키는 결과를 가져오게 된다. 이로 인해 예전에는 복잡한 비밀번호 한 가지 방법으로 사용자 인증을 해왔다면, 요즘에는 비밀번호의 복잡도를 다소 낮추는 대신 ID 카드, 지문 등 다양한 인증방식을 같이 사용하고 있다.

12.1.5 PPA 실습 과제

지금까지 PPA의 설치부터 사용법까지 알아보았다. 위에서 실습한 방법과 동일한 방법으로 아래 실습과제를 진행해 보자.

실습과제 12-1

- 자신의 윈도우 컴퓨터에 관리자(Administrator) 계정으로 접속한다.
- [제어판] -> [사용자 계정] -> [새 계정 만들기]를 이용하여 다음 두 계정을 생성하라.
  - · ID : Test1, PW : Test1
  - · ID : Test2, PW : Test2
- PPA를 이용하여 위의 두 계정을 크랙하라.

1. 새롭게 생성한 두 계정을 크랙한 후 화면을 캡처하시오.

Chapter

13 네트워크 보안 실습

이번 장에서는 네트워크 상에서 발생할 수 있는 사이버전 위협과 이를 방어하는 실습을 실시하도록 한다. 본 장의 실습을 통해 네트워크 상에서 공격자가 공격 대상의 시스템을 어떻게 분석하는지를 이해할 수 있으며 스니핑과 같은 기본적인 사이버전 위협 기술들의 원리를 이해할 수 있다.

13.1 네트워크 패킷 감시

우리 눈에는 보이지 않지만 네트워크상에는 수많은 패킷(packet)들이 오가는데, 이때 우리는 랜카드의 설정을 바꿈으로써 네트워크상에 오가는 패킷들을 탐지할 수 있으며, 탐지한 패킷 안에 어떤 내용이 있는지 분석해 볼 수도 있다. 특히 무선 환경이나 랜(LAN: Local Area Network) 환경[8]과 같이 여러 사용자들이 공유매체를 사용하여 통신을 하는 경우에는 마음먹기에 따라 자신의 주소로 전달되는 패킷뿐만 아니라 다른 사용자에게 전달되는 패킷도 어렵지 않게 검사해 볼 수 있다.

이와 같이 네트워크상에서 이동하는 패킷들을 탐지하고, 해독하며, 조작하는 프로그램을 네트워크 분석기(network analyzer) 혹은 스니퍼(sniffer)라 부른다. Wireshark,

8) 네트워크 카드는 공유 환경의 모든 패킷을 수신하지만 그 중에서 자신의 MAC 주소와 일치하는 패킷만을 선택하고 나머지는 무시한다. 하지만 네트워크 카드의 옵션을 Promiscuous 모드로 선택하면 자신의 MAC 주소와 일치하는 패킷을 포함한 모든 패킷을 읽어 들인다.

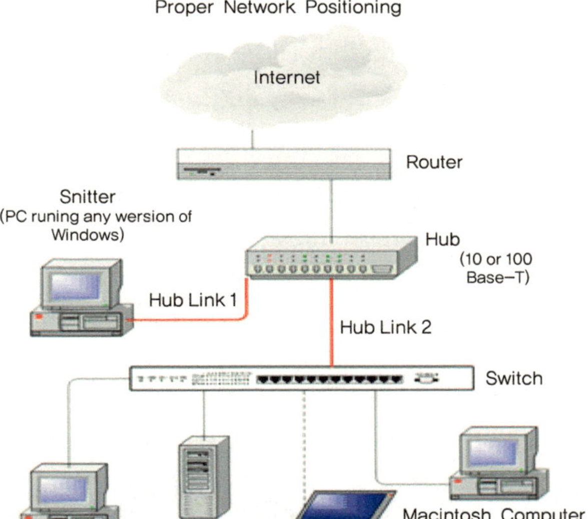

그림 13-1 스니퍼 위치

Ethereal, Windump, TCPdump 등은 대표적인 네트워크 분석기 혹은 스니퍼로서 [그림 13-1]에서 보는 바와 같이 허브에 연결된 컴퓨터에 설치하여 같은 허브에 연결되어 있는 컴퓨터들이 주고받는 트래픽(traffic)을 분석할 때 활용된다. 통상 네트워크 분석기 혹은 스니퍼는 시스템 관리자가 시스템에서 발생하는 문제점이나 성능을 이해하고 침입을 발견하기 위해 사용한다. 그러나 경우에 따라서는 침입자(intruder)들이 취약한 프로토콜들에 대해 데이터를 수집하고, 암호화되지 않은 패킷들로부터 유용한 정보를 획득하며, 목표 네트워크(target network)로 침입하기 위해 악용되기도 한다. 이 장에서는 공유매체를 사용하는 환경에서 자신의 네트워크에서 이동하고 있는 패킷들을 캡처한 후 분석하는 방법을 설명하기 위해, 가장 대표적인 패킷 캡처 공개 소프트웨어인 Wireshark[9]를 사용하고자 한다.

13.1.1 Wireshark 소개

Wireshark는 가장 널리 쓰이는 네트워크 분석 프로그램의 하나로 네트워크상에서 캡

9) http://www.wireshark.org

처한 데이터에 대해 네트워크 및 상위 계층의 프로토콜 정보와 내용을 보여준다. Wireshark는 설치가 매우 쉽고, 사용법이 간단하며, 매우 다양한 기능들을 제공한다. 무엇보다도 다른 상용 네트워크 분석 도구들이 고가임에 비해 Wireshark는 무료 공개 소프트웨어라는 장점이 있다. 갑자기 사용 중인 네트워크가 느려졌을 때 Wireshark를 이용하여 그 이유가 무엇인지, 현재 네트워크 트래픽 패턴(traffic Pattern)이 어떤지, 그리고 두 개의 노드 사이에 트래픽 공유가 어떤 식으로 이루어지고 있는지 등을 쉽게 알아볼 수 있다.

(1) Wireshark 설치

Wireshark는 공식 홈페이지인 http://www.wireshark.org/에서 무료로 다운로드할 수 있다. 홈페이지 메인 화면 상단에 보면 [그림 13-2]에서 보는 바와 같이 [Download] 아이콘이 보이는데 해당 아이콘을 클릭하면 [그림 13-3]과 같이 다운로드가 가능한 버전들을 보여준다. 이때 검증이 끝나 사용에 문제가 없는 것으로 알려진 [Stable Release (2.0.1)] 버전을 다운로드하는 것이 안전하며, 자신의 컴퓨터 운영체제(플랫폼)에 맞는 버전을 선택하면 된다. 본 교재에서는 사용자가 32비트 윈도우를 사용하고 있다고 가정한다. 전 단계에서 다운로드 받은 설치파일인 [wireshark-win32-2.0.1.exe]를 더블클릭하면 설치가 시작된다. 프로그램 설치 시 주의할 점은 반드시 WinPcap을 설치하여야 한다는 점이다. WinPcap은 Windows Packet Capture Library의 약자로서 네트워크에서 패킷을 수집하는 일을 수행하는 윈도우(win32) 라이브러리이다. 실제로 패킷을 수집하는 일은 WinPcap이 수행하고 Wireshark는 수집된 결과를 파일로 만들거나 분석한다. 따라서 7단계에서 WinPcap이 선택되어 있지 않다면 [그림 13-4]와 같이 선택하여 설치해야 한다.

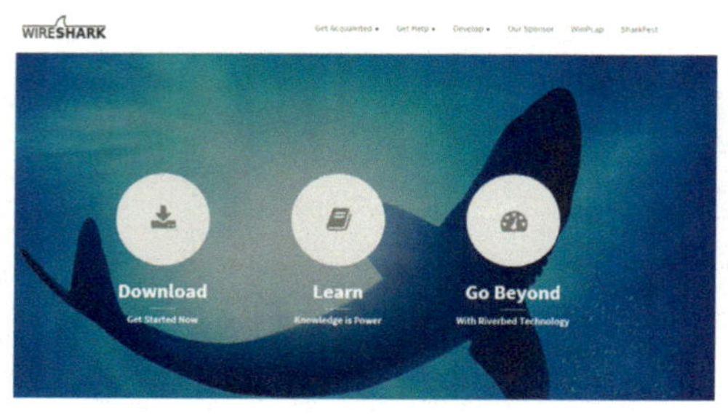

그림 13-2 Wireshark 공식 홈페이지

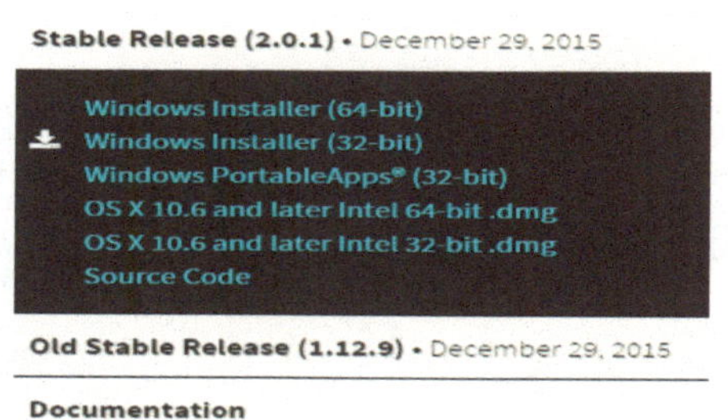

그림 13-3 설치 플렛폼 설치

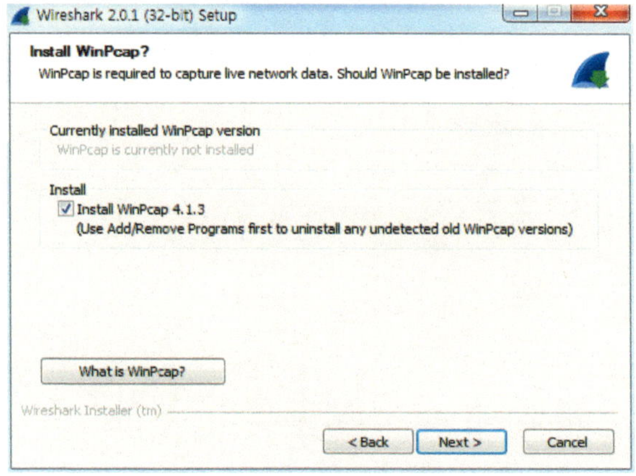

그림 13-4 WinPcap 설치 과정

13.1.2 Wireshark 사용법

Wireshark의 자세한 사용법은 홈페이지에 있는 사용자 가이드의 웹문서[10]를 참조하거나 혹은 사용자 가이드의 PDF 버전[11]을 다운받아 참조할 수 있으므로 관심 있는 독자는 해당 문서들을 직접 활용하기 바란다.

본 교재에서는 간단한 패킷 캡처 과정만 설명하고자 한다.

(1) Wireshark 실행하기

설치된 Wireshark를 사용하기 위해서는 [시작-모든 프로그램]에서 마우스로 Wireshark 프로그램을 선택하여 클릭하면 된다. Wireshark를 자주 사용하는 사용자라면 해당 프로그램을 바탕화면에 바로가기 아이콘을 만들어 놓은 후 사용할 수도 있는데, 이런 경우에는 WireShark 아이콘을 더블클릭해 프로그램을 실행시킬 수도 있다.

프로그램을 실행시키면 [그림 13-5]와 같이 초기 화면에서는 USBPcap1[12], USBPcap2, 로컬 영역 연결 등 인터페이스들의 트래픽 양을 요약하여 보여준다.

---

10) http://www.wireshark.org/docs/wsug_html_chunked/
11) http://www.wireshark.org/download/docs/user-guide-a4.pdf
12) 최신 버전의 Wireshark는 네트워크 패킷 뿐만 아니라 USB 포트를 통해 오가는 패킷을 분석하는 기능도 제공한다.

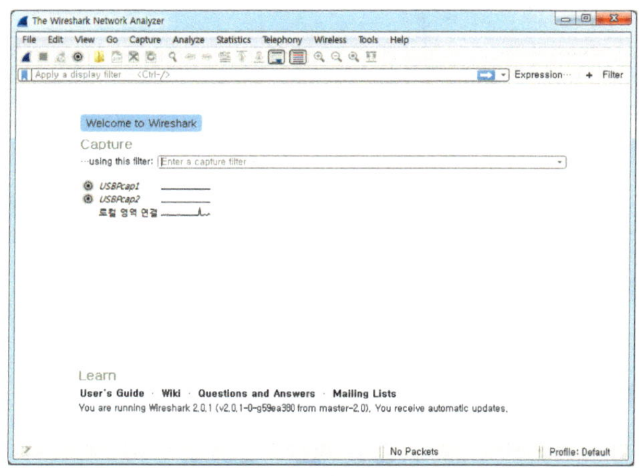

그림 13-5 Wireshark 초기 화면

(2) 패킷 캡처(Packet Capture) 하기

기본적으로 Wireshark를 이용하여 네트워크 패킷들을 수집하기 위해서는 주 메뉴 중 [Capture] 메뉴를 이용하면 된다. [Capture] 메뉴에는 [Refresh Interfaces], [Options], [Start], [Stop], [Restart], 그리고 [Capture Filters] 등의 6가지 세부 메뉴가 제공된다.

윈도우 운영체제를 사용하는 경우 네트워크 연결은 일반적으로 '로컬 영역 연결'로 표시되며, 캡처를 하고자 하는 인터페이스를 선택한 후 [Start] 버튼을 누르면 패킷 캡처가 시작된다.

패킷을 캡처하기 전에 필요한 옵션들을 미리 선택하면 불필요한 데이터 수집을 방지하여 시간 및 메모리 낭비를 줄일 수 있다. [Capture] 메뉴에서 [Options]를 선택하면 열리는 Capture Interfaces 옵션 창에서 패킷 캡처 옵션을 설정할 수 있다. 우선 [Input] 탭에서는 어떤 인터페이스로부터 패킷 캡처를 할 것인지 선택할 수 있는데, 인터페이스 목록 중에서 사용 중인 네트워크 인터페이스(일반적으로 '로컬 영역 연결')를 선택하면 된다. [Output] 탭에서는 캡처한 내용을 파일로 저장할 것인지 설정할 수 있으며, 저장 파일을 파일 용량 단위 또는 캡처 시간 단위로 분할할 것인지도 설정할 수 있다. 마지막으로 [Options] 탭에서는 다양한 기능을 제공하여 용도에 맞게 자동 갱신, 자동 스크롤 등을 활성화 및 비활성화 할 수 있으며 패킷 캡처를 일정 시간이나 일정한 패킷 수에 도달하면 자동 종료하도록 하는 기능도 포함하고 있다.

캡처한 패킷 중 원하는 종류의 패킷만을 분석하고자 할 때 캡처 필터(capture filter)

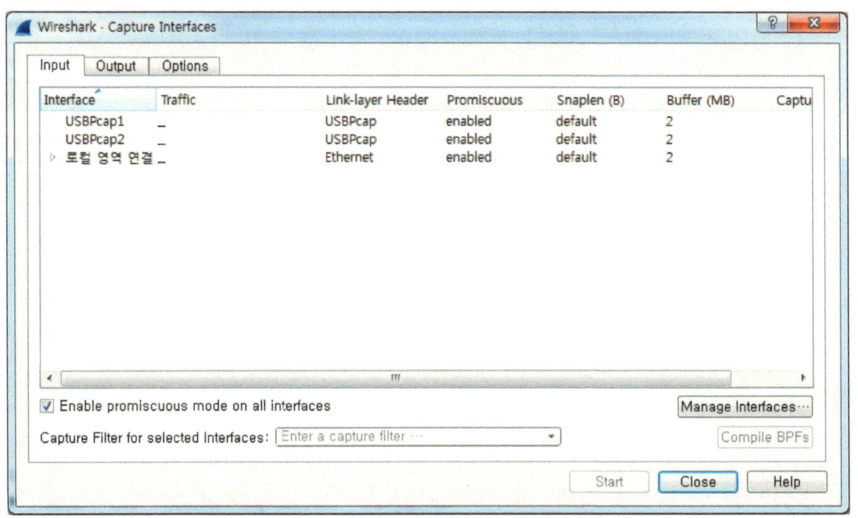

그림 13-6 Capture Interfaces 옵션 창

표 13-1 캡쳐 필터 옵션 예

Syntax	Protocol	Direction	Host(s)	Value	Logical operations	Other expression
Example	tcp	dst	10.1.1.1	80	and	tcp dst 10.1.1.1 3128

를 사용할 수 있다. 캡처 필터에서 사용되는 필터 옵션은 일반적으로 [표 13-1]과 같다. [Protocol]은 캡처나 디스플레이를 원하는 프로토콜의 종류로서 ETHER, FDDI, IP, ARP, RARP, LAT, SCA, MOPRC, MOPDL, TCP 혹은 UDP 등을 선택할 수 있다. [Direction]은 출발지(source)나 목적지(destination)를 지정하기 위해 src 혹은 dst를 명시하면 되고, [Host]는 통상 src나 dst의 IP 주소를 명시하기 위해 사용된다. 예를 들어 src가 10.1.1.1이거나 dst가 10.1.1.2이고 3128번 포트를 사용하는 TCP 패킷들만을 캡처하고 싶다면 'tcp dst 10.1.1.1 3128'라고 명시하면 된다. 이와 같이 캡처 필터를 이용하면 꼭 필요한 패킷들만을 캡처하여 로그(log) 크기가 불필요하게 커지는 것을 막을 수 있다. 원하는 모든 옵션을 선택한 이후에는 [Start] 버튼을 클릭하여 캡처를 시작하면 된다. 마지막으로 [Refresh Interfaces] 버튼은 트래픽을 보여주고 있는 인터페이스들을 새로고침할 때 사용한다. [Refresh Interfaces]와 [Options] 메뉴를 제외한 [Start], [Stop], [Restart], 그리고 [Capture Filters] 메뉴는 이름 자체에서 그 의미를 쉽게 유추할 수 있으므로 본 교재에서는 자세한 설명을 생략한다.

(3) 캡처(Capture) 결과 보기

캡처를 진행하다가 Capture Interfaces 옵션창에서 명시한 종료 조건을 만족하거나 사용자가 강제로 [Stop] 메뉴를 선택하면 캡처를 중단하고 그 동안 캡처한 결과를 화면에 보여준다.

기본적으로 Wireshark GUI[13]는 [그림 13-7] ①에서 보듯이 다양한 메뉴와 단축키를 제공하고, 캡처된 패킷들 중 조건에 맞는 패킷만을 보여주는 디스플레이 필터(display filter)를 제공한다. [그림 13-7] ③의 캡처 필터가 조건에 맞는 패킷만을 캡처할 때 사용되는데 비해 디스플레이 필터는 이미 캡처된 패킷들 중에서 특정 조건에 만족하는 패킷들만을 찾고자 할 때 사용된다. 디스플레이 필터의 표현법(expression)은 캡처 필터의 표현법과 약간 다른데 그 자세한 내용은 [그림 13-7] ② [Expression..]을 참조하면 된다. [그림 13-8]은 디스플레이 필터 표현법을 보여주는데, 예를 들어 src IP 주소가 10.1.1.1인 패킷들만을 찾고 싶다면 'ip.src == 10.1.1.1'이라고 표현하면 된다. 이때 표현법이 문법에 맞는 경우 녹색으로 표현되고 그렇지 않으면 붉은색으로 표현되므로 쉽게 오류를 찾을 수 있다([그림 13-9, 10] 참조). Packet List Pane(③)은 캡처된 각 패킷에 대한 캡처 시간, 출발지, 목적지, 프로토콜 종류 및 기타 정보 등의 기본정보를 보여주

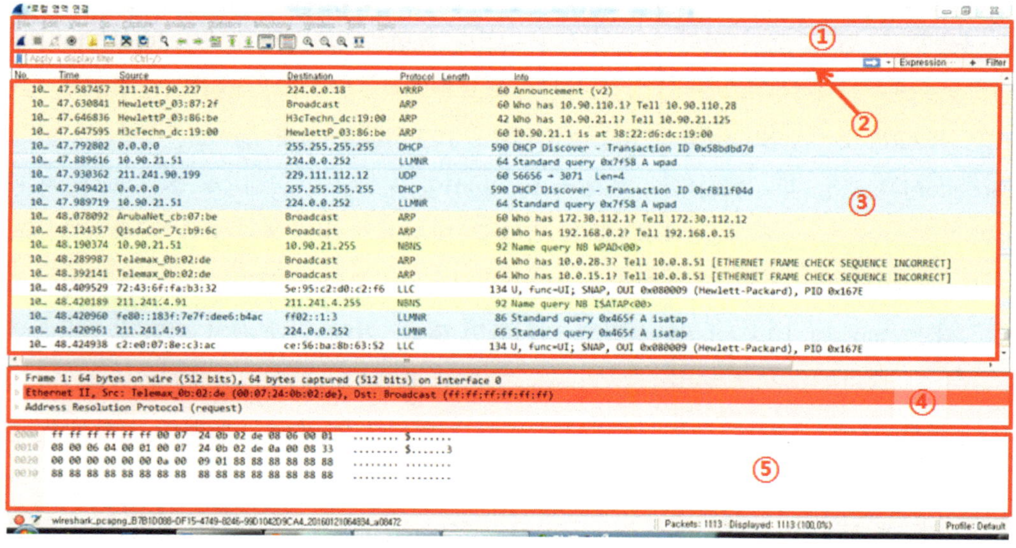

그림 13-7 결과보기 창

13) Graphic User Interface(그래픽 사용자 인터페이스)

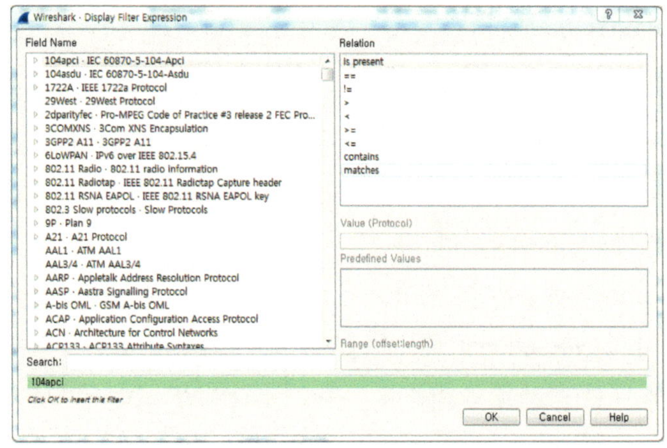

그림 13-8 디스플레이 필터 표현법(IP 예)

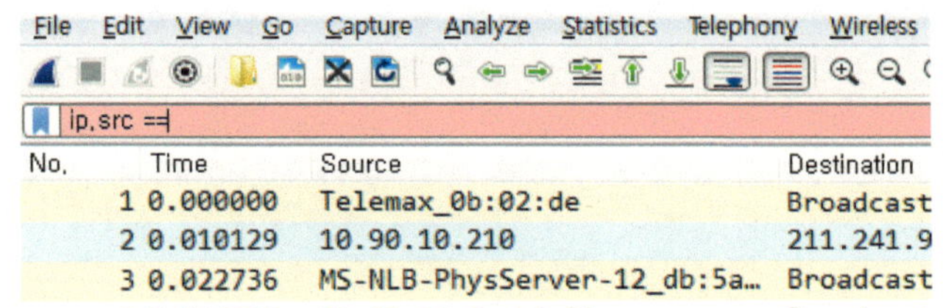

그림 13-9 Filter에 조건을 잘못 입력한 경우

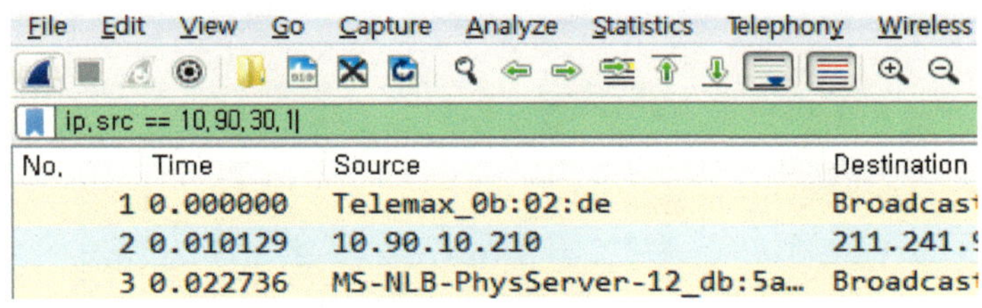

그림 13-10 Filter에 조건을 정상적으로 입력한 경우

며, Packet Details Pane(④)는 패킷 리스트에서 선택된 패킷에 대한 상세 정보를 제공한다. 이때 OSI 계층별로 정보가 전시되며 보다 자세한 정보들을 확장하거나 축소해 볼 수도 있다. Packet Bytes Pane(⑤)은 Packet List Pane에서 선택된 패킷의 데이터를 16진수 형태로 보여준다. Packet Details Pane과 Packet Bytes Pane은 그 내용은 같지만 표현 방식이 서로 다르다고 할 수 있는데, Packet Details Pane의 내용은 Packet Bytes Pane의 내용을 사람이 보다 쉽게 이해할 수 있도록 표현한 것이라 할 수 있다.

(4) 통계(Statistics) 보기

캡처를 완료한 후 현재 캡처된 패킷들에 대한 통계자료를 보기 위해서는 주 메뉴에서 [Statistics] 메뉴를 이용하면 된다. Wireshark은 다양한 종류의 통계자료를 보여주는데 일반적으로 [Protocol Hierarchy], [Conversations], [Endpoints], [IO Graphs], 그리고 [Flow Graphs] 등이 주로 이용된다.

[Protocol Hierarchy] 메뉴는 [그림 13-11]에서 보듯이 각 프로토콜들의 계층별 사용 비율을 보여준다. [Conversations] 메뉴는 [그림 13-12]에서 보듯이 특정 주소(MAC 혹은 IP) 간 대화에 대한 통계를 보여준다. 두 단말간의 IP 주소, 포트 번호 쌍 간 주고받은 패킷의 개수, 크기 등에 대한 정보를 보여준다. 이에 반해 [Endpoints] 메뉴는 하나의 프로토콜 끝단에 대한 통계를 보여준다. [그림 13-13]은 IP 주소별로 수신 혹은 발신된 패킷의 개수, 크기 등에 대한 정보를 보여주고 있다.

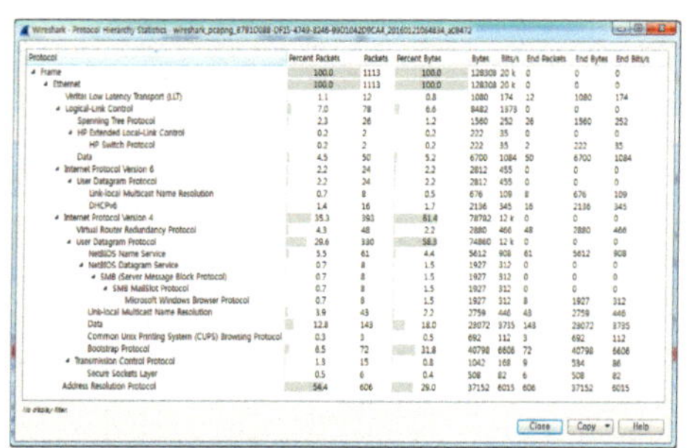

그림 13-11 프로토콜 계층(protocol hierarchy) : 사용된 프로토콜을 계층화하여 사용량 제시

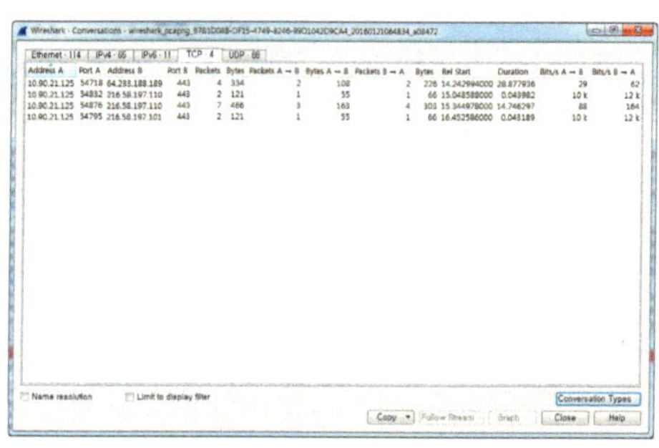

그림 13-12 대화(conversation) 화면

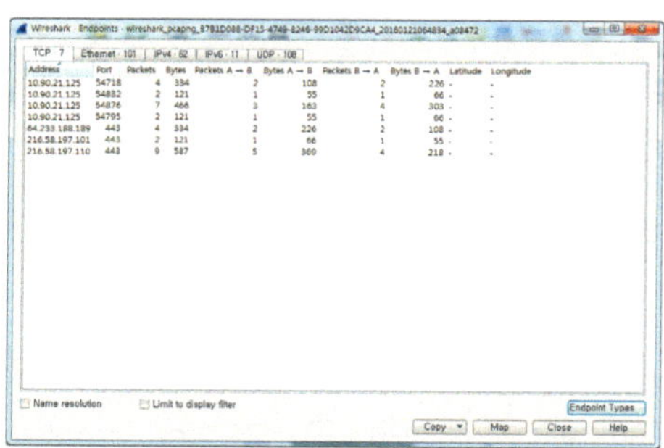

그림 13-13 끝단(endpoint) 화면

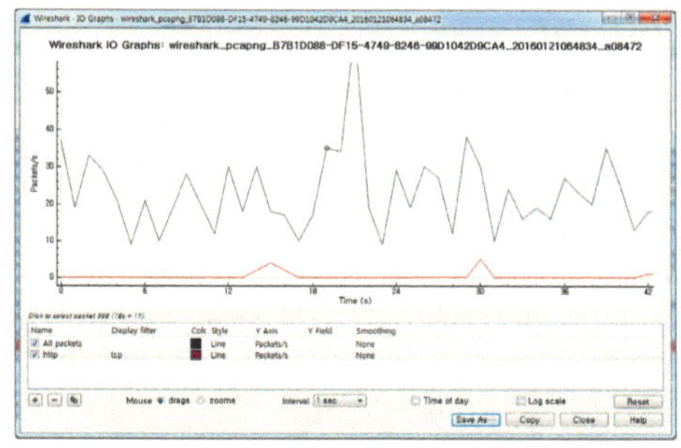

그림 13-14 IO Graphs 화면

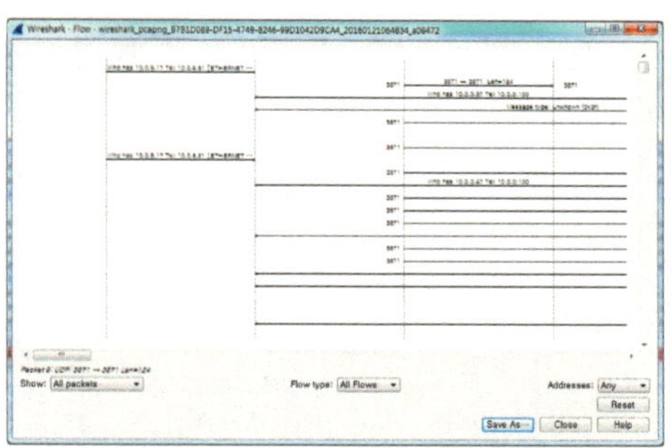

그림 13-15 Flow Graphs 화면

[IO Graphs] 메뉴는 캡처된 기간 동안 수집된 패킷의 개수를 그래프 형태로 보여주며 다양한 색을 통해 정보를 구분하여 표현할 수 있다. [그림 13-14]는 패킷 캡처가 시작된 후 최초 42초까지 캡처된 전체(검정색 그래프) 패킷의 개수와 TCP(붉은색 그래프) 패킷의 개수를 1초 단위로 보여주고 있다. [Flow Graphs] 메뉴는 특정 IP 주소, 포트 번호 쌍 간에 교환되는 패킷들의 순서도를 보여준다. [그림 13-15]는 IP 주소 210.179.141.238과 IP 주소 10.90.21.208 등 여러 단말기 간에 주고받은 패킷의 흐름도를 보여준다.

(5) 채팅 프로그램을 이용한 캡처 실습

간단한 클라이언트 - 서버 형태의 채팅프로그램을 통해 채팅 간 어떤 패킷들이 교환되는지 알아봄으로써 Wireshark의 사용법에 대해 실습해 본다. 실습을 위해 하나의 컴퓨터(IP = 10.90.21.125)에 채팅 서버를 설치하고 포트를 9292로 설정한다. 다음으로 다른 컴퓨터(IP = 10.90.21.129)에서 채팅 클라이언트 프로그램을 실행시켜 채팅 서버에 접속하고, 'This is test' 라는 문자열을 보내보자. 이 실습의 목적은 Wireshark를 통해 네트워크 패킷을 캡처해서 분석해봄으로써 Wireshark의 사용법을 숙달하고, 수업시간에 이론적으로 배웠던 프로토콜들에 대한 패킷들을 분석해 봄으로써 프로토콜들에 대한 이해를 높이기 위함이다.

Wireshark을 통해 패킷들을 캡처해서 분석하기 전에 간단하게 채팅 프로그램이 동작하는 원리에 대해 알아보자. [그림 13-16]에서 보듯이 채팅 프로그램은 먼저 클라이언트와 서버 간에 3단계 핸드셰이킹 단계를 거쳐 TCP 연결을 설정하고, [그림 13-17]에서 보듯이 설정된 TCP 연결을 통해 메시지를 주고받는 형태로 되어 있다. 이때 하나의 클라이언트가 보낸 메시지는 서버가 받아서 다른 클라이언트들에게 복사한 후 전송해

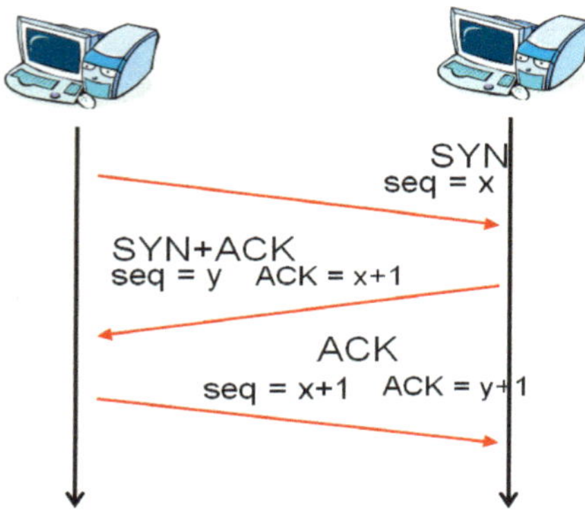

그림 13-16 3단계 Handshaking

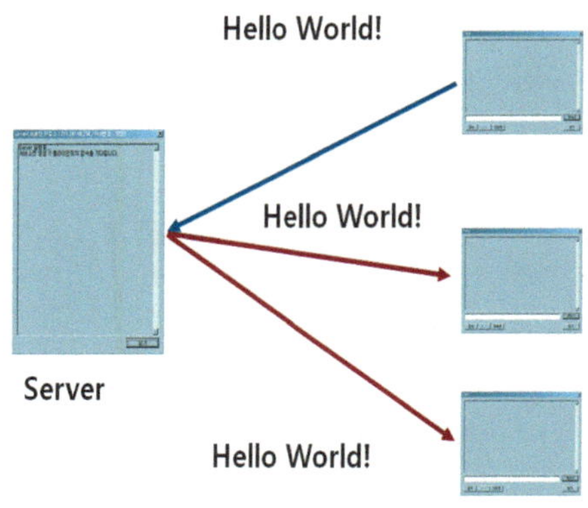

그림 13-17 메시지 교환

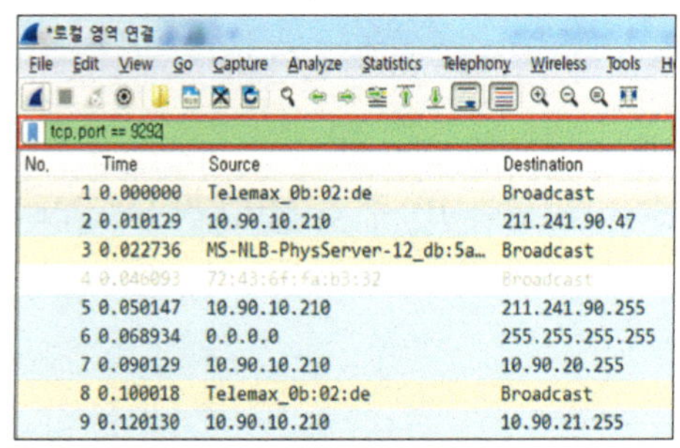

그림 13-18 캡처 필터 설정

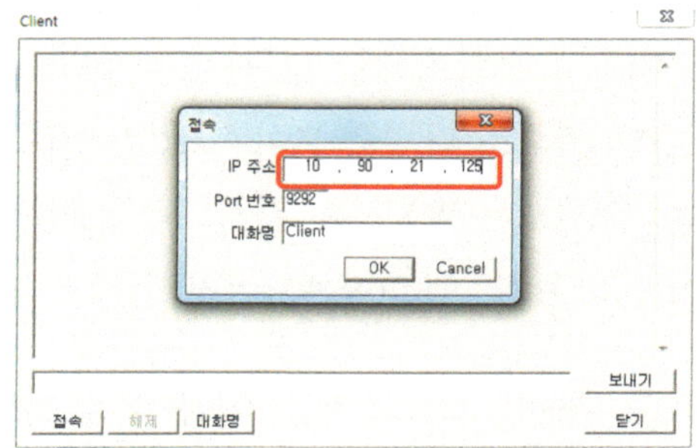

그림 13-19 서버 접속 후 메시지 전송

주는 방식으로 클라이언트들 간에 채팅이 이루어진다.

채팅과 관련된 패킷들만을 캡처하기 위해 [그림 13-18]에서 보듯이 디스플레이 필터에 'tcp.port == 9292'로 설정한 다음 마우스로 [Start] 버튼을 클릭해 패킷 캡처를 시작한다. 다음으로 채팅 클라이언트를 실행시킨 이후 서버에 접속해 'This is test'라는 문자열을 전송한다([그림 13-19] 참조). 마지막으로 [Capture-Stop] 메뉴를 선택해 패킷 캡처를 종료하면 그림 [그림 13-20]과 같은 결과를 얻을 수 있다. 화면에 출력된 메시지는 클라이언트가 서버에게 보낸 'This is test' 메시지이며 그 내용은 [그림 13-20]에서 보듯이 Packet Details Pane의 [Data] 필드와 Packet Bytes Pane에서 확인할 수 있으며, 또한 해당 패킷을 우클릭하여 'Follow-TCP Stream' 창에서도 확인할 수 있다. 본 실습에서 사용한 메신저 프로그램은 암호화가 되어있지 않았기 때문에 패킷 감시를 통해 클라이언트가 주고받은 메시지를 그대로 볼 수 있으나, 일반적으로 상용 메신저 프로그램은 메시지를 암호화하여 처리하기 때문에 볼 수 없다. 따라서 일반적인 상황에서

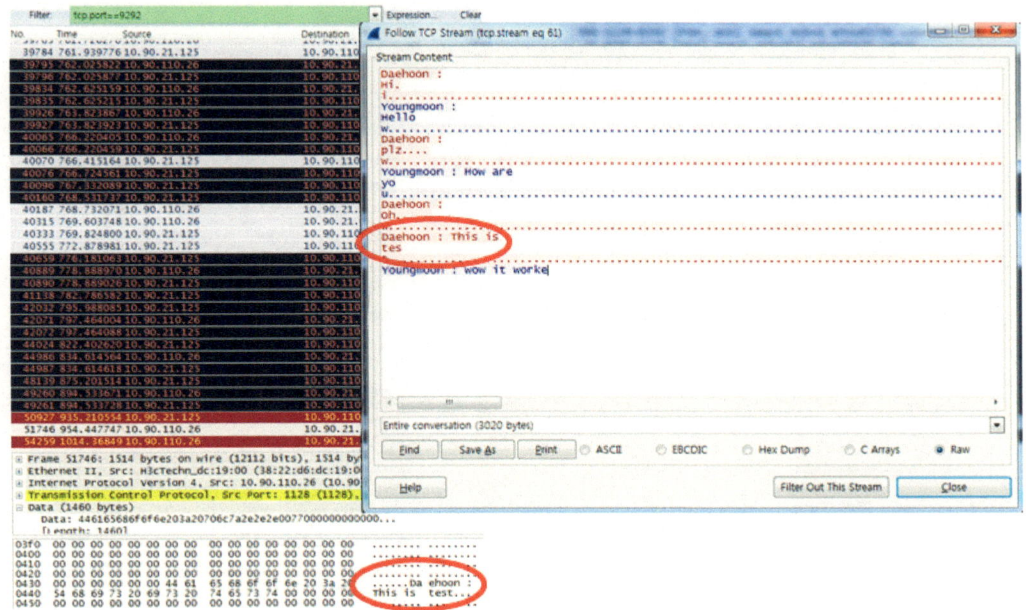

그림 13-20 채팅 패킷 캡처 결과

메시지의 내용을 가로채기 위해서는 패킷 감시뿐만 아니라 암호문을 복호화하는 기술이 추가적으로 필요하다.

13.2 네트워크 포트 스캐닝(Network Port Scanning)

포트 스캐닝(port scanning)은 특정 컴퓨터에 현재 어떤 포트가 열려있는지 혹은 사용되고 있는지를 검사하는 것이라 볼 수 있다. 이런 포트 스캐닝은 주로 특정 시스템 혹은 네트워크에 대해 원하는 정보를 수집하기 위해 주로 사용하는데, 정보수집의 주체가 관리자(administrator)일 수도 있고 때로는 크래커(cracker)[14]가 될 수도 있다. 특히 크

14) 크래커(cracker) : 시스템의 기능을 마비시키는 사람. 일반적으로 통용되는 해커(hacker)는 시스템의 취약성을 미리 발견하여 보완할 수 있도록 도와주는 화이트 해커(white Hacker)의 개념도 포함하므로 본 교재에서는 시스템을 파괴하려는 블랙 해커(black Hacker)와 구분하기 위하여 크래커라는 용어를 사용한다.

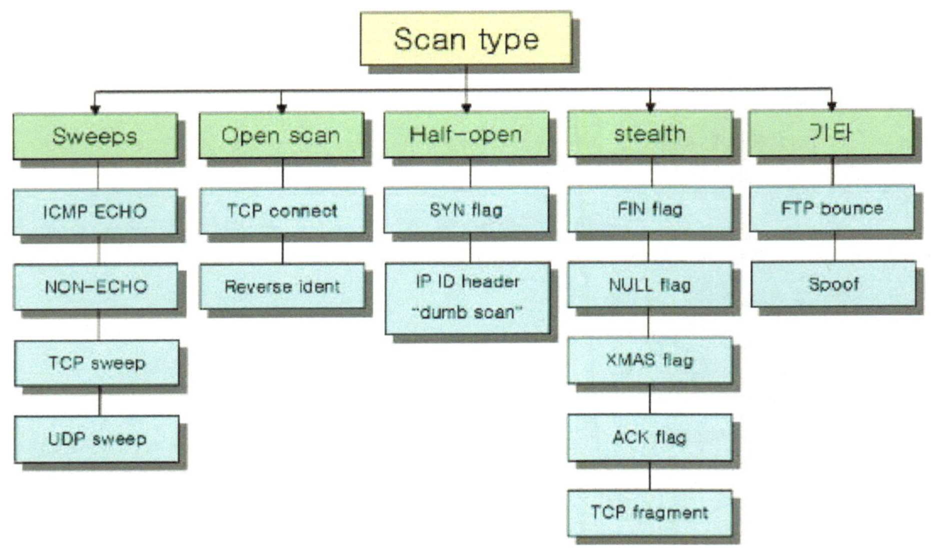

그림 13-21 스캔의 종류

래커의 경우 공격 목표에 대한 크래킹을 시도하기 위해 해당 시스템 혹은 네트워크에 대한 정보를 수집하는 단계가 필수적이다. 이 과정에서 네트워크 포트 스캐닝은 공격 목표가 제공하고 있는 모든 서비스와 방화벽에 의해 차단되는 포트 등을 식별하기 위한 수단으로 주로 활용되는데, 이는 통신 프로토콜의 취약점을 이용해 이루어진다.

스캔의 종류는 아래 [그림 13-21]에서 보는 바와 같이 다양하다. 이 중 본 교재에서 중점적으로 살펴보고자 하는 것은 Sweeps중에서 ICMP ECHO이다. 일반적으로 Sweep 이라는 것은 해당 네트워크를 검색하면서 살아있는 호스트와 포트를 찾는 것을 의미한다.

스캐닝 방식에서 가장 널리 사용되는 방법은 ICMP ECHO(ping) 메시지를 이용한 스캐닝으로, ICMP ECHO(type 8) 메시지를 목표 호스트에 보내 ICMP Reply(type 0) 메시지의 유무를 바탕으로 해당 호스트가 살아있는 호스트로 판단하는 것이다. 실제로 ping을 이용한 스캐닝은 대부분의 운영체제(OS)에 설치되어 있다. 하지만 사용자가 직접 개별 호스트에 ping 메시지를 보내어 하나하나 확인하는 방식은 거대한 네트워크에 적용하기에는 무리가 있으며, 소규모의 C 클래스 정도에 사용할 수 있다. 비교적 큰 네트워크에 사용할 수 있는 방식에는 fping이 있는데, fping은 ping을 라운드 로빈(RR : Round Robin) 방식으로 구현함으로써 사용자의 번거로움을 줄일 수 있다. fping과 비슷한 기능을 수행하는 윈도우 계열 명령어로는 pinger가 있으며 스캔 목적으로 특별히 제작된 Nmap을 이용할 수도 있다. 이들을 이용하면 해당 네트워크의 서브넷 구조와 살아있는 호스트에 대한 정보를 얻을 수 있으며, 이것은 해커나 시스템 관리자에게 아주 유용한 정보가 될 수 있다. 참고로 스캔을 방지하기 위해서는 방화벽, 라우터 상에서 패킷을 필터링하는 방법을 사용할 수 있다.

본 교재에서는 정보수집의 주체를 공격자, 즉 크래커로 가정한 뒤 각각의 네트워크에 대한 크래커의 시야를 확보하고, 보안 관리자가 자신의 네트워크를 조사할 수 있도록 하기 위한 대표적인 네트워크 포트 스캐닝 도구인 Nmap의 사용법에 대해 소개한다.

13.2.1 Nmap 소개

Nmap(Network mapper)은 원래 고든 라이온(Gordon Lyon)이 작성한 보안 프로그램이다. Nmap은 특정 네트워크에서 컴퓨터와 서비스를 찾을 때 쓰이며, 찾아진 정보를 바탕으로 네트워크 '지도'를 함께 만든다. 이러한 목적을 달성하기 위해 Nmap은 패킷들을 원하는 컴퓨터로 보낸 뒤 응답으로 돌아오는 패킷들을 분석한다. 다른 간단한 포트 스캐너들처럼, Nmap은 서비스 탐지 프로토콜로 자신을 광고하지 않는 수동적인 서비스들도 찾아낼 수 있다. 게다가 Nmap은 원격 컴퓨터들의 자세한 정보도 알아낼 수 있다. 이러한 상세 정보에는 운영체제, 장치 종류, 운영 시간, 서비스에 쓰이는 소프트웨어 제품, 그 제품의 정확한 버전, 방화벽 기술의 존재, 네트워크 카드의 공급자도 포함된다. Nmap은 리눅스, 윈도우, 맥, 솔라리스 등 매우 다양한 운영체제를 지원한다.

Nmap은 포트 스캐닝 도구로서 호스트나 네트워크를 스캐닝할 때 아주 유용한 시스템 보안 도구인 동시에, 해커에게는 강력한 해킹 도구로 활용될 수 있다. 관리자 입장에서 서버를 운영하다 보면 관리자 스스로도 어떤 포트가 열려있고, 또 어떤 서비스가 제공 중인지 잘 모를 때가 있다. 이는 서비스의 내용이 필요에 의해 자주 변경되기 때문이다. 이런 경우 관리자는 수많은 포트와 서비스를 효과적으로 체크하고 이를 관리하기 위해서 Nmap을 사용할 수 있다. 또한, 앞서 설명한 바와 같이, 크래커의 경우 공격목표에 대한 정보를 수집하기 위해 Nmap을 활용하는데, Nmap은 기존의 포트 스캐닝 도구들에 비해 다양한 옵션을 지원하며 방화벽 안쪽의 네트워크도 스캔할 수 있는 강력한 기능을 제공하기 때문에 크래커가 선호하는 방법이다.

(1) Nmap 다운로드

Nmap은 GNU 정책[15]에 따라 배포되므로 Nmap 홈페이지[16]에서 무료로 다운로드 받을 수 있다. Nmap은 윈도우, 리눅스/유닉스, 맥, 솔라리스 등 다양한 운영체제를 지원하므로 자신의 운영체제에 맞는 프로그램을 다운받아 설치하면 된다. 특히 윈도우 사용자의 경우 Zenmap이라고 하는 GUI 형태의 Nmap을 이용할 수도 있다. 현재 최신 버전은 2016년 1월 현재 7.01이다. 본 교재에서는 윈도우 버전의 Nmap 중 GUI 버전이 아닌 command-line 버전의 사용법에 대해 알아본다. 윈도우 Command-line 버전에서 사용되는 명령 및 옵션의 경우 리눅스나 유닉스 운영체제 버전에서도 유사하기 때문에 윈도우 command-line 버전에 익숙해지면 다른 운영체제에서도 별 거부감 없이 Nmap을 활용할 수 있다.

Nmap 공식 다운로드 홈페이지인 http://nmap.org/에서는 [그림 13-22]에서 보듯이 Nmap을 활용할 수 있는 다양한 메뉴를 제공한다. 이때 [Download]를 클릭하면 다운로드 페이지로 이동하게 되는데, 다운로드 페이지에서 'Microsoft Windows binaries'의 하단 부분에 있는 Latest commnad-line zipfile 우측의 'nmap-7.01-win32.zip' 파일을 다운로드 받으면 된다. 다른 운영체제를 사용하는 사용자라면 http://nmap.org/book/install.html에서 해당 운영체제에서 실행 가능한 Nmap의 다운로드 및 설치방법을 확인할 수 있다.

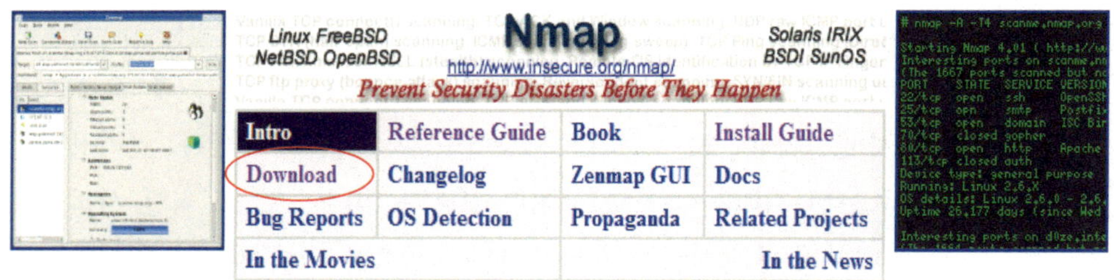

그림 13-22 Nmap 다운로드

(2) Nmap command-line 버전 설치

Nmap을 다운로드한 뒤 압축파일을 풀면 [그림 13-23]에서 보는 바와 같이 다양한

15) 누구나 자유롭게 실행, 복사, 배포할 수 있는 소프트웨어 사용 허가권을 지칭한다.

16) http://nmap.org

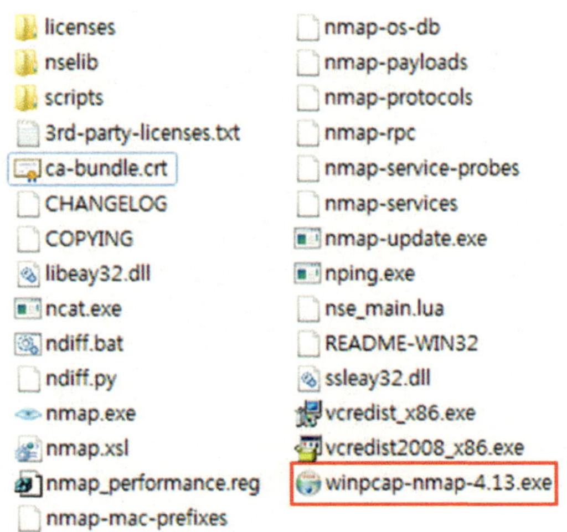

그림 13-23 Nmap 관련 파일들

종류의 Nmap 관련 파일들을 볼 수 있다. 그 파일들 중 실제로 Nmap의 실행과 관련된 파일은 nmap.exe이다. nmap.exe 파일은 별도의 설치과정이 필요치 않고 윈도우 명령창에서 바로 실행이 가능하다. 단, 여기서 주의할 점은 앞서 Wireshark 설치법에서도 설명했듯이 윈도우 환경에서 네트워크 패킷을 수집하기 위해서는 WinPcap(Windows Packet Capture Library)을 설치해야 한다. 만일 WinPcap이 설치되어 있지 않다면 nmap.exe가 제대로 실행되지 않을 것이다. 따라서 Nmap을 사용하고자 하는 컴퓨터에 WinPcap이 설치되어 있지 않다면 [그림 13-23] 제일 하단의 winpcap-nmap-4.13.exe 실행파일을 더블클릭해 설치해야 한다.

윈도우 명령창에서 Nmap을 실행하는 경우 PATH[17]가 제대로 설정되어 있지 않다면 반드시 해당 디렉터리[18]로 이동해서 실행해야 한다. 이때 아무 디렉터리 밑에서나 nmap을 실행하고 싶다면 WinPcap 셋업이 끝난 후 PATH를 설정해주어야 한다. 만일 Nmap 파일들을 'c:\nmap'이란 곳에 압축 해제하였다면 〈컴퓨터 → 속성 → 고급 시스템 설정 → 고급 → 환경변수〉의 시스템 편수에서 PATH(또는 Path)를 선택 후 편집을

17) 윈도우 명령창에서 명령어, 즉 프로그램을 입력하면 운영체제는 기본적으로 현재 디렉터리에 해당 프로그램이 존재하는지 확인한다. 해당 프로그램이 현대 디렉터리에 없는 경우 운영체제는 미리 정해져있는 몇 개의 경로에서 추가적으로 프로그램이 존재하는지 확인하게 되는데, 이 경로들이 저장되어 있는 환경변수가 PATH이다.

18) 윈도우 운영체제의 폴더(folder)에 대응되는 개념으로, 파일들과 또다른 디렉터리들을 포함하는 파일 시스템의 구성요소 중 하나이다. 파일 또는 디렉터리의 계층적 분류 및 관리를 용이하게 한다.

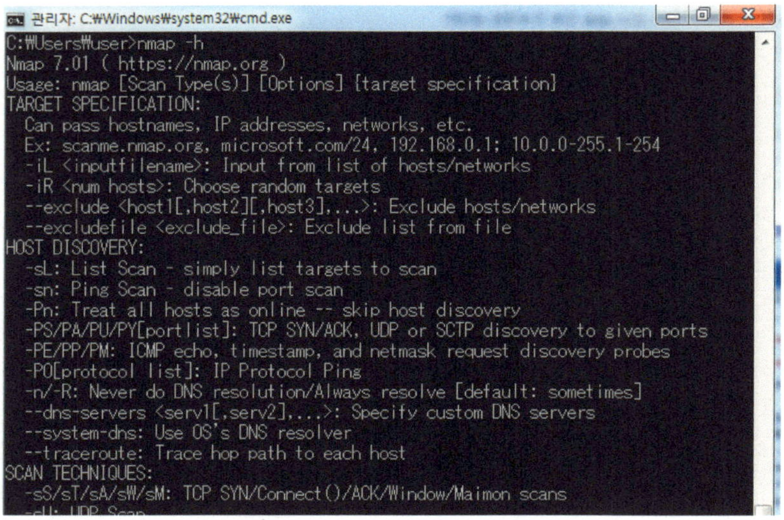

```
관리자: C:\Windows\system32\cmd.exe
C:\Users\user>nmap -h
Nmap 7.01 ( https://nmap.org )
Usage: nmap [Scan Type(s)] [Options] {target specification}
TARGET SPECIFICATION:
  Can pass hostnames, IP addresses, networks, etc.
  Ex: scanme.nmap.org, microsoft.com/24, 192.168.0.1; 10.0.0-255.1-254
  -iL <inputfilename>: Input from list of hosts/networks
  -iR <num hosts>: Choose random targets
  --exclude <host1[,host2][,host3],...>: Exclude hosts/networks
  --excludefile <exclude_file>: Exclude list from file
HOST DISCOVERY:
  -sL: List Scan - simply list targets to scan
  -sn: Ping Scan - disable port scan
  -Pn: Treat all hosts as online -- skip host discovery
  -PS/PA/PU/PY[portlist]: TCP SYN/ACK, UDP or SCTP discovery to given ports
  -PE/PP/PM: ICMP echo, timestamp, and netmask request discovery probes
  -PO[protocol list]: IP Protocol Ping
  -n/-R: Never do DNS resolution/Always resolve [default: sometimes]
  --dns-servers <serv1[,serv2],...>: Specify custom DNS servers
  --system-dns: Use OS's DNS resolver
  --traceroute: Trace hop path to each host
SCAN TECHNIQUES:
  -sS/sT/sA/sW/sM: TCP SYN/Connect()/ACK/Window/Maimon scans
```

그림 13-24 Nmap 도움말 실행

눌러서 맨 끝에 c:\nmap을 추가하여 아무 곳에서나 Nmap을 실행시킬 수 있다. 마지막으로 Nmap이 제대로 설치되었는지 확인하기 위해 명령창에서 nmap -h를 입력하여 도움말 기능을 실행해보자.

nmap -h 명령을 실행해 [그림 13-24]와 같이 도움말을 확인할 수 있다면 Nmap이 제대로 설치된 것이며 앞으로는 윈도우 명령창에서 Nmap 명령어들을 실행시킬 수 있다.

13.2.2 Nmap 사용법

Nmap은 윈도우 명령창에 nmap 명령어를 이용하여 사용할 수 있는데, 이때 형식은 nmap [-스캔 유형] [-옵션] {호스트 또는 네트워크}와 같다. 따라서 스캔 유형과 옵션들의 의미를 이해하는 과정이 필요하다. 자세한 스캔 유형은 [표 13-2]에서 확인할 수 있으며 옵션들은 [표 13-3]에서 확인할 수 있다. 이때 옵션들은 여러 개를 결합해서 사용하는 것이 가능하다.

표 13-2 Nmap 스캔 유형

스캔 유형	내 용
-sT	· TCP 연결을 사용한 포트 스캔
-sS	· SYN 비트를 이용한 스텔스 포트 스캔 기법 · 반드시 루트(root) 권한으로 실행
-sF	· FIN 비트를 이용한 스텔스 포트 스캔 기법
-sP	· Ping을 이용한 스캔 · 해당 호스트가 살아 있는지만 확인
-sU	· UDP 포트를 스캔 · 반드시 루트(root) 권한으로 실행
-b	· FTP 바운스(bounce)[19] 공격을 위한 포트 스캔

표 13-3 Nmap 주요 옵션들

옵션 유형	내 용
-f	· 패킷을 작은 단위로 나누어 사용
-PT <포트 번호>	· 해당 TCP 포트 번호로 호스트가 살아있는지 확인
-PI	· ICMP를 사용해 호스트가 살아있는지 확인
-D	· 스캔을 실행한 호스트를 속일 때 사용
-p n1-n2	· 특정 포트 혹은 스캔할 포트의 범위를 지정
-O	· 대상 호스트의 운영체제를 확인
-F	· 빠른 스캔 기법으로 /etc/services에 있는 포트만 스캔
-n	· 빠른 속도를 위해 IP 주소를 DNS 호스트명으로 바꾸지 않음
-o <출력파일명>	· 스캔 결과를 출력파일로 저장
-i <입력파일명>	· 스캔할 호스트가 많은 경우 입력파일에 기록된 리스트 스캔
-g <포트 번호>	· 소스 포트를 해당 포트 번호로 지정
-s <IP 주소>	· SYN, FIN 스캔 시 소스 주소를 지정
-e <장치 이름>	· 패킷을 바로 해당 장치로 보냄(ex. eth0, ppp0)
-V	· verbose 모드로 여러 가지 추가적인 정보를 얻고자 할 때 사용
-h	· 도움말을 명시

19) FTP 바운스 공격이란 특정 FTP 서버가 자신에게 로그인할 수 있는 지역이나 도메인 등을 제한하는 경우 이러한 제한을 회피하기 위한 공격이다.

(1) Nmap 사용 예제

앞으로는 앞서 설명한 Nmap 명령어의 스캔 유형 및 옵션들을 이용해 사용자가 어떻게 자신이 원하는 정보들을 수집할 수 있는지 살펴본다. 이때 독자들의 편의를 위해 모든 명령에 -o output.txt 옵션을 추가하여 결과가 해당 파일에 저장되도록 하였다. 이때 nmap을 실행하는 호스트의 IP 주소는 10.90.21.130이다.

(가) 구글 코리아 서버가 운용중인지 확인(nmap –sP google.co.kr)

제일 먼저 [표 13-2]의 스캔 유형 중 -sP를 이용한 ping 스캔을 실습해본다. 일반적으로 Nmap은 ICMP echo와 TCP ACK 메시지를 각 호스트에 보내어 검색을 하는데, 이때 해당 호스트가 운용중이면 Nmap이 보낸 패킷에 반응한다. 실험은 구글 코리아 서버를 대상으로 이루어졌으며 그 결과는 [그림 13-25]와 같다. 결과에서 보듯이 현재 구글 코리아는 총 3개의 서버를 운용하고 있으며, 그 중 Nmap이 점검한 IP는 74.125.253.95임을 알 수 있다. 결과에서 보듯이 해당 호스트는 현재 운용 중이며 Nmap이 5.54초 만에 그 결과를 확인했음을 알 수 있다. 이때 구글 코리아의 IP 주소의 개수와 종류는 수시로 변할 수 있으므로 IP가 아래 결과와 다를 수 있다.

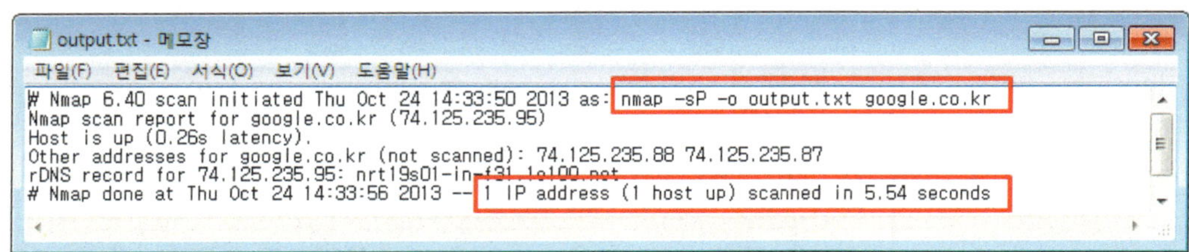

그림 13-25 구글 서버가 동작중인지 확인

(나) 특정 범위의 호스트 확인(nmap –sP 74.125.235.0/24)

이번에는 구글 호스트들이 위치하고 있는 네트워크의 특정 범위 내에서 몇 대의 호스트들이 운용중인지 확인하기 위해 호스트를 프리픽스로 한정한 형태인 74.125.235.0/24[20]로 명시하였으며 그 결과는 [그림 13-26]과 같다.

20) /24 프리픽스(prefix)는 IP 주소 중 앞 24비트를 공유하는 호스트 전체에 대해서 확인하라는 의미이다. 만일 앞 16비트를 공유하는 호스트들에 대해서 확인하고 싶은 경우는 /16을 명시해주면 된다.

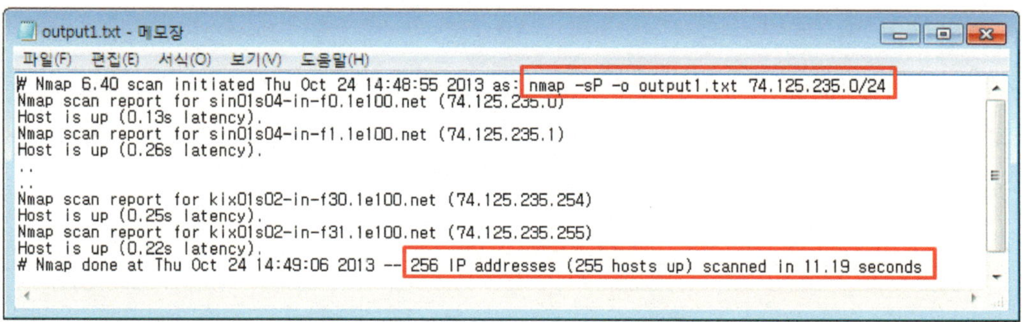

```
# Nmap 6.40 scan initiated Thu Oct 24 14:48:55 2013 as: nmap -sP -o output1.txt 74.125.235.0/24
Nmap scan report for sin01s04-in-f0.1e100.net (74.125.235.0)
Host is up (0.13s latency).
Nmap scan report for sin01s04-in-f1.1e100.net (74.125.235.1)
Host is up (0.26s latency).
..
..
Nmap scan report for kix01s02-in-f30.1e100.net (74.125.235.254)
Host is up (0.25s latency).
Nmap scan report for kix01s02-in-f31.1e100.net (74.125.235.255)
Host is up (0.22s latency).
# Nmap done at Thu Oct 24 14:49:06 2013 -- 256 IP addresses (255 hosts up) scanned in 11.19 seconds
```

그림 13-26 /24 범위 내에서 운용중인 호스트 확인

결과에서 보듯이 프리픽스 /24를 이용하여 호스트를 지정하였을 경우는 74.125.235.0에서 74.125.235.255까지 총 256대의 호스트에 대해서 확인을 실시하며, 현재 총 255대의 호스트가 운용 중임을 확인할 수 있다. 이때 256대의 호스트를 모두 확인하는데 걸린 시간은 단 11.19초에 불과했다.

(다) 특정 TCP 포트 스캔(nmap –sP –PT80 74.125.235.95)

앞서 [표 13–3]에서 설명했듯이 -PT 옵션은 특정 TCP 포트가 현재 열려있는지 확인하고자 할 때 사용한다. 이를 위해 가)에서 검색했던 구글 코리아 서버 IP들 중에서 하나를 선택하여 그 서버에 현재 TCP 80포트가 열려 있는지 확인했다. 현재 해당 서버에서 웹서버를 운용 중에 있으므로 호스트가 운용 중이라는 결과를 얻을 수 있어야 할 것이다.

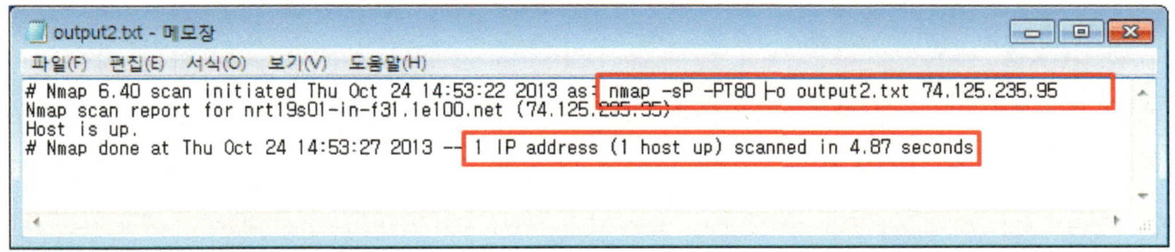

```
# Nmap 6.40 scan initiated Thu Oct 24 14:53:22 2013 as: nmap -sP -PT80 -o output2.txt 74.125.235.95
Nmap scan report for nrt19s01-in-f31.1e100.net (74.125.235.95)
Host is up.
# Nmap done at Thu Oct 24 14:53:27 2013 -- 1 IP address (1 host up) scanned in 4.87 seconds
```

그림 13-27 80포트 스캔 결과ㄴ

[그림 13–27]의 결과에서 보는 바와 같이 IP 74.125.235.95의 구글 코리아 서버는 현재 TCP 80포트로 웹 서비스를 수행하고 있음을 알 수 있다.

(라) 특정 호스트의 모든 TCP 포트 스캔(nmap –sT 74.125.235.95)

[표 13-2]의 Nmap 스캔 유형에서 -sT를 선택하면 특정 호스트에서 사용 중인 모든 TCP 포트에 대한 정보를 얻을 수 있다. 이번 실험을 위해서 앞서 다)에서 사용되었던 구글 코리아 서버(74.125.235.95)에 현재 열려 있는 모든 TCP 포트를 검색하였다.

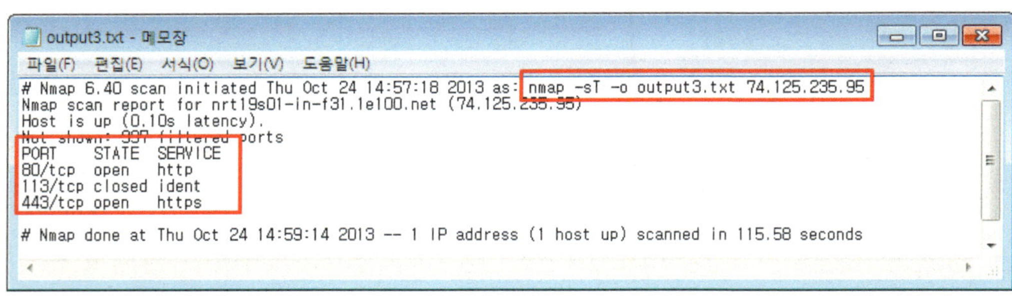

그림 13-28 모든 TCP 포트 스캔

[그림 13-28]의 결과에서 보듯이 실험대상인 구글 코리아 서버(74.125.235.95)는 현재 http 서비스를 위해 TCP 80 포트와 https 서비스를 위해 TCP 443 포트를 이용하고 있음을 알 수 있다.

(마) 스텔스(stealth) TCP 포트 스캔(nmap –sS 74.125.235.95)

앞서 라)에서 -sT를 이용한 TCP 포트 스캔의 경우 목표 호스트에 크래커가 요청한 내역이 로그(log)로 남게 된다. 만일 현명한 크래커라면 자신의 공격 흔적을 남기고 싶지 않을 것이다. 라)의 경우는 크래커가 TCP SYN 메시지를 보낸 이후 목표 호스트로부터 ACK를 받으면 다시 ACK를 보내 TCP 3단계 핸드셰이킹을 완성하는 방식으로 목표 호스트에 대한 정보를 수집한다. 이때 3단계 핸드셰이킹을 완성한 이후에는 목표 호스트에 연결 정보가 남는 것이다. 스텔스 기능을 이용한 TCP 포트 스캔의 경우는 3단계 핸드셰이킹의 마지막 단계에서 크래커가 ACK를 보내는 대신에 RST메시지를 보냄으로써 연결이 설정되기 전에 종료시킨다. 이렇게 하면 3단계 핸드셰이킹이 완성되지 않기 때문에 목표 호스트에는 아무런 정보가 남지 않지만 크래커는 2단계에서 목표 호스트에서 보내오는 TCP ACK메시지를 통해 여전히 원하는 결과를 얻을 수 있는 것이다. 이번 실험에서는 Nmap의 스텔스 TCP 포트 스캔기능을 이용하여 구글 코리아 서버(74.125.235.95)에 현재 열려 있는 TCP 포트를 검색하였다.

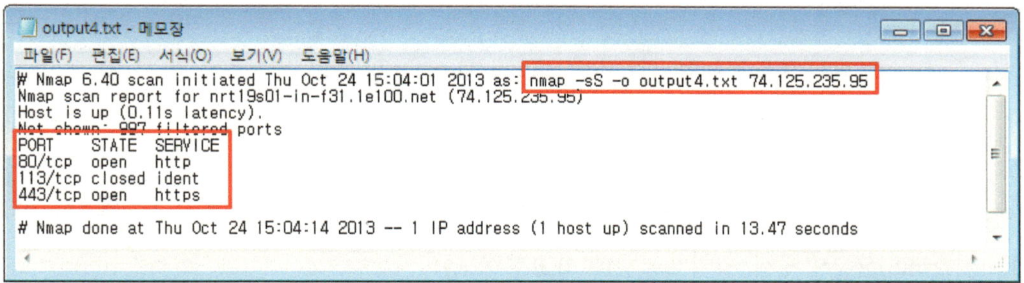

그림 13-29 스텔스 TCP 포트 스캔

[그림 13-29]는 스텔스 기능을 이용한 포트 스캔 결과를 보여준다. 결과에서 보듯이 현재 해당 호스트가 2개의 TCP 포트를 운용중인 것을 볼 수 있다.

(사) UDP 포트 스캔(nmap –sU 74.125.235.95)

지금까지는 목표 호스트에 현재 TCP 포트가 열려 있는지 확인하는 실험이었다고 한다면, 이번 실험에서는 목표 호스트에 현재 열려 있는 UDP 포트를 확인한다. 크래커들이 시스템에 침입하기 위해 사용하는 프로그램들의 경우 UDP 포트를 사용하는 경우가 많은데, 이때 크래커들은 Nmap -sU를 이용해 원하는 결과를 얻을 수 있다. 목표 호스트는 이전과 동일하게 구글 코리아 서버(74.125.235.95)이다.

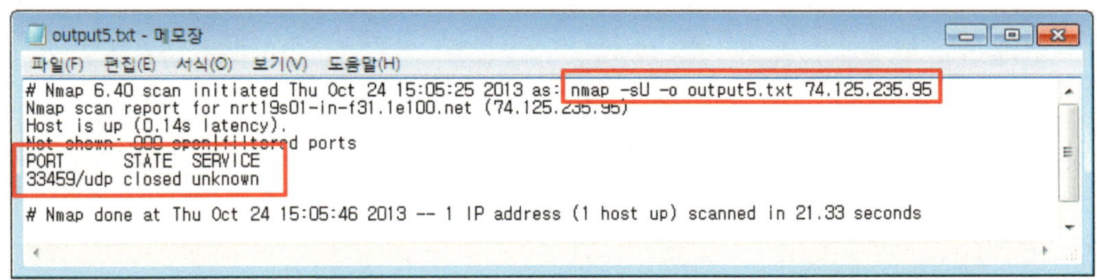

그림 13-30 UDP 포트 스캔

[그림 13-30]의 결과에서 보듯이 목표 호스트인 구글 코리아 서버(74.125.235.95)에는 현재 0개의 UDP 포트가 열려 있는 것을 확인할 수 있다.

(아) 목표 호스트 운영체제 확인(nmap –sS –O katmai.csc.ncsu.edu)

종종 크래커는 특정한 플랫폼에서만 실행되는 침입도구를 실행하기 위해 목표 호스트의 운영체제를 확인할 필요가 있다. 이때 사용할 수 있는 스캔 옵션이 바로 -O이다. 원격으로 운영체제를 탐지해내는 TCP/IP fingerprinting(TCP/IP 핑거프린팅)은 TCP 프로토콜을 구현할 때 운영체제마다 그리고 같은 운영체제라 할지라도 버전이 다를 경우 서로 다른 파라미터(parameter)를 사용한다는데 착안하여 목표 호스트의 응답에 포함되어 있는 파라미터를 해석함으로써 목표 호스트의 운영체제를 추측한다. 이 방법은 OS fingerprinting(운영체제 핑거프린팅)이라고도 불린다.

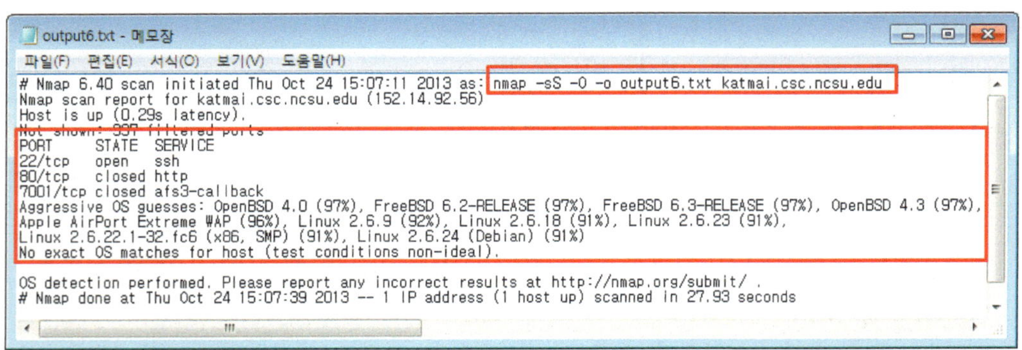

그림 13-31 목표 호스트 운영체제 확인

[그림 13-31]은 노스캐롤라이나 주립대학교(NCSU: North Carolina State University) 실험실 서버인 katmai.csc.ncsu.edu에 대해 Nmap을 이용한 TCP/IP 핑거프린팅을 실행한 결과이다. 결과에서 볼 수 있듯이 해당 호스트는 리눅스 운영체제를 사용하고 있는 것을 알 수 있다. Nmap을 통해서 TCP/IP 핑거프린팅을 수행하는 경우 때에 따라서는 정확한 운영체제를 알려주는 대신 추정되는 운영체제들의 목록과 각각의 가능성을 보여주기도 한다.

Chapter

14

윈도우 포렌식스 실습

포렌식스라는 용어는 법의학 용어로 범죄에 대한 증거를 확정하기 위한 과학적 수사를 말한다 그중에서 컴퓨터 포렌식스는 사이버 범죄에 사용된 컴퓨터에 한정하여 디지털 정보를 수집하고 범죄의 증거를 확보하는 기술이다. 컴퓨터 포렌식스의 증거 수집 방법으로는 휘발성 데이터나 삭제 및 변경된 데이터 복구 기술, 다른 파일 내에 숨겨진 스테가노그래피 데이터를 찾는 기술, 임시 파일 데이터나 백업 데이터의 복구 기술, 컴퓨터 감사(audit) 기록과 관련된 정보를 분석하는 기술 등이 있다. 본 교재에서는 컴퓨터 포렌식스 중 윈도우 운영체제에 한정하여 윈도우 휘발성 정보를 분석하는 초기 분석과 윈도우 감사 기록인 이벤트 로그, 메모리 분석 및 레지스트리 분석을 할 수 있는 도구 중에서 무료로 활용할 수 있는 툴에 대해 알아본다.

14.1 PC 해킹 분석 절차

일반적인 PC 해킹 분석 절차는 다음과 같이 5개 단계로 진행된다. 먼저 1단계로 관리자와의 협의를 실시한다. 제3자의 경우 피해 분석에 앞서 담당자와 분석방법, 절차 등에 대한 충분한 합의 후 진행한다. 2단계로 분석 시스템 및 분석도구를 각 대상 PC의 환경에 맞는 것으로 준비를 해야 한다. 3단계로는 백업단계로 시스템 운영을 위한 백업, 시스템 분석을 위한 백업을 실시한다. 이때 반드시 원본을 그대로 유지하고 훼손하지 않아야 된다. 이는 포렌식스의 가장 기본이 되는 부분이다. 4단계로는 초기 대응으로 운영되고 있는 라이브 시스템 정보를 수집하고 기록, 시스템 상의 공격 흔적으로 훼손하지 않는 방법으로 수집한다. 이는 향후 어떻게 해킹 분석 대응 전략을 체계화 하는 단계와 연계한다. 마지막으로 5간계로는 사고 조사로 초기 대응 분석 자료를 바탕으로 침입 방법, 피해 범위 등을 파악하고 시스템 로그 파일, 공격 프로그램 상세 분석을 실시한다. 이는 데이터를 수집하고 분석하는 단계라 할 수 있다. 이러한 PC 해킹 분석 절차를 정리하면 [그림 14-1]과 같다.

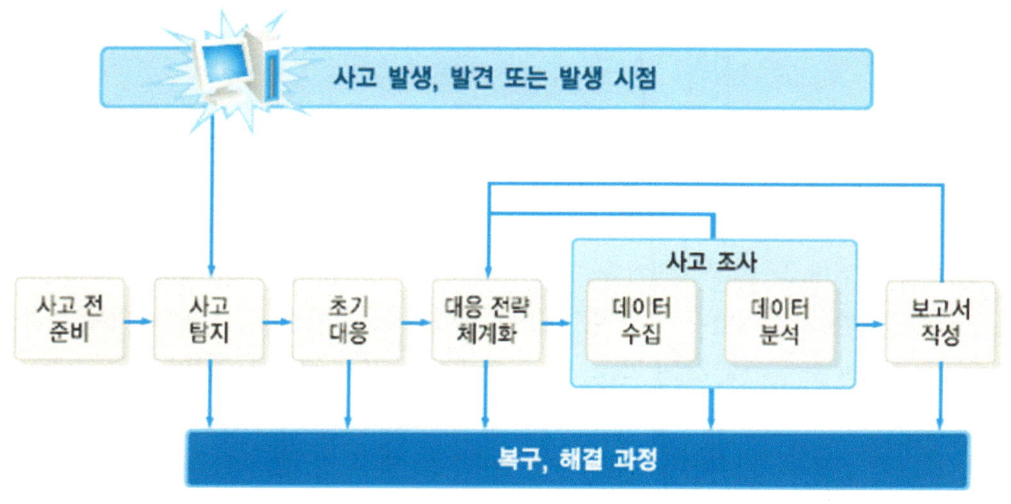

그림 14-1 PC 해킹 분석 절차

출처 : 한국인터넷진흥원(KISA)

14.1.1 디스크 이미징(포렌식스 백업)

PC 해킹 분석 절차 중 가장 중요한 부분이 3단계 백업 단계이다. 포렌식스를 수행할 때 하는 백업은 디스크 이미징(disk imaging) 기법을 사용한다. 디스크 이미징은 디스크와 정확히 같은 사본을 만드는 과정으로 입수된 디스크를 조사 및 분석하게 되면 증가가 손상될 우려가 있으므로, 이미지를 Mount 시켜 조사 및 분석을 진행하게 되는 것이다. 이는 우리가 알고있는 일반적인 복사개념의 백업과는 다른 의미이다. 디스크 이미지에는 숨김파일, 임시파일, 손상 및 삭제 파일의 잔여 정보가 존재하여 포렌식스 작업이 가능하게 한다. 이러한 디스크 이미징은 일반적인 디스크 복사와는 차이가 있으며 이를 정리하면 [표 14-1]과 같다.

표 14-1 디스크 복사와 이미징의 차이점

구 분	디스크 복사	디스크 이미징
저장방식	Source Read & Destination Write	Bit Stream Clone
저장대상	파일과 디렉터리 단위의 정보	디스크의 모든 물리적 섹터
정보손식	Source Read 과정에서 읽지 못한 정보의 손실의 발생	디스크 이미지는 디스크의 모든 정보를 포함
파일복구	삭제된 파일은 복사과정에서 제외	디스크 섹터에 삭제파일 정보가 남아 있는 경우 복구 가능

14.1.2 윈도우 덤프

윈도우 덤프는 윈도우 운영체제 상에 데이터를 수집하여 중요 정보를 획득하는 것을 말한다. 이는 메모리 덤프와 레지스리 덤프로 나누어 진다. 먼저 메모리 덤프는 메모리 상의 데이터를 수집하여 메모리 데이터로부터 공격자의 명령어 사용 흔적, 시행된 파일, ID, 패스워드 등 중요한 정보를 획득하는 것을 말한다. 레지스트리 덤프는 윈도우에서는 레지스트리에 응용 프로그램에 대한 정보, 디바이스, 사용자 설정, 윈도우 자체적인 설정, 인터넷 익스플로러 설정 등 윈도우 자체의 모든 설정 정보가 담겨져 있는 것을 수집하는 것이다.

14.2 초기 대응 방법(휘발성 정보 분석)

이번 절에서는 PC 해킹 분석 절차 중 초기 대응 방법에 대해서 살펴보도록 한다. 초기 대응 방법은 윈도우의 휘발성 정보를 분석하는 단계이다. 휘발성 정보는 여러 가지가 있는데 대표적으로는 다음과 같다. 먼저 시스템 시간과 정보 확인, 프로세스 및 네트워크 정보 확인, 사용자 및 그룹 정보 확인, 공유 및 로그인 정보 확인을 하는 것이다. 이러한 휘발성 정보들은 별도의 포렌식스 도구들을 사용하기도 하지만 윈도우에서 제공해주는 툴을 설치하면 쉽게 파악이 가능하다. 시스템 시간 및 정보를 확인 하는 것은 date/t나 time/t 명령어를 Command 창에서 실행을 하면 분석이 가능하다. 부팅 시간 및 시스템 정보 확인은 systeminfo 명령어를 통해서 파악이 가능하다. 시스템 정보 확인은 윈도우에서 제공해 주는 사이트(www.sysinternals.com)에서 툴을 다운받아서 설치하여 PC 분석이 가능하다. 설치된 핫픽스 나 소프트웨어의 정보를 확인하기 위해서는 이러한 툴을 설치하여 psinfo -h -s 명령어를 통해 확인 할 수 있으며, 실행중인 프로세스 목록은 pslist -t 명령어, 프로세스들이 로딩한 DLL 파일 목록 확인 은 listdlls 명령어를 통해 분석할 수 있다. 시스템 IP 정보 확인은 기본적인 ipconfig /all 명령어를 통해서 확인 하며, netstat -an 명령어를 통해서는 서비스 중인 포트 정보 및 접속 상태 확인이 가능하다. 시스템에 존재하는 계정 정보 확인은 net user 명령어, 시스템 공유 정보 확인은 net share 명령어를 사용한다. 공유 폴더에 접속한 시스템 정보 확인은 net session 명령어를 통해 확인이 가능하다.

14.2.1 시스템 시간 및 날짜 확인

PC 해킹 분석 시에는 PC 해킹을 당한 시점에 대한 기준이 매우 중요하다. 이는 특히 PC 의 재부팅 및 전원 차단 등으로 관련 정보의 손실이 가장 크게 나타나는 정보이다. 이로 인하여 윈도우 포렌식스에서 시간과 날짜는 매우 중요한 정보라 할 수 있다. 이 정보가 없다면 대부분의 증거는 그 의미를 잃는다. 특히 다양한 증거 사이에 상관관계를 알기 위해서는 시간 정보가 반드시 필요하다. 이 절에서는 컴퓨터가 어떤 식으로 시간을 생성하고 유지하며 또 윈도우가 어떤 식으로 그것을 관리하고, 갱신하는지 알아볼 것이다. 결론적으로 말해 윈도우 포렌식스에서 시간은 굉장히 중요한 증거지만 윈도우는 우리의 기대만큼 시간을 엄격하게 관리하지 않는다. 윈도우는 시스템 시간의 정보 관리를 정확성보다는 효율성을 우선시한다.

시스템 시간 및 날짜를 확인 하는 방법은 [표 14-2]와 같다.

표 14-2 휘발성 정보 분석 중 시스템 시간 및 정보 확인

명령어	기능
date /t	윈도우의 시스템 현재 날짜를 확인
time /t	윈도우의 시스템 현재 시간을 확인
systeminfo	윈도우의 시스템 부팅 시간 및 시스템 내용 확인

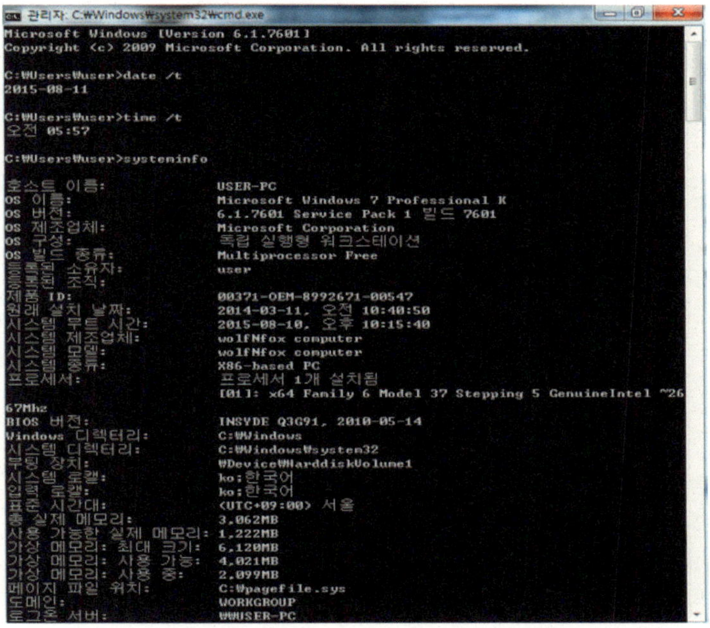

그림 14-2 date /t, time /t, systeminfo 실행 결과

그중에서 systeminfo 명령어는 시스템에 대한 부팅 시 모든 정보를 확인 할 수 있어서 매우 강력한 명령어라 할 수 있다. 실행 화면은 [그림 14-2]와 같이 확인 가능하다.

14.2.2 시스템 정보 확인

PC 해킹 분석 시에는 PC 해킹을 당한 시점에 시스템에 대한 정보는 그 기준 시간대에 대한 정보 확인이 가장 정확하다. 특히 PC의 시스템 정보 확인은 시스템에 대한 이상 유무 확인 및 정상 PC와의 차이점을 확연하게 구별할 수 있는 부분이다. 시스템 정보는 가장 직관적인 정보이면서 동시에 가장 중요한 정보 중 하나다. 윈도우 포렌식스에서 시스템 정보는 두 가지 측면에서 그 의미가 있다. 하나는 시스템 정보와 실제 정상적인 시스템 정보와 얼마나 차이가 있는가에 대한 것이다. 시스템 정보는 파일 시스템에 영향을 미치며 이에 대해서 파악하는 것은 조사 대상의 PC의 시스템 정보의 정확성이 과거에 시스템 정보가 인터넷 웜이나 해커 혹은 사용자에 의해 고의적으로 변경된 적이 없다고 확신할 수 없기 때문이다.

시스템 정보를 확인하기 위해서는 [그림 14-3]과 같이 MS에서 제공하는 시스템 정

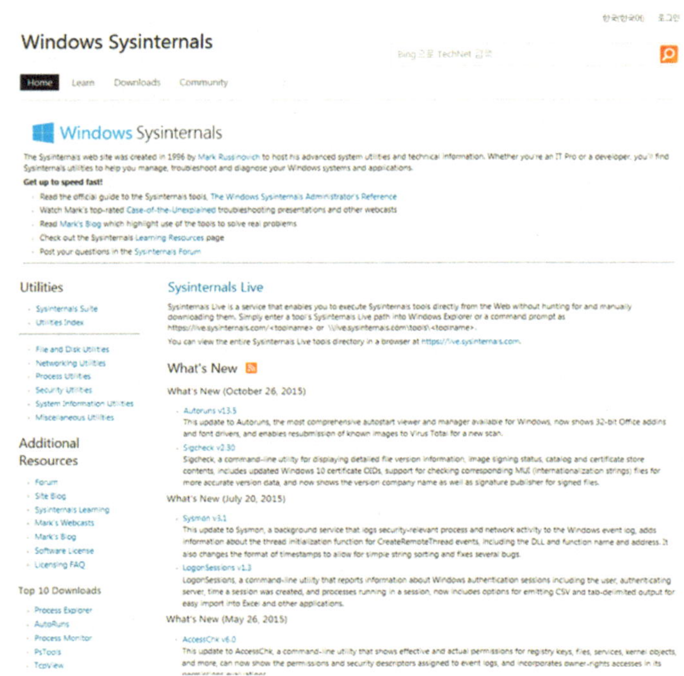

그림 14-3 시스템 정보확인 툴 제공 사이트(www.sysinternals.com)

보 확인(www.sysinternals.com)에서 PsTools를 다운로드 해서 사용하면 된다.

윈도우 시스템 정보를 확인하는 방법으로는 [표 14-3]과 같다. psinfo는 윈도우 PC 시스템에 대한 업데이트 타임, 커널 버전, 서비스팩 버전 등을 확인할 수 있다. psinfo -h -s 명령어는 윈도우 PC 시스템에 설치된 핫픽스에 대한 정보 및 설치된 소프트웨어의 시간상의 목록들을 확인 가능하다.

표 14-3 휘발성 정보 분석 중 시스템 정보 확인

명령어	기능
psinfo	윈도우 PC 시스템 정보 확인
psinfo -h -s	윈도우의 시스템에 설치된 핫픽스, 소프트웨어 목록 화인

psinfo 실행 화면은 [그림 14-4], psinfo -h -s 실행 화면은 [그림 14-5]와 같이 확인할 수 있다.

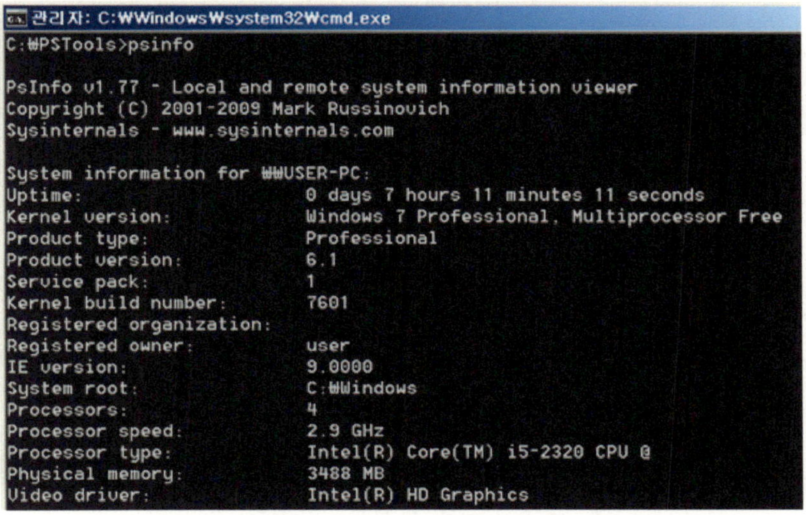

```
관리자: C:\Windows\system32\cmd.exe
C:\PSTools>psinfo

PsInfo v1.77 - Local and remote system information viewer
Copyright (C) 2001-2009 Mark Russinovich
Sysinternals - www.sysinternals.com

System information for \\USER-PC:
Uptime:                      0 days 7 hours 11 minutes 11 seconds
Kernel version:              Windows 7 Professional, Multiprocessor Free
Product type:                Professional
Product version:             6.1
Service pack:                1
Kernel build number:         7601
Registered organization:
Registered owner:            user
IE version:                  9.0000
System root:                 C:\Windows
Processors:                  4
Processor speed:             2.9 GHz
Processor type:              Intel(R) Core(TM) i5-2320 CPU @
Physical memory:             3488 MB
Video driver:                Intel(R) HD Graphics
```

그림 14-4 psinfo 실행 결과

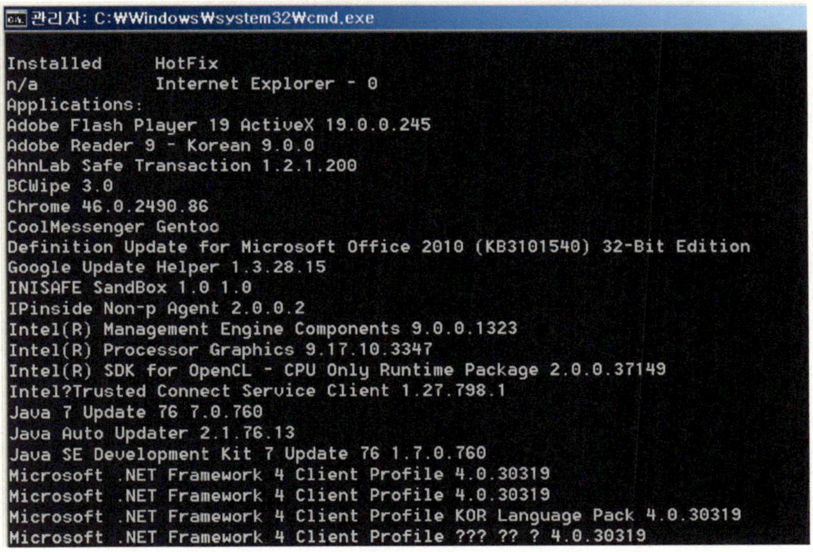

```
관리자: C:\Windows\system32\cmd.exe

Installed      HotFix
n/a            Internet Explorer - 0
Applications:
Adobe Flash Player 19 ActiveX 19.0.0.245
Adobe Reader 9 - Korean 9.0.0
AhnLab Safe Transaction 1.2.1.200
BCWipe 3.0
Chrome 46.0.2490.86
CoolMessenger Gentoo
Definition Update for Microsoft Office 2010 (KB3101540) 32-Bit Edition
Google Update Helper 1.3.28.15
INISAFE SandBox 1.0 1.0
IPinside Non-p Agent 2.0.0.2
Intel(R) Management Engine Components 9.0.0.1323
Intel(R) Processor Graphics 9.17.10.3347
Intel(R) SDK for OpenCL - CPU Only Runtime Package 2.0.0.37149
Intel?Trusted Connect Service Client 1.27.798.1
Java 7 Update 76 7.0.760
Java Auto Updater 2.1.76.13
Java SE Development Kit 7 Update 76 1.7.0.760
Microsoft .NET Framework 4 Client Profile 4.0.30319
Microsoft .NET Framework 4 Client Profile 4.0.30319
Microsoft .NET Framework 4 Client Profile KOR Language Pack 4.0.30319
Microsoft .NET Framework 4 Client Profile ??? ?? ? 4.0.30319
```

그림 14-5 psinfo -h -s 실행 결과

14.2.3 프로세스 정보 확인

프로그램과 프로세스는 서로 다른 개념이다. 프로그램이란 정해진 목적을 달성하기 위해 필요한 하나 이상의 파일들의 집합이고, 그 파일들은 특정한 목적을 수행하기 위한 코드와 필요한 데이터를 가지고 있다. 반면 프로세스는 그 목적을 달성하기 위해 실

제로 일을 처리하는 최소한의 '작업' 단위로 흔히들 '동작 중인 프로그램'이라는 표현을 많이 사용한다. 그 이유는 파일로 이루어진 프로그램은 그 내용이 거의 변하지 않는 반면에 메모리에 올라가는 프로세스는 매우 능동적인 존재로서 그 내용이 수시로 바뀌기 때문이다. 또한 프로그램은 설치 정보를 레지스트리 내에 보관하며, 프로그램을 이루는 파일들은 파일의 이름과 저장 경로, MAC 타임스탬프, 드렉터리 엔트리 정보 같은 파일 메타데이터를 가지고 있는 반면, 프로세스는 프로세스 ID, 열린 핸들 목록, 액세스 토큰 같은 프로세스 메타데이터를 가지고 있다는 점도 프로그램과 프로세스를 구분 짓는 특징 중 하나나. 여기에서는 숨겨진 프로세스 및 기본 프로세스 정보를 확인하는 방법을 알아보겠다.

윈도우 프로세스 정보를 확인하는 방법으로는 [표 14-4]와 같다. pslist -t는 실행 중인 프로세스 목록 상관관계 트리 구조를 확인할 수 있다. listdlls는 실행중인 프로세스 등이 로딩한 DLL 파일 목록을 확인할 수 있다. ipconfig /all은 프로세스 정보 중 시스템 IP 정보를 확인할 수 있다. netstat -an은 프로세스 정보 중 서비스 중인 포트 정보 및 접속 상태를 확인할 수 있다. net user는 프로세스 정보 중 시스템에 존재하는 계정 정보를 확인 할 수 있다. net share는 프로세스 정보 중 시스템 공유 정보를 확인 활 수 있다. net session 명령어는 프로세스 정보 중 공유 폴더에 접속한 시스템 정보를 확인할 수 있다.

프로세스 정보 확인 명령어 중에서 pslist -t 실행 화면은 [그림 14-6], listdlls 실행 화면은 [그림 14-7]과 같이 확인할 수 있다.

표 14-4 휘발성 정보 분석 중 프로세스 정보 확인

명령어	기능
pslist -t	실행중인 프로세스 목록 상관관계 트리 구조 확인
listdlls	실행중인 프로세스 등이 로딩한 DLL 파일 목록 확인
ipconfig /all	프로세스 정보 중 시스템 IP 정보 확인
netstat -an	프로세스 정보 중 서비스 중인 포트 정보 및 접속 상태 확인
net user	프로세스 정보 중 시스템에 존재하는 계정 정보 확인
net share	프로세스 정보 중 시스템 공유 정보 확인
net session	프로세스 정보 중 공유 폴더에 접속한 시스템 정보 확인

```
관리자: C:₩Windows₩system32₩cmd.exe
C:₩PSTools>pslist -t

pslist v1.3 - Sysinternals PsList
Copyright (C) 2000-2012 Mark Russinovich
Sysinternals - www.sysinternals.com

Process information for USER-PC:

Name                          Pid Pri Thd  Hnd      VM      WS    Priv
Idle                            0   0   4    0       0      12       0
  System                        4   8 134 1525    3668    1312      44
    smss                      320  11   2   33    3108     820     308
csrss                         468  13   9  821   52756    4228    1416
wininit                       536  13   3   84   44260    4052    1036
  services                    596   9   7  251   35884    8392    5184
    svchost                   716   8  13  395   38004    7976    3852
      unsecapp               5944   8   4   74   37468    4944    1172
      WmiPrvSE               6104   8   5  129   30224    5820    2304
      WmiPrvSE               6612   8   9  131   31756    5972    2800
    nvvsvc                    824   8   5   77   32536    3156     764
      nvvsvc                 1944   8   5  112   63932    6648    2756
    svchost                   864   8  11  359   47936    7612    4024
    svchost                   944   8  20  505   65084   14396   15256
    svchost                   980   8  22  494  157436   72824   68784
      dwm                    4496  13   5  139  154276   50240   29044
```

그림 14-6 pslist -t 실행화면

```
관리자: C:₩Windows₩system32₩cmd.exe
0x76720000  0x83000    C:₩Windows₩system32₩CLBCatQ.DLL
0x6fbb0000  0xa000     C:₩Windows₩system32₩wbem₩wbemprox.dll
0x757c0000  0x17000    C:₩Windows₩system32₩CRYPTSP.dll
0x75560000  0x3b000    C:₩Windows₩system32₩rsaenh.dll
0x75d10000  0xe000     C:₩Windows₩system32₩RpcRtRemote.dll
0x6fa80000  0xf000     C:₩Windows₩system32₩wbem₩wbemsvc.dll
0x6fa60000  0x17000    C:₩Windows₩system32₩wbem₩wmiutils.dll
0x5ad30000  0x14a000   C:₩Windows₩system32₩wbem₩cimwin32.dll
0x687a0000  0x35000    C:₩Windows₩system32₩framedynos.dll
0x75c20000  0x1b000    C:₩Windows₩system32₩SspiCli.dll
0x749f0000  0xd000     C:₩Windows₩system32₩WTSAPI32.dll
0x606b0000  0x8000     C:₩Windows₩servicing₩CbsApi.dll
------------------------------------------------------------------------------
Listdlls.exe pid: 6176
Command line: listdlls

Base        Size       Path
0x00400000  0x82000    C:₩ListDlls₩Listdlls.exe
0x77c20000  0x141000   C:₩Windows₩SYSTEM32₩ntdll.dll
0x762c0000  0xd4000    C:₩Windows₩system32₩kernel32.dll
0x75dd0000  0x4b000    C:₩Windows₩system32₩KERNELBASE.dll
0x75210000  0x9000     C:₩Windows₩system32₩VERSION.dll
0x76ab0000  0xac000    C:₩Windows₩system32₩msvcrt.dll
0x76290000  0x2b000    C:₩Windows₩system32₩imagehlp.dll
0x76420000  0xa1000    C:₩Windows₩system32₩ADVAPI32.dll
0x76270000  0x19000    C:₩Windows₩SYSTEM32₩sechost.dll
0x769a0000  0xa2000    C:₩Windows₩system32₩RPCRT4.dll
0x76810000  0xc9000    C:₩Windows₩system32₩USER32.dll
0x767b0000  0x4e000    C:₩Windows₩system32₩GDI32.dll
0x76dd0000  0xa000     C:₩Windows₩system32₩LPK.dll
0x76900000  0x9d000    C:₩Windows₩system32₩USP10.dll
0x76b60000  0x7b000    C:₩Windows₩system32₩COMDLG32.dll
0x76a50000  0x57000    C:₩Windows₩system32₩SHLWAPI.dll
0x732c0000  0x84000    C:₩Windows₩WinSxS₩x86_microsoft.windows.common-controls_65
95b64144ccf1df_5.82.7601.18837_none_ec86b8d6858ec0bc₩COMCTL32.dll
0x76de0000  0xc4b000   C:₩Windows₩system32₩SHELL32.dll
0x76d40000  0x8f000    C:₩Windows₩system32₩OLEAUT32.dll
0x76be0000  0x15c000   C:₩Windows₩system32₩ole32.dll
0x768e0000  0x1f000    C:₩Windows₩system32₩IMM32.DLL
0x761a0000  0xcc000    C:₩Windows₩system32₩MSCTF.dll
0x6cd30000  0xeb000    C:₩Windows₩system32₩dbghelp.dll

C:₩ListDlls>
```

그림 14-7 listdlls 실행화면

14.3 사고 조사 방법(메모리 및 레지스트리 정보 수집)

이번 절에서는 PC 해킹 분석 절차 중 사고 조사 방법에 대해서 살펴보도록 한다. 사고 조사 방법은 윈도우 포렌식스 PC 해킹 분석 절차 중 가장 핵심이 되는 부분이다. 초기 휘발성 자료 수집을 통해서 기본적인 기초 정보를 수집하였다면 사고 조사 방법을 통해서 실제 해킹 당한 PC의 원인 분석을 위한 데이터 수집과 데이터 분석을 실시하는 단계이다. 여기에서는 그 중에서도 메모리와 레지스트리 정보를 수집하는 방법에 대해서 알아보겠다.

윈도우 포렌식스에서 가장 주목을 끌고 있는 분야는 '메모리 분석'이다. 메모리에는 복호화된 파일 컨텐츠나 사용자 패스워드, 프로세스의 임시 저장 데이터 같이 메모리에서만 찾을 수 있는 특유의 정보가 있다. 이것은 오래 전부터 잘 알려진 사실이었지만 관심과 기술의 부족으로 인해서 예전에는 크게 주목 받지 못했다. 그러다 최근 들어 PC 환경의 변화로 인해 침해 사고 대응이나 윈도우 포렌식스에서 메모리 분석의 역할이 더욱 커지는 동시에 그에 필요한 기술과 도구들이 속속 개발되면서 가장 중요한 윈도우 포렌식스 조사 항목으로 자리 잡아 가고 있다.

윈도우가 다른 OS와 구별되는 가장 큰 특징 중 하나는 바로 레지스트리라 불리우는 윈도우 특유의 파일 시스템이다. 이 파일은 일종의 DB라고 할 수 있는데, 가장 중요한 기능은 시스템 환경 설정 값과 시스템 및 애플리케이션 정보를 보관하는 것이지만, 시스템 및 애플리케이션의 동작 기록과 사용자의 활동 기록을 남기는 로그로서는 기능도 동시에 가지고 있다.

레지스트리의 역사는 윈도우 3.1부터 시작되었는데 초기에는 일반적인 ini파일처럼 매우 단순한 구조였고 가지고 있는 정보도 그리 많지 않았다. 그러다가 윈도우 버전이 올라가면서 기능이 크게 확장되어 지금처럼 복잡한 구조에 이르게 되었다. 레지스트리가 단일한 파일로 존재하는 것도 아니고 구조도 매우 복잡하기는 하지만 윈도우 포렌식스에서 레지스트리처럼 다양하고 많은 정보를 얻을 수 있는 대상은 없다. 레지스트리는 메모리 분석과 더불어 윈도우 포렌식스의 핵심이라 할 수 있다. 이 장에서는 이러한 레지스트리의 기본 구조와 얻을 수 있는 정보에 대해 설명하겠다.

14.3.1 메모리 분석

윈도우 메모리는 구조 자체가 매우 복잡하고 각 버전마다 구조가 다르기 때문에 메모리 분석은 보통 어려운 것이 아니다. 메모리 구조에 대한 내용만으로도 하나의 장을 쓰고도 남겠지만 여기서는 메모리에 간단한 분석만을 설명한다.

메모리 분석은 메모리 덤프라고도 하는데 메모리상의 데이터를 수집하여 메모리 데이터로부터 공격자의 명령어 사용 흔적, 실행된 파일, ID, 패스워드 등 중요 정보를 획득하는 것이다. 이중에서 소프트웨어를 이용한 메모리 덤프 방법에 대해서 알아보겠다. 품질면에서는 하드웨어 장비를 이용한 메모리 덤프가 가장 좋기는 하겠지만 의외로 제약사항이 많고 아직 완전히 검증되니 않은 기법이라 보통은 소프트웨어적인 방법으로 메모리 덤프를 실시한다. 이는 여러 가지 단점이 있지만 특별한 사전 준비 없이도 즉석해서 메모리 덤프를 실시할 수 있는 장점이 있다. 단점으로는 윈도우 API에 의존하기 때문에 누군가 시스템 메모리에서 메모리 덤프를 만들려고 시도하면 악성 프로그램을 이용하여 그것을 방해하거나, 메모리 덤프로부터 자신을 숨길 수 있다.

메모리 분석을 위해서 VMMap v3.21 (윈도우에서 제공해주는 윈도우 시스템 분석 제공 사이트 : https://technet.microsoft.com/en-us/sysinternals/dd535533)을 사용하겠다. 이는 프로세스의 virtual, physical 메모리를 분석할 수 있는 유틸리티이며 실행 결과는 [그림 14-8]과 같다.

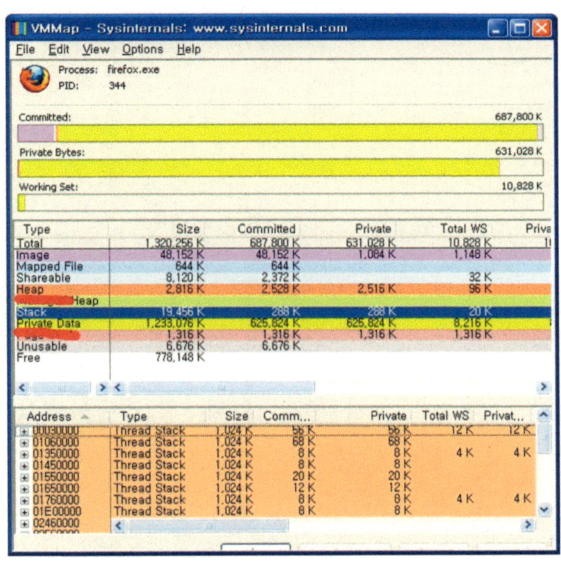

그림 14-8 VMMap 실행 화면

14.3.2 레지스트리 분석

레지스트리 분석은 윈도우 실행에 있어서 필요한 여러 가지 정보를 가지고 있는 데이터 파일 정보를 분석하는 것이다. 시스템 및 애플리케이션, 하드웨어 정보 등을 기록하고 있다. 각종 설정 등이 저장되어 있어 잠재적인 증거 데이터로 활용되고 있는 추세이다. 윈도우는 레지스트리에 윈도우의 모든 설정 기록이 담겨져 있다 여기에서는 간단한 분석만을 설명한다.

레지스트리 분석을 위해서 DumpSec이라는 툴을 사용한다. (인터넷 프리웨어) 이는 로컬 또는 원격지 머신의 시스템 보안 설정 및 레지스트리 정보를 확인할 수 있는 쉬운 유틸리티이며 실행 결과는 [그림 14-9]와 같다.

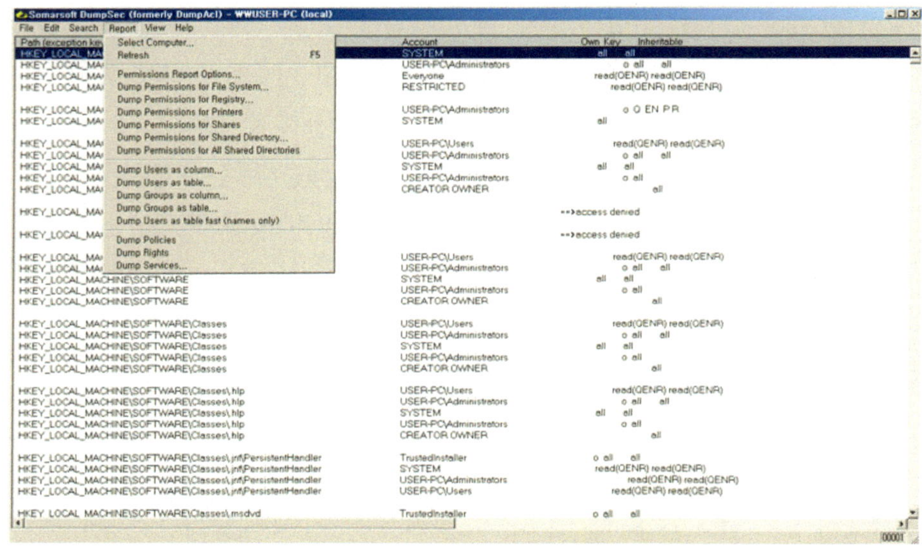

그림 14-9 DumpSec 실행 화면

14.3.3 서비스 분석

서비스는 운영체계를 기능적으로 지원하기 위해 백그라운드에서 실행되는 응용 프로그램이다. 컴퓨터 부팅시 실행하며 특정 프로그램은 서비스에 종속되어 서비스 미실행시 동작이 불가하다. 서비스로 등록되어 실행되는 악성 코드가 다수 존재할 수 있기 때문에 분석이 반드시 필요하고 요즘 강조되는 추세이다.

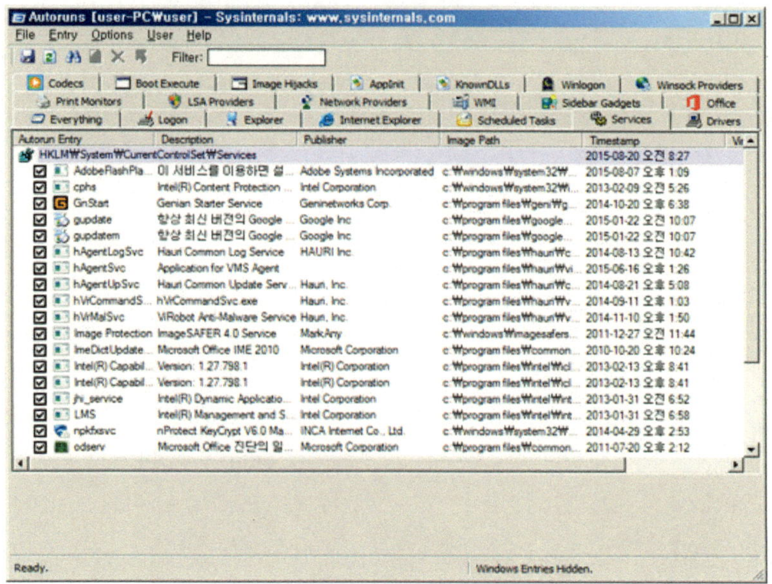

그림 14-10 Autoruns 실행 화면

서비스 분석을 위해서 Autoruns 라는 툴을 사용한다. (인터넷 프리웨어) 이는 로컬 또는 원격지 PC의 서비스 등 많은 정보를 확인할 수 있는 쉬운 유틸리티이며 실행 결과는 [그림 14-10]과 같다.

찾아보기

[ㅇ]

[ㅈ]

[ㅊ]

[ㅋ]

[ㅌ]